煤层气钻井完井工程技术

申瑞臣 田中兰 乔 磊 何爱国 编著

石油工业出版社

内 容 提 要

本书系统介绍了全球煤层气钻井工程技术发展的现状，阐述了我国中高阶煤层气钻井完井方面的基础理论、新方法、新技术和新工具，具体内容包括全球煤层气钻井工程进展、煤层气钻井完井基础理论、煤层气直井钻井技术、煤层气水平井钻井技术、煤层气完井技术、煤层气钻井工具与装备、中国煤层气钻井完井技术发展认识及建议等。

本书可供从事煤层气钻井完井技术的研究人员、从事现场作业的技术人员和管理人员参考或作为培训教材，也可为从事页岩气等非常规油气的技术人员以及石油类高校师生提供参考。

图书在版编目（CIP）数据

煤层气钻井完井工程技术／申瑞臣等编著．—北京：石油工业出版社，2017.7

ISBN 978-7-5183-1901-5

Ⅰ．①煤… Ⅱ．①申… Ⅲ．①煤层-地下气化煤气-钻井工程-完井 Ⅳ．①P618.11

中国版本图书馆 CIP 数据核字（2017）第 100615 号

出版发行：石油工业出版社
（北京安定门外安华里2区1号　100011）
网　　址：www.petropub.com
编辑部：（010）64523562　图书营销中心：（010）64523633
经　　销：全国新华书店
印　　刷：北京中石油彩色印刷有限责任公司

2017年7月第1版　2017年7月第1次印刷
787×1092毫米　开本：1/16　印张：20.5
字数：520千字

定价：90.00元
（如出现印装质量问题，我社图书营销中心负责调换）
版权所有，翻印必究

《煤层气钻井完井工程技术》编委会

主　　编：申瑞臣　田中兰　乔　磊　何爱国

副主编：王开龙　袁光杰　杨恒林　夏　焱　金根泰
　　　　付　利　董胜伟　王子健　林盛杰　闫立飞
　　　　孙清华　董胜祥　杨　松

成　　员：齐奉忠　路立君　班凡生　韩　飞　李　萍
　　　　李骥然　朱英杰　庄晓谦　李景翠　刘奕杉
　　　　郑　李　杜卫强　蓝海峰　范应璞　王　磊
　　　　赖晓晴　马　慧　董文涛　刘修刚　刘健达
　　　　陈　博　滕鑫淼　李　林

前　　言

煤层气是实现天然气储量接替的重要非常规资源之一，美国、澳大利亚等国家已在煤层气开采方面取得了重大进展，其中美国年产煤层气约 500 亿立方米的规模已达十余年的时间。中国煤层气资源量与常规天然气资源量相当，位居世界第三位，自 20 世纪 90 年代以来，石油、煤炭、地矿等部门陆续进入煤层气的勘探开发领域，在山西的沁水、保德、柳林及陕西的韩城等区块建立了煤层气试验区和商业开发区，在煤层气开采技术、商业化规模等方面均取得了历史性突破，2015 年中国煤层气产量达到 44 亿立方米。

近二十年来，以笔者为主的研究团队一直从事煤层气钻井完井新技术、新方法的研究和技术探索，取得了一定的成绩。在此基础上，本书较为系统地总结了国内外煤层气开采进展及成功开发经验，梳理了适合中国中高阶煤层气钻井完井方面的基础理论、新方法、新技术和新工具，基本涵盖了煤层气钻井完井工程技术的核心内容。

本书主要针对煤层气钻井完井工程技术及相关内容进行了比较系统的阐述，内容包括全球煤层气钻井工程进展、煤层气钻井完井基础理论、煤层气直井钻井技术、煤层气水平井钻井技术、煤层气完井技术、煤层气钻井工具与装备、中国煤层气钻井完井技术的认识及发展建议等，希望能为中国煤层气钻井完井工程技术的研究和发展提供有益的技术参考。

本书由申瑞臣教授拟定撰写提纲并统稿，由多年参与煤层气钻井完井技术研究和实践的专业技术人员直接参加各章节的撰写。第一章由乔磊撰写，申瑞臣审稿；第二章由闫立飞、李骥然撰写，杨恒林审稿；第三章由乔磊、付利、闫立飞撰写，袁光杰审稿；第四章由闫立飞、董胜伟撰写，何爱国、乔磊审稿；第五章由付利、王子健撰写，王开龙审稿；第六章由韩飞、乔磊、朱英杰、王子健、林盛杰、王磊、滕鑫淼等撰写，金根泰审稿；第七章由乔磊撰写，田中兰审稿。初稿完成后，邀约煤层气行业内的多位专家进行了审阅，最后根据专家提出的具体意见修改定稿。本书在编写过程中，得到了业内专家与学者的大力支持，参考和借鉴了部分业内学者的研究及应用成果，在此一并表示衷心的感谢。由于笔者学识和专业水平有限，书中某些观点和认识难免失之偏颇，甚至尚存不当之处，诚请广大读者批评指正。

编者

2016 年 12 月

目 录

第1章 世界煤层气钻井工程进展 .... (1)
  1.1 美国 .... (2)
  1.2 加拿大 .... (7)
  1.3 澳大利亚 .... (10)
  1.4 中国 .... (14)
  1.5 印度 .... (18)
  1.6 俄罗斯 .... (18)
  1.7 印度尼西亚 .... (19)

第2章 煤层气钻井完井工程基础理论 .... (21)
  2.1 煤层气储层及煤岩特征 .... (21)
  2.2 煤岩岩石力学特性 .... (43)
  2.3 煤层气井地应力特征 .... (69)
  2.4 煤层气吸附/解吸原理及入井流体对其影响研究 .... (95)
  2.5 煤储层伤害机理及防治措施研究 .... (104)

第3章 煤层气直井钻井技术 .... (124)
  3.1 煤层气直井常用井身结构 .... (124)
  3.2 直井钻机选型及常用钻具组合 .... (127)
  3.3 煤层气直井空气钻井技术 .... (128)
  3.4 煤层气直井固井技术 .... (134)
  3.5 绕煤层固井完井技术及工具 .... (148)
  3.6 煤层气丛式井钻井技术 .... (152)
  3.7 煤层气直井丛式井现场应用 .... (155)

第4章 煤层气水平井钻井技术 .... (158)
  4.1 煤层气多分支水平井钻井技术 .... (158)
  4.2 煤层气U形水平井钻井技术 .... (212)
  4.3 煤层气L形水平井钻井技术 .... (227)
  4.4 煤层气径向水平井钻井技术 .... (232)

第 5 章　煤层气井完井技术 ……………………………………………………………（236）
5.1　不同类型煤层气井完井方式优选 …………………………………………………（236）
5.2　裸眼完井技术 …………………………………………………………………………（237）
5.3　煤层气水平井非金属筛管完井技术 …………………………………………………（255）
5.4　L形水平井金属筛管完井技术 ………………………………………………………（262）

第 6 章　煤层气特色钻井工具与装备 …………………………………………………（266）
6.1　煤层气专用钻机 ………………………………………………………………………（266）
6.2　煤层气绳索取心工具 …………………………………………………………………（272）
6.3　煤层气电磁波地质导向工具 …………………………………………………………（276）
6.4　小直径煤层界面识别与层厚测量系统 ………………………………………………（283）
6.5　DRMTS煤层气水平井远距离穿针工具 ……………………………………………（290）
6.6　煤层气欠平衡钻井专用旋转控制头 …………………………………………………（302）

第 7 章　中国煤层气钻井技术面临挑战及技术发展展望 ……………………………（307）
7.1　中国煤层气钻完井工程技术现状分析 ………………………………………………（307）
7.2　中国煤层气钻井完井业务面临的形势及挑战 ………………………………………（310）
7.3　煤层气钻井完井技术发展趋势分析 …………………………………………………（311）
7.4　煤层气钻井完井技术发展建议 ………………………………………………………（314）

参 考 文 献 ……………………………………………………………………………………（316）

第1章 世界煤层气钻井工程进展

煤层气是在煤化过程中生成并储存于煤层中的以甲烷为主的天然气。最初的煤层气开采是以防止采煤过程中"瓦斯爆炸"为目的而进行的，将煤层气作为一种资源进行大规模开发利用始于美国。20世纪50年代，美国开始出现对煤层气的零星开发应用，1980年12月，美国黑勇士盆地的Oak Grove煤层气田的建成投产，标志着现代煤层气工业的诞生，是世界油气工业史上一个重要的里程碑。目前共有美国、加拿大、澳大利亚、中国等17个国家正积极开发和利用这一洁净能源（图1-1），其中美国、加拿大、澳大利亚和中国均形成了产业化规模。

图1-1 世界煤层气商业开发的国家和地区分布

目前，世界上已发现有74个国家蕴藏着煤炭资源，同时也赋存着煤层气资源。根据国际能源机构（IEA）估计，世界煤层气资源总量可达$260×10^{12}m^3$，俄罗斯、加拿大、美国和澳大利亚等国家的煤层气储量均超过了$10×10^{12}m^3$，中国的煤层气储量为$36.8×10^{12}m^3$（图1-2）。

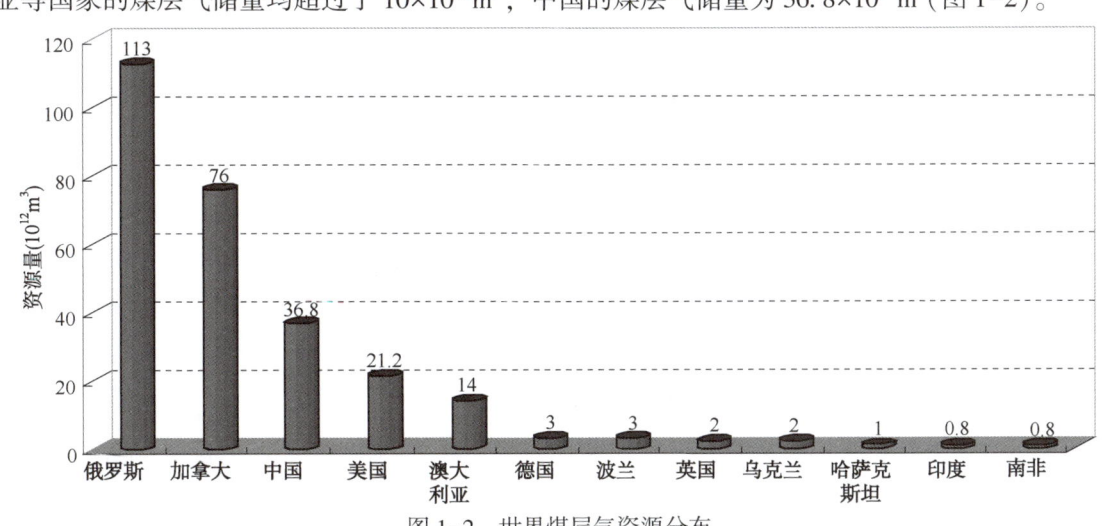

图1-2 世界煤层气资源分布

1.1 美国

1.1.1 美国煤层气勘探开发历程

美国是世界上煤层气开发最早和最成功的国家，在全世界煤层气资源的商业化开发利用中起到了积极的示范作用。美国的煤层气开发始于20世纪50年代初期，在黑勇士盆地和圣胡安盆地分别完钻了少量煤层气探井，为大规模开采煤层气资源奠定了基础。80年代初，美国政府出台了《能源意外获利法》，鼓励非常规气体能源和低渗透气藏的开发，该政策在煤层气开发初期起到巨大的推动作用。1980年12月12日，黑勇士盆地已建成18个煤层气田，其中Brokwood气田产量最高，其煤层气产量占盆地总产量的29%。随着裸眼洞穴完井技术的形成和发展，大幅度提高了煤层气单井产量和经济效益；1983年年末，美国煤层气的年产量达到$1.69×10^8 m^3$，拥有165口煤层气开发井，由此美国的煤层气工业诞生。

进入20世纪90年代后，随着水平井、定向羽状水平井、裸眼完井等钻井完井技术的研究、试验和规模应用，美国煤层气工业得到了空前的大发展，1994年煤层气年产量$24.09×10^8 m^3$，开发井的数量达到6000口。1998年，美国煤层气产量迅速增加到$324×10^8 m^3$。截至2003年年底，全美9个煤层气工业性生产盆地累计已钻各类煤层气井近20000口，井数保持每5年翻一番的增长速度(图1-3)。2006年，美国煤层气井的完井数累计达到30000口，约占非常规气井的三分之一，煤层气年产量达到$540×10^8 m^3$。2006—2016年间，随着美国页岩气的快速发展，煤层气新区块的规模开发处于停滞状态，2011年煤层气产量约为$504×10^8 m^3$(图1-4)，约占天然气总产量6.2%。

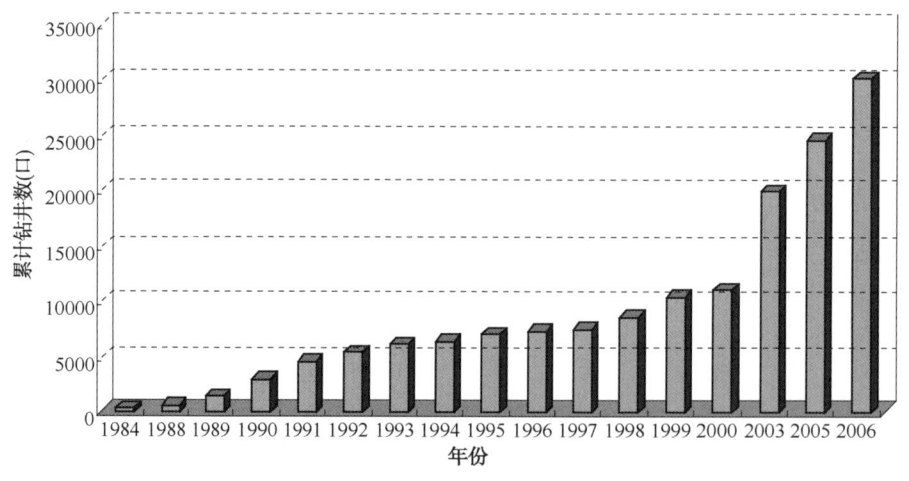

图1-3 美国煤层气累计钻井井数

1.1.2 美国主要含煤层气盆地特点及勘探开发现状

美国的煤层气资源主要集中在西部落基山脉中新代含煤盆地中，包括拉顿盆地、皮申斯盆地、圣胡安盆地、粉河盆地、温德河盆地、大绿河盆地、尤因塔盆地、西华盛顿盆地等，其煤层气资源量占美国煤层气总资源量的80%以上；其余的煤层气资源主要分布于东部的

第1章 世界煤层气钻井工程进展

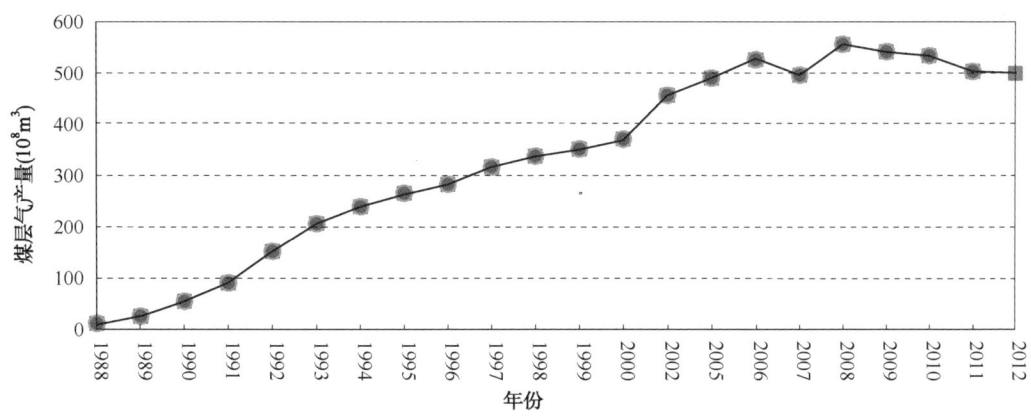

图1-4 美国煤层气历年产量情况

阿巴拉契亚含煤盆地（北阿巴拉契亚、中阿巴拉契亚、黑勇士和卡霍巴等）和中部的石炭系含煤盆地（伊利诺斯、科诺可、阿科马和佛瑞特等）中（图1-5）。目前已有15个含煤盆地进行煤层气的商业性开发，其中圣胡安盆地、粉河盆地和黑勇士盆地是美国煤层气产量的主要贡献者（表1-1）。

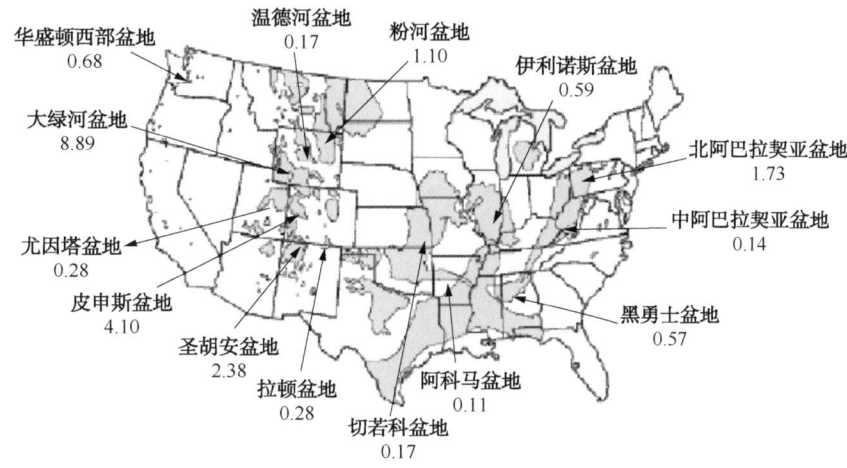

图1-5 美国煤层气资源分布情况（单位：$10^{12}m^3$）

表1-1 美国主要煤层气盆地地质及开发一览表

	圣胡安盆地	北阿巴拉契亚盆地	拉顿盆地	尤因塔盆地	粉河盆地	黑勇士盆地
面积（km²）	19500	11400	5700	24000	67000	15500
煤层号	2	6	3	3	6	3
煤层厚度（m）	6.1~24.4	0.6~6.1	0.6~10.7	12.2~45.7	21.3~45.7	0.3~7.6
渗透率（mD）	1~60	0.01~40	10~120	0.01~100	250	0.01~10
煤镜质组反射率（%）	0.75~1.2	1.1	0.57~1.57	0.5~0.64	0.3~0.4	0.7~1.9

续表

	圣胡安盆地	北阿巴拉契亚盆地	拉顿盆地	尤因塔盆地	粉河盆地	黑勇士盆地
含气量(m^3/t)	2.8~17.0	0.7~12.6	7.1~23.0	0.7~21.2	0.7~2.1	3.5~19.3
地质年代	K_2—N	C	K_2—N	K_2—N	N	C_2
开采深度(m)	152~1520	314~2003	305~762	610~1829	122~550	344~1067
单井日产气量($10^4 m^3$)	0.7~5	0.28~3	0.4~1.1	0.1~0.4	0.2~0.4	0.28~0.33
资源量($10^{12} m^3$)	2.38	1.73	0.28	0.28	1.1	0.57
开发井型	直井、多分支水平井	直井/多分支水平井	直井	直井	直井	直井
循环介质	空气、清水	空气、泡沫、清水	空气、清水	空气、清水	空气、清水	空气、清水
完井方式	套管、筛管	套管、裸眼	套管	套管	套管、洞穴	套管、裸眼
年产量($10^8 m^3$)	225.68	—	21.84	42	161.28	28.56

表1-2 美国部分地区煤层气开发井建井周期和成本统计表

地区\项目	井深(m)	井型	套管/完井方式	建井周期(d)	总成本(万美元)
圣胡安盆地	1000	直井	$\phi 244.5mm \times \phi 177.8mm$（洞穴完井）	钻井 1~4d；下套管固井、造洞穴 14d	45（包括钻井、测井、下套管固井、造洞穴、排液）
黑勇士盆地	600	直井	$\phi 244.5mm \times \phi 139.7mm$（射孔压裂）	钻井 2d，下套管固井、压裂 14d（其中排液 7d）	19.5（包括钻井、下套管固井、射孔、压裂、排液、试气，以及输气管路、集气站分摊）
粉河盆地	120~366	直井	$\phi 177.8mm$ 下至煤层顶 $\times \phi 152.4mm$ 裸眼完井	1~2	4~5
西弗吉尼亚	500	定向羽状水平井	$\phi 244.5mm \times \phi 177.8mm \times \phi 152.4mm$ 裸眼完井	30	74（一口定向羽状水平井+一口抽排井）

1.1.2.1 圣胡安盆地

圣胡安盆地面积为 $19500km^2$，位于科罗拉多州西南部和新墨西哥州西北部以及落基山脉中南部，主要构造由北部和东部的 Hogback 单斜和 Ignacio 背斜构成，形成于晚白垩世和古近纪的 Laramide 造山运动中。盆地地层倾角北陡南缓，东陡西缓，最深处位于东北部。煤层为下白垩统的 Fruitland 组。煤层埋深从边缘的露头至 1340m，煤层单层厚度为 0.1~12m，累计厚度一般为 6~24m。最大煤镜质组反射率为 0.75%~1.2%，在靠近侵入岩体的区域增大，以长焰煤、气煤、肥煤为主。煤层含气量为 2.8~17.0m^3/t，割理和裂缝发育。该盆地 2010 年的产量为 $225.68 \times 10^8 m^3$（表1-1）。

1.1.2.2 黑勇士盆地

黑勇士盆地面积为 15500km², 位于阿拉巴马州的中阿巴拉契亚盆地, 为晚古生代的前陆盆地。煤层为上石炭统宾夕法尼亚系的上 Pottsville 组, 主要煤层有 5 个, 从下到上依次为 Black Creek、Gillespy/Curry、Mary Lee、Pratt、Cobb。煤层单层厚度最大为 2.4m, 累计厚度最大为 7.6m。煤镜质组反射率为 0.7%~1.90%, 以长焰煤、气煤、肥煤为主。煤层含气量 3.5~19.3m³/t, 割理和裂缝发育, 储层封闭性好。煤层气开发井间距为 569m, 煤层埋深 344~1067m, 储层为常压或欠压。该盆地 2010 年的产量为 28.56×10⁸m³(表 1-1)。

1.1.2.3 粉河盆地

粉河盆地面积为 67000km², 位于怀俄明州东北部和蒙大拿州东南部以及落基山北部。盆地为一个南北走向、西陡东缓的不对称向斜盆地, 形成于晚白垩世和古近纪的 Laramide 造山运动中。地层倾角 1°~2°, 构造简单, 无大型褶皱和断层。粉河盆地煤层厚度大、埋藏浅、煤阶低、含气量极低、渗透率非常高、封盖条件好。主力煤层为古近系古新统的 Fort Union 组, 煤层总厚度为 21.3~45.7m, 埋深 122~550m; 古近系始新统的 Wasatch 组煤层总厚度为 21.3~45.7m, 单层厚度一般为 30.5m, 埋深 305~610m, 累计厚度为 115.9~137.3m, 煤变质程度较低, 为褐煤、长焰煤, 最大煤镜质组反射率为 0.28%~0.45%, 含气量小于 2m³/t, 渗透率为 500~1000mD, 储层为常压或微超压(表 1-1)。该盆地主要采用"直井+裸眼洞穴完井"方式进行开发。该盆地 2010 年的产量为 161.28×10⁸m³。

1.1.2.4 拉顿盆地

拉顿盆地面积为 5700km², 位于科罗拉多州东南部和新墨西哥州东北部以及落基山中南部, 为一个南北走向不对称的向斜盆地, 西陡东缓, 形成于晚白垩世和古近纪的 Laramide 造山运动中。煤层为上白垩统和古近系的 Vermejo 组和 Raton 组, 为滨海平原相沉积。发育 4~10 层煤, 单层厚度一般为 0.6~1.5m, 最大厚度 3.6 m, 累计厚度为 0.6~10.7 m。受岩浆热变质作用的影响, 煤变质程度较高, 为长焰煤、气煤、肥煤、焦煤, 最大煤镜质组反射率为 0.57%~1.57%, 含气量为 7.1~23m³/t, 渗透率为 10~120mD。该盆地 2010 年的产量为 21.84×10⁸m³(表 1-1)。

1.1.2.5 尤因塔盆地

尤因塔盆地面积 24000 km², 位于犹他州东北部和科罗拉多州西北部以及落基山西南部, 形成于晚白垩世和古近纪的 Laramide 造山运动中。主力煤层为上白垩统, 有效厚度大于 6m。煤主要类型为长焰煤、气煤、肥煤、焦煤, 煤镜质组反射率为 0.50%~0.64%。含气量一般为 0.7~21.2m³/t, 煤层埋深 610~1829m, 储层为常压或欠压。2008 年, 该盆地生产井超过 4200 口, 平均单井日产气量为 2800m³, 产量突破 42×10⁸m³(表 1-1)。

1.1.3 美国煤层气成功开发的经验

在短短的 20 年间, 美国煤层气产业从无到有、从小到大, 其日新月异的变化为世界煤层气产业的发展树立了典范。美国煤层气产业成功发展的原因有以下几个方面:

(1) 能源的供需矛盾为煤层气产业的形成与发展提供了机遇。能源是国民经济的基础, 美国经济的飞速发展促使社会对能源的需求旺盛, 但传统的能源如石油、煤炭却出现了相对枯竭的趋势, 巨大的能源供给压力使煤层气作为一种较为现实的非常规能源被列入美国政府开发新能源的议事日程。

(2) 丰富的资源、发达的管网等基础设施为煤层气产业的形成与发展奠定了物质基础。美国不但煤层气资源量丰富，而且有发达的天然气管网设施，煤层气可直接输往全国各地，为煤层气产业的形成与发展奠定了物质基础。

(3) 开发利用煤层气巨大的综合效益为煤层气产业的形成与发展提供了可能。煤层气的抽采利用，可以大幅度削减一些深井和高瓦斯矿井的通风费用，提高煤炭开采的效率。煤层气产业的发展，不仅其自身可以创造巨大的经济效益，还带动了与煤层气配套的勘探、机械制造等产业的发展，拉动了就业，产生了良好的社会效益（表1-3）。

表1-3 美国煤层气产量与经济社会效益表（EPA，1994）

州　名	煤层气产量 ($\times 10^8 m^3$)	经济效益 ($\times 10^7$美元)	就业机会（个）
阿拉巴马	32	10.3	700
宾夕法尼亚	0.11	<0.1	<10
弗吉尼亚	9.7	1.7	200
西弗吉尼亚	0.2	<0.1	<10

(4) 政府的鼓励政策为煤层气产业的形成与发展创造了良好的环境。为支持新兴煤层气产业迅速发展起来，美国政府出台了一系列鼓励与扶持政策，为其快速发展创造了良好的环境。

① 环境政策。为减少甲烷的排放，美国制定了强制性的技术标准，核准采煤企业在采煤过程中的甲烷排放量必须达到法定的标准；企业必须预先支付一笔抵押金，由政府依据其煤层气利用情况予以返还；同时利用征收的排污费建立煤层气开发利用补贴基金。

② 技术援助。煤层气与常规天然气的生产过程不同，技术风险非常大。为了扶持煤层气产业的发展，以美国能源部、环保局和天然气研究所为代表的政府机构，先后投入60余亿美元支持有关研究机构和技术咨询公司开展了大量的煤层气科学研究和试验工作，很快形成了有效指导煤层气勘探开发的理论基础和工艺技术。

③ 资金支持。与常规天然气相比，煤层气单井产量低、生产周期长、初期投入大、投资风险高，为鼓励企业投资煤层气生产、加工和销售，美国出台了各项法规和政策，以减少企业对投资煤层气所承担的金融风险：如电力部门从用煤改为用煤层气，减少二氧化碳的排放，可得到优惠贷款；农业部、商务部和中小企业管理局都可以为煤层气项目提供优惠贷款。各种优惠措施刺激和调动了企业投资煤层气项目的积极性。

④ 税收优惠。对美国煤层气产业发展起决定作用的政策莫过于赫赫有名的《能源意外获利法》，其中第29条为非常规资源开发税收补贴政策，用单位产量的所得税补贴值形式表示，补贴值随着产量的增加而增加，并随着通货膨胀系数的变化而调整。"第29条"使企业从中获得了巨大的经济利益，使煤层气产业具备了较强的竞争能力，美国的煤层气产业由此进入了快速发展的阶段，产量从1983年的$1.7\times 10^8 m^3$猛增到1989年$38.3\times 10^8 m^3$。

⑤ 市场化定价策略。开放的市场定价可以保障天然气市场的供需平衡，促进天然气工业的健康发展。美国政府调控下的煤层气价格开放政策、煤层气用户政府补贴政策促进了煤层气的开发利用。

⑥ 开放的管道政策。美国具备发达的天然气管网系统，管道公司只能从事输送服务，

不能对天然气购销市场进行控制，运输容量的价格由市场决定。开放的管道政策完善了煤层气生产商的销售网络，提高了煤层气的井口价。

1.2 加拿大

1.2.1 加拿大煤层气勘探开发历程

加拿大拥有丰富的煤层气资源，地质储量预计可达 $76×10^{12}m^3$。加拿大煤层气的开发起步于 20 世纪 80 年代，但 2001 年以前产业发展缓慢（图 1-6）。1978—2001 年，加拿大仅有 250 口煤层气生产井，其中仅 4 口井单井产量达到 2000~3000m^3/d。由于加拿大政府一直支持煤层气的发展，一些研究机构根据本国以变质煤为主的特点，开展了一系列的技术研究工作，在水平井、连续油管压裂等技术方面取得了进展，降低了煤层气开采成本，加上近年来北美地区常规天然气储量和产量下降，供应形势日趋紧张，天然气价格日益上升，给煤层气的发展带来了机遇。仅 2002—2003 年，加拿大就增加了 1000 口左右的煤层气生产井，煤层气年产量达到 $5.1×10^8m^3$，煤层气生产井的单井日产量为 3000~7000m^3/d。

截至 2004 年，煤层气生产井已达 2900 多口，年产量达到 $15.5×10^8m^3$。2005 年，加拿大煤层气生产量达到 $30.6×10^8m^3$，仅阿尔伯塔地区煤层气的开采量就达到了 $25×10^8m^3$。2010 年，加拿大煤层气产量达到 $140×10^8m^3$，生产井数 9900 余口，煤层气年产量占天然气总产量 6%（图 1-7、图 1-8）。2014 年煤层气年产气量约为 $204.4×10^8m^3$，预计 2024 年将达到 $306.6×10^8m^3$。

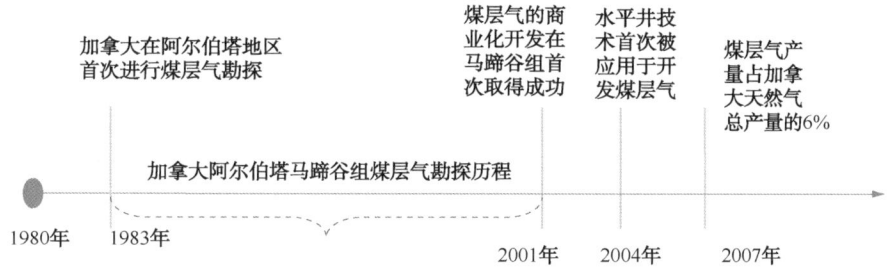

图 1-6 加拿大煤层气勘探开发历程

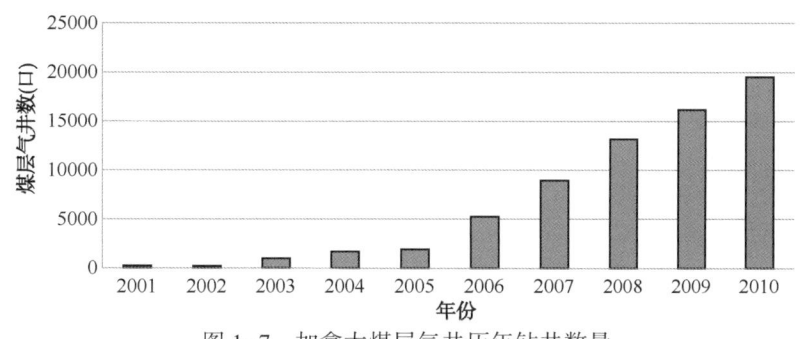

图 1-7 加拿大煤层气井历年钻井数量

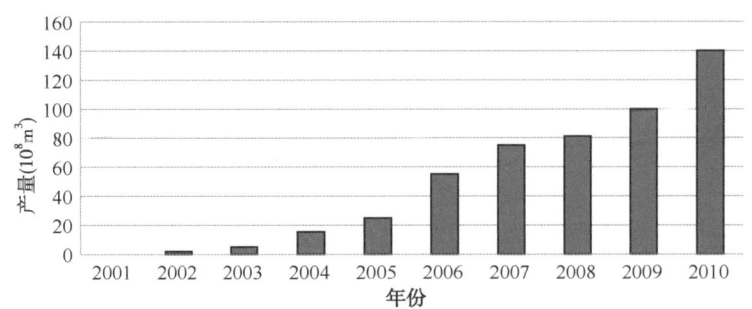

图 1-8 加拿大煤层气年产量分布

1.2.2 加拿大主要含煤层气盆地特点及勘探开发现状

加拿大煤层气规模开发主要集中在西加拿大沉积盆地，地理上大部分位于阿尔伯塔地区，少量位于不列颠哥伦比亚地区。西加拿大沉积盆地是一个大型沉积盆地，属于落基山前陆盆地的一部分，在拉腊米造山运动中，没有破裂成众多小盆地。侏罗纪和早白垩世沉积的含煤地层面积达到 130000km²，含煤炭 1×10^{12}t 以上，煤层厚度最大达到 10m。盆地最西部由于埋藏深度增大，煤变质程度最大，煤镜质组反射率达到 2.0%。盆地东部煤变质程度低，煤级从褐煤到高变质烟煤。从西向东为 3 个地层组出露（图 1-9），包括阿德莱组（Ardley）、马蹄谷组（Horseshoe Canyon）和曼恩维尔组（Mannville），其中马蹄谷组煤层气实现了商业化规模化生产，曼恩维尔组尚处于生产试验阶。目前已有 35 家以上的公司在西加拿大沉积盆地进行煤层气的勘探开发。其中，MGV、EnCana、Apache、Trident 这四家公司拥有煤层气生产井最多，日产量以 EnCana 公司最高。

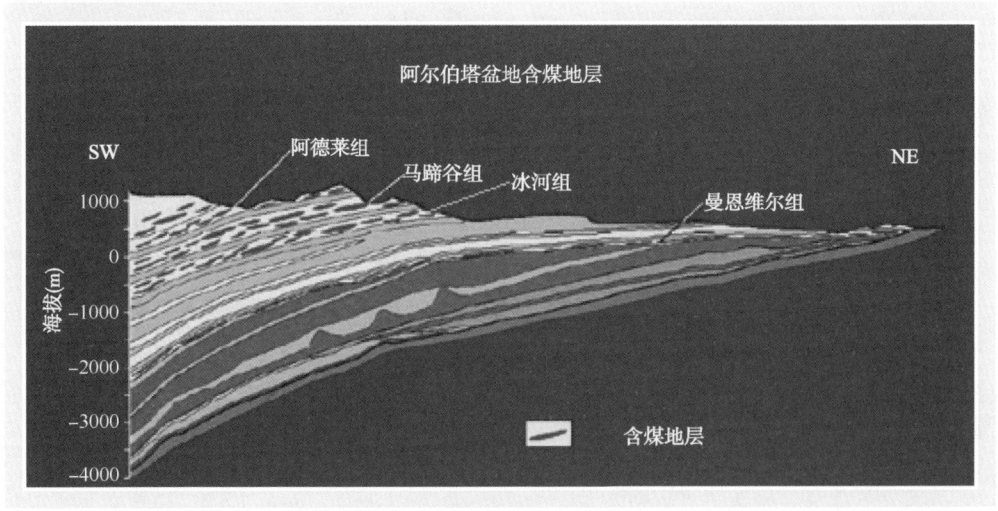

图 1-9 加拿大主力煤层分布图

1.2.2.1 马蹄谷组

马蹄谷组煤层气高产走廊区位于卡尔加里和埃德蒙顿之间，东西长 100km，南北长 300km，煤层气资源超过 2×10^{12}m³。马蹄谷组煤层埋藏浅（200~500m），煤层多达 30 层，累计厚度为 30m，单层厚度为 0.1~3.0m。煤层含气量为 1~5m³/t，煤镜质组反射率为 0.4%~

0.5%，煤层气资源丰度为 $1.5×10^8 m^3/km^2$；深部煤层煤阶增高，含气量增加。马蹄谷组煤层的最大特点是大部分煤层属于"干煤"，不产水(图1-10)，需要大排量压裂增产。刚开始的时候，采用常规压裂方法，包括水力压裂(无支撑剂)、氮气泡沫压裂及液态 CO_2 压裂。结果压裂液返排很少，几乎没有气体产出。之后发明了大排量氮气(无支撑剂)压裂技术，取得了不错的效果(其煤层气井井口装置如图1-10所示)。目前马蹄谷组直井单井产量一般在 $2260~4000m^3/d$ 之间，平均为 $2830m^3/d$，一般在排采后的第2~3个月产量达到高峰。马蹄谷组煤层气开采成本相对较低，单井钻井和完井费用约为147万元(人民币)，经济评价表明，项目具有很好的经济效益(表1-4)。

图1-10　马蹄谷组煤层气井井口装置图

表1-4　加拿大阿尔伯塔盆地煤层气经济效益评价

主要成本(加元)	利用旧井重新完井	新的煤层气开发井
钻井和完井	0	25万
重新完井	17万	0
集气系统和气体压缩	5万	9万
土地	0	4.8万
开发成本(可变，加元/$10^3 ft^3$)	0.25	0.42
开发成本(固定，加元/月)	100万	100万
矿权开采许可证率	17%	20%
净现值(@10%，税后)	48万	30.8万
IRR(税后)	58%	27%

1.2.2.2　曼恩维尔组

曼恩维尔组煤含气量为 $8~10m^3/t$，资源丰度约为 $(1.4~4.2)×10^8 m^3/km^2$。目标煤层深度为 $800~1200m$，煤层厚度为 $4~12m$。目前仅有若干个先导性试验项目，开始进行开发试验。Tridnet 公司的 CobettCreek 项目是曼恩维尔组煤层气先导性试验项目中最大的项目，从 2003 年开始进行 50 口井组成的先导性试验项目。目前该项目正在进行煤层气生产能力的评价，研究煤的解吸特性、最优井网类型、生产井数、脱水周期等关键开发参数。

1.2.3 加拿大煤层气开发成功的经验

加拿大煤层气工业的高速发展对中国煤层气发展具有很大的借鉴意义，值得我们认真学习和思索。加拿大煤层气的成功开发源于先对煤层气储层本身和地质条件的深入研究和认识，然后研究开发适用的煤层气开发技术。

西加拿大沉积盆地煤层层数多且马蹄谷组煤层为"干煤"。针对这一特点，加拿大发明了连续油管钻井、连续油管大排量氮气泡沫压裂技术，不仅缩短了完井周期并节约了成本，还有效地提高了单井产量。这种技术是借鉴于浅层天然气开采技术，不同于美国的现有技术，因此是对煤层气开发技术的一个重大贡献。

同样，对于曼恩维尔组，由于其存在较大水产量、含咸水、深度较大、煤层渗透率低的特点，有关公司和机构积极进行研究和试验，探索该煤储层的吸附解吸机理、储层模型的校正、煤层气增产改造措施、水处理技术等，选择有利区块进行商业化开发的先导性试验，扎扎实实地对地质条件、储层特性、评价技术、增产改造技术等煤层气开发技术和工艺进行研究试验，获得经济可行的开发技术。

加拿大石油工业下游基础设施完善，直接降低了煤层气开发投资成本，改善了市场条件。加拿大属于北美经济圈，石油天然气管线发达，市场需求旺盛。发达的管网设施，为煤层气商业化生产提供了便利的条件。

1.3 澳大利亚

1.3.1 澳大利亚煤层气勘探开发历程

澳大利亚是全球第四大煤炭生产国、世界第一大煤炭出口国，同时也是除北美以外，煤层气产业最发达的国家。澳大利亚的煤炭资源量为 1.7×10^{12} t，煤层气资源量为 14×10^{12} m^3，煤层平均含气量为 $0.8\sim16.8m^3/t$，煤层埋深普遍小于 1000m，主要分布在东部悉尼、鲍恩（Bowen）和苏拉特（Surat）三个含煤盆地（图 1-11）。

澳大利亚煤层气勘探始于 1976 年，于 1991 年开始进行小规模开发试验；1998 年澳大利亚煤层气产量仅为 $0.56\times10^8m^3$；2004 年以来煤层气开发迅速发展，进入大规模商业化开发阶段，其中将鲍恩盆地成熟的煤层气开发技术和工艺应用到了苏拉特盆地、悉尼盆地和澳大利亚东部的其他盆地，仅在 10 年内煤层气已发展成为澳大利亚东部上游天然气工业的主要部分。截至 2006 年，澳大利亚煤层气生产井数达到 1800 口，煤层气年产量 $18\times10^8m^3$，已进入商业化开发阶段。2010 年，澳大利亚煤层气生产井数增至 5200 口，煤层气产量达到 $65\times10^8m^3$（图 1-12、图 1-13）。

1.3.2 澳大利亚主要含煤层气盆地特点及勘探开发现状

澳大利亚共分布有 30 多个含煤盆地，煤层多为二叠纪或中生代地层，绝大多数煤层气分布在东南沿海的昆士兰州和新南威尔士州。目前已发现的煤层气藏多集中在东部的鲍恩盆地、苏拉特盆地、悉尼盆地、Otway 盆地和 Gunnedah 盆地，其中，澳大利亚 96% 的煤层气产量来自鲍恩盆地和苏拉特盆地。

第1章 世界煤层气钻井工程进展

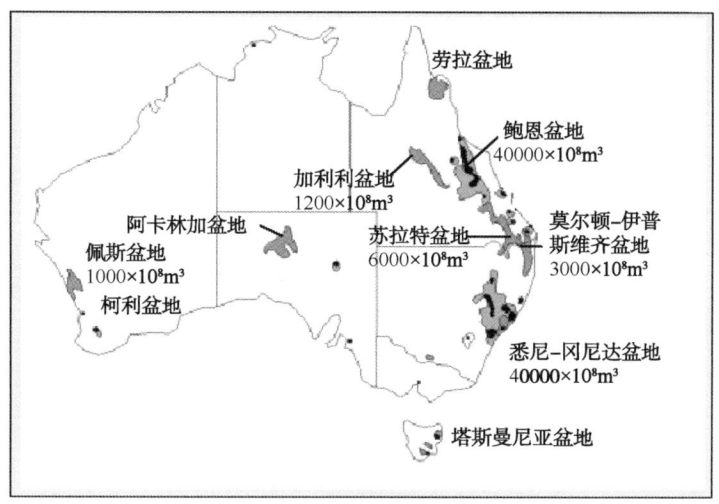

图1-11 澳大利亚煤层气盆地分布图

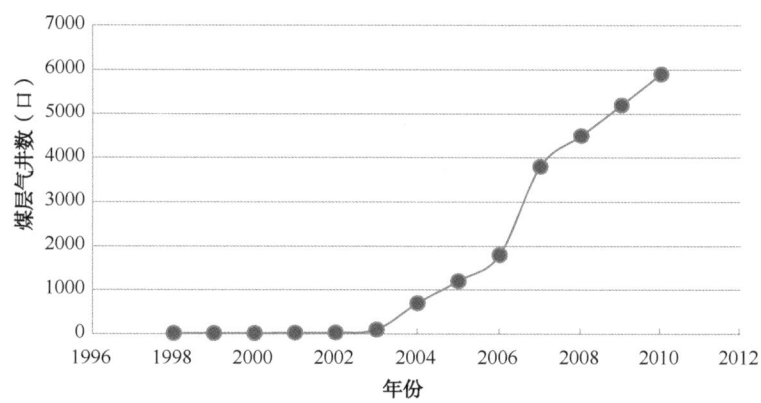

图1-12 澳大利亚历年煤层气生产井数

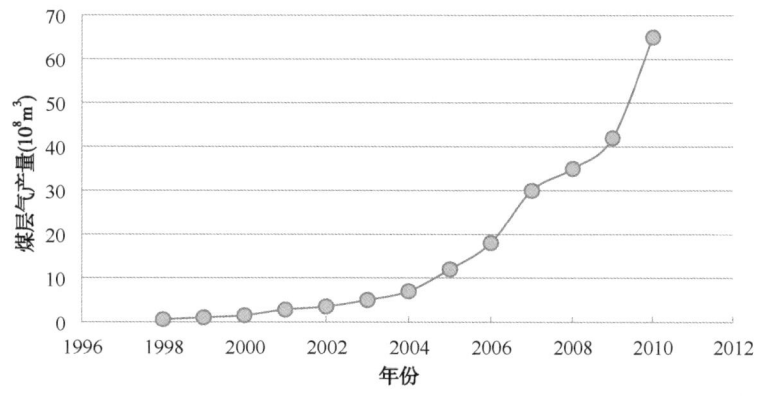

图1-13 澳大利亚历年煤层气总产量

1.3.2.1 苏拉特盆地

苏拉特煤层气盆地位于澳大利亚东部,面积约为 $1.4×10^4 km^2$,为陆相含煤地层;煤阶低,R_o 值为 0.3%~0.6%,含气量 3.0~9.0 m^3/t;煤层厚度大,为 10~20m,埋藏浅,埋深为 200~

11

800m,渗透率高达几百毫达西(表1-5)。该盆地开发成本低,煤层物性好,不用压裂,单井钻井完井成本约25万澳元,是澳大利亚勘探开发较为成功的低煤阶盆地,其生产情况见表1-6。

表1-5 鲍恩、苏拉特盆地与中、美典型煤层气盆地储层参数对比表

内 容	鲍恩盆地	苏拉特盆地	粉河盆地	沁水盆地
煤层埋深(m)	150~1000	150~650	100~500	185~1300
煤组(个数)	3	36~112	10	2
煤层厚度(m)	5~12	4~12	21.3~45.7	4~6
含气量(m^3/t)	7~12	3~5	0.7~2.1	10~26
煤镜质组反射率(%)	1.0+	0.6	0.3~0.4	2.0~4.0
饱和度(%)	90~100	90	<80	75~90
渗透率(mD)	0.1~10	1~100	250	<0.5
地层压力梯度(MPa/100m)	0.98	0.9		0.95
气藏温度(℃)	32	30.7~38.5		28~30

表1-6 鲍恩盆地和苏拉特盆地5个煤层气田生产情况表

盆地	煤层气田	发现时间	投产时间	采气速度(%)	生产井数(口)	日产气量($10^4 m^3/d$)	平均单井日产量(m^3/d)
鲍恩	Moranbah	1993.12	2004.9	1.7	140	113	8000
苏拉特	Tipton West	2002.7	2007.2	1.9	148	75	5067
	Kogan North	2002.6	2006.1	2.1	61	21	3442
	Daandine	2004.12	2006.9	1.3	74	29	3918
	Stratheden	2007.1	2009.7	—	5	—	—

该盆地的直井通常采用一套直井井网同时开发Juandah煤层和Taroom煤层,钻井采用二开结构,钻井液使用清水或空气。一开的井眼尺寸12¼in,表层套管尺寸10⅜in,下至煤层顶部100~200m以上位置。二开的井眼尺寸9⅞in,钻至Taroom煤组底界以下30m完钻,完钻井深350~500m。在煤层段采用机械造洞穴,洞穴直径16~22in,之后下入6⅝in的割缝筛管完井(图1-14)。

1.3.2.2 鲍恩煤层气盆地

鲍恩盆地的煤系地层位于二叠系和三叠系,为高挥发烟煤(中阶煤),煤层气开发主力煤层厚约为4m,煤层气含量8~16m^3/t,煤层原始渗透率偏低,为0.1~10mD;主力开发煤层倾角为3°~8°,埋深300~500m(表1-5)。其生产情况见表1-6。

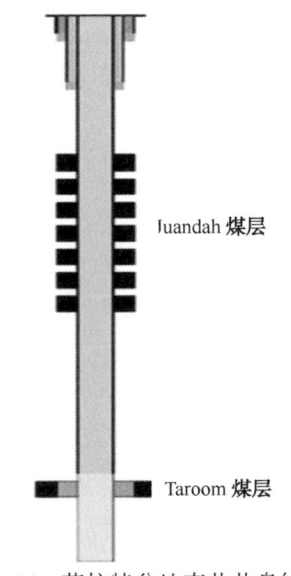

图1-14 苏拉特盆地直井井身结构图

鲍恩盆地煤层气勘探始于1976年，20世纪末以来，针对本国煤层含气量高、原地应力高、渗透率低等地质特点，成功开发和应用了V形井技术，使鲍恩盆地煤层气开发取得重大突破。V形井由一口或几口水平井与一口洞穴直井组成，首先钻抽排直井，然后利用普通钻具组合或连续油管，在煤层中快速钻水平主井眼，并与洞穴直井连通，以实现两井或多井连通采气。目前ARROW公司采用V形井技术在澳大利亚莫兰巴区块低渗透煤层气开发中取得了成功，大幅度降低了单井成本，提高了煤层气单井产量，成为澳大利亚开发煤层气的主要技术途径之一。鲍恩盆地V形水平井由2口水平井组成，每口水平井与洞穴井井口距设计为1200m；两口水平井设计井口距为960m，夹角为50°；同一井场不同井组水平井井口与洞穴直井设计井口距为42m。具体布井方式如图1-15所示。

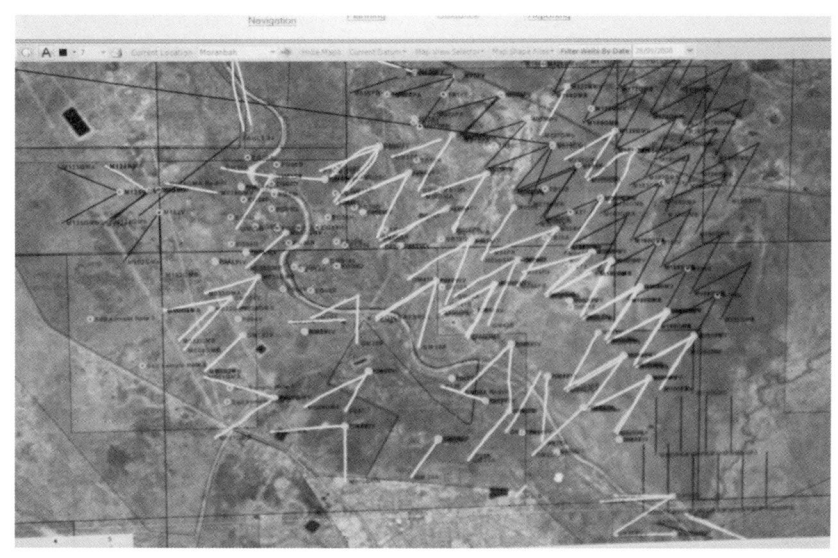

图1-15　鲍恩盆地煤层气V形井部署图

1.3.3　澳大利亚煤层气成功开发的启示

（1）丰富的煤层气资源是产业发展的基础。煤层气资源地距离东海岸人口密集区近，潜在消费市场巨大，成为煤层气产业快速发展重要促进因素。

（2）煤层气开发优先于煤炭开采的产业政策及确保煤矿生产安全的强制性法律法规促进了煤层气的产业化发展。昆士兰州政府颁布了《昆士兰能源政策—清洁能源政策》，要求燃气发电量占发电总量的13%，很大程度上激励了煤层气的勘探开发。特别是要求煤层中的瓦斯含量必须降到$3m^3/t$以下，煤炭才能进行开采，从而保证了"先采气、后采煤"的实施，有利于煤矿的安全生产，促进了煤层气开采的发展。目前，煤层气的开发利用已经成为昆士兰石油和天然气工业的基本组成部分。

（3）结合本国的客观地质情况，研究开发适用于煤层气储层特点的钻井技术。针对澳大利亚鲍恩盆地煤层渗透率低、煤层易垮塌及产出煤粉等特点，Arrow公司发明了V形井系列技术，不仅解决了制约鲍恩盆地煤层气开发的瓶颈技术难题，节约了成本，还有效地提高了单井产量。这种技术不同于美国现有的煤层气多分支水平井技术，因此是对煤层气开发技术的一个重大贡献。

1.4 中国

1.4.1 煤层气勘探开发历程及现状

中国是世界煤炭资源大国，煤炭资源和煤层气资源非常丰富，资源量达 $36.81×10^{12}m^3$，煤层渗透率通常小于50mD。中国煤层气开发起步较晚，20世纪80年代以前，矿井瓦斯[1]主要以井下抽放为主，年抽采量约 $0.6×10^8m^3$。90年代以后，煤炭、地矿等部门正式钻探煤层气，在沁水盆地、河南安阳、山西柳林和鄂尔多斯盆地等地区建立了煤层气试验区；从2006年开始中国煤层气产业快速发展的阶段，2010年，全国地面煤层气产量为 $15.7×10^8m^3$，2011年，地面开发产量达到 $23×10^8m^3$；2012年，煤层气产量为 $25.7×10^8m^3$，煤层气利用总量为 $52×10^8m^3$，利用率为41.53%（图1-16、图1-17）。2012年，中联煤层气公司煤层气年产量为 $4.66×10^8m^3$，中国石油煤层气年产量达到 $6.04×10^8m^3$，晋煤集团煤层气年产量为 $14.46×10^8m^3$；另外中国石化2012年煤层气年产量为 $1039×10^4m^3$，河南煤层气公司煤层气年产量为 $33.05×10^4m^3$（图1-18）。相对于国家"十二五"煤层气 $300×10^8m^3$ 发展目标（地面抽采 $160×10^8m^3$，井下瓦斯抽采 $140×10^8m^3$），2012年，全国的煤层气产量并不理想，没有完成年初制订的产量目标。2015年，全国煤层气产量达到 $44×10^8m^3$，平均单井日产量约为 $805m^3$。

图1-16 中国煤层气勘探开发历程图

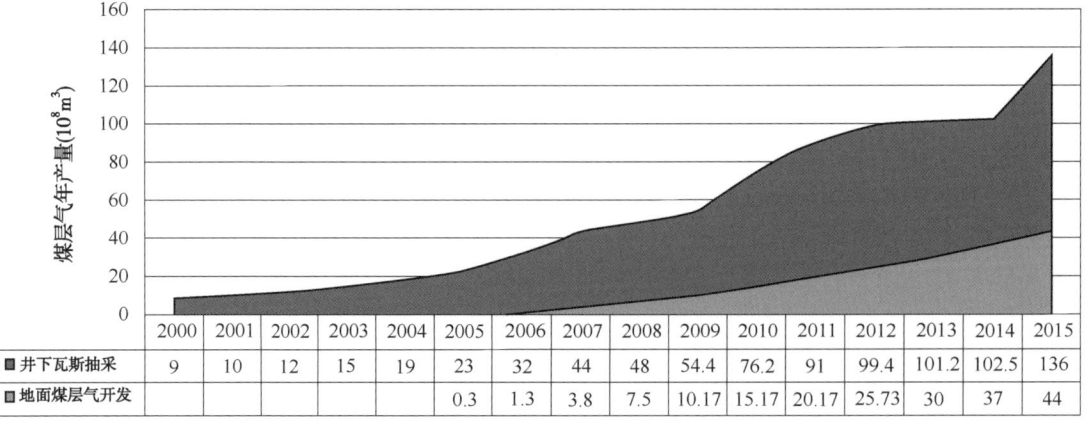

图1-17 全国历年煤层气产量图

---

[1] 中国煤矿术语中的瓦斯是由英语gas译音转化而来，往往单指CH_4（甲烷）。

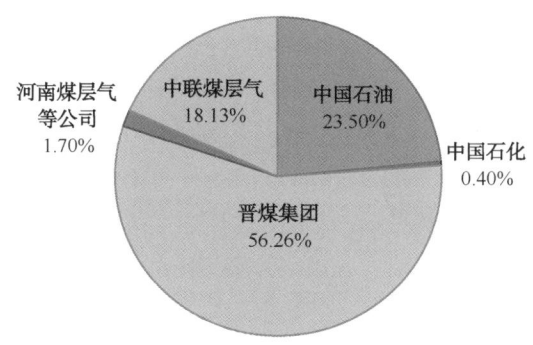

图 1-18　2015 年全国煤层气产量主要构成

目前，中国的煤层气勘探开发主要集中在沁水盆地、鄂尔多斯盆地和东北的阜新等少数几个区块。截至 2015 年 1 月，中国累计完钻煤层气井达到 15172 口以上（图 1-19、图 1-20），其中水平井/多分支水平井 250 口以上，占煤层气总井数的比例为 2%，中国煤层气仍以直井开发为主体（图 1-21、图 1-22）。

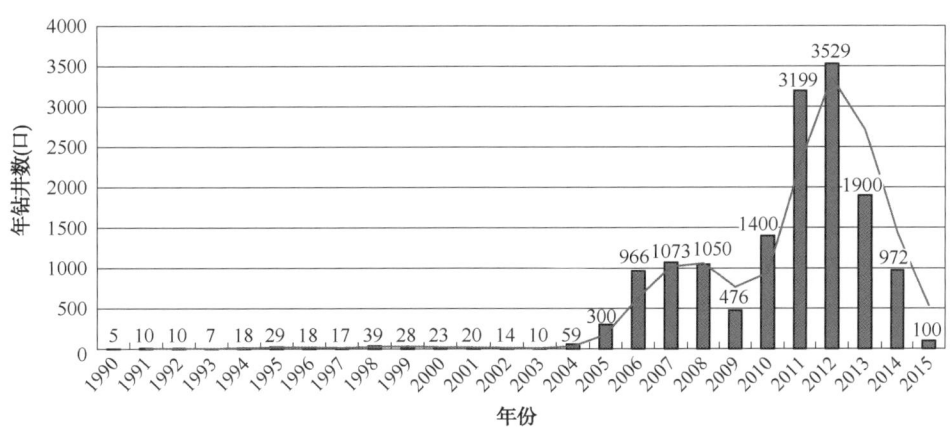

图 1-19　中国煤层气年钻井数量柱状图

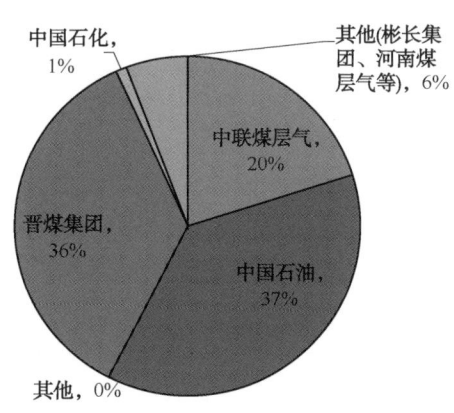

图 1-20　中国煤层气生产井井数分布图

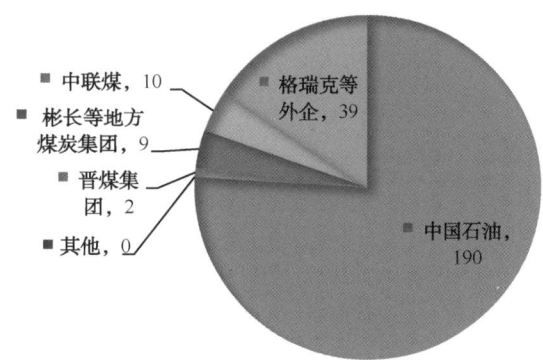

图 1-21　中国煤层气水平井井数分布图

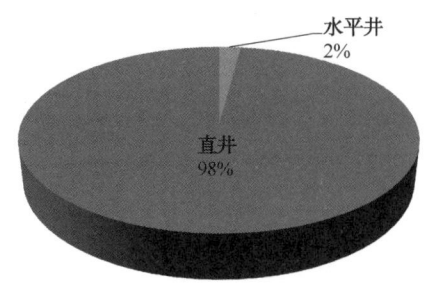

图 1-22 中国煤层气生产井主要类型

1.4.2 中国煤层气资源特点及分布

中国煤层气资源潜力巨大,新一轮评价显示中国有45个聚煤盆地119个区块,煤层埋深2000m以浅的煤层含气面积$41.5×10^4 km^2$,煤层气总资源量$36.81×10^{12} m^3$,与常规天然气资源量基本相当,约占世界煤层气总资源量的13%,位居世界第三。其中资源量大于$1×10^{12} m^3$的有8个盆地,分别为伊犁盆地、吐哈盆地、鄂尔多斯盆地、滇黔桂盆地、准噶尔盆地、海拉尔盆地、二连盆地、沁水盆地,总资源量为$28×10^{12} m^3$(表1-7)。

表1-7 中国煤层气资源量大于$1×10^{12}m^3$的含气盆地资源量情况表

盆地	含气面积 ($10^8 km^2$)	总资源量 ($10^{12} m^3$)	备注(资源量单位为$10^{12} m^3$)
伊犁	0.6	1.21	侏罗系
吐哈	0.94	2.12	西山窑组:1.24;八道湾组:0.88
鄂尔多斯	10.18	9.82	石炭系—二叠系:5.92;侏罗系:3.9
滇黔桂	1.61	3.47	二叠系、三叠系
准噶尔	2.17	3.87	西山窑:2.43;八道湾组:1.44
海拉尔	1.17	1.59	侏罗系
二连	3.48	1.96	侏罗系
沁水	2.68	3.97	山西组:1.58;太原组:2.39
合计	22.83	28.01	

1.4.2.1 煤阶规律分布

中国煤阶展布呈现南北分带、东西分区的总体规律。区域上自北而南、自西向东煤阶增高。其次随含煤地层变老,煤阶逐渐增高,上古生界以中高阶煤为主,中生界以低煤阶为主,新生界以低阶煤中的褐煤为主。中高阶煤是目前中国煤层气勘探开发的主要对象,如沁水盆地南部和鄂尔多斯盆地东缘等(图1-23)。

1.4.2.2 煤储层含气量

中国垂深2000m以浅探明和预测煤炭资源量$5.57×10^{12} t$,煤层含气量分布的基本特点是华南聚气区最高,华北、东北聚气区次之,西北聚气区最低。煤层含气量不小于$4m^3/t$的煤炭资源量约为$1.13×10^{12} t$,占全部煤炭资源量的20%左右;中国煤层含气量分布于4~$27.1m^3/t$之间,平均值为$9.76m^3/t$。全国煤层含气量4~$8m^3/t$的煤炭资源$3148×10^8 t$,占全国煤炭资源总量的5.6%;煤层含气量大于$8m^3/t$的煤炭资源$8131×10^8 t$,占全国煤炭资源总量的14.4%(图1-24)。

1.4.2.3 煤储层渗透率

中国煤层的渗透率普遍偏低,渗透率小于0.1mD的低渗透煤储层占69%,渗透率大于5mD的煤储层占14%。其中,鹤岗、淮南、大城、六盘水的煤层渗透性较差,测量值均小

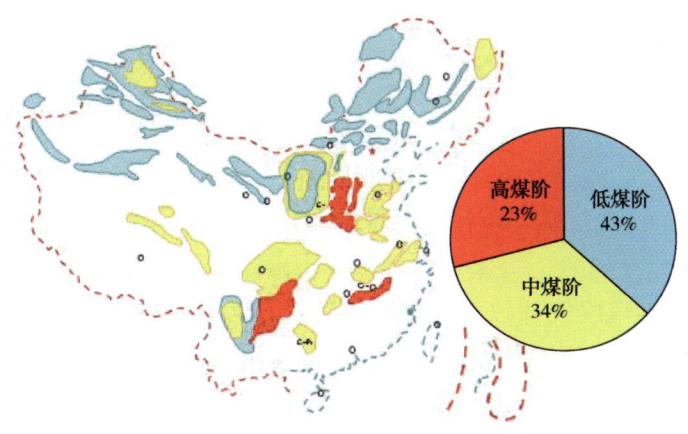

图 1-23　中国煤层煤阶分布图

备注：煤阶是煤演化程度的重要定性指标。煤镜质组反射率是目前测定煤阶的最佳方法，例如，褐煤(低阶)：$R_o=0$，亚烟煤：$R_o<0.47$，烟煤(中阶)：$R_o=0.47\sim2.05$，无烟煤(高阶)：$R_o>2.05$。

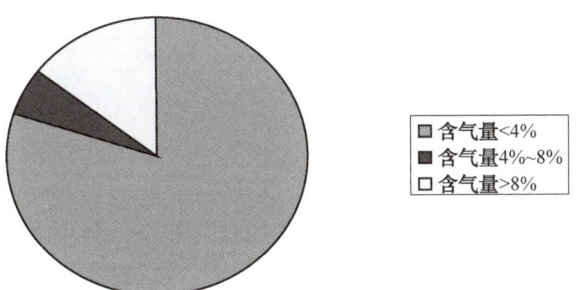

图 1-24　中国煤层气资源含气量分布图

备注：煤层含气量划分为贫气($<4m^3/t$)、含气($4\sim8m^3/t$)和富气($>8m^3/t$)三个品级。

于 0.5mD；沁水和柳林的煤层渗透性较好，渗透率大于 0.5mD 的煤储层分别占 50% 和 65%（图 1-25）。

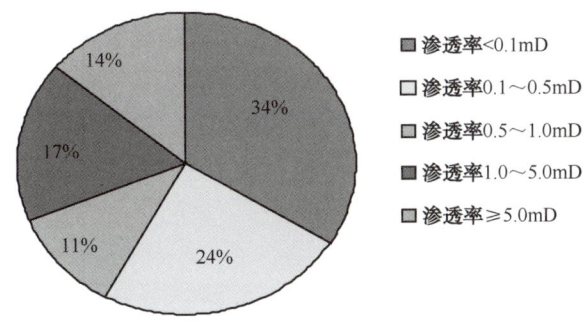

图 1-25　中国煤储层渗透率分布图

1.4.2.4　煤储层压力

中国煤储层压力欠压、超压和常压均存在，根据全国 151 个煤层的试井结果，储层压力系数为 0.29~1.6，平均值为 0.88。其中淮南、六盘水、铁法和河东压力系数分别为 1.08、1.03、1.02、1.01，以正常压力为主；大城、淮北、鹤岗压力系数分别为 0.95、0.93 和

0.91，以略欠压和接近正常压力储层为主；沁水煤田压力系数为 0.29~0.96，平均值为 0.66，以欠压和严重欠压储层为主。

1.5 印度

印度煤炭资源量为 $2400×10^8t$，煤层气的资源量为 $10000×10^8m^3$，主要集中在 Gondwana 地区。印度天然气供需缺口很大，这对开发煤层气市场非常有利。印度在 20 世纪 90 年代早期就已经开始了小范围的煤层气基础研究工作，并在 1997 年 9 月在 Jharia 煤田的一口煤层气井首次测试获得成功。第一口煤层气井由印度国家石油公司在 Jhjaria 煤田钻探成功，单井煤层气日产量达 5000~6000m³，最高日产量可达到 10000m³。印度的煤层气自 1997 年首次测试后，由于某些原因开发进展较为缓慢。以冈瓦纳煤层为例，其具有非均质性特征，煤层多，总厚度大；煤层内的夹层坚硬，具有较强的磨损性，易引起钻井作业井下复杂；煤层中的断层使得冈瓦纳煤田地质复杂化，因此煤层气藏规模较小，横向对比不连续。从煤层特征上看，煤层的高灰分及高含水特征，可能对煤层气的储存能力产生负面影响，加之火成岩活动的影响，使得冈瓦纳煤层的煤层气生产能力降低。

2001 年和 2003 年印度政府曾举行两轮煤层气区块招标，涉及煤层气资源 $0.8×10^{12}m^3$，涉及面积 7600km²。2001 年的首轮煤层气国际招标仅 6 家印度公司对 4 个煤层气区块提交 16 份投标申请；2003 年的第二轮招标，8 个区块收到 7 家印度公司和 1 家外国公司的 14 份投标申请。在这两轮招标中，均为印度本土公司取得了区块。2006 年 6 月举行的第三轮招标提供了 10 个区块，18 家印度公司和 8 家外国公司提交了 54 份投标申请。第三轮招标区块总面积 5800km²，估计煤层气资源量 $0.635×10^{12}m^3$。过去的几年里在已招标的区块内共钻煤层气探井超过 75 口。

目前印度的煤层气产业刚刚起步，外商在印度投资开发煤层气仍面临着挑战，比如煤层气项目的经济性问题，除了印度煤层气地质方面的特点外，政府的政策支持和煤层气所能达到的市场销售价格也是决定煤层气项目成功的关键因素。近年来印度天然气需求也在不断增加。由于未来 10 年内天然气需求远超过天然气的可供应量，所以煤层气越来越受到政府的重视，出台了一系列鼓励政策。首先，政府有关部门直接投资进行煤层气区块开发前景的综合评价研究，并将煤层气的勘探开发直接纳入国家石油天然气部的管理之下，同时将煤层气产业置于一个基础产业的重要位置；第二，国家出台了一系列煤层气产业投资优惠政策，以增强煤层气产业的市场竞争能力，并提高煤层气项目的成功率。

1.6 俄罗斯

俄罗斯拥有 $113×10^{12}m^3$ 的煤层气资源量，居世界第一。该国煤层气资源的开发利用主要集中在库兹涅茨克煤田和伯朝拉煤田。据地质家评价，仅库兹涅茨克煤田就蕴藏着 $13.1×10^{12}m^3$ 的煤层气资源。在俄罗斯欧洲部分的伯朝拉含煤盆地，埋深 1800m 以上的煤系地层中拥有近 $2×10^{12}m^3$ 的煤层气（图 1—26）。

1951 年，库兹涅茨克煤田首次采用井下抽放法来降低煤层含气量，1990 年，煤层气抽放能力达到顶峰，回收量为 $2.16×10^8m^3$。在库兹涅茨克煤田，开采高瓦斯煤层前在煤矿巷

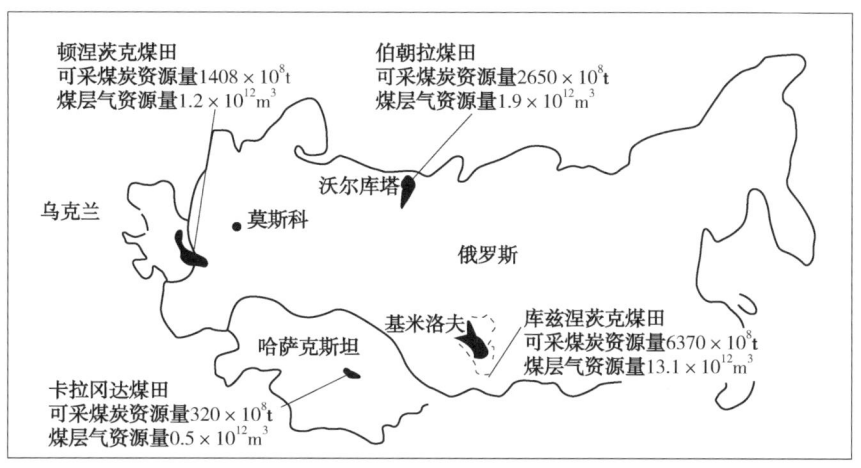

图 1-26 俄罗斯煤炭及煤层气资源量

道内进行坑道钻探抽放瓦斯，但煤层瓦斯抽放效率还不到 20%；现在利用地面井抽放技术已将效率提升至 60%~80%；库兹涅茨克煤田范围内的别洛沃煤矿是俄罗斯煤层气含量最高的煤矿，煤层气排放量高达 50~70 m^3/min，该煤田利用煤层气作燃料给燃气发动机发电，可满足煤矿的部分电力需求。伯朝拉煤田自 1956 年开始商业性抽放煤层气，1988 年达到顶峰，年抽放量为 2.9×$10^8 m^3$，近年来维持在 2×$10^8 m^3$ 左右。沃尔库塔煤炭公司所属煤矿于 1975 年开始抽放煤层气作为蒸汽锅炉燃料。

目前，俄罗斯的煤层气开发利用主要分布在库兹涅茨克盆地。2008—2009 年间，俄罗斯天然气工业公司曾进行过煤层气普查评价工作，并将库兹巴斯地区煤层气资源开采项目作为 2009 年的重点投资开发项目。2010 年，在这区域布置了 30 口煤层气开发井，从 2011 年起，每年投产 128 口开发井，力争达到年产煤层气 (30~40)×$10^8 m^3$ 的生产规模。在 2011 年 2 月，俄罗斯正式开始使用开采的煤层气用来发电。

俄罗斯政府现已制定了一些税收优惠政策和管理法规，鼓励外国公司投资开发本国煤层气，这对俄罗斯的能源经济有重要意义。同时俄罗斯已经加入《京都议定书》，承担了温室气体减排的义务，这成为煤矿企业重视煤层气抽采、煤层气利用的主要推动力。但俄罗斯的常规天然气资源十分丰富且价格低廉，天然气基础设施发达，完全可以满足国内的能源需求，阻碍了煤层气的规模化开发利用，煤层气开发项目进展缓慢。

1.7 印度尼西亚

印度尼西亚拥有丰富的煤层气资源，估计煤层气有利勘探开发面积总计 7.4×$10^4 km^2$，煤层气资源量可达 12.8×$10^{12} m^3$。尽管目前尚未大规模开发利用，但研究认为未来可成为印度尼西亚天然气的低成本替代品。其中大部分蕴藏在已有油气勘探开发基础设施的地区，因此煤层气的开发成本相对较低。印度尼西亚煤层气资源主要赋存在南苏门答腊盆地，估计储量为 3.4×$10^{12} m^3$。此外，估计巴里托盆地蕴含的煤层气资源量为 2.12×$10^{12} m^3$。估计库特盆地蕴含的煤层气资源量为 1.4×$10^{12} m^3$。北塔拉坎盆地估计蕴含的煤层气资源量为 0.6×$10^{12} m^3$。

印度尼西亚巨大的煤层气资源潜力可弥补未来天然气供应的缺口，因此激发了印度尼西亚政府的开采积极性。目前，印度尼西亚政府正深入研究煤层气的开发问题，特别是组织南苏门答腊和加里曼丹盆地煤层气的研究和商业性开发的可行性评价，并通过免税、退税等手段鼓励能源企业进行煤层气的勘探开发。2005年，在印度尼西亚能源与矿产资源部的研发机构(Legimas)的支持下，PT Medco 公司在南苏门答腊盆地的 Rambutan 油田完成了印度尼西亚的第一口煤层气探井，井深600m。随后，埃克森美孚、BP、道达尔等公司纷纷进入印度尼西亚的煤层气勘探开发领域。埃克森美孚已经在南加里曼丹的 Barito 盆地开钻了19口井；BP公司由于在 Vico 公司中拥有股份，在印度尼西亚的煤层气勘探开发过程中更是具有先天的优势，2010年完钻了3口井，并于2011年开钻了第四口井，初步实现了煤层气的商业化生产，初期出产的煤层气将用于当地一家发电厂发电。另外，印度尼西亚计划将生产的煤层气运往加里曼丹东部的班通进行液化，因此印度尼西亚有望成为继澳大利亚之后世界上第二个实现煤层气液化(LNG)销售的国家。

第 2 章　煤层气钻井完井工程基础理论

中国特殊的地质构造背景造就了高煤阶煤储层典型的"三低一高"特征，即高含气量、低渗透率、低储层压力和低含气饱和度，不同于美国、澳大利亚等其他国家较高渗透率的中低阶煤储层。这种煤层气储层物性的显著差异，使其他国家成功的开发经验不完全适用于中国。因此，研究煤储层孔渗特征、煤岩力学特性、解吸吸附特征等煤层气井钻井完井相关基础理论，对中国煤层气的高效开发尤为重要。

2.1　煤层气储层及煤岩特征

2.1.1　煤储层特性概述

煤层气是指与煤同生共体，其主要成分是甲烷，主要以吸附状态存在煤层之中的非常规天然气。煤储层比之常规储层，有着较大的差别。煤层气与常规天然气储层特征的主要区别见表 2-1。

表 2-1　煤层气与常规天然气储层特征对比

特征	煤层气	常规天然气
储层岩性	高度富集的可燃有机质	几乎100%的无机质岩石
双重孔隙结构	煤基质块中的孔隙是主要的孔隙，占总孔隙体积的绝大部分，裂隙系统是天然裂隙，占总孔隙体积的次要部分并使煤具有不连续性	主要发育于石灰岩、白云岩及砂岩。天然裂隙(包括节理、裂缝、溶道、洞穴)将粒间孔隙分割成一个个方块。裂隙是随机分布的
气体的储存	气体的绝大部分被吸附在煤的内表面上，在孔隙空间中很少，或没有游离气	气体以游离态储集在岩石的孔隙空间中
流动机理	在基质中的流动是由浓度梯度引起的扩散，然后由于压力梯度的作用在裂隙中引起渗流	流动是由压力梯度引起的渗流，并服从达西定律；在近井地带可出现紊流
机械性能	由于煤具有脆性和裂隙较发育，因而是一种较弱的岩石，这使钻井的稳定性成问题，并影响水力压裂的效果。可采用特殊的洞穴完井技术。杨氏模量低(约为砂岩储层的1/3)，泊松比高	岩石较坚硬，通常钻井的稳定性较好，杨氏模量较高
储层性质	易被压缩，孔隙体积压缩系数不大于 0.01MPa^{-1}，因而孔隙度、渗透性对应力较敏感，在生产期间有明显的变化	压缩性很小，孔隙体积压缩系数不大于 10^{-4}MPa^{-1}。孔隙度、渗透性在生产期间的变化不明显

中国煤层气储层渗透率普遍偏低，69%的煤储层渗透率低于 0.1mD，属典型的低渗透率、特低渗透率储层。煤中的孔隙大小相差极大，大者可至数微米级的裂隙，小的连氮分子也无法通过。扫描电子显微镜分析表明基质孔隙大小从几微米到几百微米不等，分布不均匀，连通性差。根据煤的孔隙直径大小，煤孔隙分为微孔（$d<10$nm）、小孔（$d=100 \sim 1000$nm）、大孔（$d>1000$nm）。基质块体中发育孔洞孔隙，实验室测试数据显示煤的平均孔隙度是基质孔隙度，除低煤阶煤以外，一般小于10%，中、低挥发分烟煤的孔隙度只有6%或更少。尽管裂缝的孔隙度只有1%~2%，然而它对煤层的渗透率有重要影响。关于煤层气的渗流通道，比较普遍的观点认为，煤层的渗流通道是一种基于孔隙和割理的双重孔隙介质，也就是与常规砂岩相比，煤岩的渗透率除了受到基质孔隙度和渗透率的影响外，还受到割理、外生裂隙、微裂隙的影响。

2.1.2 煤储层物理及化学结构特征

2.1.2.1 煤储层物理结构特征

煤化作用过程中，构成有机残骸大分子化合物的各种官能团和侧链断开，煤的稠环芳香核逐步缩合，由此使煤体产生内部裂隙，这种内部裂隙有利于煤的储集性，是煤体本身固有的，也是煤体内部结构中相对薄弱的部分，这种内部裂隙早在18世纪被英国矿业习惯称为割理。煤体中有大致互相垂直的两组割理，即面割理和端割理。面割理具有贯通性，有的可以延伸至几百米；端割理只发育于两条面割理之间。随着煤演化度的增高，演化后期这些割理会发生变化或改造，或被无机矿物充填，割理间的宽度减小。煤具有高度可压缩性，煤体会因为构造应力引起裂隙的变化，由构造应力引起煤体变化产生的裂隙称为外生裂隙。随变质程度加深，吸附表面积增加，到高煤阶无烟煤时达到最大值。理想的煤裂隙结构示意图如图 2-1 所示。

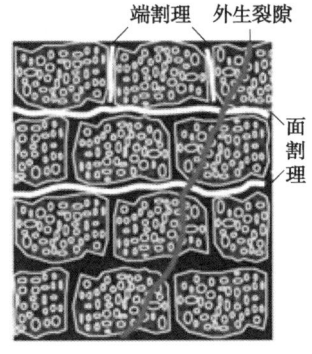

图 2-1 理想的煤裂隙结构示意图

煤基质本身的渗透率很低，一般小于1mD，煤的割理和外生裂隙系统构成煤储层渗透率的最重要部分。煤储层渗透率是煤层气可采性的关键要素之一。但是，在煤层气开采过程中煤层不可避免地会受到外来流体的影响而导致渗透率出现不同程度的下降。因此，弄清煤岩本身的物理特征及外来流体的影响对于煤层气高效开采具有重要意义。

2.1.2.2 煤储层化学结构

（1）煤的化学结构。

煤的化学结构有多种假说，如低分子结构假说、胶体化学结构假说和高分子结构假说等。而近代观点则认为煤具有高分子聚合物特征，煤的化学结构是高度交联的非晶质大分子空间网络。每个大分子是由许多结构相似的基本结构单元聚合而成。但对煤化学结构的研究至今尚无定论，随着高精度分析测试技术的发展和相关模型的建立，基本掌握了煤大分子化学结构的特征。

煤基质无法用单一的分子模式来描述，只能描绘出化学结构相近和分子结构相似的煤分子模式，不同时期采用的实验仪器不同，故其结构模型不同。目前较有代表性的煤大分子结构模型是 Wiser 模型和本田模型。

Wiser 模型是针对碳含量在 82%~83%的烟煤进行研究的，它展示了煤结构的大部分现代概念，可以合理解释煤的液化和其他化学反应性质，其缺点是没有考虑小分子化合物［图 2-2(a)］。

本田模型的特点是考虑了小分子化合物的存在，缩合芳香核以菲环为主，结构单元之间有较长的次甲基桥键相联结。模型中氧的存在形式比较全面，但没有考虑氮和硫的结构。该模型是将多个结构相似的"基本结构单元"通过桥键连结［图 2-2(b)］。

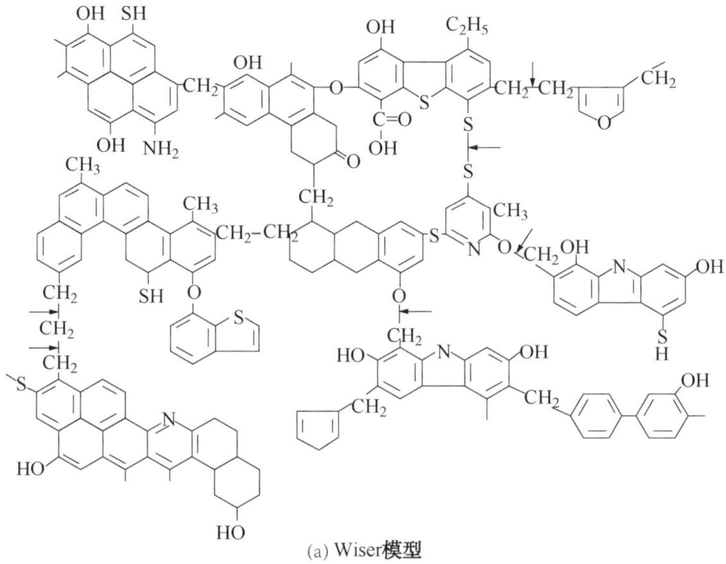

(a) Wiser 模型

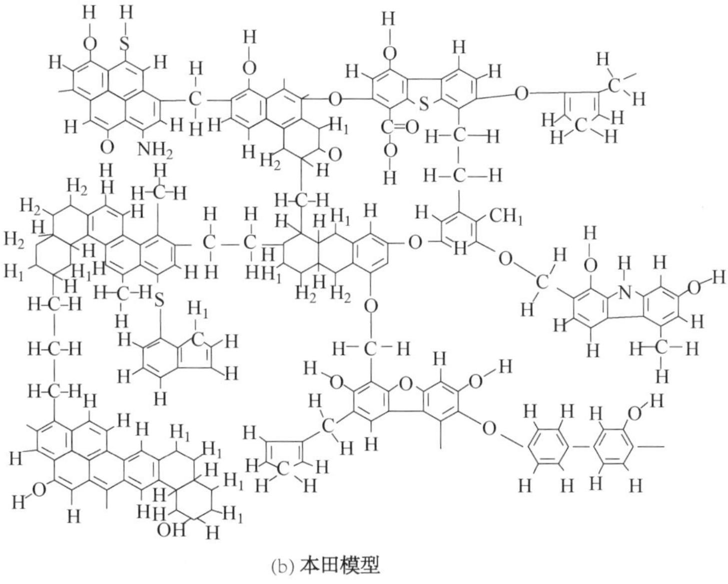

(b) 本田模型

图 2-2 典型煤的化学结构模型

由于煤结构的复杂性，一般认为它具有高分子聚合物的结构，但又不同于一般的聚合物，没有统一的聚合单体。"基本结构单元"类似于聚合物的聚合单体，可分为规则部分和不规则部分。规则部分由几个或十几个苯环、脂环、氢化芳香环及杂环（含氮、氧、硫等元素）缩聚而成，称为基本结构单元的核或芳香核。

不同演化度的煤，基本结构单元不同，低演化度煤基本结构单元以苯环、萘环和菲环为主，中等演化度的煤基本结构单元以菲环、蒽环和芘环为主，无烟煤的基本结构单元上芳香环数急剧增加。

不同煤化度煤的含氧（少量含硫、含氮）官能团和烷基侧链不同，随着煤化度增加而逐渐减少，不同煤阶煤的烷基侧链平均碳原子数见表2-2。烷基侧链随煤化度增加开始很快缩短，然后逐渐稳定。

表2-2 煤中烷基侧链平均碳含量和碳原子数

煤中碳含量(%)	65.1	74.2	80.4	84.3	90.4
烷基侧链平均碳原子数	5.0	2.3	2.2	1.8	1.1

煤储层的这种化学结构差异导致它与常规油气储层的基本骨架及其稳定性方面都存在较大差异，钻井完井过程中对储层伤害的机理也存在着极大的不同。这是因为煤分子骨架含有与煤岩表面疏水性相关的含氧官能团，其次分子结构上还有酸性（阴离子）基团（如羧基）、碱性（阳离子）基团（如胺基）、极性基团（如羟基）。这些基团既可同阳离子表面活性剂结合，又可同阴离子表面活性剂结合，还可通过极性基团同非离子表面活性剂结合。这些基团与外来流体接触会产生各种不同的反应，引起的储层伤害与常规油气储层伤害机理及敏感性完全不同。

另外，不同演化度煤所含有的官能团种类和数量及烷基侧链各不同。对煤储层伤害机理研究的概念，应该针对不同煤阶煤储层进行有针对性的研究。

（2）煤的大分子结构与孔隙的关系。

煤的有机大分子结构是由许多结构相似，缩合程度不同的芳香环形成的结构单元组成。它的基本结构单元是以芳香环、氢化芳香环、脂环和杂环为核心，带有侧链官能团的缩合芳香体系。结构单元之间相互桥连，在二维方向上结成平面网络；并在氢键缔合、范德华力、偶极作用力及共价键的共同作用下，使得芳香层网相互重叠，在三维空间上生长发育。随着煤阶增加，脂肪环因热解而减少，缩合芳香体系的芳构化和缩合程度不断增高，芳香层的定向性和有序化程度明显增强，芳香层重叠、集聚形成更大的芳香环叠片，孔隙结构由大孔向中孔、小孔过渡，到高变质阶段，煤类似晶体的某些属性越来越明显，孔隙结构以微孔为主。

煤的大分子结构特征决定孔隙的发育程度，孔隙在煤储层中主要起到储集和运移的作用，煤层气的储集能力和运移能力与孔隙的大小和连通性有关。曾凡桂的研究表明，煤吸附气体的过程由吸附次过程和吸收次过程组成；广义的吸附（Sorption）应该包括狭义的吸附（Adsorption）、凝聚和吸收，吸收指的是气体分子充填于气体分子大小级别的煤分子间或内部的缺陷内。桑树勋等将煤孔隙的固气作用进行了系统分类（表2-3）。

表2-3 煤孔隙固气作用分类系统

孔隙类型	特征	气体状态	气体运移
渗流孔隙	孔径大于100nm，原生孔和变质气孔	游离气	渗流
凝聚—吸附孔隙	孔径在10~100nm之间，分子间孔和部分经受变形改造的原生孔和变质气孔	吸附气 凝聚气	扩散

续表

孔隙类型	特征	气体状态	气体运移
吸附孔隙	孔径在 2~10nm 之间，分子间孔	吸附气	扩散
吸收孔隙	孔径小于 2nm，有机大分子结构单元缺陷，部分为分子间孔	充填气	扩散

不同的孔隙大小决定着不同的比表面积，孔隙的发育程度也反映比表面积，因而不同煤阶煤的孔隙发育程度不同，比表面积差异也较大。

低煤阶煤结构单元的芳构化程度较低，侧链和官能团发育，分子半径大，大分子的堆积较为疏松，结构单元间的结合也不够紧密，吸附孔隙和吸收孔隙均很发育，表现为煤的比表面积大。随着煤化程度的增加，芳构化程度越来越高，侧链和官能团的大量脱落，分子半径变小，大分子的堆积变得更为致密，结构单元排列的有序化程度提高，孔隙变得越来越小，比表面积变得越来越大，从渗流孔隙逐渐向吸附孔隙转变，吸收孔隙也会变得越来越多。

煤岩的这种大分子结构和孔隙结构决定着煤储层的物性和煤岩性质。这种结构(如煤岩对钻井液的吸附和吸收的作用)极易引起对煤储层的伤害，由煤岩吸附和吸收外来流体引起的伤害是不可逆的。因而钻井过程中钻井流体与煤岩的接触使煤储层伤害的最小化是钻井流体的目标，也是煤层气储层安全钻井流体控制技术的重要任务。

(3) 煤的表面特性。

煤是由结构相似但不相同的大分子基本结构单元组成，此特性决定了煤的组成、结构与性质的复杂多变性。煤岩的表面是由不同极性的官能团构成，具有化学活性。钻井液侵入地层后，会与其发生多种物理变化和化学反应，所有这些变化和反应都是从煤表面开始，煤表面的化学活性及其与周围介质中离子、分子相互作用的机理主要由煤的表面官能团控制。

① 煤表面的润湿性。

煤岩是由无机物和有机物混杂在一起的混合物，表面具有非均质结构，并具有裂隙的多孔介质固体特性，这些性质影响着煤的润湿性。煤岩表面含有的有机质是由不同极性官能团、成簇状芳香单元组成，随着煤演化度的增高，煤中芳香环越来越多，表现为疏水性越强。煤岩的表面亲水基团、裂隙性、孔隙性和所含的无机矿物使煤岩表现出亲水性的特点。

煤表面疏水性代表了煤表面气体被水取代的难易程度，一般用接触角的大小来表示。由于煤岩是含有无机矿物的有机岩石，其结构又具有多孔性和非常强的非均质性，因而煤表面疏水性的测定难度较大。也有学者认为煤是水湿性的，在煤岩表面能部分形成滤饼，这是由于煤的裂隙性和孔隙性决定的。然而煤层表面能否形成滤饼与储层保护和井壁稳定有着密切关系，常规砂岩储层主要是通过在井壁表面形成致密滤饼，达到减缓钻井流体对井壁的冲刷，保持井壁稳定和减少井壁岩石对钻井流体吸附量而有效保护储层的目的。如果在煤岩井壁表面不能形成完整的滤饼，应不能通过形成致密滤饼实现煤储层的安全钻井和有效储层保护。

② 煤岩溶胀特性。

溶胀是高分子物理中的概念，描述交联聚合物在溶剂中不溶解而溶胀的现象。煤也属于高聚物的范畴，可将溶胀这一个概念借鉴到煤结构的研究中，用来研究煤分子间作用力及煤与溶剂间作用行为。

由煤层气井的开采寿命可知，煤层气大量存在于煤岩的基质中，煤岩基质极其致密，细微的溶胀行为都会引起煤岩排采通道的不畅，导致对煤储层严重的伤害。钻井液中含有各种极性或非极性物质，当侵入地层后，必然会引起煤岩的一系列变化。高晋生等研究了不同煤种在极性和非极性溶剂中的溶胀行为，认为煤在非极性溶剂中的溶胀行为是各种煤分子间作用力的综合体现。煤在溶剂中的溶胀率大，表明煤分子间作用力小；反之则表明煤分子间作用力大。钻井流体侵入引起煤岩溶胀的特性必定会引起对煤储层的伤害，煤的溶胀性和煤岩中所含黏土矿物的膨胀，即煤岩的膨胀性，应作为钻井流体对煤储层伤害研究的重要方法。

与常规油气储层相比，煤储层具有非常独特的特性，如煤岩极强的可压缩性和非均质性、煤层气是吸附气等。工业开采的腐植煤是由高等植物在沼泽环境下经过还原形成的。从植物死亡到堆积转变为煤要经过泥炭化阶段和煤化阶段。不同的植物经不同煤化作用形成了不同煤显微组分，所以煤是由多种性质不同的显微组分构成。这种显微组分即有机质类型，不同的显微组分表明了不同的有机质类型。显微组分的不同组合，造成了不同类型煤在组成、结构和性质上的差异，以至有"世界上没有组成、结构和性质上完全相同的两块煤"之说。煤层气是吸附气，它主要吸附在构成煤储层孔隙的煤基质之上，孔隙是煤层气储集和运移的空间，不同孔隙大小和分布的空间几何形状在煤层气的储集、运移方面存在着较大差异。煤储层的这些特性决定了必须对煤储层进行深入研究才能实现经济高效开采煤层气的目标。

煤储层的孔隙系统包括基质孔隙和裂隙孔隙。基质孔隙即煤的原生孔隙，是煤层气的主要储集空间；裂隙孔隙即煤层中的裂隙。按其成因分内生裂隙和外生裂隙，内生裂隙就是割理，以焦煤的割理最发育；外生裂隙是由于局部构造应力作用产生的裂隙。随着煤演化度的增加，煤储层孔隙吸附表面积增加，到高煤阶无烟煤达最大值。煤储层的渗透性影响着甲烷分子在裂隙孔隙中的渗流作用，由于煤基质本身渗透率极低，煤储层的渗透率主要来源于煤储层的割理网络系统，而割理网络系统通常被水饱和，在排采过程中，储层压力降至临界解吸压力时，储层中的气体才能从煤基质微孔隙表面解吸、扩散出来，并以渗流的方式通过裂隙网络系统进入井筒，从而形成具有工业开采潜势的煤层气气流。由于高煤阶孔渗结构与中、低煤阶孔渗结构等方面的显著差异，必须针对性地开展高煤阶煤储层的相关研究工作，才能为高煤阶煤储层的有效开发打下良好的基础。

煤层作为储气层，与常规的储层有许多的不同。对煤层气而言，煤层既是气源岩，又是储集岩。煤层具有一系列独特的物理、化学性质和特殊的岩石力学性质，必须全面了解煤层作为储层时所表现的特殊性，才能更进一步研究煤层在钻井完井过程中的伤害机理。

2.1.3 煤岩特征研究

2.1.3.1 煤岩显微组分及外来流体影响分析

为了研究中高阶煤层显微组分，采集了中国石油煤层气示范区沁南盆地郑庄和樊庄、鄂尔多斯盆地东缘陕西韩城，以及山西保德地区五鑫煤矿的岩样，其中对沁南盆地郑庄和樊庄（端氏）采集点的选择如图2-3所示。由于煤储层中含有水，通过对煤层水性质研究确定钻井流体的性质。本书以目标区域郑庄、樊庄为主要研究对象，主要以采集日产水量为$4m^3$的煤层排采水为主。

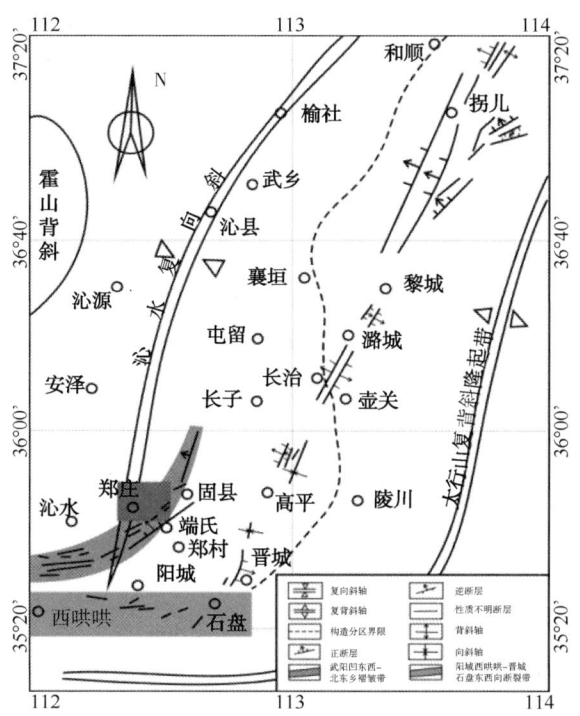

图 2-3 沁南盆地实验用煤样采集地点

(1) 煤样元素分析。

煤的工业性分析是一种判断煤中无机矿物含量和有机质含量的方法，是粗略测定煤化学组成的一种常规方法。它将煤的组成区分为水分、灰分、挥发分和固定碳。理论上，灰分来源于煤中矿物质，挥发分和固定碳来源于煤中的有机质。高温条件下，将煤在隔绝空气的环境中加热一定时间，煤的有机质发生热解反应，形成部分小分子化合物，在测定条件下以气态析出，其余有机质则以固态残留下来。呈气态析出的小分子化合物称为挥发分，以固态残留下来的称为固定碳。挥发分随煤化程度的提高而下降，主要来源于煤分子上的脂肪侧链，含氧官能团断裂后形成的小分子化合物和煤有机质小分子缩聚时生成的氢气。煤的工业分析可以初步用于判断煤质。

煤的元素分析被认为是煤化学结构分析的重要部分，这是因为煤的结构单元以缩合芳香环为核心，缩合芳香环主要由碳、氢、氧、氮、硫五种元素组成。碳是构成煤分子骨架最重要的元素之一，主要存在于缩合芳香核上；煤化程度提高，煤中的碳元素逐渐增加，从褐煤的60%左右一直增加到无烟煤的98%。氢是煤中第二重要的元素，主要存在于煤分子的侧链和官能团上，在有机质中的含量约为2.0%~6.5%。氧主要存在于煤分子的含氧官能团上，如—OCH_3(甲氧基)、—COOH(羧基)、—OH(羟基)、>C=O(羰基)等基团上均含有氧原子；煤中含氧官能团与煤的疏水性密切相关。氮也是组成煤有机质的元素之一，主要存在于煤分子的杂环和胺基上。煤中的氮元素含量较少，一般为0.5%~1.8%。煤中的硫主要存在形态是无机硫和有机硫，两者合称为全硫，其中有机硫参与煤的大分子结构。

采集到沁南区块实验煤样的工业分析和元素分析见表2-4。

表 2-4 沁南区块实验煤样的工业分析与元素分析结果

煤样	工业分析(%)				元素分析(%)				
	M_{ad}	A_d	V_{daf}	FC_d	C_{daf}	H_{daf}	N_{daf}	O_{daf}	St,d
寺1	0.89	10.76	6.65	82.59	83.05	2.685	1.189	2.368	0.374
寺2	0.79	11.23	6.59	82.19	82.55	2.689	2.279	2.469	0.396
寺3	0.75	19.37	6.57	74.07	74.32	2.486	0.50	3.002	0.361
寺4	0.64	11.67	7.22	81.12	81.94	2.643	1.187	3.029	0.343
寺5	0.58	7.21	6.51	86.29	86.18	2.768	1.131	2.161	0.344
寺6	0.63	9.26	7.11	83.63	84.13	2.684	1.153	2.909	0.337
长1	0.99	10.93	6.76	82.32	82.95	2.621	1.004	2.494	0.361
长2	1.23	6.81	5.99	87.20	87.42	2.667	1.160	1.835	0.351
长3	0.89	18.86	14.19	66.95	70.75	2.094	0.908	8.576	0.282
长4	1.67	9.75	6.48	83.77	84.32	2.620	1.016	1.838	0.344
长5	1.76	8.79	6.60	84.62	85.64	2.531	1.020	2.001	0.345
长6	1.31	5.44	5.87	88.69	88.98	2.669	1.098	1.38	0.385

注：M_{ad}：水分；A_d：灰分；V_{daf}：挥发分；FC_d：固定碳；C_{daf}：碳元素含量；H_{daf}：氢元素含量；N_{daf}：氮元素含量；O_{daf}：氧元素含量；St,d：干燥基全硫。

表 2-4 表明，采集的煤样中粗略地分析出，灰分即无机矿物含量为 5.44%~18.86%，挥发分即从气态析出的小分子含量为 5.87%~14.19%，固定碳含量为 66.95%~88.98%。这些数据表明，所采集的实验煤样为高煤阶无烟煤，并且煤的非均质性极强。煤的元素分析中碳元素含量几乎都在 80% 以上，含有一定量的氧元素，氧元素存在表明其具有疏水性。

（2）煤岩有机显微组分分析。

煤的有机显微组分按照成煤植物、成煤条件及性质分为镜质组、壳质组和惰质组，是指光学显微镜下可识别出的最小有机组成单元，主要依据各种组分光学特征差异进行分类。不同的有机显微组分表面化学基团不同，化学活性也不相同。

① 采集区块煤岩显微组分分析。

煤的显微组分是在显微镜下可识别的有机成分，可与无机岩石中的矿物类比，但不同于矿物。煤的显微组分没有特殊的晶体形式，其化学组分也不稳定。煤是一种不均一的固体有机岩石，含有微观可识别的各种有机显微成分。煤的显微组分中主要包括镜质组、惰质组和壳质组。镜质组（尤其是均质镜质组）致密、均匀、块体大，有利于割理顺利延伸和发展；惰质组是多孔、纤维状的，有释放应力、减弱割理和阻挡割理的作用，对割理发育不利；壳质组的机械强度大于镜质组和惰质组，其形变过程类似于镜质组，多数煤层含壳质组很少，故壳质组对煤层割理发育影响不大。大量研究表明，显微组分中镜质组对煤的生气量及储层物性的贡献最大。镜质组发育的煤层，一般内生裂隙较发育，且渗透率越高。

通过对不同区块采集煤样进行显微组分分析，并对同一大块煤样进行显微组分分析，以提高对韩城矿区、保德煤矿、晋城矿区、长治煤矿等区块煤样的认识。测试仪器为德国 Leiz 显微光度计（图 2-4）。测试方法是将煤岩制成煤粉光片在偏光显微镜下定量测试。原煤煤岩显微组分分析结果见表 2-5。象山 1 号、象山 2 号、象山 3 号为韩城矿区象山矿的 3 个样品;保德1号、保德2号、保德3号为山西河东煤田保德矿的3个样品;寺河、寺河西、长畛为山西晋城矿区寺河矿的3个样品。

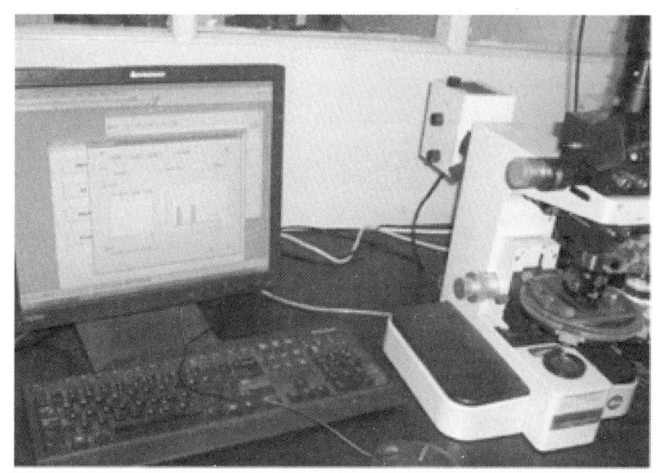

图 2-4 德国 Leiz 显微光度计

表 2-5 原煤煤岩显微组分(单位:%)

样品名称	镜质组	惰质组	壳质组	有机质	黏土	碳酸盐	黄铁矿
象山1号	87.76	12.24	0.00	93.20	4.39	2.41	0.00
象山2号	57.30	42.70	0.00	96.63	2.74	0.63	0.00
象山3号	85.97	14.03	0.00	87.47	12.53	0.00	0.00
保德1号	64.75	31.42	3.83	92.23	0.35	6.01	1.41
保德2号	53.45	41.09	5.45	97.17	1.06	1.77	0.00
保德3号	57.53	36.99	5.48	97.99	1.34	0.67	0.00
寺河	88.36	11.64	0.00	94.81	3.57	1.62	0.00
寺河西	80.46	19.54	0.00	94.91	4.73	0.36	0.00
长畛	61.94	38.06	0.00	98.73	1.27	0.00	0.00
长治	84.40	11.47	0.19	97	0.56	0.19	0.00

韩城矿区贫煤镜质组含量高,85%以上,惰质组含量低,总体小于15%,没有观察到壳质组,有机质含量在87.47%~96.63%之间;无机矿物主要是黏土矿物(2.74%~12.53%)和碳酸盐矿物(0~2.41%)。

保德煤矿焦煤镜质组含量为53.45%~64.75%,惰质组含量为31.42%~41.09%,壳质组含量为3.83%~5.48%,属高惰质组煤。有机质含量高(在92.23%~97.99%之间);无机矿物主要是黏土矿物(0.35%~1.34%)、碳酸盐矿物(0.67%~6.01%),部分含有黄铁矿(0~1.41%)。

晋城矿区无烟煤镜质组含量为61.91%~88.36%,惰质组含量为11.47%~38.06%,没有观察到壳质组,属高惰质组煤。有机质含量高(在94.81%~98.73%之间);无机矿物主要是黏土矿物(1.27%~3.57%)、碳酸盐矿物(0.36%~1.62%)。

长治煤镜质组含量高(84.40%以上),惰质组含量低(总体小于12%),壳质组含量0.19%,有机质含量在97%左右;无机矿物主要是硫化物(3.20%)和碳酸盐矿物(0.19%~1.62%)、黏土矿物(0.56%~4.73%)。

实验结果表明,煤样的非均质性极强,同一块煤不同部位,煤的显微组分存在很大差异。例如寺河矿同一大块煤样的不同部位镜质组含量为17.4%~80.9%,惰质组含量为18.5%~64.0%,矿物含量0.4%~1.7%。长畛矿同一大块煤样不同部位镜质组含量为74.9%~87.9%,惰质组含量为7.1%~22.3%,矿物含量为2.8%~5%。各种成分的含量极不均匀,同一块煤样显微组分含量也极不均匀。

② 煤镜质组反射率测试。

煤镜质组反射率采用显微镜油浸物镜测试,对煤镜质组抛光面上的限定面积内测量垂直入射光的反射光($\lambda=546nm$)强度,与已知反射率的标准物质在相同条件下的反射光强度进行对比,从而可标定出样品煤镜质组反射率。

实验结果表明,煤镜质组反射率直接反映了煤的变质程度,与煤的挥发分对应,反射率越高,挥发分越低。单种煤的镜质组反射率分布图呈单峰曲线,峰形相对较窄,基本呈正态分布,而混洗煤的镜质组反射率分布图随其混配复杂程度的不同而呈现出各种复杂的形态,一般有多个峰,或峰形较宽,其分析结果见表2-6。由表2-6可知,象山煤都属于贫煤,保德煤都属于1/3焦煤,寺河西和长畛煤同属于无烟煤。

表2-6 各煤种的镜质组反射率比较表

	象山1号	象山2号	象山3号	保德1号	保德2号	保德3号	寺河	寺河西	长畛
煤镜质组反射率(%)	2.05	2.14	2.10	0.84	0.83	0.84	2.06	3.79	3.82
煤种	贫煤	贫煤	贫煤	1/3焦煤	1/3焦煤	1/3焦煤	贫煤	无烟煤	无烟煤

(3)外来流体对煤层组分结构的影响规律分析。

煤层受构造应力的作用,在脆性碎裂的情况下,常形成角砾状构造,角砾孔占优势的煤层渗透率好。在构造变形轻微的煤中,角砾孔占优势。在高分辨率电子显微镜下观测到的构造,煤的显微角砾状结构和团粒状结构是脆性断裂的表现特点。随着煤层构造变形程度的加深,角砾变为碎粒或糜棱质,孔隙减小或被堵塞,从而降低煤层的渗透率。碎粒孔为主的煤层渗透率低,摩擦孔多的煤层受挤压严重,溶蚀孔和次生矿物晶间孔可以反映煤层的透水性。在高分辨率电子显微镜下观测到的构造,在塑性条件下,常出现流状构造和片状构造。定向排列、鳞片状等多属于塑性变形的表面特征。

采用煤岩组分结构高分辨率电子显微镜进行分析测试。测试仪器:采用日本电子株式会社JSM-6460LV高分辨率电子显微镜(图2-5)。实验煤样取自韩城矿区象山矿,煤样分为三组:一组原煤、一组经3%KCl水溶液浸泡,一组经饱和钻井液浸泡[配方:0.2%XC(增黏剂)+2%KF-2YNZK(降滤失剂)+3%

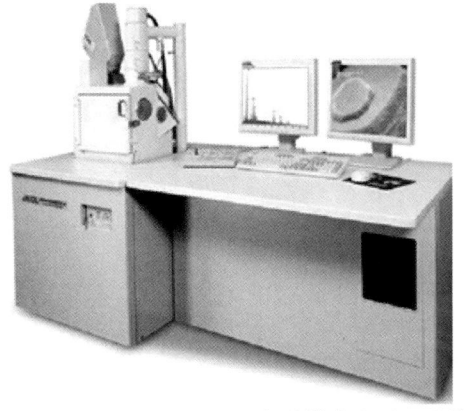

图2-5 JSM-6460 LV 高分辨率电子显微镜

KCl(膨胀抑制剂)+水溶液]。

首先将测试煤样用导电胶粘在样品台上,用洗耳球将样品表面吹拭干净;将样品表面喷镀导电物质(金);根据样品的工作距离和角度,选择加速电压,调整探针直径、探针电流、放大倍数,对煤样顶端的观测面进行成像,得到不同的比例(放大倍数)观测切面的表面形貌。选出各样品中具有代表性的图片进行分析(图2-6)。

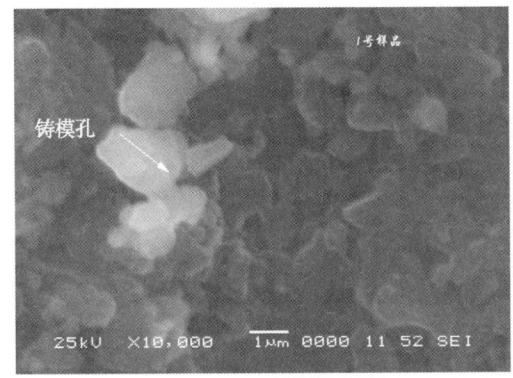
(a)象山1号原煤

(b)象山1号煤经3%KCl水溶液浸泡

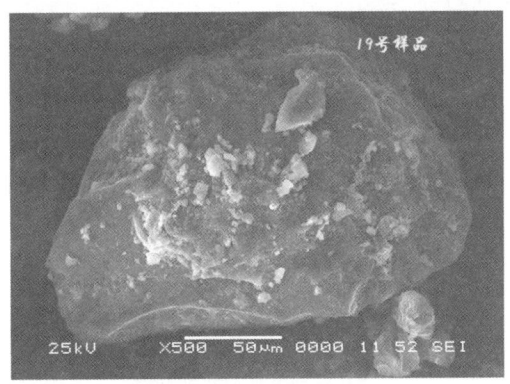
(c)象山1号煤经饱和钻井液浸泡

图2-6 象山1号煤及其在不同介质环境中的电子显微镜照片

从实验结果可见,象山矿煤样外观以角砾为主,还有一定数量的碎粒孔,有少量摩擦孔,孔径以中—大孔为主,孔隙堵塞现象严重,主要呈脆性变形特点,说明煤层经受过较为严重的构造应力作用。在3%KCl水溶液和钻井液作用下,也出现了少量溶蚀孔,对提高煤层的渗透性有一定帮助,但因数量较少,不会明显改善煤层的渗透能力。

2.1.3.2 无机矿物含量测定及外来流体影响分析

煤中无机矿物来源一般有三种:一是植物生长过程中选择性吸收;二是在植物遗体分解过程中,从介质吸附或呈矿物质掺入;三是煤层形成后地下水循环带入。按矿物的成因分为植物成因、陆源碎屑成因、化学和生物化学成因;按照形成时间分为同生(碎屑的和自生的)和后生(充填裂隙和变质作用改造)。根据矿物质与有机质可分离的难易程度,分为易选的(附着矿物质)和难选的(内在矿物质)。同时煤储层中还含有大小不等的煤矸石,本研究对象是不带夹矸的煤储层中煤所含无机矿物。

X射线衍射分析方法(XRD)是从煤的内部结构的变化来认识煤的变质规律,特别是研究高变质程度煤时,它克服了用反射率来研究时很难找到定向切片的缺点。本书试图从煤 X 射线衍射入手,来分析保德矿 8/9 号煤层和沁水长畛矿 3 号煤层样品的变质情况,并通过黏土矿物含量测定,探讨黏土矿物对煤储层潜在伤害因素。

(1) X 射线分析基本原理及实验设备。

① X 射线分析基本原理。

利用晶体形成的 X 射线衍射,对物质内部原子在空间分布的状况进行结构分析。将具有一定波长的 X 射线照射到结晶性物质上时,X 射线因在结晶内遇到规则排列的原子或离子而发生散射,散射的 X 射线在某些方向上相位得到加强,从而显示与结晶结构相对应的特有的衍射现象。衍射 X 射线满足布拉格(W. L. Bragg)方程:

$$2d\sin\theta = n\lambda \tag{2-1}$$

式中　d——晶面间距;

　　　θ——入射线、反射线与反射面之间的交角,称掠射角或布拉格角;

　　　n——反射级数,为整数;

　　　λ——入射 X 射线波长,与 X 射线管所用的靶材有关。

波长 λ 可用已知的 X 射线衍射角测定,进而求得面间隔,即结晶内原子或离子的规则排列状态。将求出的衍射 X 射线强度和面间隔与已知的表对照,即可确定试样结晶的物质结构,此即定性分析。从衍射 X 射线强度的比较,可进行定量分析。此方法的特点在于可以获得元素存在的化合物状态、原子间相互结合的方式,从而可进行价态分析。

②实验仪器。

下面利用日本理学 D/max 2500 型 X 射线衍射仪(XRD)进行煤的全岩矿物分析和黏土矿物相对含量测定(图 2-7),实验条件:Cu 靶,Kα 辐射(波长为 0.154nm),管电压 40kV,管电流 100mA,步进扫描,步幅 0.01°,全岩分析 6°/min、黏土矿物分析为 4°/min。

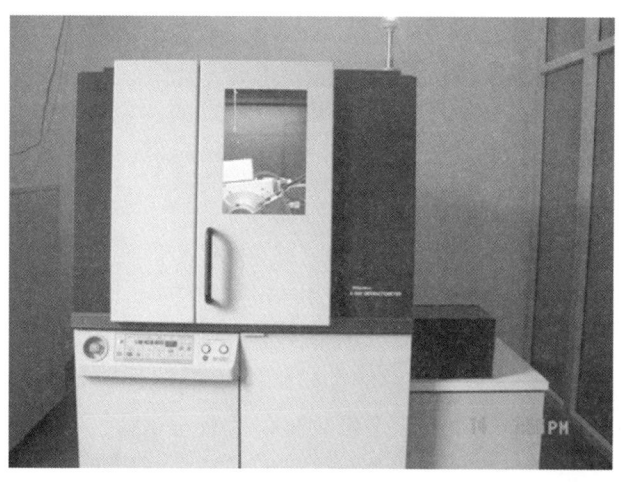

图 2-7　日本理学 D/max-2500PC 全自动粉末 X 射线衍射仪

(2) 无机矿物含量测试结果。

煤储层中含有无机矿物,其中无机矿物种类、含量影响着煤储层孔渗结构和产出效率。钻井液侵入导致煤层中无机矿物发生化学反应,会引起对煤储层渗透率的伤害;因此煤储层无机矿物的研究是煤储层保护技术的重要内容之一。通过对煤岩全岩矿物和黏土矿物的分析，可以更深入地了解煤中所含的各种矿物种类及含量。

① 全岩矿物 X 射线衍射分析。

对煤岩全岩矿物和黏土矿物含量的测定的图谱如图 2-8 所示。

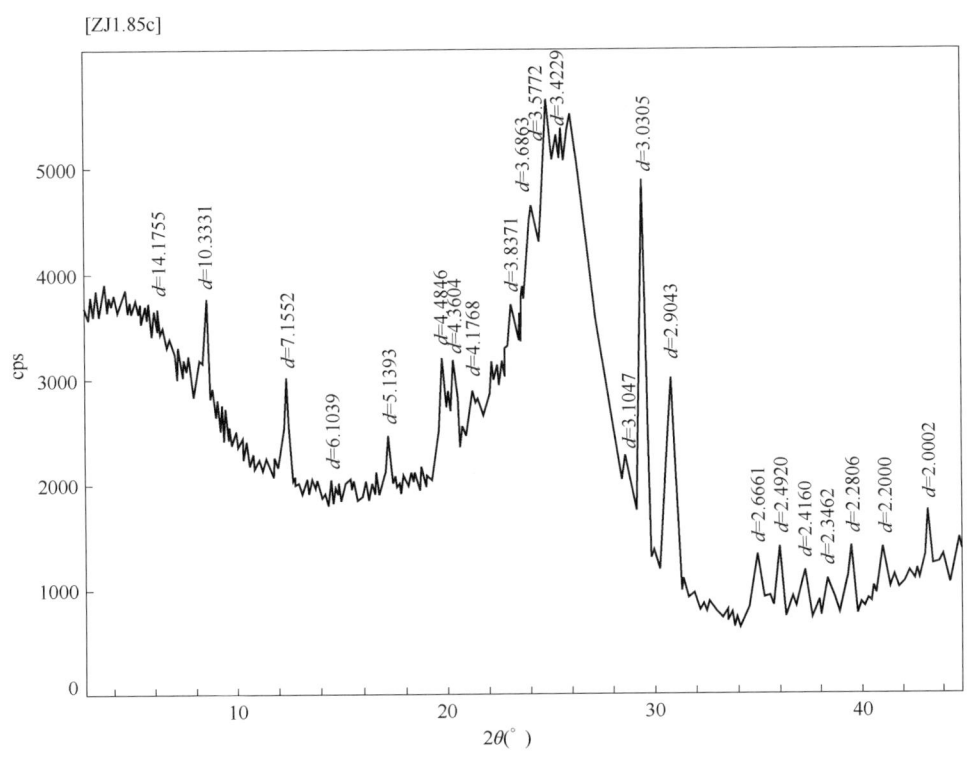

图 2-8　寺河矿煤样 SH-1 的全岩矿物 X 射线衍射图谱

图谱分析结果的数据见表 2-7。

表 2-7　三个矿区煤样全岩矿物分析结果

样品	矿物种类和含量(%)							黏土矿物总量(%)
	石英	方解石	白云石	铁白云石	菱铁矿	黄铁矿	非晶质	
SH-1	0	4.5	2.7	0	0	0	79.9	12.9
SH-2	0	0.2	0	2.2	0	0	80.5	17.1
SH-3	0	0	0	5.2	0	0	76.0	18.8
CZ-1	0	5.1	0	1.4	1.2	0.6	72.3	19.4
CZ-2	0	14.9	0	4.8	0	1.1	65.0	14.2
CZ-3	0	0	0	0	0	0	85.7	14.3
CZ-4	1.3	0	0	0	0	0	77.1	21.6
CZ-5		0.7					90.8	8.5
CZ-6		0.8					90.4	8.8
CZ-7		0.8					88.9	10.3
CZ-8		0.6					92.6	6.8

续表

样品	矿物种类和含量(%)							黏土矿物总量(%)
	石英	方解石	白云石	铁白云石	菱铁矿	黄铁矿	非晶质	
CZ-9		0.7					90.2	9.1
WX-1	2.9						83.5	11.1
WX-2	2.3						84.0	11.2
WX-3	2.3						84.2	11.0
WX-4	2.6						83.8	11.1
WX-5	2.0						85.4	10.1

上述数据的分析结果表明，实验煤样均以非晶质为主，晶体类矿物五鑫矿样品多于寺河矿，寺河矿多于长畛矿样品，煤岩中分布着各种无机矿物，分布极不均匀，其中黏土矿物含量最高，几乎都在10%以上，有的甚至高达20%以上。

煤层气储层的伤害机理中，黏土矿物造成的伤害不可忽视。因而对黏土矿物进一步分析，可为煤储层的伤害机理和保护技术研究奠定良好的基础。

在煤的 X 射线衍射图上，最明显的衍射峰位于 $2\theta = 25°\sim 26°$ 之间，称为002峰。该峰位是参照石墨的衍射数据确定的。石墨的最强峰为002峰，在 CuK2 衍射图上 $2\theta = 26.7°$，面网间距 $d_{002}=0.334$nm。煤的方向层片间距 d_m 一般都大于石墨的 d_{002}，因为其层状结构远没有石墨那样致密。随演化程度的加深，芳香取代基和芳氢丢失，芳香环的缩合程度提高，002峰的位置向 2θ 增高的方向移动，演化越深，越接近石墨002峰位。因此，结合不同变形—变质类型煤的 X 射线衍射对比图（图2-9）综合分析发现：长畛矿3号煤样品的002衍射峰高且陡、峰行对称，属构造—热变煤（002）晶面衍射峰特征；而五鑫矿8/9号煤样品的002峰低矮而且宽缓，峰的左侧升高，属区域变质煤（002）峰特征。长畛矿3号煤储层的变质程度要明显高于五鑫矿8/9号煤储层，另一方面也说明构造应力对长畛矿煤的变质程度的提高和稚理化的发展起到了不可忽视的作用，随着煤变质程度的增高，烃的支链和各种官能团逐渐减少，各层片间距离和微晶尺寸也发生变化。

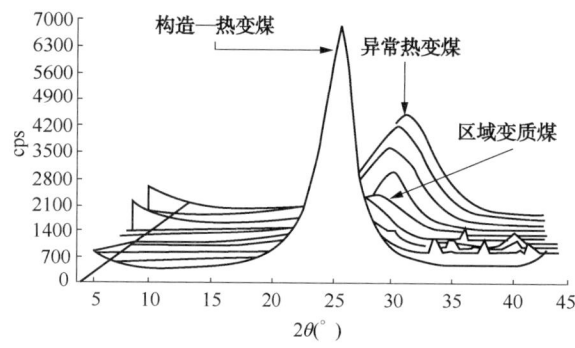

图2-9 不同变形-变质类型煤的 X 射线衍射谱对比图

② 黏土矿物 X 射线衍射分析。

黏土矿物通常是指粒径小于 2μm 含水的层状硅酸盐矿物，黏土矿物含量对于研究储层伤害和钻井过程水基钻井液对井壁稳定性影响有重要作用。长畛矿3号煤样品和寺河矿煤样品黏土矿物 X 射线谱图如图2-10所示，各样品所含黏土矿物种类及相对含量见表2-8。

黏土矿物分析结果表明：所采集目标区块三个煤矿煤样中均不含有纯蒙脱石黏土，寺河矿煤样不仅含有伊/蒙混层，还含有绿/蒙混层。长畛矿中伊/蒙混层含量达30%。五鑫矿中黏土矿物只有高岭石。

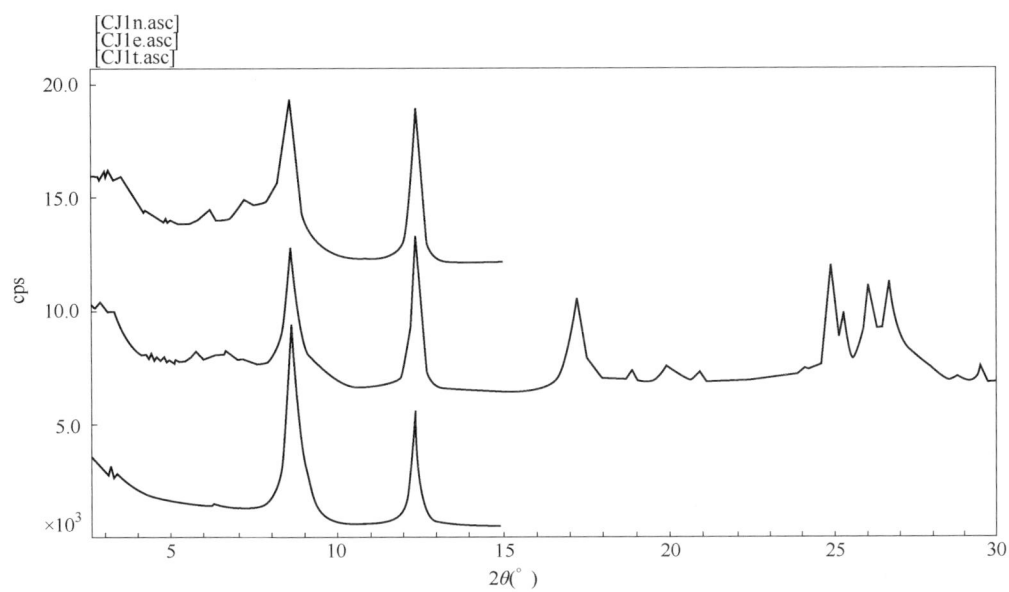

图 2-10 寺河矿 SH-1 煤样的黏土矿物 X 射线衍射图

表 2-8 三个矿区煤样黏土矿物分析结果

样品	黏土矿物相对含量(%)						混层比(%S)	
	S	I/S	I	K	C	C/S	I/S	C/S
SH-1	0	39	20	21	12	8	30	45
SH-2	0	0	53	5	2	40	0	40
SH-3	0	90	0	6	0	4	5	50
CZ-1	0	23	67	5	5	0	30	0
CZ-2	0	25	47	28	0	0	30	0
CZ-3	0	5	75	8	12	0	30	0
CZ-4	0	63	0	37	0	0	30	0
CZ-1	0	20	63	9	8	0	30	0
CZ-2	0	21	61	10	8	0	30	0
CZ-3	0	18	65	10	7	0	30	0
CZ-4	0	19	64	10	7	0	30	0
CZ-5	0	20	64	9	7	0	30	0
WX-1	0	0	0	100	0	0	0	0
WX-2	0	0	0	100	0	0	0	0
WX-3	0	0	0	100	0	0	0	0
WX-4	0	0	0	100	0	0	0	0
WX-5	0	0	0	100	0	0	0	0

注：S——蒙脱石，I/S——伊/蒙混层，I——伊利石，K——高岭石，C——绿泥石，C/S——绿/蒙混层。

（3）外来流体对煤分子结构影响规律分析。

测试样品分别取自韩城矿区，通过 X 射线衍射（XRD）测试分析 3%KCl 和饱和钻井液污染浸泡前后的煤样。饱和钻井液配方为：0.2%XC（增黏剂）+2%KF-2YNZK（降滤失剂）+3%

KCl（膨胀抑制剂）+水溶液。X 射线衍射测试结果如图 2-11 所示。

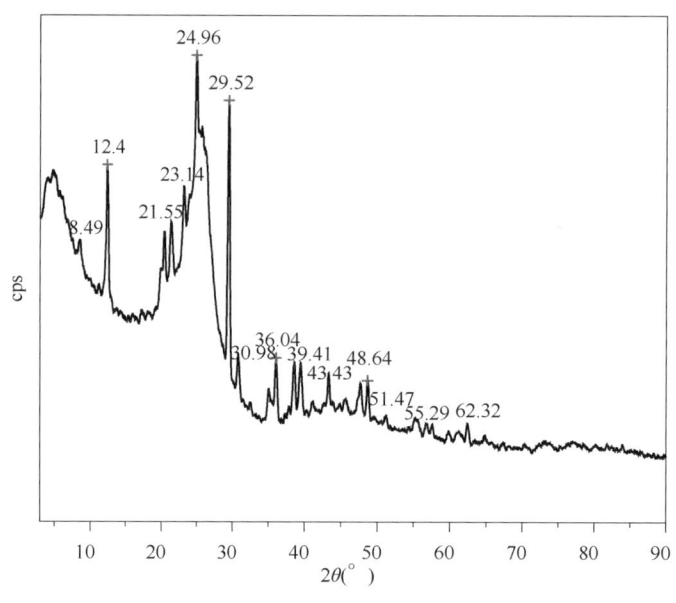

图 2-11 煤样品 X 射线衍射测试结果图

象山煤样以及经过 3% KCl 水溶液、钻井液处理后的 X 射线衍射图谱 002 网面分峰解析结果如图 2-12 所示；总体上，3% KCl 水溶液和钻井液浸泡都会使象山煤 002 网面芳香度下降，但是煤的芳香结构变化都不是很大。其中钻井液浸泡对 3 号煤的芳香片层影响最为突出。由于煤的变质程度不同和结构差异，3% KCl 水溶液和钻井液浸泡以后芳香片层结构变

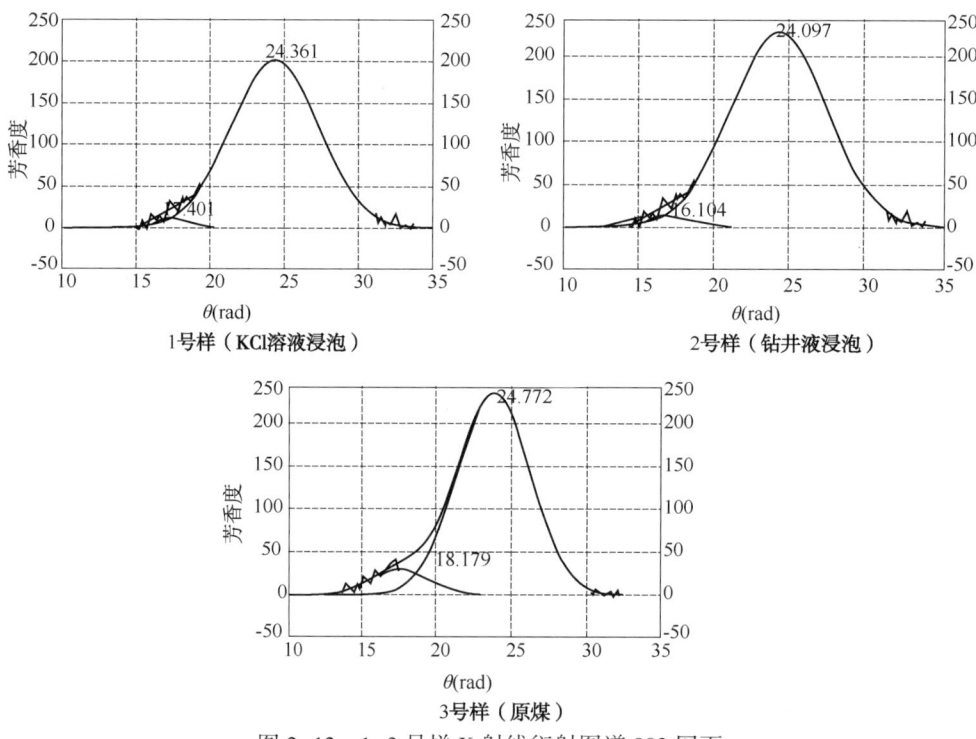

图 2-12 1-3 号样 X 射线衍射图谱 002 网面

化有所区别，总体上会降低 002 网面芳香度，降低 d_{002} 值和 L_c 值。

2.1.3.3 煤化学结构测试及外来流体影响分析

煤岩的化学结构分析包括键接结构、几何和空间异构、结晶结构和共混物相结构等各层次的结构问题。煤是一种高分子聚合物的缩聚体，它的化学结构分析与高分子材料有着极相似的关联。采用红外光谱和核磁共振谱可对煤官能团进行分析，顺磁共振可探索其周围环境的结构特征及相关物理特性。下面采用美国 NICOLET 公司 Nexus 870 型傅立叶变换红外光谱仪测定煤样红外图谱(图 2-13)。

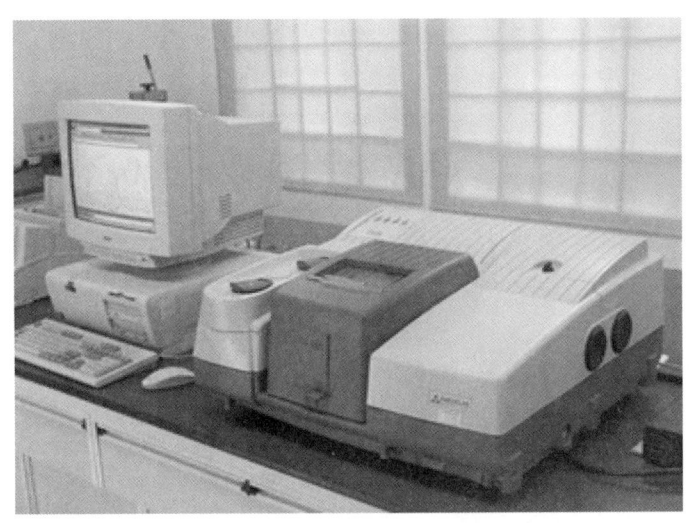

图 2-13 Nexus 870 型傅立叶变换红外光谱仪

光谱仪分辨率 4 cm^{-1}，扫描次数为 32 次，测定范围 400~4000cm^{-1}，DTGS 检测器(氘化硫酸三甘肽)。为了对所使用样品的量进行确定，选取一定波数的吸收度对样品浓度作图，如果样品吸收度与样品量呈线性关系即可认为样品量合适。韩城贫煤经 3% KCl 水溶液和饱和钻井液浸泡，饱和钻井液配方为：0.2%XC(增黏剂)+2%KF-2YNZK(降滤失剂)+3%KCl(膨胀抑制剂)+水溶液。

不同介质浸泡下保德煤大分子结构变化情况如图 2-14 所示；浸泡后，芳香环结构有所强化，芳香环共轭取代基增加，各类煤中的羧酸根含量增加，烷基侧链的影响不大。钻井液与煤表面的—OH 发生了较强烈的化学吸附作用。钻井液本身带有烷基侧链，两者的作用较强，增加了煤表面的烷基，钻井液对芳香环取代基有一定影响，对香芳环—C≡C—骨架影响不大，两种配方(3% KCl 水溶液和钻井液)造成氢键缔合羰基—C═O—等缔合程度加深。所以，对低变质程度煤使用钻井液可能与煤壁发生较强的作用。

2.1.3.4 孔隙结构测试及外来流体影响分析

由于煤层甲烷以吸附态储集于煤储层孔隙中，因而孔隙的连通性、大小和分布与煤层气开采密切相关，由于甲烷的分子直径为 0.382nm，以单分子层的形式吸附于煤基质表面，因而微孔隙的作用不可忽视。有些煤阶，如高煤阶煤层气储层，微孔隙占绝大多数，对煤层气的产能起到控制作用。煤层气开采中，对煤储层基本物性的研究具有重要的作用。这里介绍两种测定煤岩孔隙结构的实验方法，并进行相对应的外来流体影响实验分析。

(1)基质低温氮孔隙测试测试分析仪器、方法。

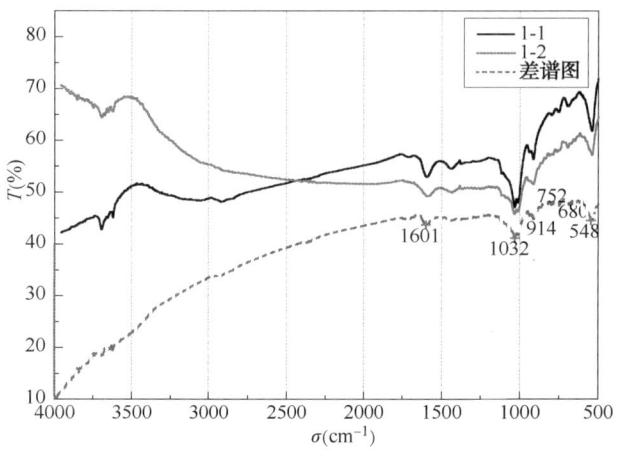

注：1-1，1%聚合物单组分；1-2，钻井液，先配聚合物1%溶液浸泡24h，抽滤后，加入3%破胶剂在1MPa下浸泡24h。

图 2-14　不同介质条件下保德3号煤分子官能团变化图

① 测试仪器。

比表面积及孔结构分析采用美国麦克公司 ASAP2020 型自动物理吸附仪(图 2-15)。

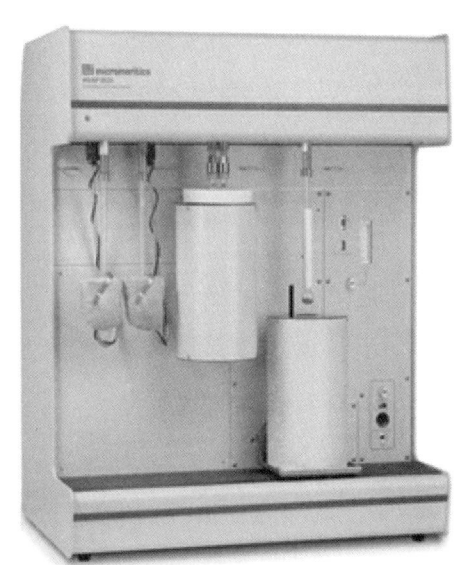

图 2-15　美国麦克公司 ASAP2020 型自动物理吸附仪

② 测试方法。

实验执行标准为气体吸附 BET 法测定固态物质比表面积，标准号 GB/T 19587—2004。通过测定低温氮气吸附—脱附等温曲线，再用 BET 法计算比表面积，BJH 法计算孔径分布、孔体积及平均孔径，t-plot 法计算微孔体积及微孔面积。

③ 煤岩孔隙结构测试结果。

采集煤样来自山西河东煤田保德矿的三个样品；饱和钻井液配方为：0.2% XC (增黏剂) + 2% KF-2YNZK(降滤失剂) + 3% KCl (膨胀抑制剂) + 水溶液。在 3% KCl 水溶液和钻井液的作用下，煤样的微孔容、吸附量等总体上都呈减小趋势，尤其是钻井液条件下吸附量下降幅度非常大(图 2-16、图 2-17、图 2-18)。

（2）煤岩压汞测试分析仪器、方法。

① 测试仪器。

高性能 AutoPore Ⅳ 9500 全自动压汞孔度仪(图 2-19)。

② 测试方法。

执行标准采用 ISO 15901-1—2005 压汞法和气体吸附法测定固体材料的孔径分布和孔隙度。基本原理是，汞对一般固体不润湿，欲使汞进入孔需施加外压，外压越大，汞能进入的孔半径越小。测量不同外压下进入孔中汞的量即可知相应孔大小的孔体积。目前所用压汞仪使用压力最大约 60000psi，可测孔半径范围为 0.003~1000μm。

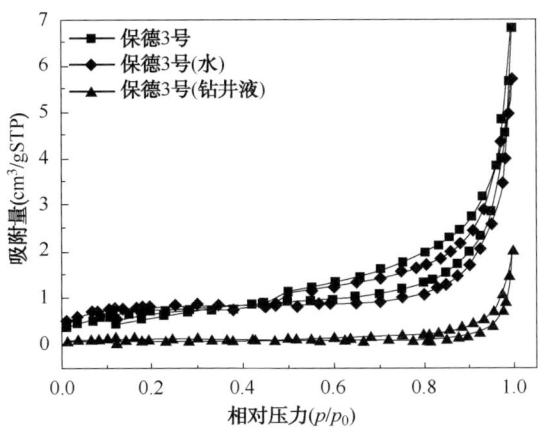

图 2-16 低温 N_2 吸附的线性等温线方程

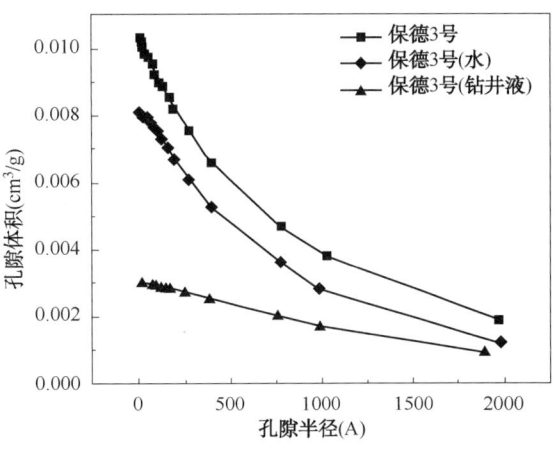

图 2-17 BJH 吸附孔容分布

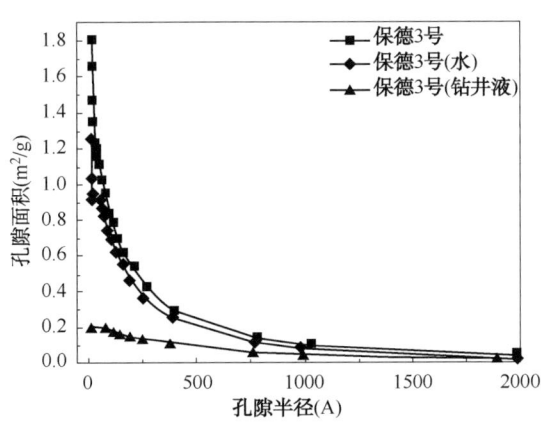

图 2-18 BJH 吸附孔面积分布

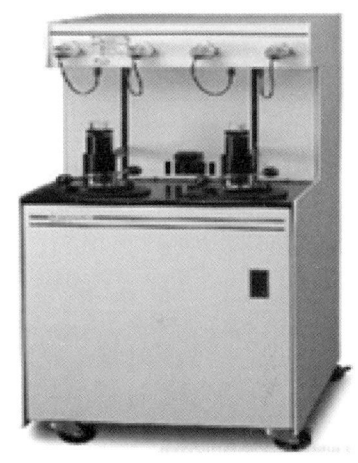

图 2-19 AutoPore IV 9500 全自动压汞孔度仪

③ 钻井液测试结果。

原煤和经不同钻井液浸泡后的煤样中孔对比图如图 2-20、图 2-21 和表 2-9 所示。

表 2-9 测试样品编号与配方对应表

钻井液	浸泡液（加压）
钻井液 1	1%聚合物+3%破胶剂（1MP）
钻井液 2	1.3g/cm³甲酸钠+50ppmCR-650（1MP）
钻井液 3	1.3g/cm³甲酸钠+0.2%XC（1MP）
钻井液 4	3%KCL+0.2%XC（1MP）

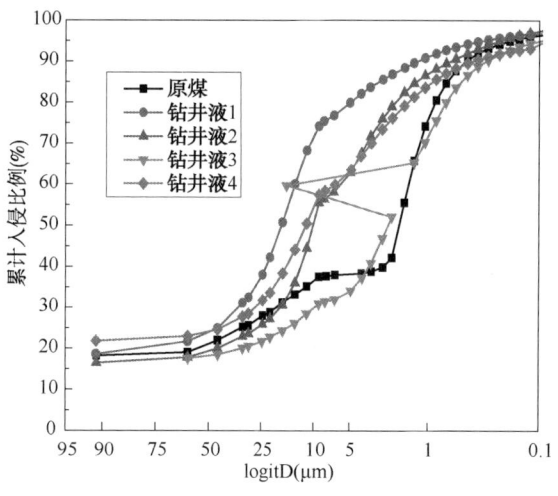
图 2-20 压力对汞的累积入侵图

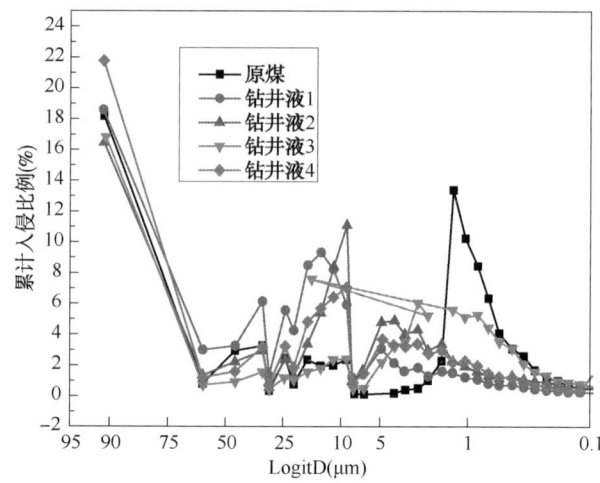
图 2-21 孔径对汞的累积入侵图

表 2-10 原煤和经过单组分流体浸泡后的压汞吸附结果

	总比表面积（m²/g）	变化率（%）	总孔容（cm³/g）	变化率（%）	中孔隙率（%）	变化率（%）	平均孔径（nm）	变化率（%）
原煤+KCl	12.824	75.17↑	0.6339	3.63↑	40.6371	-5.25↓	197.7	-40.8↓
原煤+钻井液1	12.497	70.70↑	1.0926	78.62↑	61.8936	44.31↑	349.7	4.64↑
原煤+钻井液2	5.029	-31.31↓	0.6972	13.98↑	48.1998	12.38↑	554.5	65.92↑
原煤+钻井液3	7.396	1.02↑	0.4479	-26.78↓	37.6796	-12.15↓	242.2	-27.53↓
原煤+钻井液4	13.461	83.87↑	0.6719	9.84↑	50.0011	16.58↑	199.7	-40.25↓

（1）经单组分和钻井液浸泡后原煤的平均孔径总体明显减小，是由于单组分和钻井液中的阳离子表面活性剂等组分易进入煤中较小孔隙及裂隙，另一方面，微粒煤凝聚体自身内部构成一些假孔隙，其大、中、小孔，造成整体中孔平均孔径的减小；中孔隙率、总孔容及总比表面积总体明显增大，是由于单组分中的阳离子表面活性剂使煤粒团聚产生新的孔隙。

（2）单组分 CR-650、CMC-LV、KF-2YN2K、XC 是高分子聚合物或颗粒使煤岩孔隙堵塞，对煤层气的渗透率有明显的影响，而甲酸钠溶液对煤层气的渗透率影响较小。经钻井液浸泡后，一方面由于钻井液中的高分子聚合物或颗粒等易进入煤的中孔及微孔，使基质孔隙堵塞，造成平均孔径总体明显减小；另一方面，使细粒煤团聚构成的假孔隙，造成整体中孔隙率增大。综上可知，加入钻井液对煤层气的渗透率和孔隙度影响明显。

2.1.3.5 裂缝测定及外来流体影响分析

（1）原煤裂隙测定。

① 测试仪器。

原煤裂隙的测定采用德国 Leiz 显微光度计（图 2-22）。

② 测试方法。

将煤岩制成立方定向光片，分别测试层理面和剖面的裂隙发育程度，在显微镜下进行定量测试。

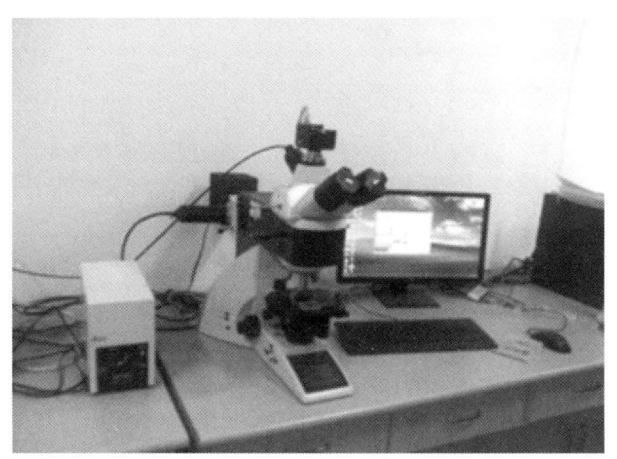

图 2-22 德国 Leiz 显微光度计

③ 测试结果。

原煤煤岩心裂缝测定结果见表 2-11。

表 2-11 原煤煤岩心裂缝测定结果

样品号	煤岩类型	主裂隙				次裂隙				连通性	裂隙发育程度
		长度（cm）	高度（cm）	宽度（μm）	密度（条/cm）	长度（cm）	高度（cm）	宽度（μm）	密度（条/cm）		
象山1号	光亮煤	0.08~2.5/1.25	0.07~0.6/0.41	8~240/149	4.1	0.06~1.3/0.28	0.07~0.6/0.41	5~200/75	5.8	中等	发育
象山2号	半亮煤	0.05~1.5/0.25	0.06~0.3/0.14	4~180/18	11.0	0.04~1.8/0.18	0.06~0.3/0.14	3~130/23	11.1	中等	发育
象山3号	半暗煤	0.08~1.7/0.49	0.06~2.0/0.40	8~30/11	2.4	0.04~0.5/0.13	0.05~0.4/0.23	6~20/8	4.7	中等	发育
保德1号	半暗煤	0.06~1.1/0.21	0.08~0.4/0.14	6~260/22	7.0	0.04~0.3/0.11	0.07~0.3/0.20	6~200/60	2.6	中等	发育
保德2号	半暗煤	0.08~3.1/0.56	0.08~0.4/0.20	6~30/8	4.8	0.07~0.2/0.11	0.08~0.4/0.20	6~120/15	3.7	中等	发育
保德3号	半暗煤	0.08~1.5/0.58	0.08~0.5/0.27	8~60/19	4.1	0.06~0.6/0.18	0.08~0.5/0.27	7~120/18	3.8	中等	发育
寺河	半暗煤	0.07~0.5/0.42	0.06~1.0/0.34	8~30/9	6.7	0.06~0.8/0.25	0.05~0.4/0.30	6~20/7	4.7	中等	发育
寺河西	半暗煤	0.09~3.2/0.71	0.06~1.2/0.74	8~600/126	1.1	0.07~2.5/0.88	0.05~1.1/0.71	7~120/45	0.9	中等	较发育
长畛	半暗煤	0.08~0.5/0.37	0.08~0.4/0.32	8~300/137	4.9	0.06~0.2/0.15	0.08~0.4/0.32	6~300/103	1.7	中等	发育

对比以上观测样品，裂隙的走向基本一致，垂直层理；煤样裂隙均发育，连通性中等。裂隙中充填少量矿物，其中保德2号样品裂隙中可见黄铁矿充填。象山1号样品的主裂隙与次裂隙呈近60°交角，寺河西样品的主裂隙与次裂隙呈近70°的交角；其他样品的主裂隙与

次裂隙近直交。所有样品均发育少量顺层裂隙，顺层裂隙中部分充填碳酸盐矿物。

（2）外来流体影响分析。

将取自保德煤矿的煤岩制成立方定向光片，分别测试层理面和剖面的裂隙宽度在钻井液作用下的变化情况，在显微镜下定量测试（图2-23）。钻井液对保德矿煤岩裂隙的影响，总体变化不大，裂隙呈现减小趋势，但 1.3 g/cm³ 甲酸钠+0.2%XC 对裂隙的影响却是增大，详细测试结果见表 2-12。

1.3 g/cm³ 甲酸钠+0.2%XC 使裂隙增大的原因可能是由于钻井液中的固相颗粒对煤层裂隙通道的充填堵塞，镶嵌在裂隙中无法清除，使裂隙半径增大，对煤储层造成一定伤害。裂隙减小是由于高分子聚合物的吸附作用，引起黏土絮凝堵塞，羧基水化作用引起黏土膨胀堵塞，导致煤岩裂隙缩小，对渗流有一定影响，使渗透率降低。

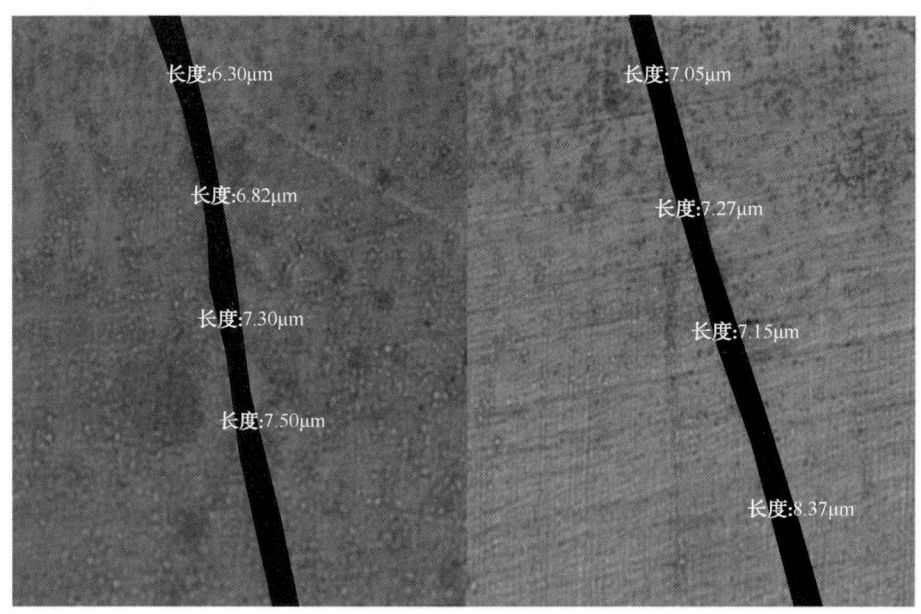

图 2-23 煤层裂隙宽度测定示意图

表 2-12 相对原煤变化率比较

钻井液	变化率（%）	钻井液	变化率（%）
1%聚合物+3%破胶剂	-0.25	1.3 g/cm³ 甲酸钠+0.2%XC	0.23
1.3 g/cm³ 甲酸钠+50mg/L CR-650	-0.52	3%KCL+0.2%XC	-0.50

2.1.3.6 煤岩润湿性测试

① 测试仪器。

中国矿业大学制造的接触角测定仪（图2-24）。

② 测试方法。

采用外形图像分析方法，具体步骤是将液滴滴于固体样品表面，通过显微镜头与相机获得液滴的外形图像，再运用数字图像处理和一些算法将图像中的液滴的接触角计算出来。

实验图像如图 2-25 所示。

象山煤样的接触角测试结果见表 2-13。

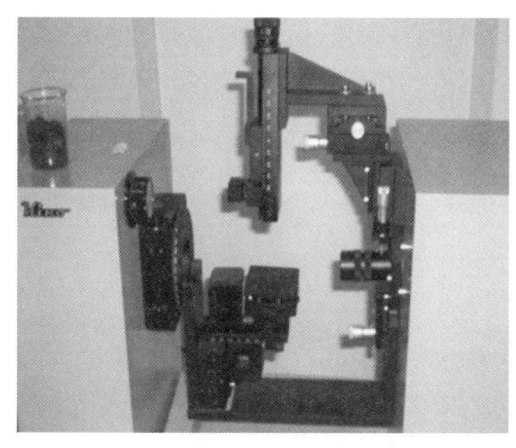 

图 2-24 实验用接触角测定仪　　　　图 2-25 外形图像测定接触角

表 2-13 象山煤样的接触角测试结果

煤种	测试次数	剖面接触角(°)
象山 1 号	4	68.30
象山 2 号	7	67.62
象山 3 号	6	60.34
剖面接触角平均值(°)		65.42

通过对韩城矿区煤样进行接触角测试，可以得到原煤的剖面和层理面接触角平均值分布在 60°~77° 之间。所以，原煤都是亲水性表面，润湿性测量值相差不大。象山矿煤样的层理面平均接触角为 68.71°，说明象山矿煤样对于极性 3% KCl 水溶液的吸附性较高，对于非极性饱和钻井液的吸附性能相对较差。

2.2 煤岩岩石力学特性

由于煤岩裂缝和割理高度发育破坏了煤岩的完整性，且大量微孔和微裂纹的存在使得煤岩产生极强的非均质性和各向异性。煤岩作为一种典型含缺陷的岩石材料，力学性质同砂岩、泥页岩有较大的区别。在煤岩受力过程中，煤岩中的微裂隙尖端极易产生应力集中，从而使得煤岩脆性大、强度低。通过煤岩单轴压缩试验发现，同平行于裂隙方向加载相比，垂直于裂隙方向加载时抗压强度和弹性模量显著增大，因此看出加载方向同裂纹方向角度的不同对煤岩力学性质产生较大影响；裂缝中充填的黏土矿物遇水膨胀对煤岩强度的影响也不可忽视。

有关煤岩力学特性的研究早已受到国内外学者的重视，取得了许多研究成果。通过分析国内不同区块的煤岩的岩石力学性质表明：同一类岩石的力学性质变化范围很大，说明除岩性外，沉积岩的成分、结构、胶结物成分、胶结类型等因素对煤岩的力学性质都有影响；表 2-14 为煤岩岩石力学与其他岩石性质的对比。

表 2-14　煤岩岩石力学与其他岩石性质对比

岩石类型		抗压强度（MPa）	抗拉强度（MPa）	弹性模量（GPa）	泊松比
泥岩	范围	11.7~149.1	0.4~4.5	2.30~72.00	0.02~0.43
	平均	45.1	1.6	21.32	0.24
砂岩	范围	29.1~164.9	1.1~5.0	11.00~97.00	0.10~0.39
	平均	87.6	3.4	33.73	0.22
石灰岩	范围	59.3~142.1	3.4~5.0	27.00~89.00	0.10~0.34
	平均	120.6	4.3	51.05	0.20
煤	范围	2.4~20.3	0.4	0.50~20.00	0.14~0.47
	平均	10	0.4	5.08	0.28

可以看出，尽管岩石力学性质数据的变化范围较大，影响因素较多，但其平均值还是可以清楚地反映出岩性差异对岩石力学性质的影响，并且不同岩类力学性质的差异非常明显；煤岩与其他岩石相比，泊松比较大，弹性模量和抗压强度较小。

2.2.1 煤岩力学参数的测定

2.2.1.1 单轴压缩试验原理

单轴压缩试验，是最常用的岩石强度试验。根据国家标准 GB/T 23561.1—2009 煤和岩石物理力学性质测定方法，煤岩试样为圆柱体，标准试件采用直径和长度为 $\phi 50 \times 100 mm$。室内压缩试验中，岩心通常是经过加工并置于试验机的十字头和工作台之间进行压缩。试件围压为零，轴向以一定的加载速度连续加载。通过测量轴向应力及轴向、径向变形，研究煤岩的力学性质。

通过单轴压缩试验可以测定以下常规煤岩参数：

（1）煤岩单轴抗压强度，即煤岩试件在单轴压力下达到破坏的极限强度，数值上等于破坏时的最大轴向应力，通常用 σ_c 表示：

$$\sigma_c = \frac{P}{A} \tag{2-2}$$

式中　P ——破坏时所施加的轴向荷载，称为破坏荷载；

　　　A ——为原始横断面积。

（2）弹性模量。

$$E = \frac{\Delta \sigma_z}{\Delta \varepsilon_z} \tag{2-3}$$

式中　E ——应力—应变曲线的斜率，即单轴应力时，应力相对应变的变化率；

　　　$\Delta \sigma_z$、$\Delta \varepsilon_z$ ——分别是轴向应力、应变的增量。

当轴向的应力—应变关系不成直线时，煤岩的变形特征可以用以下几种模量说明（图 2-26）。

① 初始模量，是应力—应变曲线在原点切线的斜率，即：

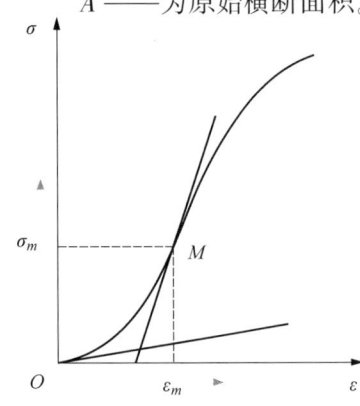

图 2-26　岩石的各种模量的确定

$$E_{初}(0) = \frac{d\sigma}{d\varepsilon}\bigg|_{\varepsilon=0} \tag{2-4}$$

② 切线模量，是对应于曲线上某一点 M 的切线的斜率，即：

$$E_{切}(\varepsilon_m) = E_{\tan}(\varepsilon_m) = \frac{d\sigma}{d\varepsilon}\bigg|_{\varepsilon=\varepsilon_m} \tag{2-5}$$

③ 割线模量，是曲线上某一点 M 与坐标原点连线的斜率，即：

$$E_{割}(\varepsilon_m) = E_{\sec}(\varepsilon_m) = \frac{\sigma_m}{\varepsilon_m} \tag{2-6}$$

割线模量与切线模量的关系为：

$$E_{割}(\varepsilon) = \frac{1}{\varepsilon}\int_0^\varepsilon E_{切}(\varepsilon')d\varepsilon' \tag{2-7}$$

由初始模量和不同轴压下的割线模量可以计算出不同轴压下的切线模量。采用测量应变的方法测量煤岩应力常常要用到切线模量。

（3）煤岩泊松比 υ 是单向压缩条件下径向应变 ε_r（即横向应变）与轴向应变 ε_z（即纵向应变）之比：

$$\upsilon = -\frac{\varepsilon_r}{\varepsilon_z} \tag{2-8}$$

事实上，由于这一指标是由弹性理论引入的，故只适用于煤岩弹性变形阶段，也即只有在荷载不会使煤岩裂隙发生或发展的有限范围内，这种比例性才能保持。公式中引入负号，是由于考虑到当轴向缩短时，侧向是伸长的，这样可定义泊松比为一个正值。

在单轴抗压破坏试验中，大多数煤岩表现为脆性破坏，因此可以直接测得 σ_c。但是由于应力—应变曲线（图 2-27）通常是非线性的，所以 E 和 υ 的值会随轴向应力值的不同而不同。在实际工作中，通常在 $1/2\sigma_c$ 处取定 E 和 υ 值。

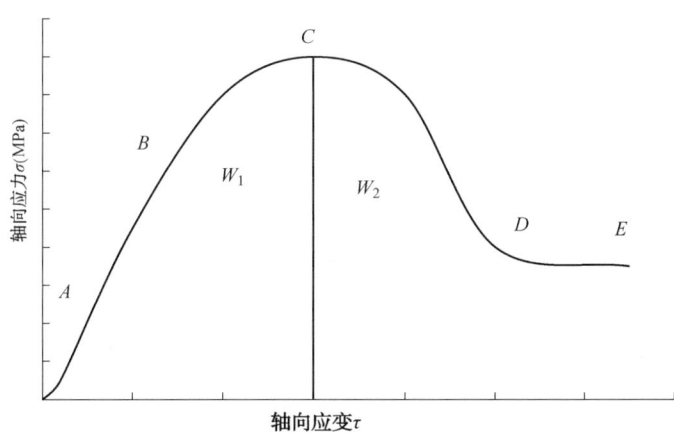

图 2-27 煤岩单轴抗压试验应力—应变曲线

煤岩的变形模量和泊松比主要受到有机组分、微结构面及其与荷载方向的关系等多种因素的影响，变化较大。而且煤岩的物理力学性质是各向异性的，泊松比和杨氏模量不是描述煤岩力学性质的有效参数。

理论上讲，试件内部的最大裂缝或裂纹决定了单轴抗压强度值。而且 σ_c 的试验结果值对试件的非均匀性、取心或岩心处理过程中所有的裂缝极为敏感，从而有很大的随意性。为了减少这种不确定性，可以在较小的围压下做三轴抗压试验，这样可以消除岩石中非固有裂隙的影响。

2.2.1.2 室内试验流程和试验数据分析

试验设备采用 YAW6206 微机控制电液伺服压力实验机；应变测量分别采用平均值轴向引伸计和链条式圆周引伸计，型号分别为：3542RA1-050m-250m-ST 和 3544-100M-030M-ST（图 2-28、图 2-29）。

具体的实验方法参照根据中华人民共和国国家标准：《煤和岩石物理力学性质确定方法之煤和岩石单向抗压强度及软化系数测定方法》、《煤和岩石变形参数测定方法》；样品的直径分别为 $\phi25mm$ 和 $\phi50mm$（图 2-30），实验数据见表 2-15 和表 2-16。

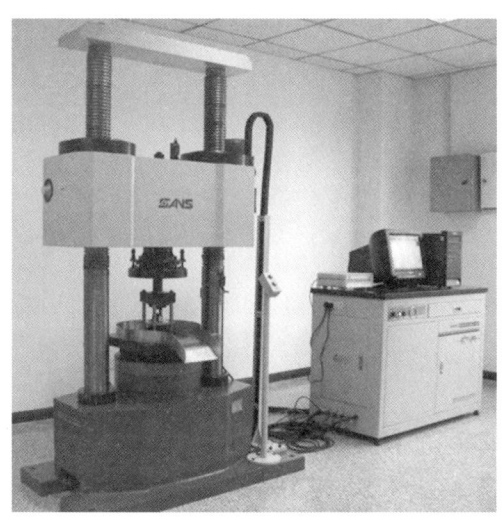

图 2-28　YAW6206 微机控制电液伺服压力实验机

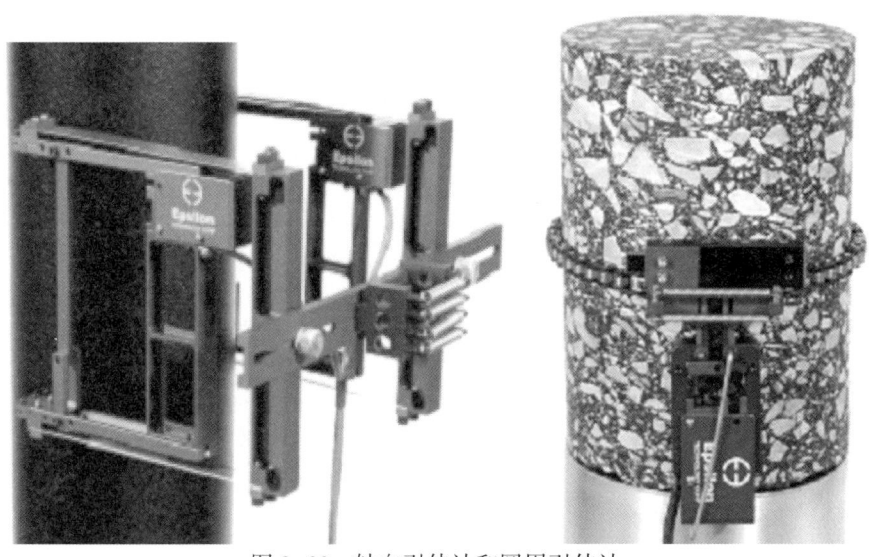

图 2-29　轴向引伸计和圆周引伸计

图 2-30　圆柱形煤岩压缩试件

表 2-15　ϕ25mm 长畛矿煤的声波速度及煤样力学参数测试结果

序号	煤样编号	直径（mm）	煤样高度（mm）	纵波速度（m/s）	横波速度（m/s）	纵横波速比	单轴抗压强度（MPa）	弹性模量（MPa）	泊松比
1	CZ1-5	24.83	28.9	1882.34	1044	1.803	18.53	2426.9	0.32
2	CZ1-6	24.88	31.53	1908.75	1178.24	1.62	16.67	2482.2	0.26
3	CZ1-7	24.7	48.47	1853.25	1106.42	1.675	16.28	2536.1	0.27
4	CZ1-8	24.82	50.15	1806.02	1021.5	1.768	14.85	2370.2	0.3
5	CZ2-1	24.8	30.95	1986.67	1104.93	1.798	19.13	2620.1	0.3
6	CZ2-2	24.75	34.04	1942.89	1089.06	1.784	20.12	2521.4	0.29
7	CZ2-3	24.74	45.94	2207.49	1204.96	1.832	24.17	2585.1	0.32
8	CZ2-4	24.86	47.48	2272.45	1295.58	1.754	25.22	3176.6	0.31
9	CZ2-5	24.76	48.38	2158.92	1184.92	1.822	19.67	2727.2	0.31
10	CZ2-6	24.54	48.42	2279.48	1274.16	1.789	24.93	3294.2	0.31
平均				2214.71	1257.75	1.762	23.42	3021.64	0.3

表 2-16　ϕ50mm 长畛矿煤的声波速度及煤样力学参数测试结果

序号	岩心编号	长度（mm）	直径（mm）	横波（m/s）	纵波（m/s）	单轴抗压强度（MPa）
1	1-1-1	92.58	49.46	982	1954	5.87
2	1-1-2	99.80	49.55	997	1912	5.67
3	1-1-3	100.45	49.51	1043	2001	6.99
4	1-1-4	86.53	49.31	1057	2012	6.26
5	2-2-1	102.3	49.56	1058	2294	22.81
6	2-2-2	99.91	49.59	1247	2343	16.00
7	2-2-3	100.33	49.87	1135	2217	14.37
8	3-H-1	50.16	100.48	1043	1934	14.041
9	3-H-2	50.26	100.04	1230	2294	15.517
平均				1165.46	2113.76	11.95

2.2.1.3 单轴压缩条件下煤岩的强度特征分析

对沁水长畛煤矿的 86 个煤样在 MTS816 岩石伺服试验机上进行单轴压缩试验，采用轴向应变作为控制变量，以 1×10^{-5} mm/s 的应变速度加载直到煤样破坏（加载方向均垂直于煤层层面），详细力学参数测量见表 2-17。

表 2-17 煤样单轴压缩试验结果

煤岩类型	单轴抗压强度（MPa）			弹性模量（MPa）			泊松比		
	最大值-最小值 平均值	离散系数（%）	均方差	最大值-最小值 平均值	离散系数（%）	均方差	最大值-最小值 平均值	离散系数（%）	均方差
长畛矿煤	$\dfrac{29.67-14.85}{23.41}$	14.22	3.33	$\dfrac{3794.7-2370.2}{3048.94}$	10.58	322.72	$\dfrac{0.38-0.26}{0.301}$	7.44	0.022

从图 2-31 可以看出，煤岩单轴条件下破坏时，煤岩峰值强度主要集中在 10~30MPa 之间，煤岩强度较低，离散性较大，最大单轴抗压强度 29.67MPa，是最小抗压强度 14.85MPa 的 2 倍。煤岩力学性质存在明显的非均质性。造成煤岩强度较低且离散性大的原因除与试验条件、取样制样技术等外在因素有关外，研究结果表明，主要与其微组分、微孔隙裂隙、微结构等内在因素有关。

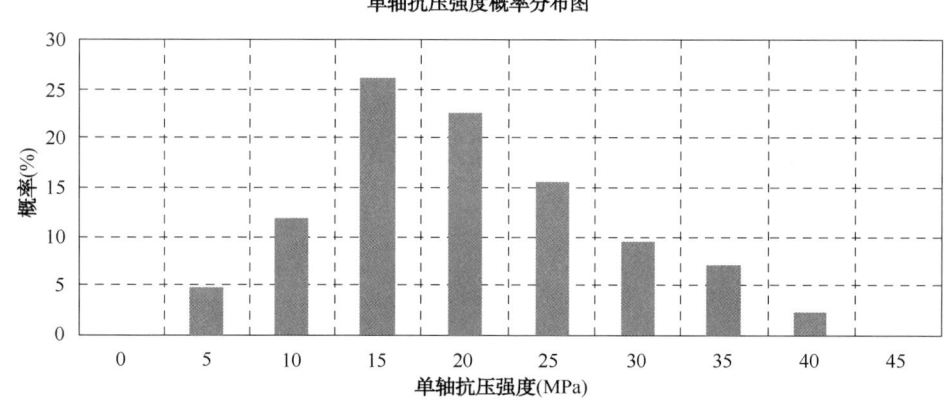

图 2-31 煤岩单轴抗压强度分布规律统计

煤岩单轴抗压强度的试验结果表明，煤岩强度与其容重、空隙度、含水率、煤体结构及煤岩变质程度等有关。具体来讲，煤块的单轴抗压强度随其容重的增加而增加；随其孔隙度的增加而减小；煤体节理裂隙越发育，其强度越低；受火成岩影响，煤的变质程度越高，其强度越高。

2.2.1.4 单轴压缩条件下煤岩的变形特征

煤岩的弹性模量也与其单轴抗压强度一样，与煤样的微组分、微结构等密切相关，具体与其物理性质有关，如煤岩的孔隙率、含水率、煤体结构等。煤岩孔隙率、含水率越高，煤岩弹性模量越小；煤岩孔隙裂隙越发育，其弹性模量也越小。

另外试验结果还表明，对于同一种煤岩，虽然其强度和弹性模量离散性较大，但两者之间具有明显的正线性相关性。图 2-32 为该矿煤样单轴抗压强度与弹性模量之间关系的实测结果,由图可见,煤岩单轴抗压强度与弹性模量之间总体上呈线性相关关系。煤样弹性模量与其单轴抗压强度实测结果的回归关系式为:

$$E = 0.0631\sigma_c + 2.334(\text{相关系数 } 0.4396) \qquad (2-9)$$

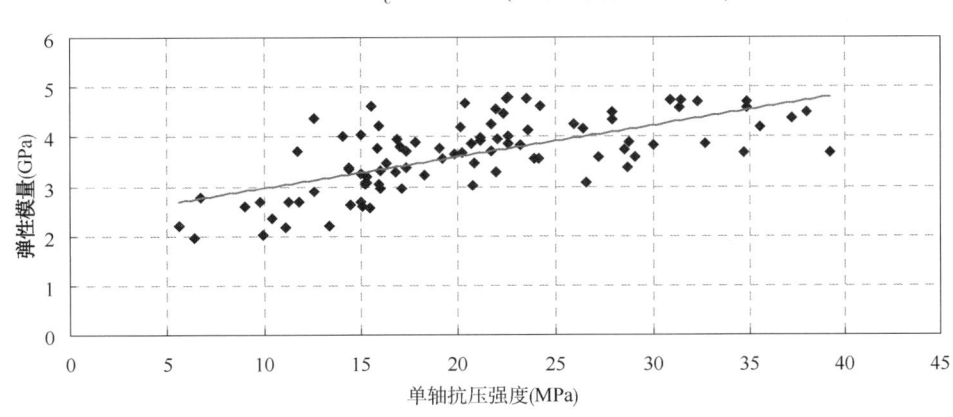

图 2-32　煤样弹性模量与单轴抗压强度关系散点图

2.2.1.5　单轴压缩条件下煤岩变形破坏演化过程

为了分析煤样内部裂隙的产生、发展、连通等演化及破坏过程,在进行单轴压缩试验时,对部分煤样同时进行了煤岩压缩破坏过程的声发射试验。岩石在载荷作用下产生的声发射主要和其内部裂纹的产生、扩展和连通有关。当岩石受力变形时,岩石中原来存在的和新产生的裂缝周围出现应力集中,应变能较高,当外力增加到一定值时,在裂隙缺陷位置发生了微观屈服或变形,裂隙扩展,从而使得应力松弛,一部分贮存的能量将以应力波(声波)的形式释放出去,形成声发射。声发射时能量的释放代表了伤害的产生,声发射的强弱代表了伤害的程度。所以,声发射信息能够反映岩石内部的伤害破坏情况。

反映声发射特性的参数有多个,一般采用声发射率和能率两个参数来分析煤样压缩变形破坏过程中的声发射特性。声发射率 CNT(N/S)为单位时间内所观测到的振铃计数,也称振铃记数率,声发射率反映了声发射发生的频度,同时在一定程度上反映了声发射信号的幅度,因而涉及声发射能量;声发射能率 ENE(mV)是指单位时间内所观测的全部事件的发射能的总和,与所观测到的事件所在波形的幅度值的平方成正比,反映了声发射的强弱。长畛矿煤的典型煤样单轴压缩全应力应变过程中的声发射试验结果如图 2-33 所示。

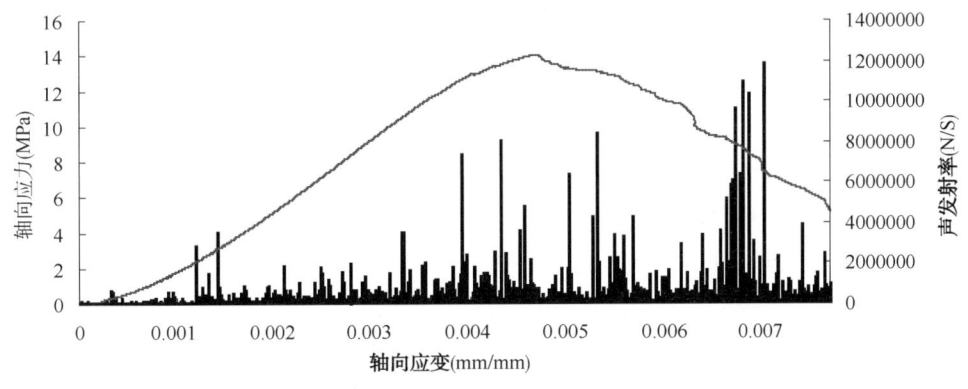

图 2-33　长畛矿煤样单轴压缩声发射实验结果

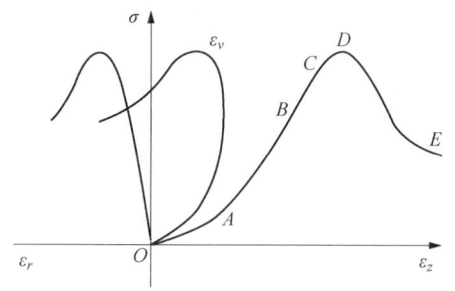

图 2-34 煤样单轴压缩变形破坏一般过程

从煤样单轴压缩全应力—应变曲线和相应的声发射试验结果可以看出，一般情况下，煤岩受压变形破坏演化过程可划分为如图 2-34 所示的五个阶段。

（1）按阶段划分。

① O—A 段，岩石的应力—轴向应变（σ-ε_z）曲线微呈上凹形，岩石的应力—横向应变（σ-ε_r）曲线较陡，体积随压力增加而压缩，即 ε_v 为正值。

② A—B 段，岩石的应力-轴向应变曲线近似为直线，对应 B 点的应力值称为比例极限或弹性极限。

③ B—C 段，应力—应变曲线由 B 点开始偏离直线，特别是（σ-ε_v）曲线，其斜率随 σ 的增大而变陡直至相反，岩石的体积由压缩转为膨胀，对应 C 点的应力值称屈服极限。

④ C—D 段，（σ-ε_z）曲线斜率迅速减小，岩石体积膨胀加速，变形随应力迅速增长。至 D 点，应力达最大值，对应 D 点的应力值称为峰值强度或单轴极限抗压强度，用 σ_c 表示。

⑤ D 点以后的阶段，采用刚性实验机可以获得岩石的应力—应变全过程曲线。D 点以后的曲线说明，岩石在破坏点之后，并非完全失去承载能力，而是保持较小的数值，即为残余强度。

在 OA 段和 AC 段，岩石的力学特性是接近弹性的。在 CD 段，岩石处于延性状态，即能够维持永久变形而又不失去抵抗载荷的能力。在 DE 段，岩石处于脆性状态，定义为抵抗载荷的能力随着变形的增加而减少。岩石的脆性度定义为下降部分 DE 段的最大斜率值。

（2）各阶段对应现象描述。

① OA 段为压密阶段。煤体中含有大量的孔隙、裂隙、层理、节理等缺陷，在载荷作用下，这些缺陷被压密闭合，表现在应力—应变曲线上，OA 段曲线向上凹，应变速率大于应力速率。由于煤体强度比较低，孔隙裂隙闭合时，粗糙的壁面附近部分煤体会发生变形和微破裂，从而引起声发射的产生，不过该阶段声发射频率较小且能量较低。

② AB 段为线弹性变形阶段。该阶段应力—应变曲线呈线性连续，煤体中的变形为可逆变形，卸载后变形将会恢复。此过程声发射相对沉寂，只出现了数量较少、强度较低，但也是逐渐增强的声发射现象，说明在该阶段只出现了数量较少、尺度较小的裂隙。对应 B 点的应力值称为比例极限或弹性极限。

③ BC 段微裂纹稳定发展阶段，应力—应变曲线由 B 点开始偏离直线，特别是（σ-ε_v）曲线，其斜率随 σ 的增大而变陡直至相反，岩石的体积由压缩转为膨胀，对应 C 点的应力值称屈服极限。该阶段出现阵发性的声发射，煤体出现了少量微裂纹萌生及发展，煤体变形和破裂过程不是连续性的。只有当煤体中的变形能聚积到一定程度，才能引起破裂，而每一次的破裂均会引起弹性能的释放，并产生声发射。当煤体中裂纹尖端附近的能量不足以引起微裂纹继续扩展时，裂纹扩展中止，煤体中继续累积能量，此过程声发射平静。在该阶段，煤体微破裂随变形增大呈逐步增强趋势，声发射频率和强度总体上也呈逐步增强趋势。

④ CD 段为加速非弹性变形阶段，（σ-ε_z）曲线斜率迅速减小，岩石体积膨胀加速，变形随应力迅速增长。至 D 点，应力达最大值，对应 D 点的应力值称为峰值强度或单轴极限抗压强度。经过裂纹萌生扩展阶段后，煤体中开始出现了数量较多和尺度较大的裂纹，使煤

体的承载能力降低,该阶段中煤体累积了足够的能量,变形开始加速,载荷上升相对较缓慢,煤体中产生的大量微裂纹汇合、贯通,并最终发生破坏失稳。在该阶段后期,即使保持载荷不变,煤体也会发生变形。该阶段声发射事件数急剧增加,能率急剧增大。部分煤样声发射事件率及能率峰值出现在该阶段强度峰值附近。

⑤ DE 段为破裂及其发展阶段。煤体失稳破坏后,应力逐渐降低,变形增大,裂隙加密贯通,此时声发射事件数很大且能率很高,大部分煤样的声发射率及能率最大值出现在该阶段的强度峰值附近。继续加载,煤体处于残余破碎或碎块体挤压变形过程,声发射率逐渐减少,且能率逐步降低。

可见,煤体的受压变形破坏过程与其内部原生裂隙的压密、新裂隙的产生、扩展、贯通等演化过程密切相关,其声发射特征较好地反映了煤岩体的变形破坏和损伤演化特性。因此,可以通过煤岩压缩破裂过程中的声发射特征预测其变形破坏状态。

2.2.1.6 煤岩三轴力学实验

三轴力学实验是指煤岩样品除受轴向应力(上覆层压力)外,同时还受有效围压(水平方向应力与岩石孔隙中流体产生的压力之差)作用,这些应力模拟地层实际情况。可以看出,煤岩的杨氏模量和抗压强度随有效围压的增加而增加,如焦煤围压分别为 2MPa、4MPa、6MPa,杨氏模量分别为 2487MPa、3257MPa、3468MPa。不同煤阶煤岩力学参数结果见表 2-18,其中煤岩杨氏模量为 1135~4602MPa,大部分在 3000MPa 左右,泊松比变化无明显规律,其变化范围为 0.18~0.42,平均值为 0.33。煤岩抗压强度在 19.5~119MPa 之间,大部分在 40~60MPa 之间。此外,煤岩三轴力学实验应力—应变曲线主要以线性段为主,这说明在处理工程问题时将煤作为弹性体符合实际深度煤岩情况。

表 2-18 不同煤阶力学参数下实验数据表

序号	煤阶	模拟井深(m)	围压(MPa)	杨氏模量(MPa)	泊松比	体积压缩系数	抗压强度(MPa)
1	无烟煤 3 号	300	2	3584	0.38	5.56	43
2	无烟煤 3 号	600	4	3734	0.34	5.68	46
3	无烟煤 3 号	900	6	3133	0.40	16.2	52
4	无烟煤 2 号	300	2	4602	0.42	2.60	75
5	无烟煤 2 号	600	4	4590	0.32	2.44	78
6	无烟煤 2 号	900	6	4834	0.36	2.01	119
7	焦煤	300	2	2487	0.38	21.9	21
8	焦煤	600	4	3257	0.22	7.7	34
9	焦煤	900	6	3468	0.38	6.54	41
10	褐煤	400	3	3100	0.27	16.4	
11	褐煤	700	5	4150	0.31	4.80	
12	褐煤	1000	7	4310	0.33	1.80	
13	长焰煤	400	3	1550	0.18	14.8	
14	长焰煤	700	5	3430	0.34	4.02	
15	长焰煤	1000	7	4060	0.40	3.47	

续表

序号	煤阶	模拟井深（m）	围压（MPa）	杨氏模量（MPa）	泊松比	体积压缩系数	抗压强度（MPa）
16	气煤	0	0	1135	0.28		19.5
17	气煤	400	3	2810	0.30	8.95	
18	气煤	700	5	3700	0.31	6.46	64
19	气煤	1000	7	3750	0.33	4.59	83

2.2.1.7 常规三轴压缩条件下煤岩的变形特征

根据三轴力学实验结果，可以绘制出煤岩三轴加载时岩样的应力—应变曲线图，图2-35典型的煤岩在不同围压下的应力—应变曲线。从曲线中可以看出：①随着围压的增加，煤岩破坏强度、弹性模量、屈服应力延性都随围压增加而增大。②围压增大，破坏前煤岩的应变增加，煤岩的塑性也不断增大，且由脆性逐渐转化为延性，残余强度增大；③煤岩在围压为零或较低情况下，呈现出脆性状态；围压增加到16MPa时，煤岩显示出由脆性转化为延性的过渡状态；围压增加到20MPa时，煤岩呈现出延性流动；低围压条件下煤岩基本发生弹脆性变形。

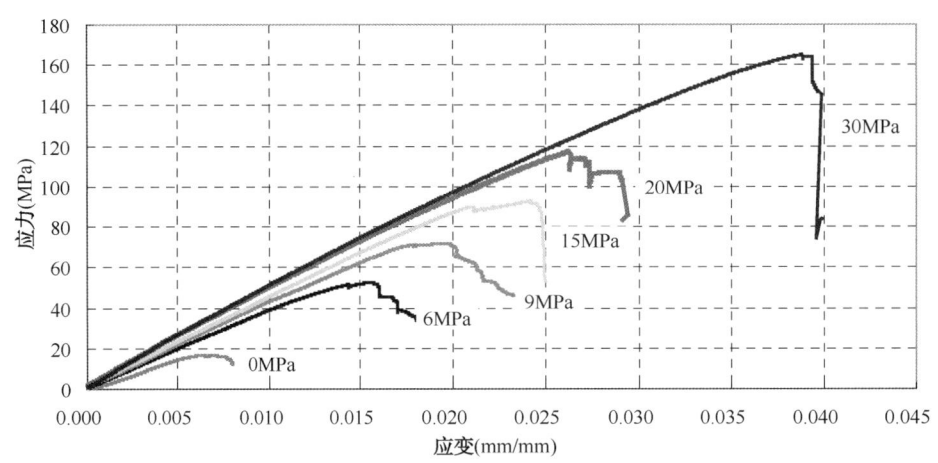

图2-35 煤岩在不同围压下的应力—应变曲线

（1）煤样的峰值应变与围压的关系。

煤样达到峰值强度时的应变称为峰值应变，在单轴压缩条件下，煤样在较小的应变下即发生脆性破坏，所以峰值应变较小，长畛矿煤在单轴压缩条件下的峰值应变为0.00848mm/mm，由图2-36可以看出，随着围压增大，峰值应变随之增大，煤岩的变形表现为低围压条件下的脆性破坏向高围压下的塑性破坏转化的特征，说明煤岩的变形破坏除了与其组分和结构有关外，还与所处的应力状态密切相关。图2-36为长畛矿煤峰值应变与围压关系的散点图。可以看出，该矿煤岩的峰值应变与围压之间均呈线性正相关性。该矿煤的围压与峰值应变之间关系的线性回归系数为0.9728，回归关系分别为：

$$\varepsilon_s = 0.0009\sigma_3 + 0.0102 \quad (2-10)$$

式中　ε_s——峰值应变；

σ_3——三轴试验条件中的围压，MPa。

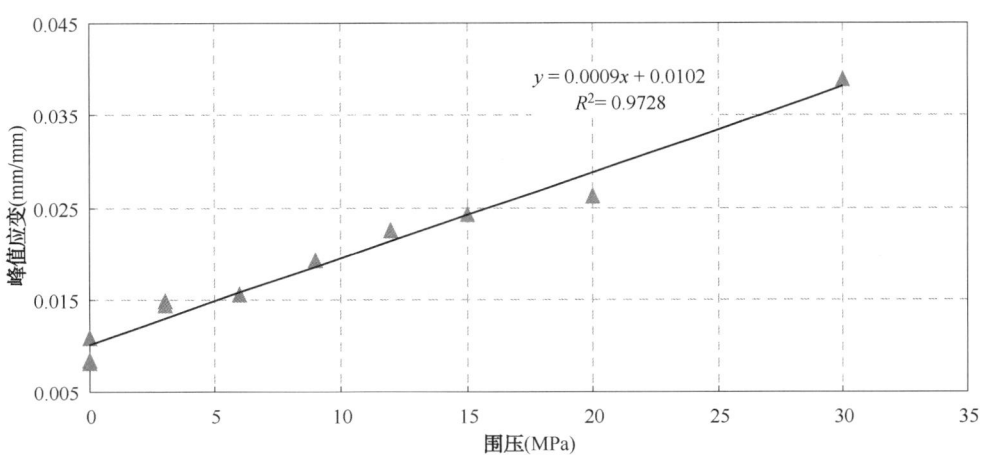

图 2-36　峰值应变与围压关系散点图

（2）煤样弹性模量与围压的关系分析。

① 弹性模量确定方法。

岩石并非完全线弹性材料，国际岩石力学学会建议采用以下三种方法的任一种来确定岩石的弹性模量。

C 点相应的切线模量，即：

$$E = \left(\frac{d\sigma}{d\varepsilon}\right)_{\sigma = \frac{1}{2}\sigma_c} \tag{2-11}$$

C 点相应的割线模量，即：

$$E = \left(\frac{\sigma}{\varepsilon}\right)_{\sigma = \frac{1}{2}\sigma_c} \tag{2-12}$$

弹性范围内近似于直线段的平均模量。

对于第一种方法的切线斜率，实际上是微小割线的斜率，由于计算时涉及两个小量的比值，其精度难以把握，该种确定方法应用较少；第二种方法中的割线模量取决于应力在 50% 强度处的应变，该值受到加载初始加密段的显著影响，特别是对原生伤害非常发育的煤等沉积岩石，这种方法确定的弹性模量偏差很大，且不同煤样确定的弹性模量离散性也很大；平均模量是应力应变曲线中近似直线段部分的斜率，排除了初始压密阶段的影响，且受实验条件影响较小，具有明确的力学含义，采用近似于直线段的平均模量确定的弹性模量更为科学合理，本书所指的弹性模量均是采用这种方法确定的。

② 煤样弹性模量与围压的关系。

由图 2-35 可见，煤的主应力—轴向应变曲线斜率随着围压的增加而明显变陡，说明煤的弹性模量随围压的增加而增大。图 2-37 为长畛矿煤弹性模量与围压关系的散点图。由于煤中含有大量的原生孔隙和裂缝，微结构非常发育，在围压的作用下，孔隙和裂缝被压密闭合，使煤岩刚度增大，弹性模量随之增大。但煤的弹性模量与围压之间并非呈线性关系，在围压较小时，弹性模量随围压增大而增大的幅度较大，当围压增大到一定程度后，弹性模量随围压增大而增大的幅度逐渐变小。如围压为 6MPa 时，与单轴压缩时相比，弹性模量增加了 42.9%，而在围压为 20MPa 时，与围压 6MPa 相比，煤的弹性模量仅增加了 15.5%；说明煤中的孔隙和裂缝被压密闭合到一定程度后，再增加围压，被压密闭合的程度变弱。试验结果表明，煤岩弹性模量与围压之间符合 $E = A\sigma_3^2 + B\sigma_3 + C$ 的正线性关系。长畛矿煤弹性模量与围压之间回归关系式为：

$$E = -0.0016\sigma_3^2 + 0.0884\sigma_3 + 3.515 （相关系数 0.9429） \quad (2-13)$$

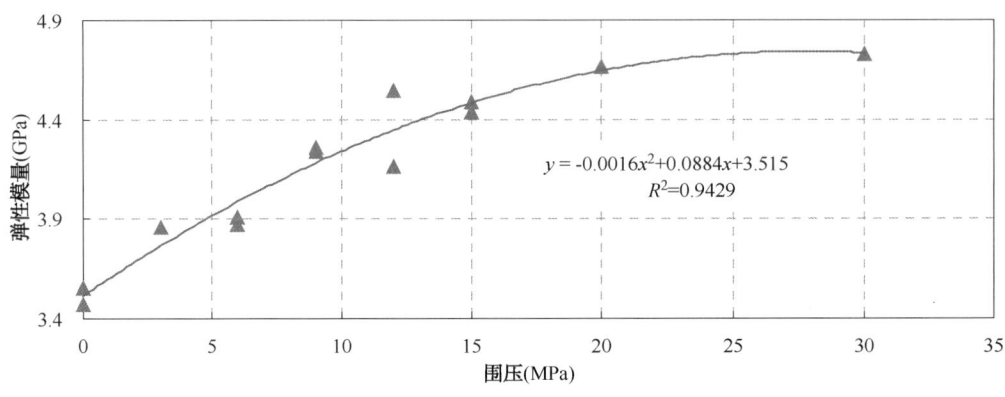

图 2-37　煤样弹性模量与围压关系散点图

对于含有大量孔隙裂隙的煤岩来讲，在围压作用下，裂隙被压密闭合，由于煤岩样内部的变形受裂隙面上内摩擦力的影响，而裂隙面上的正应力与围压有关，因而弹性模量与围压有关。因此这些含有大量孔隙裂隙致密程度较低的岩石随围压增大其弹性模量明显增大，但在围压增大到一定程度后，其内部也达到一定程度的均匀致密，再增加围压，弹性模量增加的幅度将变小。对于内部缺陷介于两者之间的岩石，其弹性模量受围压的影响介于两类岩石之间。因此，围压对煤岩弹性模量的影响体现了岩石内部的原生损伤状况。

2.2.1.8　常规三轴压缩条件下煤岩的强度特征

岩石在三轴压缩条件下的最大承载能力称三轴极限强度或三轴压缩强度 σ_s，恒定围压下岩样破坏后，应力应变曲线中不随压缩变形增大而变化的轴向应力称残余强度 σ_r。煤样中含有大量的裂隙，其变形将受到摩擦力的影响，而裂隙面上的正应力与围压有关，增加围压，相当于增加了裂隙面上的正应力，裂隙面的滑移受到摩擦力增大的抑制而减小，因而提高了煤样的极限强度。因此，煤样的三轴压缩强度 σ_s 和残余强度 σ_r 均随围压的增大而增大。图 2-38 和图 2-39 分别为长畛矿煤的常规三轴压缩强度和残余强度与围压关系试验结果。可以看出，煤样三轴强度及残余强度均与围压之间呈近似正线性相关关系。

煤层气开发均是在地下一定深度范围内进行的，人们更为关心的是原地应力条件下煤的力学性质及其在煤层气开发过程中的变化特征。含气、水介质煤岩体在围压作用下的力学行为，其应力—应变关系所表达出的变形特征，显然与一般意义下的单轴压缩实验的弹性模量不同。表 2-19 为煤岩体力学实验成果对比表。从表中可以看出，煤样饱和气、水介质后，其工程弹性模量、抗压强度和体积压缩系数降低，而泊松比增大。反之，在地面开发煤层气过程中，随着气、水介质的排出，煤体强度提高，泊松比减小，上覆重力在煤储层水平方向的分量降低，煤储层水平渗透率将有所提高。

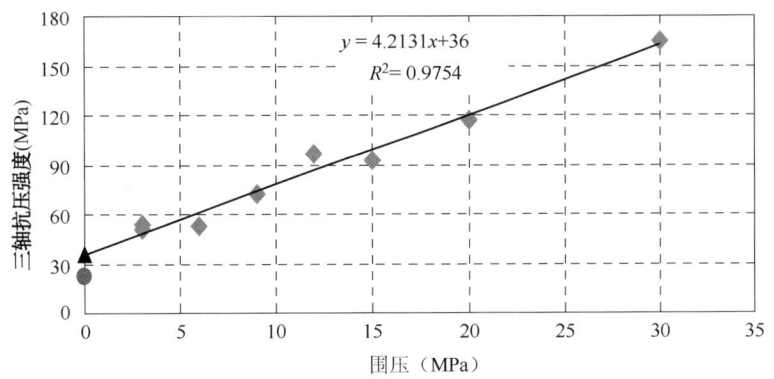

图 2-38 煤样三轴强度与围压的关系

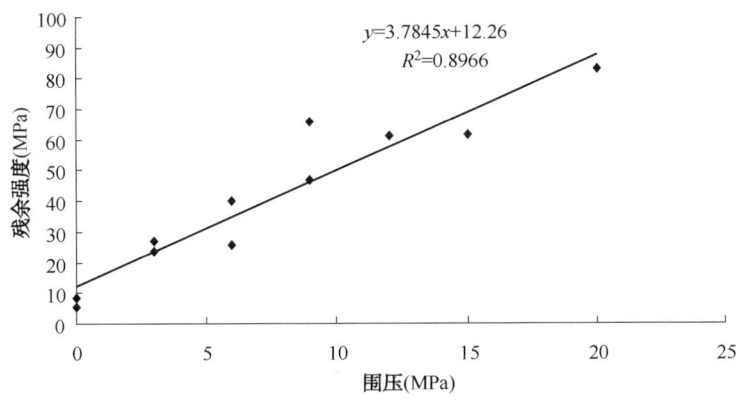

图 2-39 煤样三轴残余强度与围压的关系

表 2-19 煤岩体力学实验成果对比表

煤样	自然状态				水饱和				气、水饱和			
	P_0(MPa)	E(MPa)	μ	C_V(MPa)	P_0(MPa)	E(MPa)	μ	C_V(MPa)	P_0(MPa)	E(MPa)	μ	C_V(MPa)
1	40	3168	0.17	7.10	40	3104	0.31	3.86	0.26	1892	0.26	2.97
2	78	4200	0.17	4.85	59	3656	0.20	4.14	0.29	3648	0.29	3.26
3	52	3650	0.16	5.52	42	3351	0.20	4.30	0.25	3229	0.25	3.22
4	39	3529	0.17	3.84	37	3060	0.19	3.25	0.43	1870	0.43	2.76

注：围压为 8MPa。P_0——抗压强度；E——工程弹性模量；μ——泊松比；C_V——体积压缩系数。

煤储层孔隙、裂隙中的吸附或游离气、水介质，一方面减少了煤基质间相互吸引力、煤内表面间的粘结力和表面能，同时产生膨胀能；另一方面，在孔隙、裂隙中存在的流体压力减少了孔隙、裂隙闭合的正应力，降低了煤中孔隙、裂隙面的摩擦系数，使裂面的滑移摩擦阻力下降，有助于变形的发展，使煤的强度和弹性模量降低。

煤岩强度是时间的函数，即在长期静载荷下强度会逐渐降低，产生流变。通过对山西晋城地区的煤块进行单轴压缩实验分析，发现实验结果基本满足蠕变模型。当对煤块施加 10.6MPa 的压力时，蠕变实验数据详见表 2-20；图 2-40 是由该数据进行拟合的结果，与原有的蠕变曲线加以对比，非常接近，能够满足工程要求。

表 2-20 煤的蠕变实验结果

时间(h)	0	1	2	3	4	5	7	9	10	13	15	20
应变	0.001	0.0036	0.0055	0.0062	0.0066	0.0068	0.007	0.0073	0.0075	0.008	0.0085	0.0092

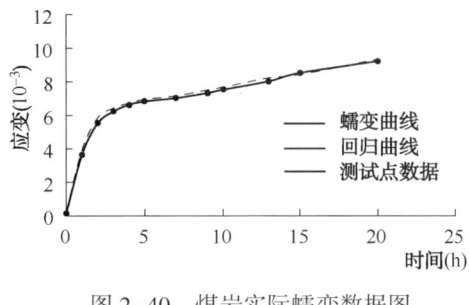

图 2-40 煤岩实际蠕变数据图

通过以上的大量实验研究,可总结出煤岩力学的以下几点主要特征:①煤岩机械力学参数与常规砂岩储集层有很大的差别,煤岩的弹性模量远小于砂岩,但泊松比却大于砂岩。②煤岩的强度与煤阶、煤的含碳量有关。③煤岩杨氏模量和抗压强度随有效围压的增加而增加。④流体对煤岩的杨氏模量、抗压强度和泊松比均有影响。⑤煤岩物理力学性质具有显著的各向异性特征。⑥煤岩强度与瓦斯吸附有关。⑦煤岩具有蠕变特性及峰后效应。

2.2.2 煤岩准静态三点弯曲微观破坏实验研究

为了探求煤岩试件在准静态载荷作用下,内部裂纹形成、扩展等力学行为的细观机理,系统分析准静态条件和动态冲击断裂条件下,宏、微观三点弯曲实验中裂纹形成、扩展等特征;从细观角度,对比分析不同煤样内裂纹非稳态扩展规律。通过准静态三点弯曲细观实验,利用扫描电子显微镜,实时记录 SEM 图像和裂纹扩展特征,进而分析不同煤样内裂纹扩展过程及载荷—位移关系。煤样来自于沁水盆地长畛煤矿 3 号煤层,将煤样加工成尺寸为 35mm×11mm×5.5mm 的长方体,进行抗弯弹性模量等实验。

2.2.2.1 实验设备及方法

实验设备采用 SEM-SERVO 带扫描电子显微镜的高温疲劳试验机系统(图 2-41),该系统主要用于静/动态加载时材料微细观结构变化和缺陷演化的实时观测,可以实现外部应力状态与内部微细观变化的一一对应。

图 2-41 SEM-SERVO 带扫描电子显微镜的高温疲劳试验机系统

2.2.2.2 实验结果

长畛煤矿 3 号煤层煤样三点弯曲细观实验中的加载力—加载点位移全过程及测试曲线如

图 2-42 和图 2-43 所示。三点弯曲强度的实验结果见表 2-21 和表 2-22。

图 2-42 三点弯曲夹具

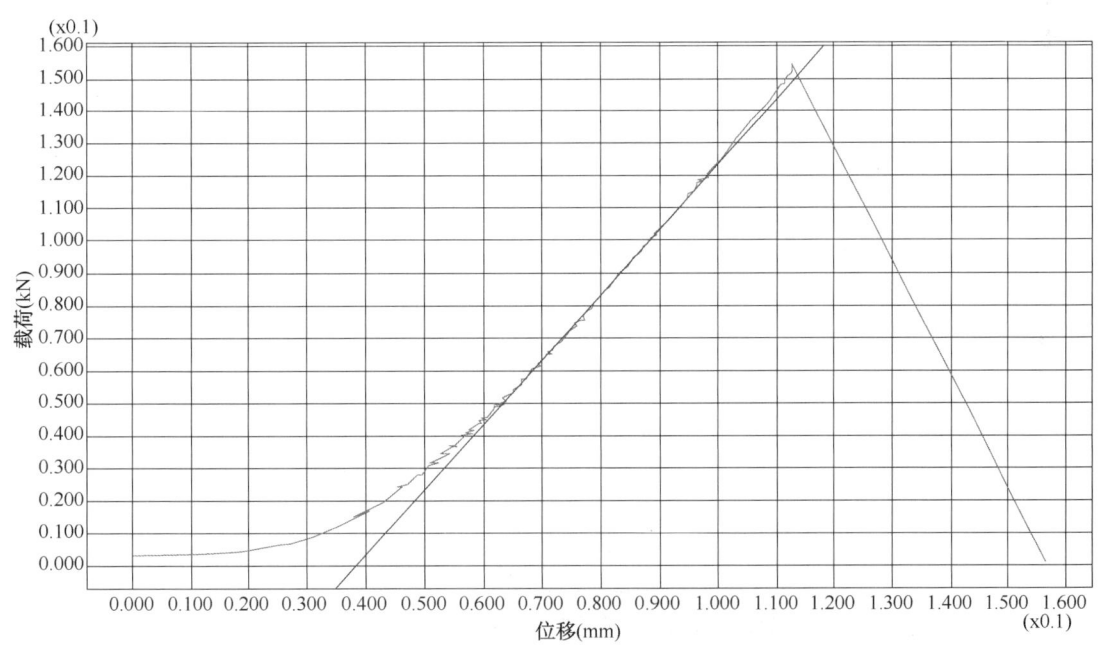

图 2-43 载荷—位移曲线

表 2-21 三点弯曲强度试验结果

序号	抗弯模量（mm³）	跨距（mm）	弹性模量（MPa）	抗拉强度（MPa）
1	110.92	30	1245	7.29
2	110.92	30	1472	9.73
3	110.92	30	1597	5.68
4	110.92	30	1845	10.38

表 2-22 三点弯曲强度试验结果

编号	弹性模量（MPa）	最大载荷（N）	峰值位移（mm）	破坏能（10^{-3}J）	单位面积破坏能（J/m²）	抗拉强度（MPa）
TP1	1245	107.79	0.08382	15.05	248.8	7.29
TP2	1472	143.89	0.08457	22.14	366.0	9.73
TP3	1597	83.95	0.11375	14.79	244.5	5.68
TP4	1845	153.54	0.11248	30.65	506.6	10.38

煤样在破坏前，加载点位移随加载力的增加而增加，表现出明显的线性关系，载荷达到峰值以后，煤样失稳断裂，裂纹快速扩展，加载力急剧下降，表现出明显的脆性断裂特征（图 2-43）。

2.2.2.3 讨论与分析

共做了二十组煤样，实验后的样品如图 2-44 所示。按宏观的断口可把煤样分为两类，a 和 f 为一类，b、c、d 和 e 为一类。a 和 f 样件，从表面上看无裂纹存在，断口属于正常的三点弯曲破坏。b、c、d 和 e 样件表面存在大量裂纹，断口沿裂纹延伸，呈台阶状。a 和 f 样件的抗拉强度分别为 7.29MPa 和 10.38MPa，b 和 c 样件抗拉强度很小基本为零，d 和 e 样件抗拉强度分别为 9.73MPa 和 5.68MPa。

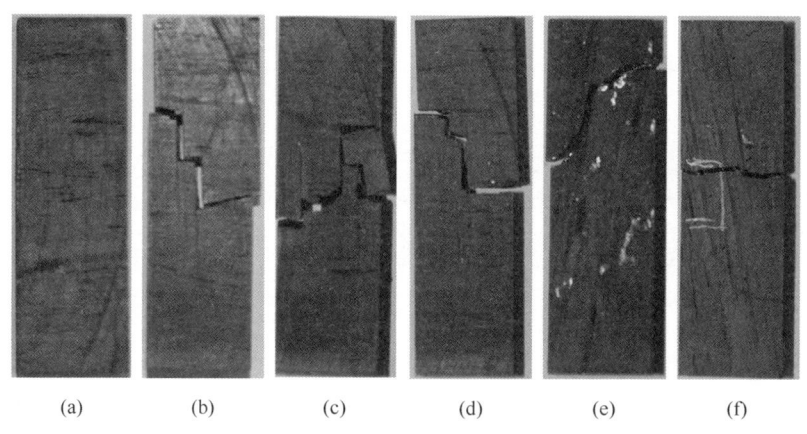

图 2-44 三点弯曲时的破坏组图

利用样件 c 进行具体分析台阶状断口的原因，图 2-45 为样件 3 的三点弯曲破坏图，在图中，红色的线条是样品中的原本存在的裂纹。三点弯曲实验中，三个触点分布位置如图 2

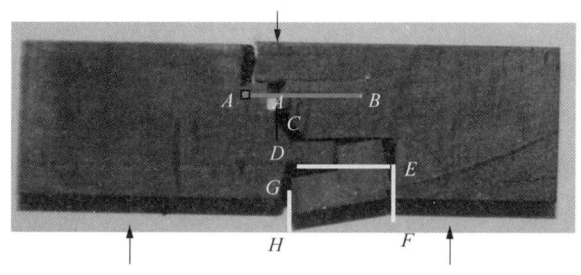

图 2-45 三点弯曲时的破坏图

—45 中三个红箭头所指。因此上边缘中部受压应力，而下边缘中部受拉应力。另外，实验中弯曲应力是逐渐增加的。随着弯曲应力逐渐增加，裂纹 AB 表面受压应力增加，特别是裂纹尖端 A 和 B 应力集中程度严重。

相比之下，尖端 A 的应力集中程度应该高于 B（与触头的距离远近来衡量）。因此裂纹尖端 A 率先产生扩展，沿约 80°方向扩展（纯剪应力裂纹的扩展角约为 80°）。并一直扩展到边缘，导致上边缘破坏。CD 也是一条裂纹，因此，AB 在向下扩展的时候以 C 点为开始点。另外，裂纹 DE、EF 和 GH 相互贯通后形成离散块体，块体从样件上完全剥离。

总之，从三点弯曲实验可总结出三点结论：(1) 在含裂纹的煤岩中，煤岩的破坏由裂纹控制，裂纹的扩展和贯通直接导致了煤岩的破坏，台阶状断口就是煤岩裂纹扩展贯通的产物。(2) 正交裂纹的相互作用可使得煤岩在空间上容易贯通，并形成离散的块体。(3) 裂纹严重影响煤岩的强度。

2.2.3 Hoek-Brown 准则在煤岩破坏中的应用分析

岩体中的应力和应变增长到一定程度后，岩体将发生破坏，岩体的强度准则是描述岩体破坏规律的数学表达式，一般以应力和应变为变量。岩体强度准则种类繁多，主要有理论强度准则和经验强度准则两大类。在煤层井壁稳定性分析中，不同强度准则对计算结果有着直接影响，甚至出现计算结果相差很大的情况，因此选取适当的强度准则进行分析是非常必要的。目前最常用的是 Mohr-Coulomb 准则和 Hoek-Brown 准则；Hoek-Brown 准则描述了岩体的非线性破坏特征，弥补了煤岩利用 Mohr-Coulomb 准则进行强度评价的缺陷。

2.2.3.1 Hoek-Brown 准则

Hoek-Brown 岩体强度准则最早于 1980 年通过对大量岩石的三轴实验资料和岩体现场试验结果的统计分析而提出，1992 年又提出了修正形式，即广义的 Hoek-Brown 准则，其公式为：

$$\sigma'_1 = \sigma'_3 + \sigma_{ci}\left(m_b \frac{\sigma'_3}{\sigma_{ci}} + s\right)^a \tag{2-14}$$

式中 m_b——经验参数；

s 和 a——与岩体特征有关的常数；

σ_{ci}——岩块的单轴抗压强度；

σ'_1、σ'_3——为最大、最小主应力。

Hoek 也给出了公式中相关参数的确定方法，即：

$$\begin{aligned} m_b &= m_p \exp\left(\frac{GSI - 100}{28 - 14D}\right) \\ s &= \exp\left(\frac{GSI - 100}{9 - 3D}\right) \\ a &= 0.5 + \frac{1}{6}(e^{-GSI/15} - e^{-20/3}) \end{aligned} \tag{2-15}$$

式中 m_b、m_i——经验参数；

GSI——地质强度指标；

D——应力释放对地层的影响系数；

s、a——分别为与岩体特征有关的常数。

Hoek-Brown 准则适用于解释岩体的压剪破坏和拉张破坏，是一种与岩体性质有关的经验性非线性准则，适用于对破碎性地层的破坏进行判断。Hoek-Brown 准则考虑了岩体的非线性破坏特征，忽略了中间主应力的影响。

2.2.3.2 Hoek-Brown 准则在保德区块的应用分析

（1）煤岩实验样品。

从山西保德县五鑫煤矿采集煤块9块，分别沿平行和垂直于层理的方向钻取 $\phi50\times100$mm 的圆柱形煤岩试件（图2-46），开展单轴和三轴压力条件下煤岩弹性力学和强度参数实验。

（a）煤块纵剖面

（b）分别沿垂直层理方向和平行于层理方向钻取实验煤心

图2-46 采集煤块

（2）样品的三轴实验。

煤样的三轴实验结果见表2-23。

表2-23 煤样的三轴实验

序号	岩心编号	长度（mm）	直径（mm）	质量（g）	横波（m/s）	纵波（m/s）	围压（MPa）	抗压强度（MPa）	弹性模量（GPa）	泊松比
1	BD-V1	97.68	49.16	242.9	823	1570	0	19.27	2.883	0.29
2	BD-V2	99.91	49.12	251.5	931	1771	3	37.81	3.856	0.37
3	BD-V4	100.18	49.1	249.2	1056	1715	0	21.95	3.273	0.36
4	BD-V5	99.98	49.32	247.4	985	1766	6	50.45	3.906	0.37
5	BD-V6	99.58	49.07	248.4	882	1647	0	15.01	2.697	0.28
6	BD-V8	100.37	49.24	252.8	833	1517	9	61.41	4.239	0.39

续表

序号	岩心编号	长度（mm）	直径（mm）	质量（g）	横波（m/s）	纵波（m/s）	围压（MPa）	抗压强度（MPa）	弹性模量（GPa）	泊松比
7	BD-V9	99.89	49.29	254.0	1188	1964	15	66.76	4.484	0.39
8	BD-V10	99.43	49.12	247.7	923	1712	12	66.01	4.1642	0.373
9	BD-H1	48.94	100.05	260.8	1048	1629	0	19.18	3.561	0.34
10	BD-H2	50.02	100.11	262.8	972	1739	0	6.432	1.964	0.36
11	BD-H4	49.75	98.68	261.3	1038	1842	0	11.23	2.678	0.31
12	BD-H5	49.02	100.36	251.5	1124	1862	0	9.797	2.686	0.33
13	BD-H6	49.14	100.24	251.4	1258	2024	3	27.24	4.172	0.37
14	BD-H7	48.98	99.04	257.8	1036	1808	6	40.86	4.362	0.38
15	BD-H8	49.12	100.43	263.9	1031	1675	9	54.11	4.543	0.37
16	BD-H9	49.02	99.82	254.8	1159	2033	12	49.73	4.588	0.38
17	BD-H11	50.27	100.87	265.9	1181	2178	15	58.78	4.397	0.40

（3）基于Hoek-Brown准则的破坏包络线分析。

利用RockLab软件对上述煤岩样品的破坏包络线进行了分析，分析结果见表2-24，垂

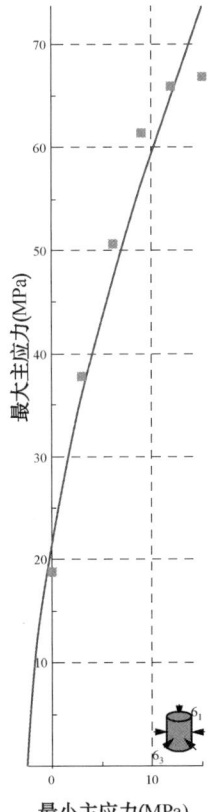

胡克分类
完整的单轴抗压强度=21.95MPa
GSI=100   mi=9.004   干扰系数=0
胡可准则
mb=9.004   s=1.0000   a=0.500
摩尔—库伦参数
内聚力=5.781MPa   摩擦角=35.02°
岩石参数
抗张强度=-2.438MPa
单轴抗压强度=21.950MPa
地应力=83313.86MPa
三轴实验数据分析
实验数据个数：6个
误差平方和=99.626
应用Levenberq-Marqurdt优化算法

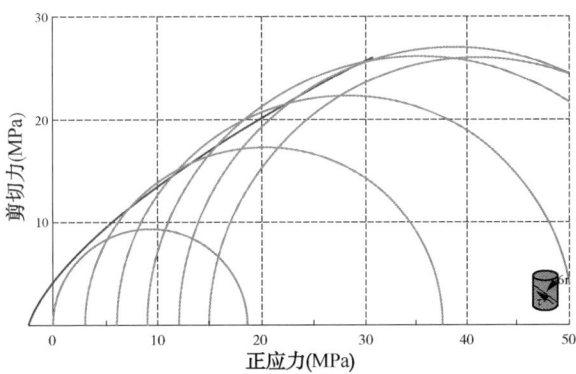

图 2-47　保德五鑫矿煤样垂直取心强度分析

直层理和水平层理方向煤岩的强度破坏包络线分别如图 2-47 和图 2-48 所示。可见，垂直于层理方向的强度稍大于平行于层理方向的强度，与剪切实验结果相比较，Hoek-Brown 准则分析的结果更加保守。

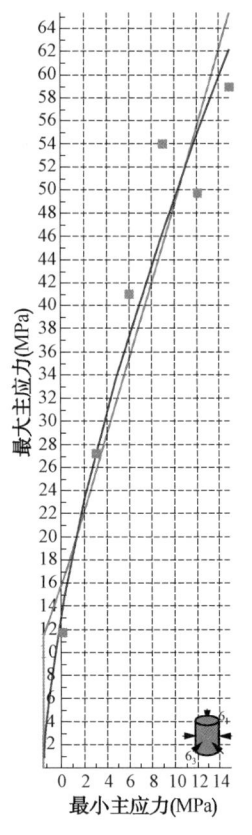
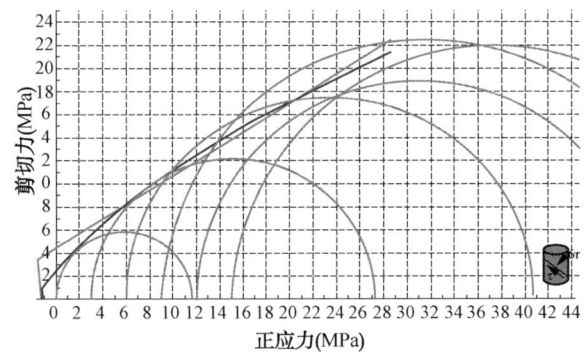

图 2-48 保德五鑫矿煤样垂直取心强度分析

表 2-24 利用 Hoek-Brown 准则的分析结果

取心方向	弹性模量（GPa）	泊松比（MPa）	单轴抗压强度（MPa）	Mohr-Coulomb		Hoek-Brown	
				C(MPa)	Φ(°)	σ_{ci}(MPa)	m_i
垂直层理	2.95	0.32	18.75	5.781	35.02	21.95	9.004
平行层理	2.72	0.34	11.66	4.275	32.46	13.28	10.295

2.2.3.3 Hoek-Brown 准则在长畛矿的应用分析

（1）煤岩实验样品。

实验样品来自于山西长畛矿区，沁水长畛矿位于沁水盆地南侧，地处沁水县嘉峰镇境内，取心位置大约在井下 520m 处。

（2）样品的三轴实验。

煤样的三轴实验结果见表 2-25。

第2章 煤层气钻井完井工程基础理论

表 2-25 煤样的三轴实验

序号	岩心编号	直径（mm）	长度（mm）	横波（m/s）	纵波（m/s）	围压（MPa）	抗压强度（MPa）	弹性模量（GPa）	泊松比
1	4-H-2	50.3	99.78	1180	2176	9	88.366	5.1905	0.41
2	4-H-3	50.18	100.43	990	1912	3	51.973	5.1155	0.413
3	4-H-4	50.21	100.66	1099	2004	6	49.875	5.64	0.61
4	4-H-5	50.27	100.8	1290	2311	12	103.576	5.5566	0.40
5	6-H-3	50.17	100.79	1297	2299	15	87.817	5.3778	0.41
6	4-V-4	50.21	100.33	1135	2079	9	72.041	4.2573	0.45
7	4-V-5	50.18	100.23	1011	1845	3	53.782	4.0944	0.34
8	4-V-7	50.27	101.05	1170	2158	12	96.736	4.541	0.35
9	4-V-8	50.04	100.29	1060	1838	6	52.606	3.8729	0.36
10	4-V-9	50.2	100.7	1196	2188	15	92.806	4.4363	0.36
11	5-V-2	50.12	100.81	1147	1905	3	50.543	4.3761	0.41
12	5-V-3	50.06	98.43	1291	2222	30	165.115	4.731	0.39
13	5-V-4	50.13	100.03	1212	2155	20	117.251	4.665	0.37

（3）基于 Hoek-Brown 准则的破坏包络线分析。

利用 RockLab 软件对上述煤岩样品的破坏包络线进行了分析，分析结果见表 2-26，垂直层理和水平层理方向煤岩的强度破坏包络线分别如图 2-49 和图 2-50 所示。可见垂直于层理方向的强度稍大于平行于层理方向的强度，与剪切实验结果相比较，Hoek-Brown 准则分析的结果更加保守。

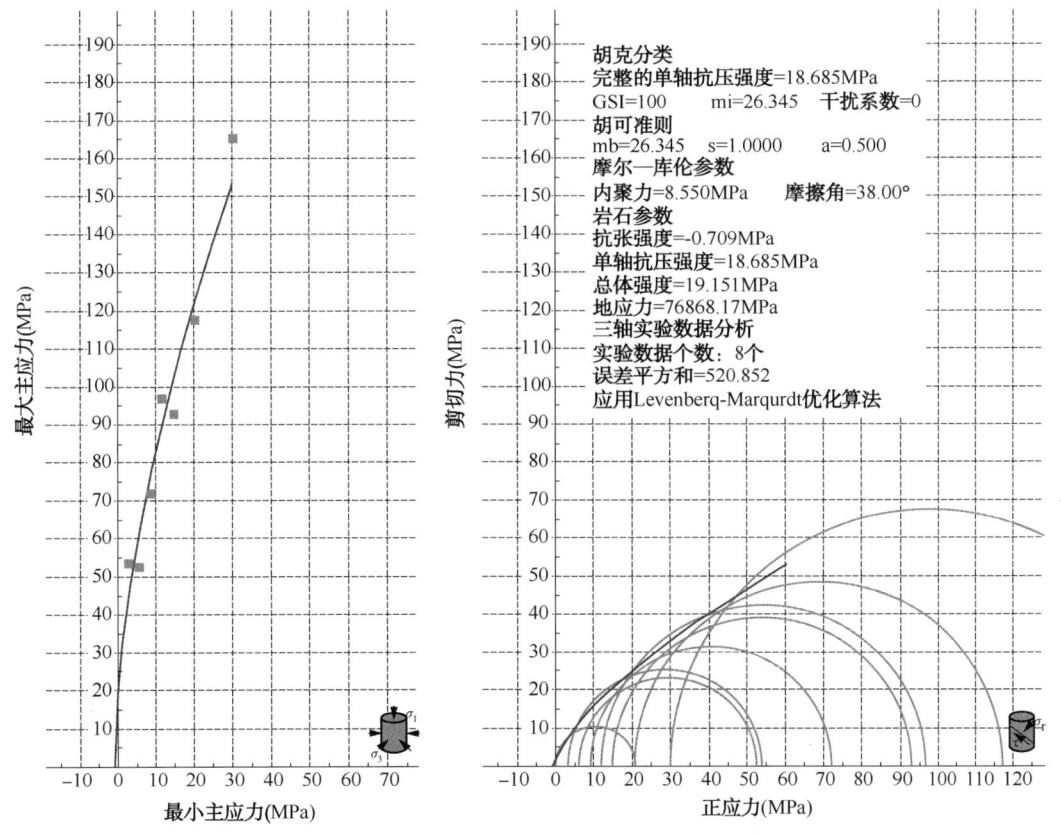

图 2-49 沁水长畛矿煤样垂直取心强度分析

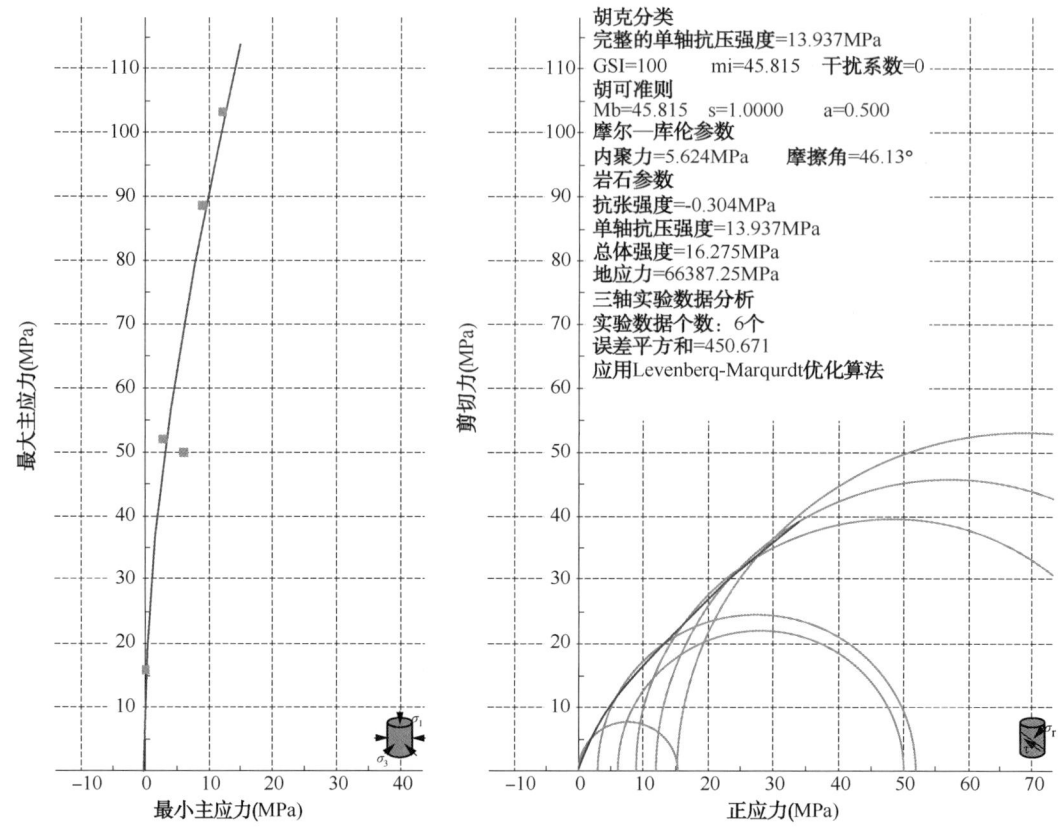

图 2-50 沁水长畛矿煤样水平取心强度分析

表 2-26 利用 Hoek-Brown 准则的分析结果

取心方向	弹性模量(GPa)	泊松比(MPa)	单轴抗压强度(MPa)	Mohr-Coulomb		Hoek-Brown	
				C(MPa)	Φ(°)	σ_{ci}(MPa)	m_i
垂直层理	4.53	0.40	24.4	8.55	38	18.685	9.004
平行层理	3.8	0.39	19.02	5.62	46	13.937	10.295

2.2.4 基于 Hoek-Brown 准则的煤岩破碎及坍塌风险评价模型

在煤层钻井过程中，任何一种风险因素的变化都会影响钻井风险，因此需要分析各类风险因素贡献的煤层钻井风险失效概率。以煤层的地质风险因素为例，引入可靠性方法、Hoek-Brown 准则建立煤层钻井井壁坍塌风险地质因素的可靠性模型。

设 r 代表材料强度（可能），s 代表应力（需要），则函数 y 可表示为

$$y = r - s \tag{2-16}$$

可靠度 R 为概率 $P(y>0)$ 或 $P(r>s)$，即

$$R = P(y>0) = P(r>s) \tag{2-17}$$

式（2-17）即为通常情况下的可靠性分析模型。

煤层钻进过程中，井壁失稳坍塌与钻井液液柱压力关系密切。设 p_i、p_{ci} 分别为钻井液压力及坍塌压力，当 $p_i > p_{ci}$ 时井壁稳定，反之，井壁坍塌。此时煤层钻井坍塌风险可靠性模型

功能函数 y 可表示为：
$$y = p_i - p_{ci} \tag{2-18}$$

考虑地层压力 p_p、钻井液液柱压力 p_i 及滤失影响，垂直钻进井眼的井壁主应力可表示为

$$\begin{cases} \sigma_r = p_i - \delta f(p_i - p_p) \\ \sigma_\theta = 3\sigma_H - \sigma_h - p_i + \delta \xi (p_i - p_p) \end{cases} \tag{2-19}$$

式中 δ——井壁渗流系数；
f——岩石孔隙度；
ξ——系数，无物理意义。

$$\xi = \frac{(1-\beta)(1-2\nu)}{1-\nu} - f \tag{2-20}$$

代入 Hoek-Brown 准则求解坍塌压力 p_{ci}，其中 $\alpha' = 0.5$，则

$$(2 - \delta f - \delta \xi) p_i + \sqrt{m_b \sigma_{ci} [(1-\delta f) p_i + \delta f p_p] + s \sigma_{ci}^2} - [3\sigma_H - \sigma_h - (\xi + f)\delta p_p] = 0 \tag{2-21}$$

求解上述方程得 p_{ci} 的两个解，分别为

$$p_{ci} = \frac{2ac + m_b \sigma_{ci}(1-\delta f) - \sqrt{m_b \sigma_{ci}(1-\delta f)[4ac + m_b \sigma_{ci}(1-\delta f)] + 4a^2 \sigma_{ci}(m_b \delta f p_1 + s\sigma_{ci})}}{2a^2} \tag{2-22}$$

$$p'_{ci} = \frac{2ac + m_b \sigma_{ci}(1-\delta f) - \sqrt{m_b \sigma_{ci}(1-\delta f)[4ac + m_b \sigma_{ci}(1-\delta f)] + 4a^2 \sigma_{ci}(m_b \delta f p_p + s\sigma_{ci})}}{2a^2} \tag{2-23}$$

其中，$a = 2 - \delta \xi - \delta f$；$c = 3\sigma_H - \sigma_h - (\xi + f)\delta p_p$。

将相关参数值代入上式分别进行计算，得知 p'_{ci} 结果不符合实际情况，故 p_{ci} 为坍塌压力的唯一解。煤层钻井坍塌风险可靠性模型功能函数 y 可进一步表示为：

$$y = p_i - \frac{2ac + m_b \sigma_{ci}(1-\delta f) - \sqrt{m_b \sigma_{ci}(1-\delta f)(4ac + m_b \sigma_{ci}(1-\delta f)) + 4a^2 \sigma_{ci}(m_b \delta f p_p + s\sigma_{ci})}}{2a^2} \tag{2-24}$$

煤层钻井过程中大排量钻井液漏失引起煤岩强度降低，进而影响坍塌压力预测。为此，利用实验结果拟合得到的折减后煤岩强度参数 σ'_{ci} 可表示为：

$$\frac{\sigma'_{ci}}{\sigma_{ci}} = 0.15977 e^{\left(\frac{-t}{9.00285} + \frac{-L}{141.11407}\right)} + 0.23536 e^{\left(\frac{-t}{9.00285}\right)} + 0.25394 e^{\left(\frac{-L}{141.11407}\right)} + 0.37407 \tag{2-25}$$

式中 t——钻井液浸泡煤岩时间，h；
L——煤层段钻井液漏失量，m³。

考虑到煤岩参数及地应力参数的不确定性，选取完整煤岩单轴抗压强度 σ_{ci}、煤岩特征参数 m_i、s 及地应力载荷 σ_H、σ_h 此 5 个参数作为煤层钻井坍塌风险可靠性模型的随机变量。

设函数 y 的均值、标准差为 μ_y、S_y，结合可靠性理论及概率方法，给出了联结方程的表达式为：

$$Z = \frac{\mu_y}{S_y} = \frac{\mu_{pi} - \mu_{pci}}{\sqrt{S_{pi}^2 + S_{pci}^2}} = \frac{p_i - \mu_{pci}}{S_{pci}} \tag{2-26}$$

式中 μ_{pi}、μ_{pci}、S_{pi}、S_{pci}——分别为 p_i、p_{ci} 的均值及标准差。

由于 p_i 为确定量，因而 $\mu_{pi} = p_i$，$S_{pi} = 0$。

由可靠度理论可知,煤层钻井坍塌风险的可靠度指标 R 可表示为 Z 的函数,即:

$$R=\Phi(Z)=\Phi\left(\frac{p_\mathrm{i}-\mu_\mathrm{pci}}{S_\mathrm{pci}}\right) \qquad (2-27)$$

式中　$\Phi(.)$——不同分布类型的累积分布函数;
　　　Z——可靠度系数。

2.2.4.1　煤层钻井坍塌风险等级划分标准

在引入煤层钻井坍塌风险可靠性模型的基础上,根据失效概率大小将风险等级划分为五个等级。表 2-27 给出了煤岩破碎分级辅助判据与破碎系数的关系。

表 2-27　煤层钻井坍塌风险分级标准

风险等级	描　述	失效概率
Ⅰ	风险低	[0, 0.4]
Ⅱ	风险较低	[0.4, 0.7)
Ⅲ	风险中	[0.7, 0.9)
Ⅳ	风险较高	[0.9, 0.95)
Ⅴ	风险高	[0.95, 1)

2.2.4.2　武试 5 井煤层钻井坍塌风险可靠性预测

利用置信度方法,取坍塌压力的累积概率分别为 2.5% 和 97.5%(图 2-51),得到武试 5 井置信度为 95% 的坍塌压力下限和上限值(图 2-52)。

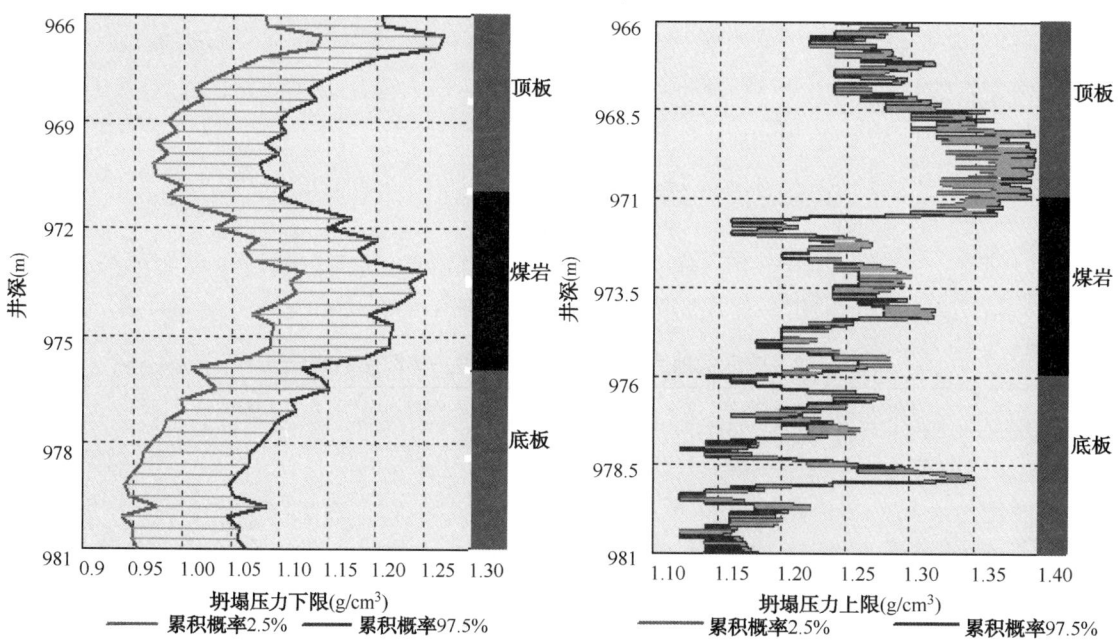

图 2-51　武试 5-5 井煤层钻井坍塌压力上限区间　　图 2-52　武试 5-5 井煤层钻井坍塌压力变化区间

计算结果表明,武试 5-5 井煤层段坍塌压力 95% 置信度区间的分布范围在 0.95~1.40g/cm³。武试 5-5 井煤层段坍塌压力下限 95% 置信度区间的分布区间差为 0.1g/cm³。武试 5-5 井煤层段坍塌压力上限值 95% 置信度区间的分布范围较窄。

图2-53给出了不同钻井液密度下的煤层钻井坍塌风险失效概率结果。

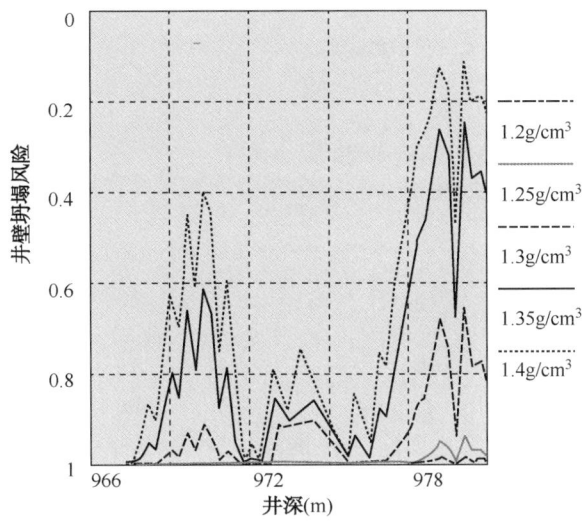

图2-53 武试5-5井不同钻井液密度下的煤层钻井坍塌风险失效概率结果

武试5-5井在973~975m煤层段处发生井壁坍塌的可能性较大,与煤岩的破碎程度较高相符。随着钻井液密度的增大,煤层发生井壁坍塌风险的可能性降低。计算结果表明,武试5-5井煤层974m深度处煤层钻井坍塌风险的失效概率P_f为:$0.9106383 \leqslant P \leqslant 0.9106905$。

表2-28给出了煤层974m深度处不同风险因素贡献的煤层钻井坍塌风险失效概率。

表2-28 煤层974m深度处不同风险因素贡献的煤层钻井坍塌风险失效概率

风险因素	地质因素	设计因素	施工因素
失效概率	0.76	0.45	0.68

利用煤层钻井风险的可靠性预测模型,结合宁武盆地地质风险、设计风险及施工风险因素,预测了武试5-1井(971.3~978.95m)、武试5-2井(984.6~996.8m)、武试5-3井(935.7~939m)、武试5-4井(988.7~998.8m)、武试5-5井(966.2~978.1m)井煤层钻井坍塌风险较高的层段(表2-29)。

表2-29 宁武盆地武试5井组煤层钻井坍塌风险预测结果

井号/井段	井壁可靠度/失效概率	主要风险因素及灵敏度系数
武试5-1井/976m	0.234/0.766(风险中)	
武试5-2井/990m	0.2405/0.7595(风险中)	
武试5-3井/938m	0.2985/0.7015(风险中)	
武试5-4井/992m	0.3108/0.6892(风险较低)	
武试5-5井/974m	0.0895/0.9107(风险高)	

2.2.4.3 武试5-5井煤层钻井坍塌风险敏感性分析

根据可靠度的集合意义,可靠度就是标准正态空间内原点到设计点的距离,有:

$$\beta=\sqrt{Z^{*T}Z^*} \quad (2-28)$$

其中，$Z^* = -\beta \dfrac{\nabla G(Z^*)}{\|\nabla G(Z^*)\|}$，$Z = TX + B$；

式中　X——原随机变量；

　　　Z——相互独立的标准正态随机变量；

　　　T——随机变量转换矩阵；

　　　B——补充转换矩阵。

设分布参数向量为 $d = (d_1, d_2, \cdots d_k)$：

则随机变量参数的敏感性计算公式为：

$$\frac{\partial \beta}{\partial d_i} = \frac{1}{\beta}(TX^* + B)^T \cdot \left(\frac{\partial T}{\partial d_i}X^* + \frac{\partial B}{\partial d_i}\right) \quad (2-29)$$

利用上述方法分析武试 5-5 井煤层钻井坍塌风险失效概率，比较各随机变量对煤层钻井坍塌风险失效概率的灵敏度分析结果如图 2-54 所示。

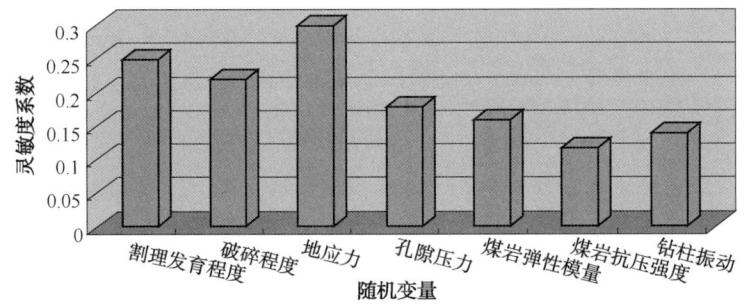

图 2-54　宁武盆地武试 5-5 井煤层钻井坍塌风险参数灵敏度分析结果

计算结果表明，对于武试 5-5 井而言，煤层钻井坍塌风险失效概率影响因素的灵敏度排序：地应力>割理发育程度>破碎程度>孔隙压力>煤岩弹性模量>钻柱振动>煤岩抗压强度。地应力对煤层钻井井壁坍塌风险的失效概率结果影响最大；煤岩抗压强度对煤层钻井井壁坍塌风险的失效概率结果影响最小。

煤岩破碎程度对煤层钻井坍塌风险的发生概率至关重要。分析煤层钻井坍塌风险的发生概率与煤岩破碎程度的关系如图 2-55 所示。计算结果表明，随着煤岩完整系数（煤岩破碎程度）的增加，井壁坍塌风险的发生概率呈二次多项式形式递减。

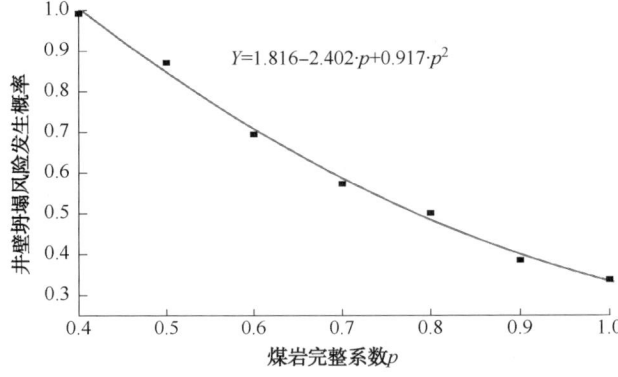

图 2-55　宁武盆地武试 5-5 井井壁坍塌风险发生概率与煤岩破碎程度的关系

2.3 煤层气井地应力特征

煤层气井的部署是煤层气开发中一个非常重要的环节，井位部署的合理与否，不仅关系到单井产量的大小，而且直接影响到煤层气开发项目的成败。地应力与煤层的渗透率、煤层气的成藏和富集区有关。在煤层气水平井的部署设计中，水平井的水平段设计方位甚至决定了单井产量的大小。澳大利亚等国在煤层气资源的勘探开发中，将对地应力的研究放在首要位置。地应力研究与煤层气勘探开发的关系如图 2-56 所示。

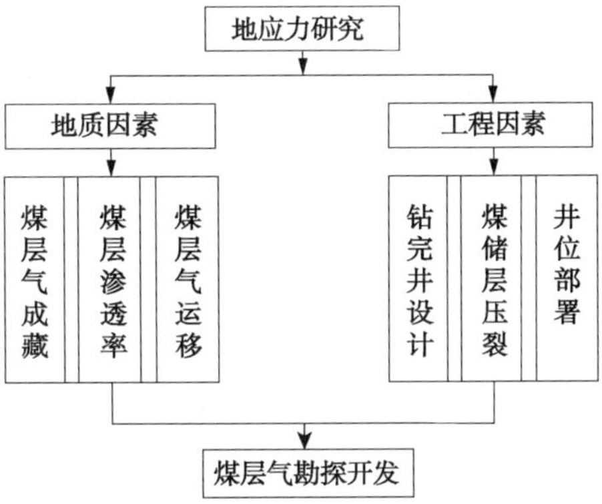

图 2-56 地应力与煤层气勘探开发关系

2.3.1 煤层地应力概念及测试方法

存在于地壳中的内应力称为地应力，包括垂向主应力、水平最大主应力、水平最小主应力三个分量，其主要由重力应力、构造应力、孔隙压力、热应力和残余应力等耦合而成，大小与煤层埋深、地质构造等有关。煤层具有高度可压缩性，煤层地应力影响储层的渗透性与产量。通常情况下，随深度增加，地应力增大，渗透率随之减小，大部分高产煤层气井的垂深小于 1200m。

采用压裂增产时，对地应力的认识有助于地面注入压力和井底施工压力的设计和计算。此时，所关注的应该是有效地应力，它是指煤层气压裂最小有效闭合应力，为煤层破裂压力与其抗张强度之差，大致分为有利（小于 10MPa）、较有利（10～20MPa）和不利（大于 20MPa）。煤层有效地应力越大，其压裂难度一般愈大，煤层埋深超过 1200m 时，压裂效果差。

当垂向地应力小于最小水平地应力时，压裂易在煤层中形成水平裂缝，反之，则易形成垂直裂缝。此外地应力的方向同样影响煤层气的产量。水平应力的方向与割理的方向相关联，因此地应力会影响煤层的优势渗透率方向；地应力的方向同时也控制着诱导裂隙的方向。因此，如何合理获取地应力是水平井部署的关键之一，下面介绍三种主要的测试方法。

2.3.1.1 水压致裂法测试煤岩地应力

水力压裂法是目前进行深部绝对地应力测量的最直接方法，它是根据施工曲线典型点的特征压力值确定出地应力大小。其基本假设为：

（1）测量段岩石是均质各向同性的线弹性体，渗透率很低。

（2）水力压裂的模型可简化为一个无限大岩石平板中有一个圆孔，圆孔孔轴与垂向应力平行，在平板内作用着水平主应力 σ_1、σ_2（图 2-57）。

（3）水力压裂的初裂缝面是直立平行于孔轴的。

（4）有相当长的一段裂缝面和最小水平主应力方向垂直。

根据弹性理论，圆孔外任一点 r 处的应力为：

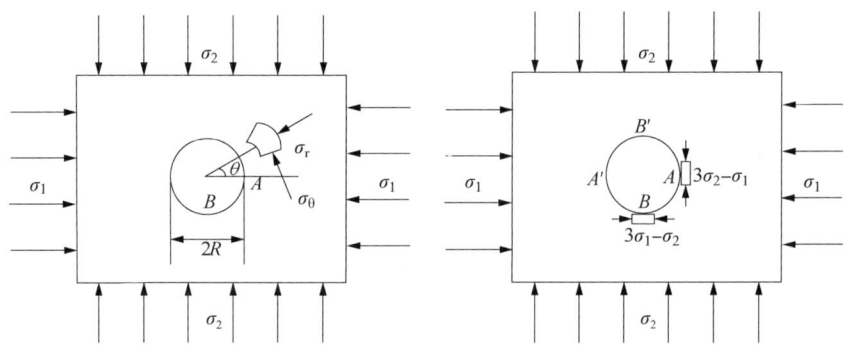

图 2-57 水力压裂法应力测量的基本模型

$$\begin{cases} \sigma_r = \dfrac{\sigma_1+\sigma_2}{2}\left(1-\dfrac{R^2}{r^2}\right) + \dfrac{\sigma_1-\sigma_2}{2}\left(1-\dfrac{4R^2}{r^2}+\dfrac{3R^4}{r^4}\right)\cos2\theta \\ \sigma_\theta = \dfrac{\sigma_1+\sigma_2}{2}\left(1+\dfrac{R^2}{r^2}\right) - \dfrac{\sigma_1-\sigma_2}{2}\left(1+\dfrac{3R^4}{r^4}\right)\cos2\theta \\ \tau_{r\theta} = \tau_{\theta r} = -\dfrac{\sigma_1-\sigma_2}{2}\left(1+\dfrac{2R^2}{r^2}-\dfrac{3R^4}{r^4}\right)\sin2\theta \end{cases} \quad (2\text{-}30)$$

式中 σ_r，σ_θ，$\tau_{r\theta}$——计算点的径向、切向有效主应力和剪切应力，MPa；

θ——井眼周围某点与 σ_1 轴的夹角，°；

R——圆孔半径，m；

r——距井轴中心的距离，m。

在井壁上，即 $r=R$ 处的应力状态为：

$$\begin{cases} \sigma_r = 0 \\ \sigma_\theta = (\sigma_1+\sigma_2) - 2(\sigma_1-\sigma_2)\cos2\theta \\ \tau_{r\theta} = \tau_{\theta r} = 0 \end{cases} \quad (2\text{-}31)$$

令 $\theta=0°$ 和 $\theta=90°$ 可得到孔壁 A、B 点（图 2-57）处的集中应力分别为：

$$\begin{cases} \sigma_A = 3\sigma_2 - \sigma_1 \\ \sigma_B = 3\sigma_1 - \sigma_2 \end{cases} \quad (2\text{-}32)$$

若 $\sigma_1>\sigma_2$，则 $\sigma_A>\sigma_B$。因此，当圆孔内施加液压使孔壁产生张性破坏时，将在最小切向应力的位置（即 A 点及其对称点）首先发生破裂，破裂将沿着垂直于最小压应力的方向传播。使孔壁产生破裂的外加液压称为破裂压力，记为 p_f。破裂压力 p_f 等于孔壁破裂处的应力集中加上岩石的抗拉强度 σ_t。

$$p_f = 3\sigma_2 - \sigma_1 + \sigma_t \quad (2\text{-}33)$$

在垂直孔中测量原地应力时，设垂直于钻孔轴线的横截面内最小、最大水平主应力为 σ_h、σ_H，考虑岩石自然状态下的孔隙压力 p_p，对封隔段岩孔注水增压到 p_f 使孔壁破裂，将上式中有效应力换为原岩主应力，此时有以下关系：

$$p_f = 3\sigma_h - \sigma_H - p_p + \sigma_t \quad (2\text{-}34)$$

在测量中被封闭的孔段在孔壁破裂后,若继续注液加压,裂缝将向纵深处扩展。若在地层压裂后,瞬时停泵,此时裂缝将停止延伸,在地应力场的作用下被高压液涨破的裂缝渐渐趋于闭合,在裂缝处于临界闭合状态时钻孔中的平衡压力称为瞬时停泵压力,记为 p_s,它等于垂直于裂缝面的最小水平主应力,即:

$$p_s = \sigma_h \tag{2-35}$$

若瞬时关闭压力为井口压力 p_{Is},这时压裂层段的最小水平主应力等于瞬时停泵地面压力与井孔中液柱压力的和,即:

$$\sigma_h = p_{Is} + p_h \tag{2-36}$$

瞬时停泵后重新启动泵,从而使闭合的裂缝重新张开,由于张开闭合裂缝所需的压力 p_r 与地层破裂压力 p_f 相比,无需克服岩石的拉伸强度 σ_t,因此可以近似地认为破裂层位的拉伸强度等于这两个压力的差值,即:

$$\sigma_t = p_f - p_r \tag{2-37}$$

p_f、p_s 和 p_r 压力值可以从水力压裂的压力曲线(图 2-58)上读得。

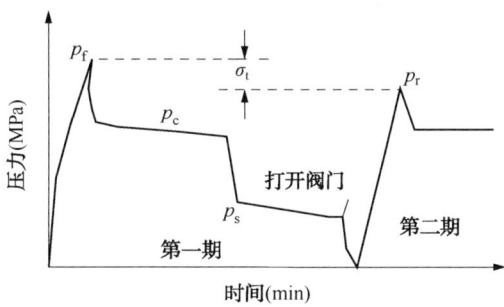

图 2-58 水力压裂法的典型曲线图

将读取的数值进行校正后,即可反算地层水平地应力:

$$\begin{cases} \sigma_h = p_s \\ \sigma_H = 3\sigma_h - p_f - p_p + \sigma_t \\ \sigma_t = p_f - p_r \end{cases} \tag{2-38}$$

式中　p_s——瞬时停泵压力,MPa;
　　　p_f——破裂压力,MPa;
　　　p_p——孔隙压力(地层压力),MPa;
　　　p_r——闭合裂缝重张压力,MPa;
　　　p_c——延伸压力,MPa;
　　　p_h——井筒液柱压力,MPa。

垂向应力计算公式为:

$$\sigma_v = \gamma g h \tag{2-39}$$

式中　γ——上覆岩石平均容重,kN/m³;
　　　H——测点处埋深,m;
　　　g——重力加速度,m/s²。

2.3.1.2 基于凯塞尔(Kaiser)效应的声发射法测试煤岩地应力

煤岩声发射 Kaiser 效应的力学本质是岩石受历史载荷所形成的特定的微裂纹只有在达到历史最大载荷时才重新扩展。Kaiser 效应表现的是煤岩对所遭受外部环境的记忆,而其实质是煤岩对自身受到的伤害程度的记忆,它明确表达了煤岩材料破坏过程的不可逆性。在用 Kaiser 效应测定原岩应力时,通常采用的方法是在原始岩心上取 6 个(或 9 个)方向上的试样,然后在实验室里做单轴压缩声发射实验,测得各试样的 Kaiser 效应点应力,以此应力值作为岩心轴向方向上的原岩应力值,最后用弹性力学理论求出岩心所处环境的原岩应力。但是,煤岩试样在实验室里单轴压缩与煤岩所受的原岩应力显然不是同一个应力状态,岩样处于原岩中一般会同时受到多个方向的应力,而单轴压缩时煤岩只受到轴向的压应力,其他方向的应力则被释放。显然,煤岩处于多轴应力状态与单轴应力状态相比其内部结构变化不一样。

(1) Kaiser 效应的机理。

根据损伤力学理论,假定把煤岩划分成若干个含有不同缺陷的微元体,微元体被划分的足够小,以至可以对其做如下假设:①微元体符合广义胡克定律。②微元体的破坏符合修正后的 Coulomb 准则。由于微元体的组成成分和所含的缺陷不一样,微元强度也不等,一般认为岩石材料微元体的一维强度符合 Weibull 统计分布规律:

$$\varphi(\sigma_c) = \frac{m}{\sigma_0}\left(\frac{\sigma_c}{\sigma_0}\right)^{m-1} \exp\left[-\left(\frac{\sigma_c}{\sigma_0}\right)^m\right] \tag{2-40}$$

式中 m、σ_0——分别为 Weibull 形态参数和分布标度;

σ_c——微元体的抗压强度;

$\varphi(\sigma_c)$——加载强度为 σ_c 时微元体破坏的概率。

如前所述,Kaiser 效应的本质是煤岩变形过程中伤害的不可逆性,即在同一加载路径下,只有当应力超过其之前所受的最大应力水平时,新的损伤才会产生。因此,假设首次对煤岩施加的应力为 $\sigma_{(1)}$,煤岩内部强度小于 $\sigma_{(1)}$ 的微元体就会破坏,同时伴随有声发射出现;当下次重新加载时,如果应力小于 $\sigma_{(1)}$ 则不会再有新的微元体破坏,也就没有声发射出现,只有当应力超过 $\sigma_{(1)}$ 才会有新的微元体破坏,声发射也重新恢复。所以,对于第 i 次加载,声发射数可表示为:

$$\frac{n_i}{N} = \begin{cases} 0 & \sigma \leq \sigma_{i-1} \\ \int_{\sigma_{i-1}}^{\sigma} \varphi(x)\,\mathrm{d}x & \sigma > \sigma_{i-1} \end{cases} \tag{2-41}$$

式中:$i=1,2,3,\cdots$,σ_{i-1} 为第 $i-1$ 次加载的应力水平,n_i 为第 i 次加载的声发射次数,N 为煤岩完全破坏时总的声发射次数。当微元强度 σ 服从 Weibull 分布(假设形状参数 m 等于 3),则可以绘出煤岩在循环加载条件下的破坏过程示意图形,也即 Kaiser 效应的机理,结果如图 2-59 所示。

(2) 围压对微元体强度的影响。

由于微元体的破坏符合修正后的 Mohr-Coulomb 准则,则在常规三轴 σ 加载条件下微元体的破坏条件可表示为:

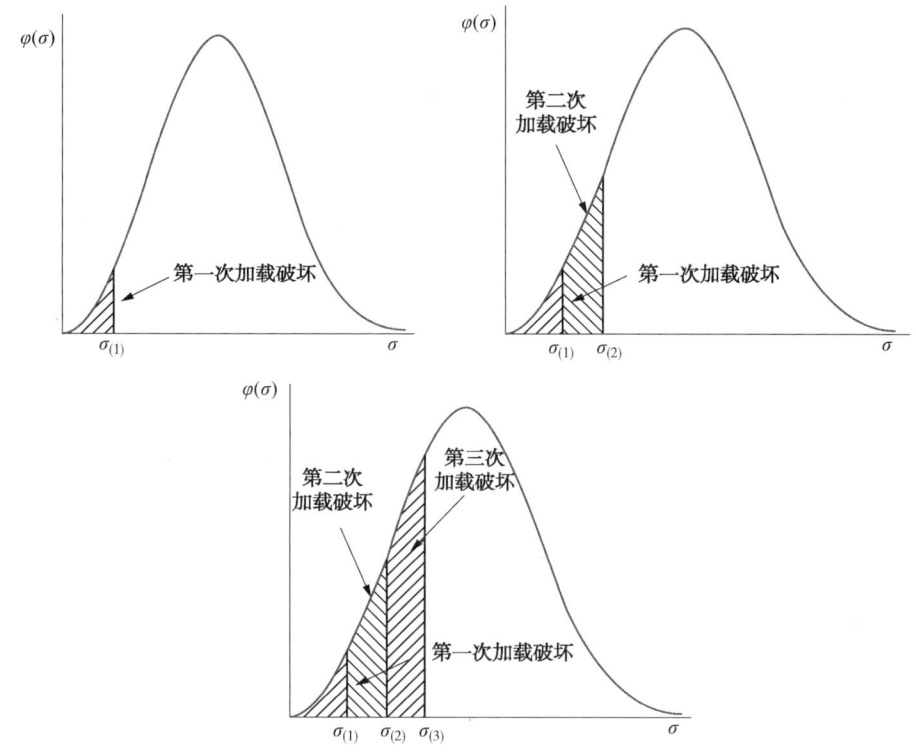

图 2-59 煤岩微元体强度分布及循环加载下的破坏过程

$$\sigma_1 - \frac{(1+\sin\theta)}{(1-\sin\theta)}\sigma_3 \geqslant \sigma_c \tag{2-42}$$

式中 θ——摩擦角；

σ_c——微元体的单轴抗压强度。

其分布规律符合式(2-40)。图 2-37 所示为有围压条件下微元体的破坏条件。从式(2-42)及图 2-60 可以看出，由于在常规三轴加载条件下，使微元体破坏的轴压 σ_1 随着围压 σ_3 的增大而增大。因此，用单轴加载方式测的 Kaiser 效应应力小于煤岩原来的轴向应力，并且围压越大测得的结果与真实应力相差越大。

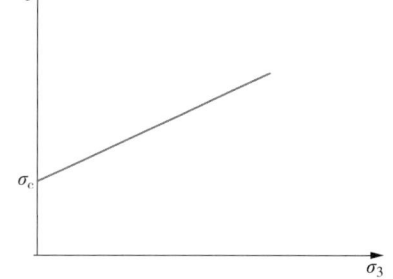

图 2-60 常规三轴加载微元体破坏条件

2.3.1.3 差应变分析法

差应变分析方法(DSA)的测试原理：岩心在地层深处由于地应力作用处于压缩状态，含有的天然裂隙也是处于闭和状态。将岩心取到地面后，由于应力解除将引起岩心膨胀产生许多新的微裂缝。这些微裂缝张开的程度和产生的密度及方向将和岩心所处的环境应力场状态有关，是地下应力场的反映。对岩心加压进行不同方向的差应变分析，可以得到最大主应力与最小主应力在空间的方向，这种方法称为差应变分析(DSA)。差应变分析法的测试基于下列假设：(1)所有的微裂缝都是由就地压缩应力的释放而产生的，

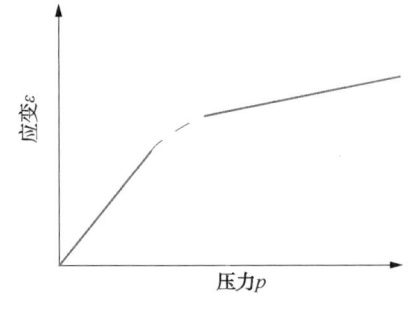

图 2-61 典型的应变曲线

并与主应力方向一致。(2)如果地层是各向同性的,那么独立地得到一个主地应力值时,通过利用主应变比值获井下原位地应力的值。

实验室中,对岩样进行静水加压,由于应力释放而产生的微裂缝将首先闭合。裂缝闭合后继续加载,这时产生的变形是由于岩石固体变形(骨架压缩)而引起的。图 2-61 是岩样加载后测得的应变与压力变化关系的典型曲线。曲线分为两部分,第一部分是由于微裂缝闭合和岩石骨架压缩共同引起的应变。第二部分曲线的斜率较小。两部分斜率之差反映了单独由微裂缝闭合而引起的应变。通过区别这些变形可决定微裂缝对方向变形的贡献,也就可以求出最大主应变(即最大主应力)的方向。

2.3.2 沁南区块煤岩地应力特征

为了摸清山西沁南煤层气田地应力的大小及分布规律,系统地收集了近 50 口煤层气井的测井解释成果资料、试井资料(主要为原地应力测试)、压裂裂缝的微地震监测资料及煤矿区井下地应力测试资料。通过对地应力数据的处理、标定和校正,解释了沁南区块单井井位水平最大、最小主应力大小与方位,绘制了区块地应力平面分布图。基于沁南区块地质构造特征及研究区中单井地应力大小与方位测试结果,外推分析了沁南区块 260km^2 内 3 号煤层平面地应力分布,揭示煤层地应力分布规律,绘制了水平最大地应力及最小地应力大小等值线图和方位图。

2.3.2.1 沁南区块单井地应力特征

(1)地应力大小及方位测试和确定方法。

通常获取地应力大小的方法有两种,第一种为根据常规测井(包括深侧向、声波时差、补偿中子、体积密度、自然伽马)解释结果直接获得水平最大主应力和最小主应力,第二种为依据水力压裂原地应力测试方法。其中原位地应力测试分析时,选取破裂、闭合效果好的 1 至 3 个循环,分析其关井段的压降数据,并求取裂缝闭合压力。原地应力测试分析方法有双对数法、时间平方根法等。一般煤层的闭合压力分析采用时间平方法根法,并辅以双对数法进行验证。

地应力方向(或方位)的获取包括 4 种方式:第一种为根据特殊测井(多极子阵列声波测井)获得,其原理是提取各种地层中纵波、横波和斯通利波波速,并利用纵横波波速等资料计算岩石的杨氏模量、体积模量、泊松比等弹性参数;依据以上参数特征进行岩性解释,并计算岩石的破裂压力、坍塌压力等非弹性参数;利用偶极横波能够获得地层各向异性特征,并提供地层水平最大主应力、最小主应力方向;第二种为研究区现场野外第四系黄土节理产状的测量,依据不同位置节理产状的统计分析,确定主节理发育的方位,从而确定水平最大主应力和最小主应力的方向;第三种方法依据煤层气井压裂裂缝方位的统计分析进行确定。因煤储层压裂主裂缝沿水平最大主应力方向延伸,垂直于水平最小主应力方向,因而可以依据压裂后裂缝的三维微地震监测数据获得该煤层气所在储层水平最大主应力和最小主应力的方向;第四种方法为依据微电阻率扫描成像测井(MCI)获取,MCI 可提供一幅用渐变的色板或灰度代表的电阻率数字图像,它具有极高的垂向分辨率和周向分辨率,可直观且清晰地展示地层岩性及内部构造特征,用于识别裂缝、孔洞、孔隙,确定裂缝产状及发育方向,划分裂缝段,进行裂缝性储层评价,因而,MCI 可以获得地层产生应力释放缝的方位角度,从而判断地应力的方向。

需要说明的是,野外节理产状测量结果、压裂裂缝的三维微地震监测结果及 MCI 成像分析的裂缝结果均需要进行统计分析,以确定主裂缝或主节理的产状,再确定水平最大主应力和最小主应力的方位。

(2)单井地应力数据分析与处理。

沁南区块煤层气井的测井解释的原位地应力结果见表 2-30。

表 2-30 研究区 50 口煤层气井的测井解释地应力数据(部分)

序号	煤层井井名	水平最大主应力(MPa)	水平最小主应力(MPa)
1	G1-16	19.96	12.62
2	G1-9	17.99	11.14
3	G2-109X	23.71	15.43
4	G2-113X	20.28	12.86
5	G2-129X	19.22	12.07
6	G4-1X	22.84	14.78
7	G4-126X	18.04	11.18
8	G4-166	18.48	11.51
…	…	…	…
50	T2-8	20.22	14.31

由图 2-62 可知,根据测井解释成果,研究区水平最大主应力变化在 13.23~29.55MPa 之间,平均值为 20.45MPa,水平最小主应力变化在 7.7~19.81MPa 之间,平均值为 13.01MPa。

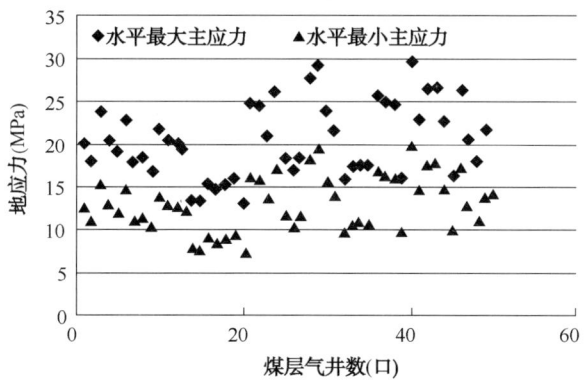

图 2-62 3 号煤层地应力统计特拟合

根据收集到的试井解释成果(试井采用微型压裂所得到的闭合压力,即水平最小主应力),并与测井解释得到地应力进行了比较和统计分析(表2-31)。

表 2-31 研究区试井地应力与测井解释水平最小主应力

序号	煤层井井名	试井水平最小主应力(MPa)	测井解释水平最小主应力(MPa)
1	G 城 1-10	9.69	7.70
2	G 城 1-19	10.23	7.70
3	Q14-33	14.35	10.27
4	Q16-31	11.24	9.66

由表 2-31 可知,根据测井解释的水平最小主应力明显低于根据试井原地应力测试所得到的水平最小主应力,因而在使用测井解释的地应力值时需要进行修正处理。对测井解释的地应力进行校正的方法有两种:①根据试井解释的水平最小主应力与测井解释的水平最小主应力进行拟合校正。②根据水力压裂破裂压力与裂缝闭合压力进行闭合校正。

根据以上方法,将试井解释的水平最小主应力与测井解释的水平最小主应力进行拟合分析(图2-63),试井水平最小主应力与测井解释水平最小主应力呈较好的相关性,因此可以利用测井解释水平最小主应力代入到拟合关系式中对测井解释得到的水平最小主应力进行校正。

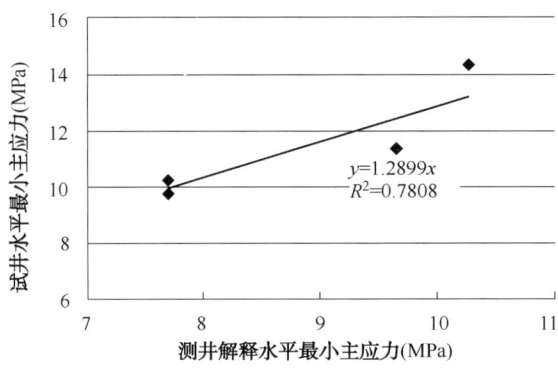

图 2-63 试井水平最小主应力与测井解释最小主应力的关系

第二种地应力校正的方法为根据水力压裂时破裂压力与裂缝闭合压力之间的关系进行校正,根据水力压裂原理。压裂过程地层破裂压力的计算公式为:

$$p_f = 3\sigma_h - \sigma_H - p_p + S_t \tag{2-43}$$

式中 p_f——煤层破裂压力;

σ_h——水平最小主应力;

σ_H——水平最大主应力;

p_p——地层孔隙压力;

S_t——实验测试所得的煤岩的抗拉强度。

通常煤岩的抗拉强度在 0~1MPa 之间,因本次研究所收集资料中没有煤岩抗拉强度数据，同时由公式（2-43）可知煤岩的破裂压力与水平最大主应力、最小主应力之间呈线性正负相关，因此可以根据它们之间的关系进行分析。图 2-64 为研究区煤岩破裂压力与裂缝闭合压力之间的关系。

因压裂时裂缝闭合压力为水平最小主应力，图 2-64 表示的是研究区 3 号煤破裂压力与最小主应力之间的关系，煤岩破裂压力与水平最小主应力呈现非常好的正相关关系。根据以上两种方法对研究区水平最小主应力进行综合校正，然后再对水平最大主应力进行校正。由于收集的部分煤层气井进行了试井测试，具有试井测试的水平最小主应力，但没有测井所对应的水平最大主应力数据资料，因此根据测井解释所得到的最大主应力、最小主应力数据进行拟合，结果如图 2-65 所示。

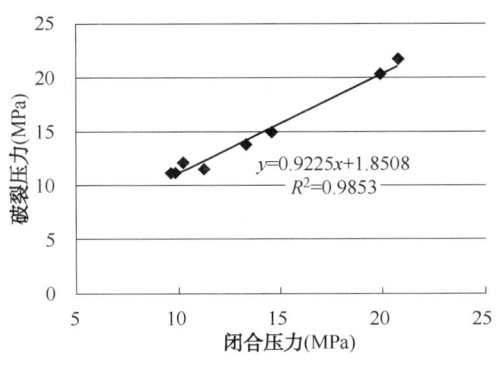

图 2-64　3 号煤层破裂压力与
裂缝闭合压力的关系

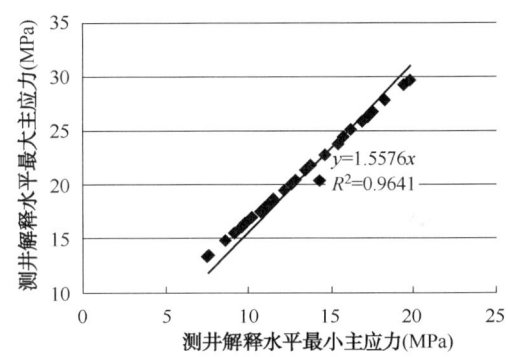

图 2-65　测井解释的水平最大及
最小主应力的拟合关系

（3）沁南区块单井水平最大最小主应力大小及方位。

根据前述对地应力大小及方位的获取和数据校正方法，对研究区近 50 口煤层气井及 5 个矿井（五阳矿、余吾矿、古城矿、高河矿、李村矿）所在 3 号煤储层的地应力大小及方位进行了分析。研究区绝大部分单井所在 3 号煤储层的水平最大主应力方位为北东东—北北东向，水平最小主应力方位为北西西—北北西向，极个别煤层气井（如 Q11-24 井）所在储层的水平最大主应力方位为北西西方向，水平最小主应力方向为北北东方向。单井所在煤储层水平最大最小主应力大小存在较大的差异，整体上研究区西南部位较高，东北部位较低，大小变化呈现出较明显的方向性。

2.3.2.2　沁南区块 3 号煤储层地应力分布特征

（1）3 号煤储层地应力分布特征。

根据收集的测井解释的地应力数据、试井原地应力测试所获取的水平最小主应力数据及压裂施工数据，经过前述校正后获得研究区的水平最大最小主应力数据，利用 Mapgis 软件进行投点，绘制了研究区水平最大最小主应力等值线图。

由图 2-66 可知，研究区 3 号煤储层水平最大主应力分布表现出由西南向东北降低的特点，局部部位出现水平最大主应力的异常分布区。由图 2-66 也可知，在研究区中三维地震区的西部出现水平最大主应力高值区，在东部古城矿为中心出现水平最大主应力低值区，整体变化由 30MPa 降至 15MPa 以下。

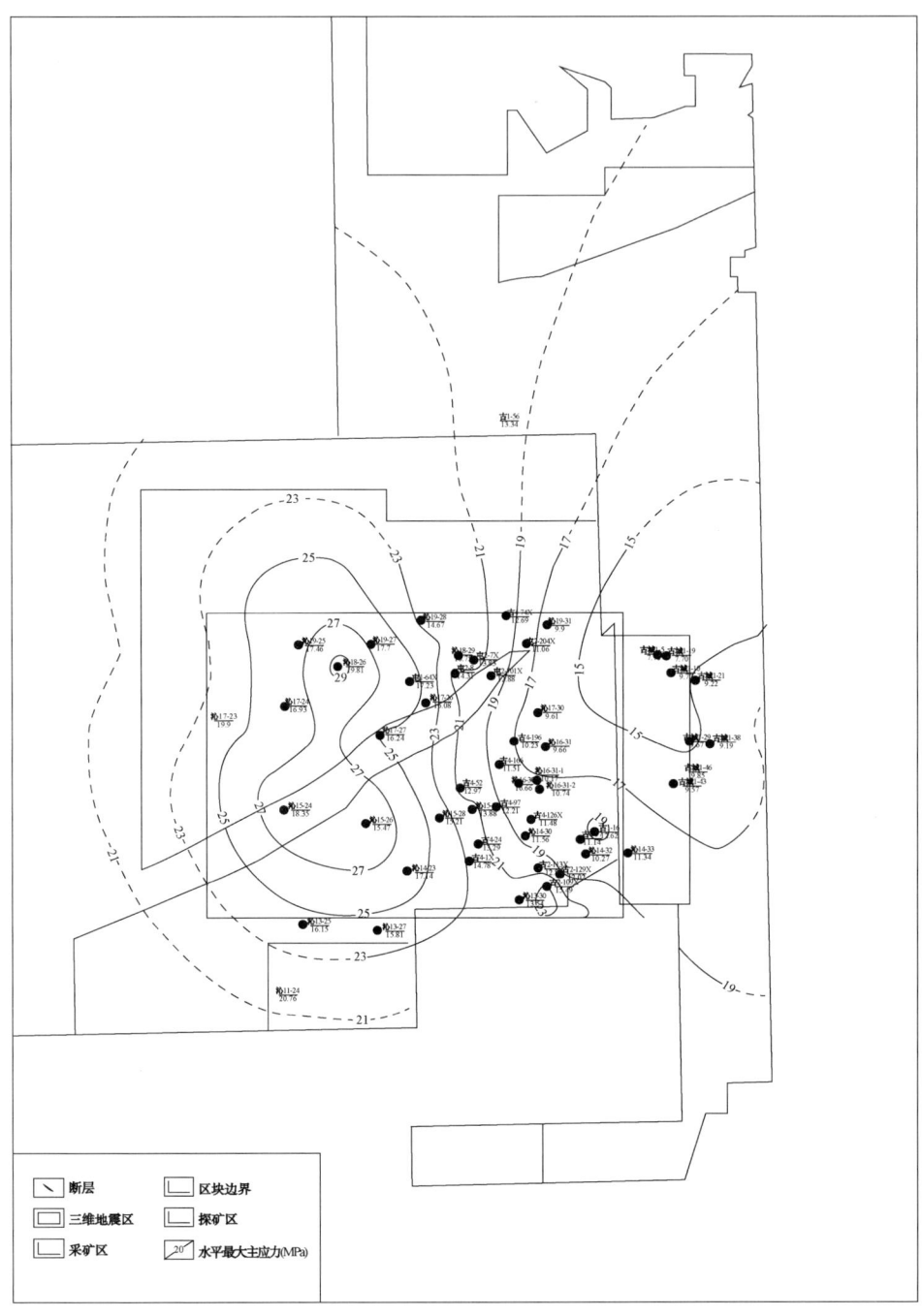

图 2-66 沁南区块水平最大主应力等值线分布图

第 2 章 煤层气钻井完井工程基础理论

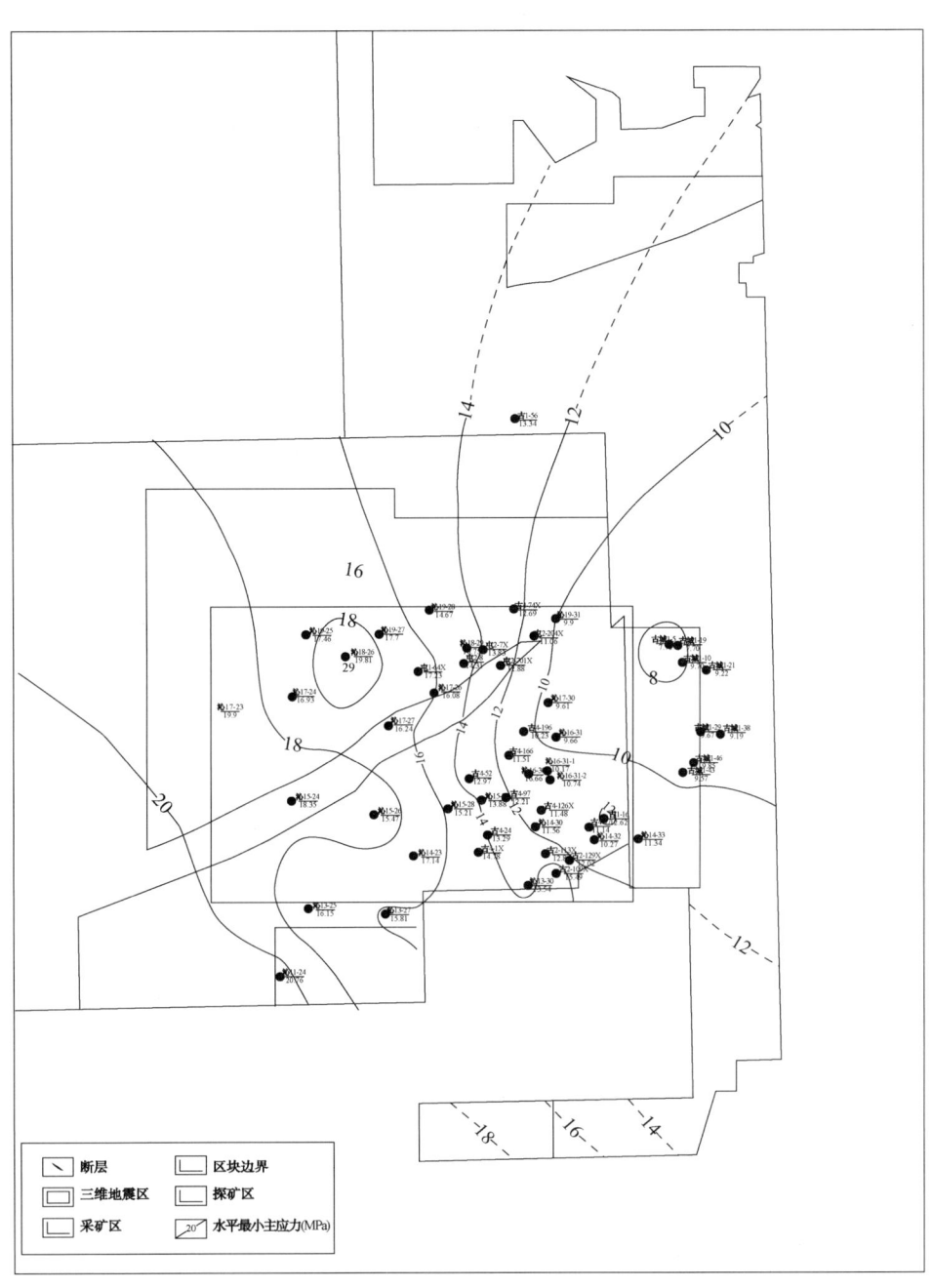

图 2-67　沁南区块水平最小主应力等值线分布图

由图 2-67 可知，研究区 3 号煤储层水平最小主应力分布同样表现出由西南向东北降低的特点，在研究区的东北部位出现一个水平最小主应力的相对异常高值区，但研究区 3 号煤储层水平最小主应力的变化具有明显的方向性变化特点，水平最小主应力大小由西南的 20MPa 降至 8MPa 以下。

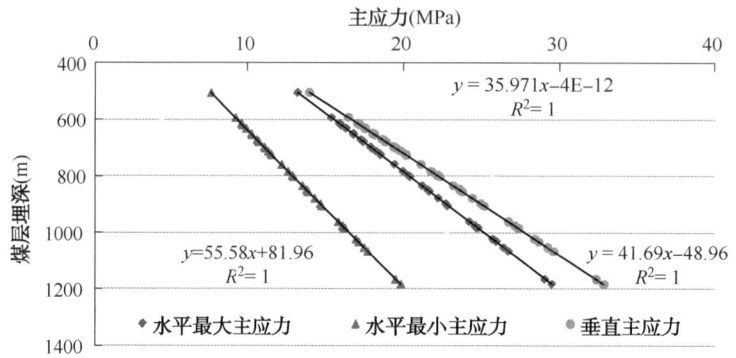

图 2-68　沁南区块 3 号煤主应力与深度的关系

根据研究区煤层埋深数据，依据经验公式计算垂直主应力，即

$$\sigma_v = 0.027h \quad (2-44)$$

式中　h——煤层埋深，m。

同时通过计算，统计分析了研究区 1200m 以浅近 40 口煤层气井 3 号煤储层水平最大主应力梯度、水平最小主应力梯度。研究结果表明，水平最大主应力梯度介于 2.496~2.626MPa/100m 之间，平均值为 2.548MPa/100m，水平最小主应力梯度介于 1.503~1.697MPa/100m，平均值为 1.613MPa/100m。对水平最大主应力、水平最小主应力、垂直主应力随深度(煤层埋深)分布进行分析(图 2-69)。

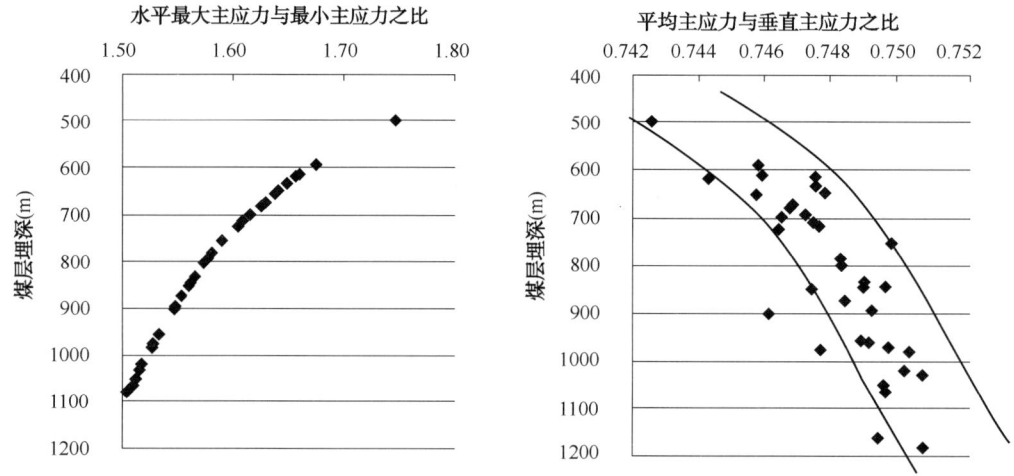

图 2-69　水平最大主应力、最小主应力、平均主应力与煤层埋深之间的关系

由图 2-70 可知，研究区 3 号煤储层主应力与深度完全呈正相关，即随着煤层埋深（600~1000m）的增加，煤层主应力同步增加。研究发现沁南区块 3 号煤水平最大主应力、水平最小主应力的分布规律与煤层埋深的分布具有明显的一致性，即均表现为西南部高、东北部低的特点。

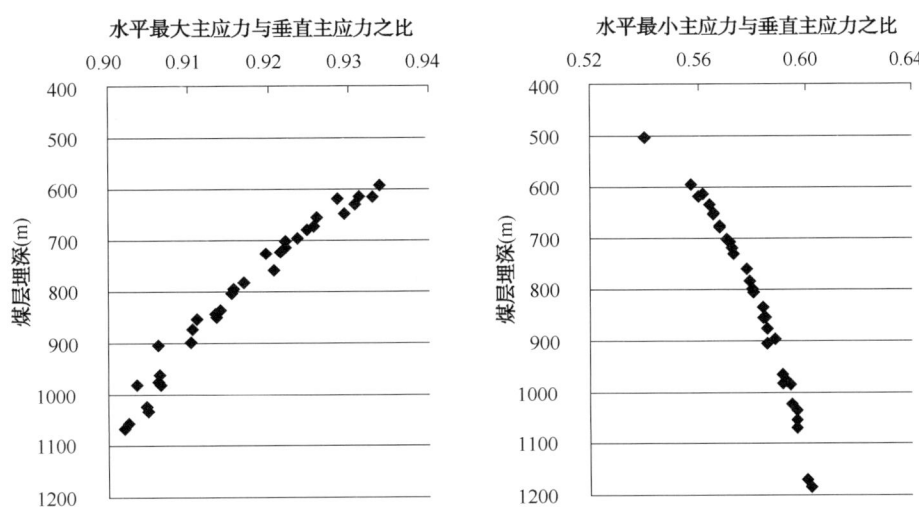

图 2-70　煤岩主应力比与煤层埋深之间的关系

为分析研究区主应力的性质，分别计算了水平最大主应力与水平最小主应力之比、平均主应力（水平最大主应力与最小主应力的平均值，也称侧压系数）与垂直主应力之比、水平最大主应力与垂直主应力之比、水平最小主应力与垂直主应力之比，并对其随深度变化的关系进行了分析，（图 2-69、图 2-70）。

由图 2-69 和图 2-70 可知，水平最大主应力与最小主应力之比、水平最大主应力与垂直主应力之比随煤层埋深增大而增大，而平均主应力（侧压系数）与垂直主应力之比、水平最小主应力与垂直主应力之比随煤层增大而减小。对比分析水平最大主应力、水平最小主应力及垂直主应力，其状态为 $\sigma_v \geqslant \sigma_{hmax} \geqslant \sigma_{hmin}$，水平最大主应力虽然小于垂直主应力，但与垂直主应力趋近于一致，两者均明显高于水平最小主应力，表明研究区现今地应力状态以伸张带为主，具有大地静力场型特征，同时趋于深部时三者越来越趋近，又表现出由伸张带转化为压缩带的过渡带特征，因而深部区域局部具有准静水压力场型特征。

（2）3 号煤储层现代地应力方位特征。

根据对研究区构造特征分析（图 2-71），研究区局部发育北西向褶曲构造，同时也存在一些褶曲轴发生偏转的现象，也可能是现代应力场作用的表现。根据试井解释水平最大主应力方位、裂缝监测方位及成像测井所解释的裂缝方位等，绘制了研究区现代构造主应力迹线图（水平最大最小主应力方位）（图 2-71）。由图 2-71 可知，研究区水平最大主应力方向为北东东—北北东，由北向南，现代地应力场发生了一定程度的偏转。

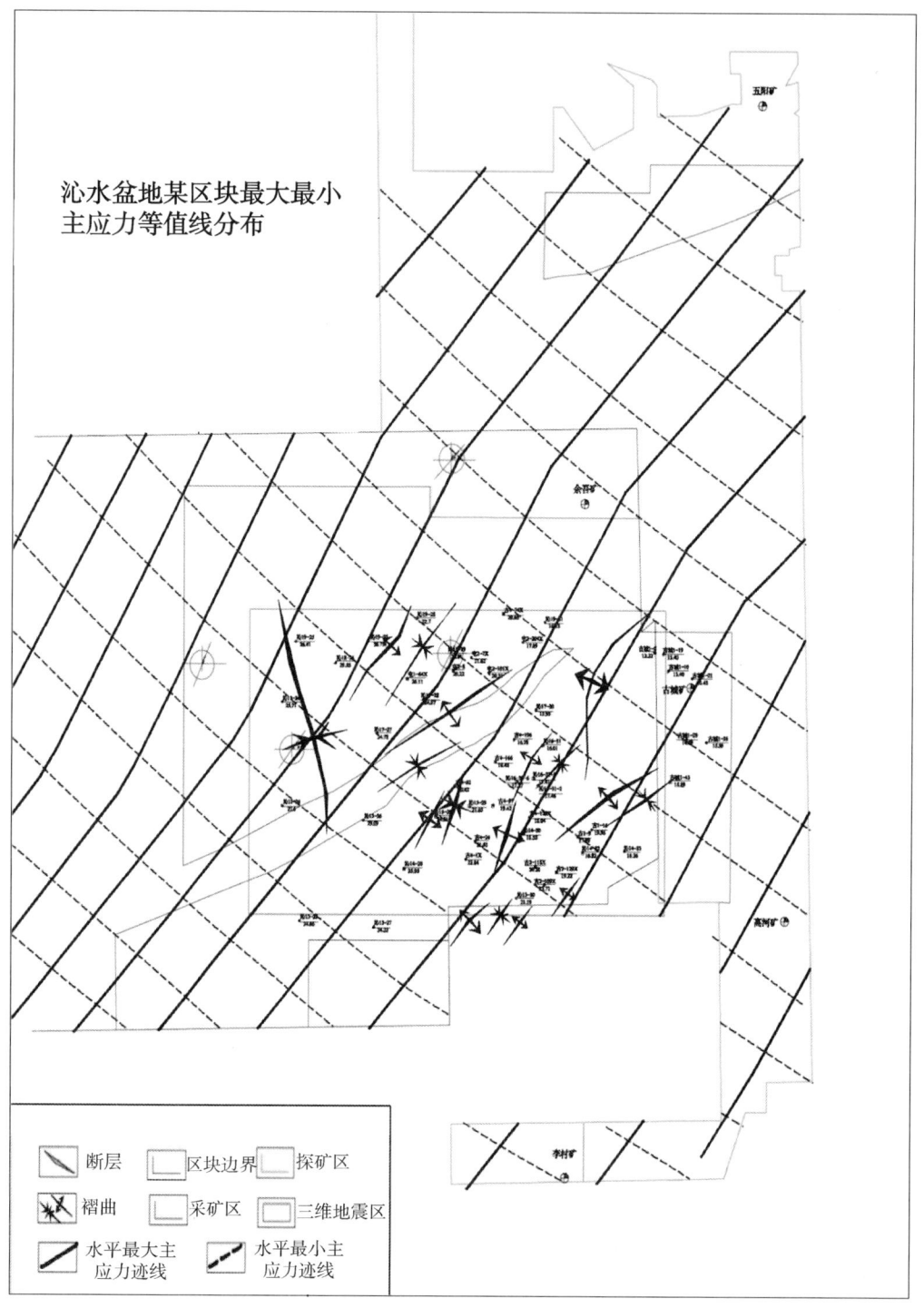

图 2-71 研究区现代构造主应力迹线图

进入新近纪以来，华北地台区受太平洋板块与印度洋板块的联合作用，地幔活动减弱、热异常衰减，逐渐由拉张作用转变为挤压体制，其主压应力方向向东偏转为北东或北北东向，而近北东向构造处于张扭性构造环境（图2-72），这也与测井解释、试井解释所得的结果一致。

不少学者从现代构造学的角度证实了这一构造应力场的存在，如刘峡等人运用GPS资料研究得出，山西地区目前承受北东向挤压应力场，并

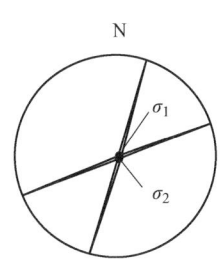

图 2-72 研究区黄土产状求解的应力场特征

指出北北东向断层（如汾渭地堑断裂系）呈右旋运动；陈连旺等利用现代地震震源机制解也得到近北东向挤压作用，并指出山西霍山山前断层、韩城断层等具有右行正走滑作用特征，王秀文等也得到了类似的结论，表明在喜马拉雅晚期以来的北东向挤压构造应力场下，沁水盆地在北西—南东向拉张应力作用下，同时具有右旋走滑特征。

本小节利用测井资料解释了水平最大最小主应力、试井解解水平最小主应力，结合特殊测井资料解释水平最大主应力方位和三维地震监测裂缝展布，确定了水平最小主应力的大小与方向，结合研究区测井地应力数据，对其进行了校正，绘制研究区单井水平最大主应力和最小主应力平面分布图、水平最大主应力和最小主应力等值线分布图及方位图，揭示了沁南区块地应力分布规律，得到的主要结论如下：

① 研究区水平最大主应力变化在13.23~29.55MPa之间，平均值为20.45MPa，水平最小主应力变化在7.7~19.81MPa之间，平均值为13.01MPa，水平最大主应力和最小主应力分布均表现出由西南向东北降低的特点，水平最大主应力、水平最小主应力及垂直主应力的大小与埋深呈正相关关系，研究区西部煤储层的埋深大于东部，水平最大主应力和最小主应力的分布与煤层埋深的分布具有明显的一致性，现今地应力状态表现出以伸张带为主，具大地静力场型特征，深部区域局部由伸张转化为压缩带的过渡带，具有准静水压力场型特征。

② 研究区水平最大主应力方位为北北东—北东东向，由北向南水平最大主应力方向发生一定程度的偏转，应力性质表现出由伸张（拉张）向挤压过渡的特点。

2.3.3 沁南区块割理裂隙特征

煤储层是由宏观裂隙、微观裂隙和孔隙组成的三元孔、裂隙系统。孔隙是煤层气的富集场所，宏观裂隙是煤层气和煤层水的运移通道，而微观裂隙则是沟通孔隙与宏观裂隙的桥梁。煤储层压力下降后，吸附态的气体从煤基质微孔隙表面解吸、扩散出来，经微观裂隙扩散—渗流至宏观裂隙，并与煤层水一起流入井筒，从而形成具有工业开采价值的煤层气气流。众多学者的研究表明，裂隙不仅是煤储层流体运移和产出的主要通道，还是煤储层渗透率的决定性因素。由此可见，煤储层割理裂隙网络系统对于煤层气开发至关重要。

前人的研究将煤储层割理裂隙系统划分为直接利用肉眼或普通放大镜可观察到的宏观裂隙和必须借助光学显微镜或扫描电子显微镜才能观察的微观裂隙。根据成因类型的不同，宏观裂隙又可划分为外生裂隙和内生裂隙（割理）。前人的研究认为，宏观裂隙（特别是外生裂隙），决定了煤储层的渗透性。基于沁南区块及其附近区域5个煤矿的井下煤壁观测、大量煤岩样品的室内岩心描述以及沁南区块18口评价井煤心的室内描述和2口煤层气井的成像

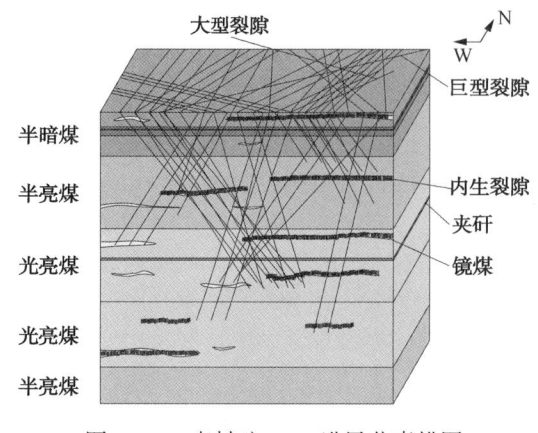

图 2-73　李村矿 1301 进风巷素描图

测井资料解释，从宏观层次对煤层裂隙进行系统的观察和研究，详细阐述了沁南区块多级多成因的割理裂隙系统产状。

2.3.3.1　外生裂隙发育规律

沁南区块 3 号煤层外生裂隙总体较为发育，多斜交于煤层层理。外生裂隙产状多变，不同区域，优势发育走向不同，倾向、密度亦不相同，唯有倾角较为相近。为了更进一步的了解沁南外生裂隙的产状特征，特对煤矿井下煤壁描述和成像测井解释的外生裂隙产状进行解释（以图 2-73 为例），得出其优势产状特征。

（1）走向。

受燕山期北东—南西向挤压和喜马拉雅造山期北东—南西向挤压的影响，研究区主要发育有北东走向和北西走向的外生裂隙。NE 走向外生裂隙优势发育走向不明显，北东 10°~19°、北东 40°~49°和北东 60°~79°走向范围，裂隙发育程度略高于其他走向范围，为北东走向外生裂隙的优势发育走向。造成北东走向外生裂隙优势发育方位不明显的原因，一方面，受不同构造位置，煤层最大主应力、最小主应力方向不同的影响；另一方面，受煤层非均质性，即不同区域煤储层力学性质差异的影响；最后受燕山运动多幕次复杂构造运动的影响。北西走向外生裂隙发育走向较为集中，北西 0°~29°走向范围，裂隙发育程度明显高于其他走向范围，为北西走向外生裂隙的优势发育方位。北西走向外生裂隙的发育特征说明，喜马拉雅造山期构造运动较燕山期简单，对煤层所造成的影响相对较为单一。

（2）倾向。

研究区外生裂隙倾向多变，没有明显的优势发育倾向。其中，40°~69°、120°~149°、160°~169°、190°~199°、250°~259°、310°~319°和 330°~339°倾向范围内，外生裂隙发育相对集中（图 2-74）。外生裂隙优势发育倾向与优势发育走向基本对应，说明其受多期构造运动的影响强烈。

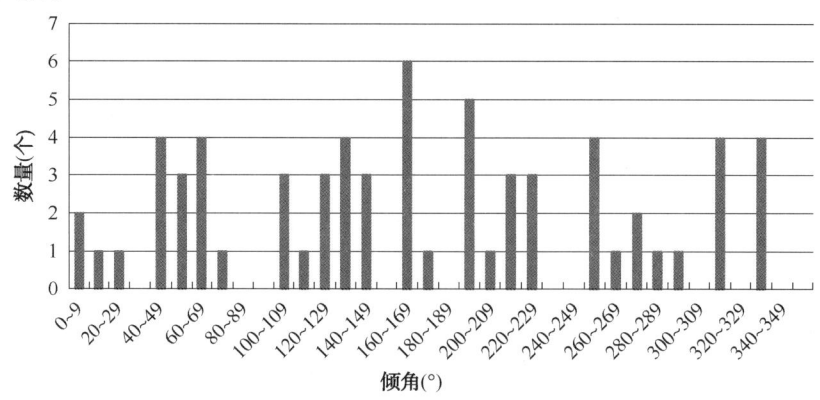

图 2-74　沁南区块周边煤矿 3 号煤层外生裂隙倾向统计

(3) 倾角。

由前文介绍可知，研究区外生裂隙主要与煤层层理斜交，二者呈一定的角度，且同一区域外生裂隙在倾角方面大多相互平行或近于平行排列。故此，外生裂隙倾角大小分布较为集中，主要分布在 40°~69°（图 2-75）。由于研究区煤层倾角均较小（10°以内），所以外生裂隙与煤层的相对倾角集中在 45°左右。外生裂隙发育倾角受古构造应力场作用下的拉张、剪切运动等的影响。

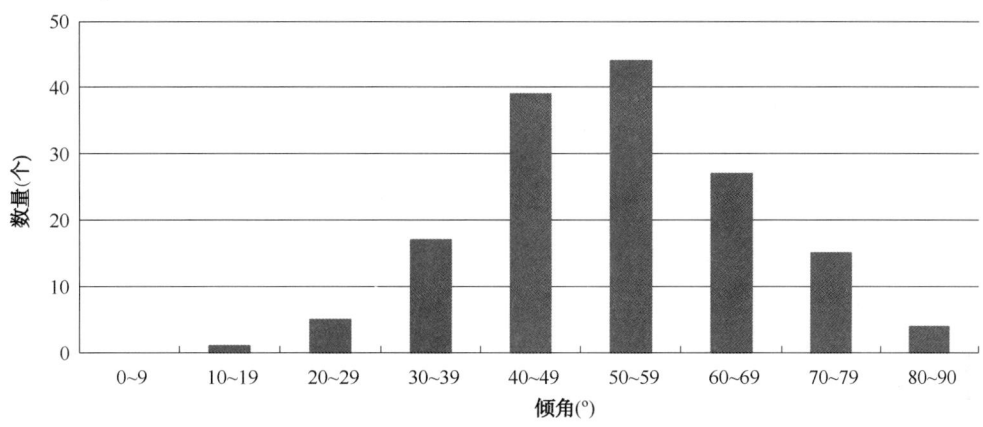

图 2-75　外生裂隙发育倾向分布

(4) 密度。

研究区外生裂隙密度分布较为集中，主要分布在 10 条/m 以内，个别区域外生裂隙十分发育，大于 10 条/m（图 2-76）。但是，不同区域由于构造特征、古构造应力大小、煤岩力学性质等差异，发育密度略有不同。

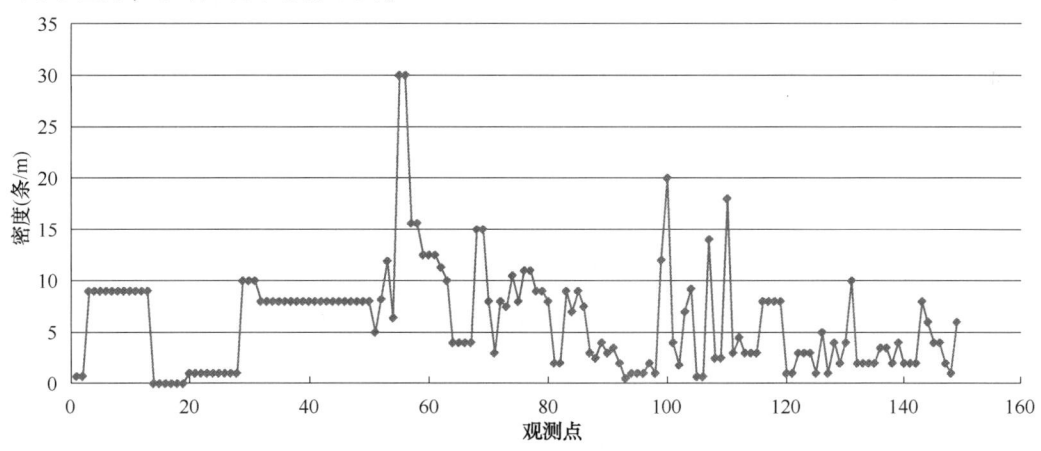

图 2-76　沁南区块周边煤矿 3 号煤储层外生裂隙密度分布

2.3.3.2　内生裂隙发育规律

根据前面的描述，沁南区块 3 号煤储层内生裂隙发育程度较高，多垂直或近似垂直于煤层层理。内生裂隙产状相对于外生裂隙较为集中，规律性更明显，特别是同一区域，优势发育走向、倾向和密度较为相近，倾角基本相同。为了更进一步的了解研究区内生裂隙的产状特征，特对钻井岩心和邻近煤矿井下煤样室内描述的内生裂隙产状进行解释，得出其优势产状(以图2-77为例)。

图 2-77 李村矿等煤岩内生裂隙分布

(1) 走向。

受燕山期北西—南东向挤压和喜马拉雅造山期北东—南西向挤压的影响,研究区主要发育有北东走向和北西走向的内生裂隙。

北东走向内生裂隙优势发育走向较为明显,且与北东走向外生裂隙优势发育走向极为吻合,其优势发育走向集中于北东10°~19°、北东40°~49°和北东60°~79°范围。说明北东走向内生裂隙形成过程中同样受到燕山运动多幕次复杂构造运动的影响,同时由于内生裂隙是在古构造应力场影响下,是煤化作用的产物,所以,非均质性等因素对其影响更小,其走向受古构造应力的影响更直接,优势发育走向更明显。另外,综合北东走向内生裂隙和外生裂隙优势发育走向可以推断,北东10°~19°、北东40°~49°和北东60°~79°走向割理、裂隙分别对应于燕山运动的A、B、C三幕(早、中、晚三幕),主要经历了3次挤压事件和3个伸展阶段。

北西走向内生裂隙与北东走向内生裂隙近于正交,其优势发育走向同样较为明显,集中于北西10°~29°、北西40°~49°和北西70°~79°范围,其中北西10°~29°走向内生裂隙与外生裂隙优势发育走向吻合,发育密度也较大。说明北西走向内生裂隙形成过程中受到喜马拉雅造山期北西10°~29°、北西40°~49°和北西60°~79°三期构造挤压运动的影响,且北西40°~49°和北西60°~79°构造挤压运动影响相对较弱。综合北西走向内生裂隙和外生裂隙优势发育走向可以推断,北西0°~29°、北西40°~49°和北西60°~79°走向割理、裂隙分别对应于喜马拉雅运动的Ⅰ、Ⅱ、Ⅲ三幕(早、中、晚三幕),且由于Ⅱ幕构造运动最为强烈,Ⅰ幕~Ⅲ幕构造运动较弱,北西0°~29°走向割理、裂隙形成于喜马拉雅运动的Ⅱ幕,北西40°~49°和北西60°~79°走向割理、裂隙则形成于喜马拉雅运动的Ⅰ幕、Ⅲ幕。

(2) 倾向。

研究区内生裂隙倾向多变,与外生裂隙类似,没有明显的优势发育倾向,且倾向分布较为均匀。其中,20°~89°、130°~179°、240°~299°倾向范围内均有较大量的内生裂隙发育(图2-78)。内生裂隙优势发育倾向与优势发育走向有一定的对应关系,说明其受多期构造运动的影响,且影响较为复杂。

(3) 倾角。

沁南区块内生裂隙主要与煤层层理垂直或近于垂直,且研究区煤层倾角均较小,故此,内生裂隙倾角大小分布较为集中,主要分布在80°~90°(图2-79)。

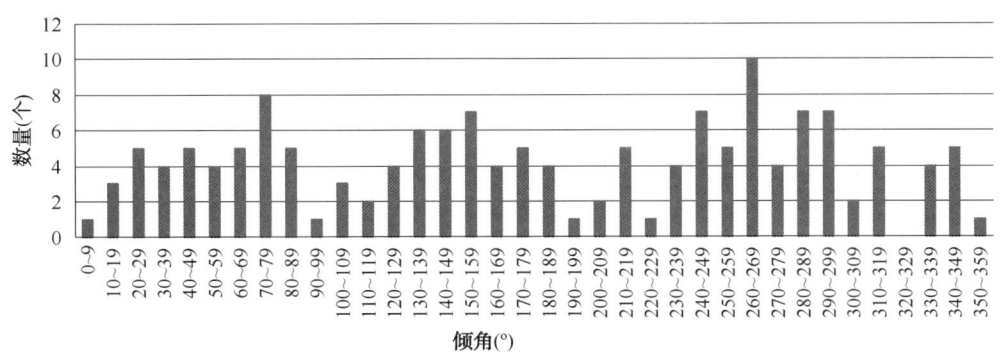

图 2-78　沁南区块及周边煤矿 3 号煤储层内生裂隙倾向统计

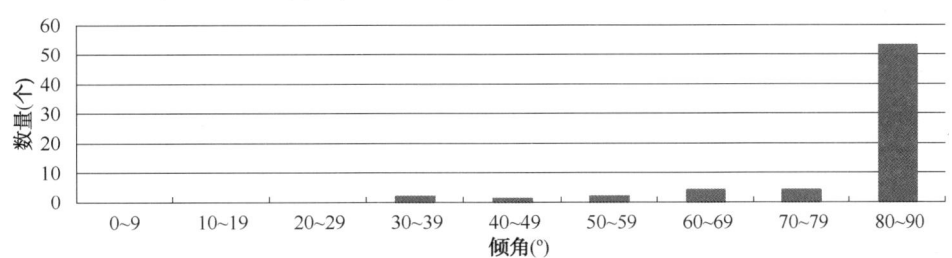

图 2-79　沁南区块及周边煤矿 3 号煤储层内生裂隙倾角统计

(4) 密度。

研究区内生裂隙密度较大,且分布较为集中,主要分布在 2~6 条/cm 范围内,个别区域内生裂隙密度更大,大于 10 条/cm(图 2-80)。与外生裂隙类似,不同区域由于构造特征、古构造应力大小、煤岩力学性质、煤岩特性、变质程度等的差异,发育密度不同;断层附近内生裂隙发育程度高于其他地区。

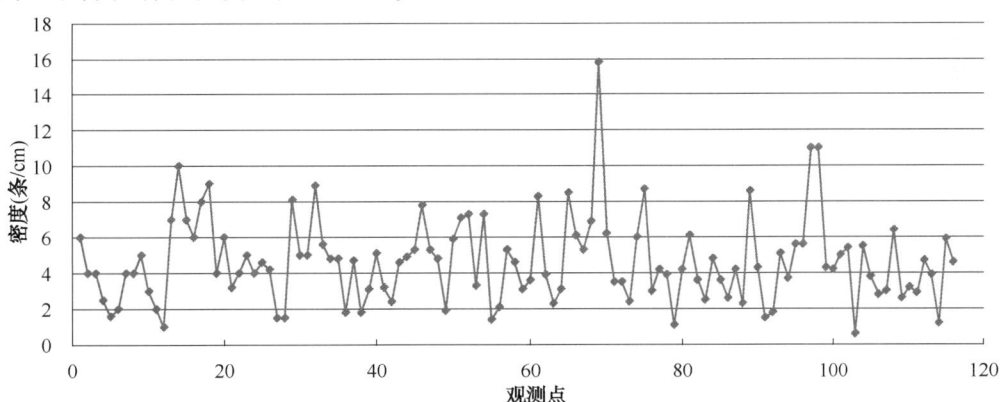

图 2-80　沁南区块及周边煤矿 3 号煤储层内生裂隙密度分布

综上所述,沁南煤层气田割理和裂隙的走向、倾向较为多变,虽然有一定的优势发育走向和倾向,但由于受到复杂的构造条件等地质因素的影响,不同区域的割理和裂隙的走向、倾向不尽相同,甚至于同一区域发育有不同走向、倾向的裂隙;研究区割理和裂隙倾角的发育非常集中,但是不同区域也有一定差异;另外,受多因素的影响,不同区域割理、裂隙的发育密度也不尽相同。沁南区块煤层割理、裂隙的多变性特征对于割理和裂隙产状、发育规律的预测增加了困难。

2.3.3.3 沁南区块割理裂隙平面分布特征

由图 2-81 可以看出，由于外生裂隙观测点总体较少，零星分布于区块内，平面上没有表现出一定的规律性。而内生裂隙发育程度的规律性同样不明显，其中中部断层附近内生裂隙发育程度略高于其他区域，其他区域内生裂隙的发育程度相差不大。说明断层发育对内生裂隙的发育有一定的促进作用，但作用不明显。

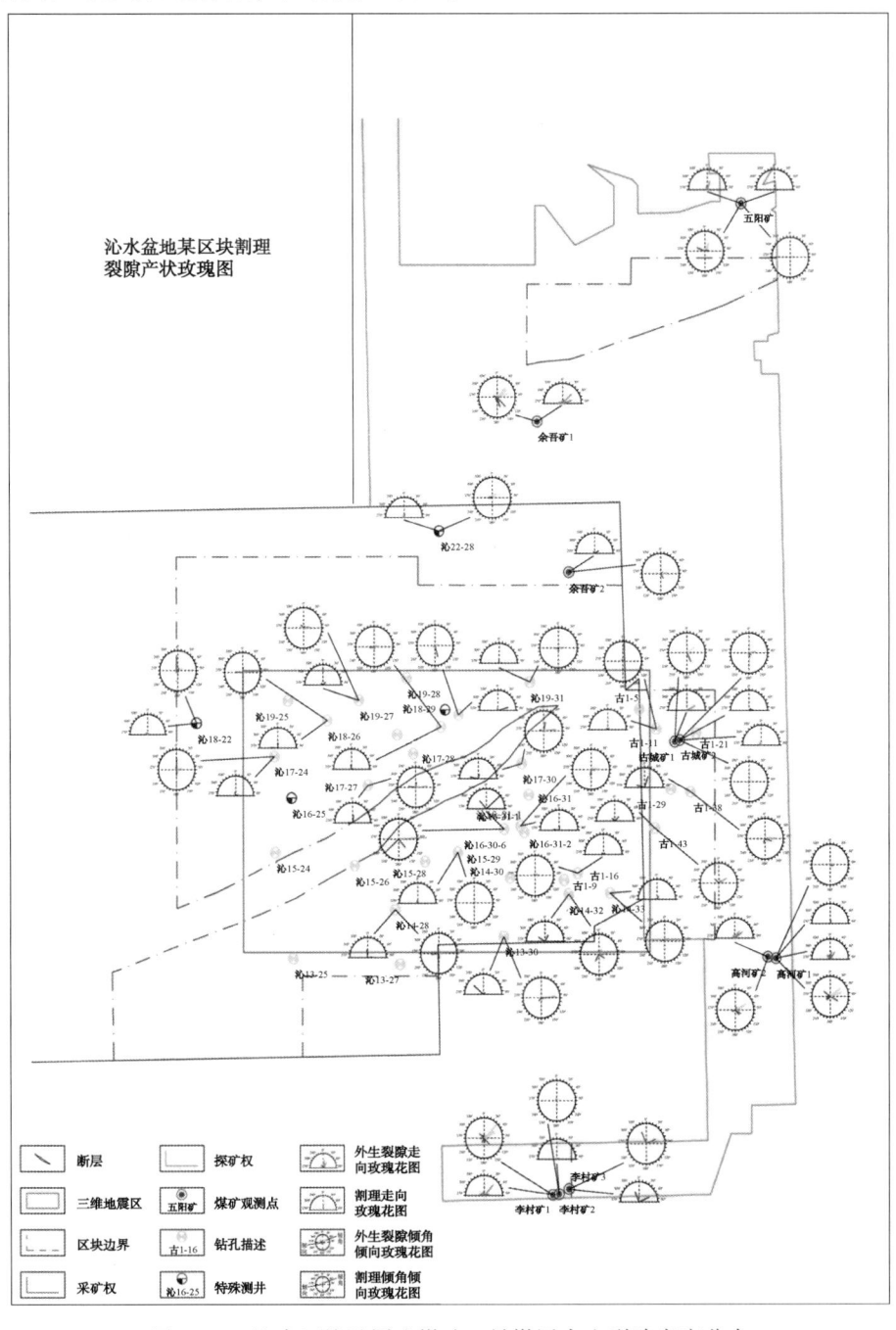

图 2-81　沁南区块及周边煤矿 3 号煤层内生裂隙密度分布

2.3.4 割理裂隙产状影响因素分析

2.3.4.1 外生裂隙产状影响因素分析

利用统计分析软件 SPSS，通过相关性分析、主因子分析，探讨外生裂隙走向、倾向、倾角和密度与 3 号煤储层顶板标高，3 号煤储层水平最大主应力与 3 号煤储层水平最小主应力大小和方向，3 号煤储层构造煤厚度比例，3 号煤储层褶曲曲率，3 号煤储层走向、倾向及倾角在内的 10 项参数之间的相关关系，确定外生裂隙产状的主要影响因素。

根据 Pearson 相关系数、Kendall's 等级相关系数及 Spearman 等级相关系数的大小，可以将外生裂隙产状的影响因素分为四类：主控因素、次级主控因素、弱影响因素和非直接作用因素。r 为外生裂隙产状与其他 10 项参数的最大相关系数，即 Pearson 相关系数、Kendall's 等级相关系数及 Spearman 等级相关系数的最大值。则 $|r|>0.5$ 的参数为主控因素，与外生裂隙产状显著相关；$0.3<|r|<0.5$ 的参数为次级主控因素，与外生裂隙产状低度相关；$0.1<|r|<0.3$ 的参数为弱影响因素，与外生裂隙产状微弱相关，相关性较低；$|r|<0.1$ 的参数为非直接作用因素，无明确的相关性，但并不能说明非直接作用因素对外生裂隙产状毫无影响，非直接作用因素可能通过其他方式间接作用于外生裂隙产状。

（1）北东走向外生裂隙。

由表 2-32 可以看出，北东走向外生裂隙产状与其他 10 项参数的 Pearson 相关系数、Kendall's 等级相关系数及 Spearman 等级相关系数，虽然大小有所差异，但总体规律表现出较强的一致性。由表 2-33 可以看出，外生裂隙走向的主控影响因素包括顶板标高、水平最大主应力的大小和方向、水平最小主应力方向和构造煤比例 5 项；弱影响因素包括水平最小主应力大小、煤层走向 2 项；褶曲曲率、煤层倾向和倾角对其影响非常微弱，为非直接作用因素。北东走向外生裂隙倾向的主控影响因素包括水平最大主应力方向、水平最小主应力的大小和方向、构造煤比例、褶曲曲率、煤层走向、煤层倾向 7 项；弱影响因素包括顶板标高、水平最大主应力大小和煤层倾角 3 项；无非直接作用因素。各因素对北东走向外生裂隙倾角的影响均较弱，其中，仅有褶曲曲率为其主控影响因素；弱影响因素较多，共有 8 项，分别为顶板标高、水平最大主应力与水平最小主应力的大小和方向、构造煤比例、煤层倾向和倾角；煤层走向为其非直接作用因素。北东走向外生裂隙密度的主控影响为水平最大主应力和水平最小主应力的方向，而顶板标高、构造煤比例、煤层走向和倾角同样对其影响较大，说明构造作用对北东走向外生裂隙的发育密度影响巨大；其他 3 项（包括水平最大主应力与水平最小主应力的大小、煤层倾向）为其弱影响因素；褶曲曲率为其非直接作用因素。

表 2-32 北东走向外生裂隙产状与其他参数的相关性

外生裂隙参数	相关系数	煤层									
		顶板标高	水平最大主应力		水平最小主应力		构造煤比例	褶曲曲率	走向	倾向	倾角
			大小	方向	大小	方向					
走向	Pearson 相关系数	0.186	0.346**	0.297*	0.237*	0.275*	0.272*	0.024	-0.015	-0.081	-0.055
	Kendall's 等级相关系数	0.268**	0.241**	0.279**	0.228**	0.279**	0.268**	-0.020	-0.137	0.006	-0.054

续表

外生裂隙参数	相关系数	煤层									
		顶板标高	水平最大主应力		水平最小主应力		构造煤比例	褶曲曲率	走向	倾向	倾角
			大小	方向	大小	方向					
走向	Spearman 等级相关系数	0.344**	0.325**	0.364**	0.299*	0.364**	0.355**	-0.037	-0.169	0.013	-0.080
	标本数量	73	73	73	73	73	73	73	73	73	73
倾向	Pearson 相关系数	0.228	0.045	-0.311**	0.291*	-0.329**	0.302**	-0.336**	0.350**	-0.411**	-0.026
	Kendall's 等级相关系数	0.172*	0.161	-0.100	0.255**	-0.100	0.196*	-0.300**	0.142	-0.326**	0.179*
	Spearman 等级相关系数	0.236*	0.247*	-0.169	0.350**	-0.169	0.273*	-0.414**	0.205	-0.440**	0.236*
	标本数量	73	73	73	73	73	73	73	73	73	73
倾角	Pearson 相关系数	-0.246*	-0.143	0.217	-0.148	0.229	-0.181	0.388**	-0.021	0.184	0.156
	Kendall's 等级相关系数	-0.089	-0.157	0.103	-0.175*	0.103	-0.077	0.274**	-0.004	0.130	-0.012
	Spearman 等级相关系数	-0.111	-0.210	0.140	-0.220	0.140	-0.102	0.404**	-0.009	0.169	-0.003
	标本数量	73	73	73	73	73	73	73	73	73	73
密度	Pearson 相关系数	0.342**	0.119	0.515**	0.035	0.506**	0.244*	0.152	-0.078	-0.271*	-0.306**
	Kendall's 等级相关系数	0.349**	0.108	0.375**	0.088	0.375**	0.288**	-0.021	-0.231**	-0.155	-0.236**
	Spearman 等级相关系数	0.466**	0.134	0.508**	0.138	0.508**	0.385**	-0.022	-0.360**	-0.196	-0.304**
	标本数量	73	73	73	73	73	73	73	73	73	73

注：*—在置信度（双测）为 0.05 时，相关性是显著的；**—在置信度（双测）为 0.01 时，相关性是显著的。

表 2-33 北东走向外生裂隙产状影响因素一览表

相关系数	影响因素类别	外生裂隙影响因素名称			
		走向	倾向	倾角	密度
$\|r\|>0.5$	主控因素	/	/	/	水平最大主应力方向
					水平最小主应力方向
$0.3<\|r\|<0.5$	次级主控因素	顶板标高	水平最大主应力方向	褶曲曲率	顶板标高
		水平最大主应力大小	水平最小主应力大小	/	构造煤比例
		水平最大主应力方向	水平最小主应力方向	/	煤层走向
		水平最小主应力方向	构造煤比例	/	煤层倾角
		构造煤比例	褶曲曲率	/	/
		/	煤层走向	/	/
		/	煤层倾向	/	/
$0.1<\|r\|>0.3$	弱影响因素	水平最小主应力大小	顶板标高	顶板标高	水平最大主应力大小
		煤层走向	水平最大主应力大小	水平最大主应力大小	水平最小主应力大小
		/	煤层倾角	煤层倾角	煤层倾向
		/	/	水平最小主应力大小	/
		/	/	水平最小主应力方向	/
		/	/	构造煤比例	/
		/	/	煤层倾向	/
		/	/	煤层倾角	/
$\|r\|<0.1$	非直接作用因素	煤层倾向	/	煤层走向	褶曲曲率
		煤层倾角	/	/	/
		褶曲曲率	/	/	/

（2）北西走向外生裂隙。

由表 2-34、表 2-35 可以看出，北西走向外生裂隙产状与其他 10 项参数的 Pearson 相关系数、Kendall's 等级相关系数及 Spearman 等级相关系数，虽然大小有所差异，但总体规律表现出较强的一致性。

表 2-34 北西走向外生裂隙产状与其他参数的相关性

外生裂隙参数	相关系数	煤 层								
		顶板标高	水平最大主应力		水平最小主应力		构造煤比例	褶曲曲率	走向	倾向	倾角
			大小	方向	大小	方向					
走向	Pearson 相关系数	−0.021	−0.165	−0.245*	−0.038	−0.236*	−0.025	−0.176	0.048	−0.095	0.017
	Kendall's 等级相关系数	−0.048	−0.109	−0.234**	−0.066	−0.234**	−0.072	−0.163	0.071	−0.177*	0.074
	Spearman 等级相关系数	−0.065	−0.154	−0.309**	−0.091	−0.309**	−0.095	−0.214	0.102	−0.237*	0.095
	标本数量	76	76	76	76	76	76	76	76	76	76

续表

外生裂隙参数	相关系数	煤 层									
		顶板标高	水平最大主应力		水平最小主应力		构造煤比例	褶曲曲率	走向	倾向	倾角
			大小	方向	大小	方向					
倾向	Pearson 相关系数	0.091	-0.285*	0.096	-0.478**	0.107	-0.282*	-0.591**	-0.518**	-0.060	-0.386**
	Kendall's 等级相关系数	-0.253**	-0.153	-0.135	-0.293**	-0.135	-0.230**	-0.345**	-0.240**	-0.053	-0.230**
	Spearman 等级相关系数	-0.276*	-0.223	-0.195	-0.377**	-0.195	-0.274*	-0.465**	-0.352**	-0.112	-0.312**
	标本数量	76	76	76	76	76	76	76	76	76	76
倾角	Pearson 相关系数	-0.308**	-0.119	0.085	-0.353**	0.108	-0.401**	-0.206	-0.411**	0.369**	0.107
	Kendall's 等级相关系数	-0.326**	-0.117	0.011	-0.250**	0.011	-0.315**	-0.009	-0.258**	0.271**	-0.034
	Spearman 等级相关系数	-0.434**	-0.191	0.009	-0.357**	0.009	-0.424**	-0.021	-0.335**	0.361**	-0.054
	标本数量	76	76	76	76	76	76	76	76	76	76
密度	Pearson 相关系数	0.134	0.129	-0.058	0.207	-0.066	0.200	0.096	0.210	-0.120	-0.023
	Kendall's 等级相关系数	0.169	0.276**	0.171	0.144	0.171	0.225*	-0.090	-0.079	0.075	-0.192*
	Spearman 等级相关系数	0.214	0.329**	0.217	0.215	0.217	0.286*	-0.096	-0.098	0.080	-0.221
	标本数量	76	76	76	76	76	76	76	76	76	76

注：*—在置信度（双测）为 0.05 时，相关性是显著的；**—在置信度（双测）为 0.01 时，相关性是显著的。

表 2-35 北西走向外生裂隙产状影响因素一览表

相关系数	影响因素类别	外生裂隙影响因素名称			
		走向	倾向	倾角	密度
|r|>0.5	主控因素	/	褶曲曲率	/	/
		/	煤层走向	/	/
0.3<|r|<0.5	次级主控因素	水平最大主应力方向	水平最小主应力大小	顶板标高	水平最大主应力大小
		水平最小主应力方向	煤层倾角	水平最小主应力大小	/
		/	/	构造煤比例	/
		/	/	煤层走向	/
		/	/	煤层倾向	/

续表

相关系数	影响因素类别	外生裂隙影响因素名称			
		走向	倾向	倾角	密度
0.1<|r|>0.3	弱影响因素	水平最大主应力大小	顶板标高	水平最大主应力大小	顶板标高
		褶曲曲率	水平最大主应力大小	水平最小主应力方向	水平最大主应力方向
		煤层走向	水平最大主应力方向	褶曲曲率	水平最小主应力大小
		煤层倾向	水平最小主应力方向	/	水平最小主应力方向
		/	构造煤比例	/	构造煤比例
		/	煤层倾向	/	煤层走向
		/	/	/	煤层倾角
		/	/	/	煤层倾向
|r|<0.1	非直接作用因素	顶板标高	/	水平最大主应力方向	褶曲曲率
		水平最小主应力大小	/	煤层倾角	/
		构造煤比例	/	/	/
		煤层倾角	/	/	/

2.3.4.2 内生裂隙产状影响因素分析

同样利用统计分析软件 SPSS，通过相关性分析、主因子分析，探讨内生裂隙走向、倾向、倾角和密度与3号煤储层顶板标高，3号煤储层水平最大主应力与3号煤储层水平最小主应力大小和方向，3号煤储层构造煤厚度比例，3号煤储层褶曲弯曲程度、镜煤含量、亮煤含量，3号煤储层走向、倾向及倾角在内的12项参数之间的相关关系，确定内生裂隙产状的主要影响因素（表2-36）。这些参数同样囊括了内生裂隙产状的主要地质影响因素。与外生裂隙类似，根据 Pearson 相关系数、Kendall's 等级相关系数及 Spearman 等级相关系数的大小，将内生裂隙产状的影响因素分为四类：主控因素、次级主控因素、弱影响因素和非直接作用因素。

（1）面割理。

面割理产状与其他12项参数的 Pearson 相关系数、Kendall's 等级相关系数及 Spearman 等级相关系数，总体规律表现出较强的一致性。相对于外生裂隙，面割理的主控影响因素更单一，影响因素也更简单，产状各因素之间影响因素较为相似。通过分析发现，与外生裂隙不同，内生裂隙产状受煤层产状的影响较为强烈，特别是内生裂隙走向、倾向和倾角，而受煤体结构和褶曲产状的影响较弱，这主要与内生裂隙多发育于特定组分有关。

（2）端割理。

端割理产状与其他12项参数的 Pearson 相关系数、Kendall's 等级相关系数及 Spearman 等级相关系数，总体规律表现出较强的一致性。端割理影响因素与面割理类似，其中，煤层走向与倾向为主控影响因素；通过分析发现，与面割理类似，端割理产状同样受煤层产状的强烈影响。

表 2-36 面割理产状与其他参数的相关性

外生裂隙参数	相关系数	顶板标高	水平最大主应力 大小	水平最大主应力 方向	水平最小主应力 大小	水平最小主应力 方向	煤层 构造煤比例	煤层 褶曲曲率	煤层 镜煤含量	煤层 亮煤含量	煤层 走向	煤层 倾向	煤层 倾角
走向	Pearson 相关系数	0.198	-0.153	0.222	-0.140	0.207	0.075	-0.264*	0.173	0.010	0.346**	0.198	-0.001
	Kendall's 等级相关系数	0.181*	-0.143	0.104	-0.148	0.097	0.063	-0.229*	0.054	0.009	0.484**	0.269**	-0.036
	Spearman 等级相关系数	0.250	-0.194	0.143	-0.198	0.136	0.115	-0.267*	0.074	0.025	0.557**	0.262*	-0.034
	标本数量	60	60	60	60	60	60	60	60	60	60	60	60
倾向	Pearson 相关系数	-0.150	0.235	-0.152	0.257*	-0.145	0.108	-0.034	-0.041	-0.058	-0.404**	-0.058	0.455**
	Kendall's 等级相关系数	-0.026	0.159	-0.091	0.161	-0.103	0.051	-0.197*	0.029	-0.062	-0.108	0.077	0.333**
	Spearman 等级相关系数	-0.040	0.197	-0.122	0.197	-0.126	0.119	-0.238	0.046	-0.082	-0.287*	0.012	0.391**
	标本数量	60	60	60	60	60	60	60	60	60	60	60	60
倾角	Pearson 相关系数	-0.155	0.095	0.149	0.090	0.167	0.152	-0.063	0.063	0.017	-0.101	-0.137	-0.562**
	Kendall's 等级相关系数	-0.027	-0.014	0.121	-0.060	0.125	-0.052	0.195*	-0.028	0.031	-0.015	0.001	-0.858**
	Spearman 等级相关系数	-0.058	-0.020	0.207	-0.056	0.224	-0.118	0.286**	-0.041	0.050	0.035	0.004	-0.901**
	标本数量	60	60	60	60	60	60	60	60	60	60	60	60
密度	Pearson 相关系数	0.115	-0.100	-0.329*	-0.106	-0.326*	-0.076	-0.117	0.139	-0.086	-0.123	0.054	0.113
	Kendall's 等级相关系数	0.056	-0.051	-0.251**	-0.062	-0.276**	-0.030	-0.190*	0.176	-0.082	-0.084	0.055	0.143
	Spearman 等级相关系数	0.115	-0.078	-0.349**	-0.108	-0.382**	-0.054	-0.240	0.238	-0.129	-0.117	0.073	0.183
	标本数量	60	60	60	60	60	60	60	60	60	60	60	60

注：*—在置信度（双测）为 0.05 时，相关性是显著的；**—在置信度（双测）为 0.01 时，相关性是显著的。

2.4 煤层气吸附/解吸原理及入井流体对其影响研究

2.4.1 煤层气吸附/解吸基本原理及实验方法

2.4.1.1 煤层气吸附/解吸基本原理

煤岩分子的吸引力一部分指向煤分子结构，呈饱和状态，而另一部分指向空间，呈非饱和状态，在煤岩表面产生吸附力场。当运动着的气体分子碰到煤岩表面时，由于分子间的引力作用（范德华引力），气体分子被吸附在煤的表面。被吸附的气体分子会因温度、压力等条件变化，导致热运动的动能增加而克服引力场，从煤的内表面脱离进入游离相。大量的实验证明，煤岩的这种吸附/解吸现象均为物理现象，其吸附/解吸特征基本上符合 Langmuir 等温吸附方程，其表达式为：

$$Q = abp/(1+bp) \tag{2-45}$$

式中　Q——吸附量，cm^3/g；

　　　p——压力，MPa；

　　　a、b——Langmuir 常数。

在煤的吸附等温线研究中，通常将 a 称为 Langmuir 体积（V_L）即煤的饱和吸附量；b 为吸附平衡常数，与 Langmuir 压力（p_L）成倒数关系，煤的吸附等温曲线可表示为以下形式：

$$V = V_L[(p/(p_L+p))] \tag{2-46}$$

式中　V——吸附体积，cm^3/g；

　　　V_L——Langmuir 体积（饱和吸附量），cm^3/g；

　　　p——附加压力，MPa；

　　　p_L——Langmuir 压力，MPa。

吸附等温线可以直观地反映煤岩的吸附/解吸特征，通过吸附等温线可以准确了解吸附/解吸能力与储层压力的对应关系，与煤储层含气量、储层压力参数结合可以确定煤储层的饱和含气程度、煤层气的临界解吸压力、实际可采资源量及采收率等。

2.4.1.2 受钻井液污染的煤储层对煤层气解吸影响的评价方法

（1）实验方法。

按照《煤的高压等温吸附试验方法》（GB/T 19560—2008）的实验方法进行煤对甲烷的吸附实验。一定压力条件下吸附一定量甲烷后的吸附/解吸罐放在钻井液注入装置中，损失一定量的压力，注入一定量体积的钻井液后，使钻井液在吸附/解吸罐中伤害含有甲烷的模拟煤储层一定时间，再测定不同压力下甲烷的解吸量，研究钻井流体污染含甲烷的模拟煤储层后对甲烷解吸量影响。

（2）实验仪器。

实验仪器包括美国 TerraTek 公司 IS-100 等温吸附/解吸仪和自制钻井液注入装置（图 2-82、图 2-83）。在 30℃的恒温油中，进行煤样的吸附和解吸附实验。

（3）解吸量的表达方式。

气体的吸附分离方法通常采用变温吸附或变压吸附两种循环过程。按照《煤的高压等温吸附试验方法》（GB/T 19560—2008），以下实验方法采用的是变压吸附，即在加压/减压的情况下，通过改变压力来促使气体吸附/解吸的方法。

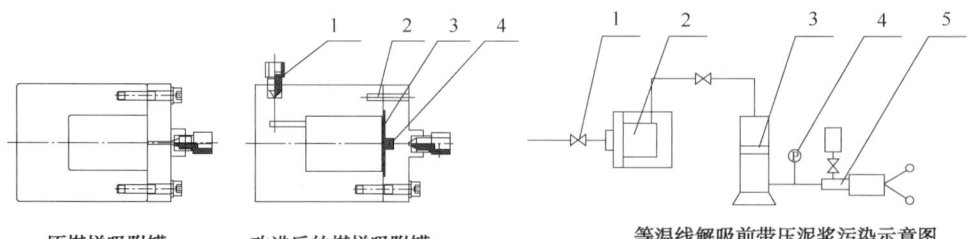

原煤样吸附罐　　改进后的煤样吸附罐　　等温线解吸前带压泥浆污染示意图

1—钻井液加入口；2—导向销；3—防堵片；4—烧结过滤芯　　　1—截止阀；2—煤样罐；3—活塞钻井液容器；
4—压力表；5—计量泵

图 2-82　煤层气吸附/解吸罐和钻井液注入装置结构示意图

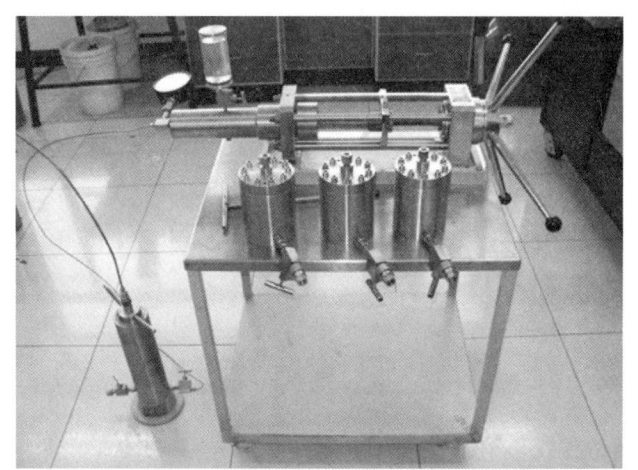

图 2-83　模拟井下煤储层条件的煤层气吸附/解吸评价装置

变压吸附由于吸附剂的热导率较小，吸附热和解吸热所引起的吸附剂本体温度变化不大，故可将其看成等温过程，近似常温吸附等温线进行，在较高压力下吸附，在较低压力下解吸。变压吸附既然沿着吸附等温线进行，从静态吸附平衡来看，吸附等温线的斜率对它的影响很大，在温度不变的情况下，压力和吸附量之间的关系如图 2-84 所示，图中横坐标表示吸附/解吸压力，纵坐标表示吸附/解吸量，吸附量与解吸量变化区间 (V_1, V_2) 与压力变化区间 (p_1, p_2) 对应，相应函数关系式为 $v=f(p, T)$，吸附/解吸量 V_2 减去 V_1 即为压力从 p_1/p_2 增加或减小到 p_2/p_1 的净吸附量、解吸量的累计增加值、减小值。

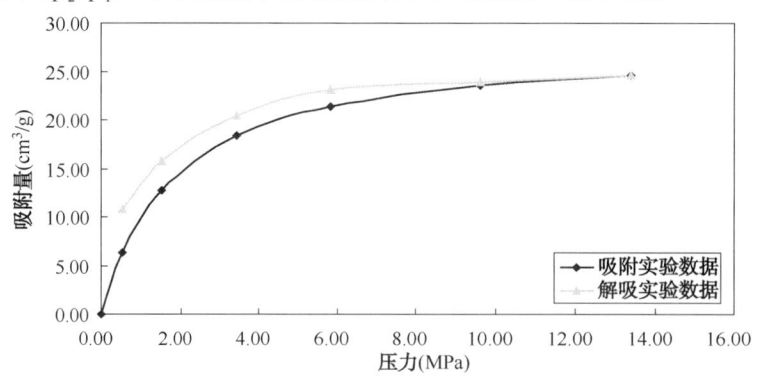

图 2-84　甲烷变压吸附/解吸曲线示意图

甲烷的解吸拟合线和吸附拟合线不重合，存在着吸附滞后，这符合毛细凝聚理论（毛细凝聚现象是毛细管中一个能润湿毛细管壁的液体的蒸气压在低于正常饱和蒸气压的压力下所能发生的凝聚现象）所解释的多孔介质固体的吸附滞后现象。多孔介质固体孔中毛细管升高能导致较细的孔中充满凝析液体，而较粗孔中却完全是空的。在某一低于正常饱和蒸气压的压力下，某一大小及其以下的所有孔道均将充满液体，而超过此大小的所有孔道都将是空的。根据毛细管凝结现象，可以从吸附等温线获得多孔固体的孔径分布估算值。

根据杨-拉普拉斯（Young-Laplace）方程：

$$\Delta p = \gamma \left(\frac{1}{r_1} + \frac{1}{r_2} \right) \tag{2-47}$$

式中　Δp——压差，Pa；
　　　r_1、r_2——毛细管半径，nm；
　　　γ——表面张力，N/m。

对于一个球面，公式简化为：

$$\Delta p = \frac{2\gamma}{r} \tag{2-48}$$

式中　Δp——压差，Pa；
　　　r——毛细管半径，nm；
　　　γ——表面张力，N/m。

如果小液滴的半径由 r 增到 $r+d_r$，那么它的表面积将由 $4\pi r$ 增加到 $4\pi(r+d_r)^2$（即增加了 $8\pi r d_r$），而表面自由能将增加 $8\pi r d_r$。倘若这一过程包含从平表面将 d_n 摩尔液体（蒸气压为 p_0）转移到蒸气压为 p_c 的小液滴上，自由能的增加量可表达成 $d_n RT \ln \frac{p_c}{p_0}$（假设蒸气是理想气体）。

因而可得到：

$$RT \ln \frac{p_c}{p_0} = \frac{2\gamma V_m \cos\theta}{r} \tag{2-49}$$

式中　r——毛细管半径，nm；
　　　θ——液体与毛细管壁的接触角；
　　　γ——表面张力，N/m；
　　　V_m——液体的摩尔体积，L/mol。

吸附滞后符合所谓的"墨水瓶"理论。孔的形状像一个墨水瓶，瓶颈细长，瓶体宽大。当 p_c/p_0 达到相应于内部粗孔值时，所有孔道都充满液体；但是一旦充满液体，当 p_c/p_0 减少到相应于细孔值时，就能蒸发出来，即"进孔易，出孔难"。也就是说吸附滞后越严重，多孔介质固体的孔隙越小。

（4）实验样品。

煤样：取足够量60~80目煤粒混拌均匀，视为均质煤样，实验前进行平衡水预处理。甲烷浓度：99.99%。

（5）等温吸附实验。

煤层气等温吸附实验是一个加压—平衡—加压的过程，其步骤如下：

① 将包括参照缸和样品缸(装有煤样)以及连接管线在内的吸附系统抽真空 20~30min，设定系统温度。

② 打开充气阀和参照缸控制阀，使高压钢瓶甲烷气(纯度大于99.99%)进入参照缸，关闭充气阀，并记录下参照缸的压力 p_1^0；应用气体状态方程，计算充入整个系统里面的甲烷气体量 n_1^0；

$$n_1^0 = \frac{p_1^0 \cdot V_r}{Z_1^0 \cdot R \cdot T} = \frac{p_1^0 \cdot V_r}{Z_1^0} \cdot \frac{1}{8.735 \times (273.15 + t)} \tag{2-50}$$

式中 n_1^0——充入整个系统里面的甲烷气体量，mol；

t——系统温度，℃；

V_r——参照缸及连通管标准体积，cm³；

p_1^0——参照缸平衡压力，MPa；

Z_1^0——p_1^0压力下及温度 t 时甲烷的压缩系数；

R——常数，取8.735。

③ 缓慢打开平衡阀，连通参照缸和样品缸，甲烷气由参照缸向样品缸膨胀，记下平衡后参照缸和样品缸的压力。

④ 保持 6~8h 以上，使煤样充分吸附甲烷气体，记录最终平衡压力 p_1。计算系统内剩余游离甲烷量 n_1、第一次充气压力 p_1、煤样吸附甲烷量 N_1、每克煤吸附甲烷量 Q_1。

计算公式如下：

$$n_1 = \frac{p_1 \cdot (V_r + V_0)}{Z_1 \cdot R \cdot T} \tag{2-51}$$

$$N_1 = \frac{1}{RT} \cdot \left[\frac{p_1^0 \cdot V_r}{Z_1^0} - \frac{p_1 \cdot (V_r + V_0)}{Z_1} \right] \tag{2-52}$$

$$Q_1 = 22.4 \times 1000 \times \frac{N_1}{G} \tag{2-53}$$

式中 n_1——平衡后系统内剩余体积的游离甲烷量，mol；

Z_1——p_1压力下及温度 t 时甲烷的压缩系数；

R——常数，取8.735；

Q_1——每克煤此平衡压力点的吸附量，cm³/g。

⑤ 在此基础上，参照缸第二次充气，压为 p_2^0。打开参照缸和样品缸平衡阀，保持6h以上，记录最终平衡后的压力 p_2。求得压力为 p_2 时的吸附量 N_2 以及每克煤吸附甲烷量 Q_2：

$$N_2 = N_1 + \frac{1}{RT} \cdot \left[\frac{p_2^0 \cdot V_r}{Z_2^0} + \frac{p_1 \cdot V_0}{Z_1} - \frac{p_2 \cdot (V_r + V_0)}{Z_2} \right] \tag{2-54}$$

$$Q_2 = 22.4 \times 1000 \times \frac{N_2}{G} \tag{2-55}$$

式中 p_2^0——参照缸第二次充气压力，MPa；

p_2——第二次充气平衡后压力，MPa；

Z_2^0——p_2^0压力下及温度 t 时甲烷的压缩系数；

Z_2——p_2压力下及温度 t 时甲烷的压缩系数。

⑥ 根据实验需要，重复步骤⑤，依次提高实验压力，直至达到要求的实验压力。分别

计算每一个压力点 p_2 下煤样吸附量 N_i 和每克煤吸附甲烷量 Q_i。

⑦ 按逐次测得的 p_i 及 N_i 作图，即为煤样的吸附等温线。根据实验求得的各平衡压力点 p_i 吸附量 $V_i = N_i \times 22400$。

⑧ 绘制 p_i—V_i 关系散点图以备分析。

⑨ 进行解吸实验准备。

（6）等温解吸实验。

等温解吸实验的操作其实为吸附过程的逆过程，即为降压—平衡—降压的重复过程。实验是从等温吸附实验后的最大平衡压力开始的。

① 关闭平衡阀，缓慢打开参照缸放气阀，放出一部分甲烷气体，关闭放气阀，记录参照缸压力 p_{i-1}^0；

② 缓慢打开平衡阀，将参照缸和样品缸连通，保持 6h 以上，记录系统平衡后的压力 p_{i-1}。求得压力点 p_{i-1} 下的甲烷吸附量 N_{i-1}、压力 $p_i \sim p_{i-1}$ 煤样解吸出的甲烷量 ΔN_i、每克煤在压力 $p_i \sim p_{i-1}$ 内的解吸量 ΔQ_i：

$$N_{i-1} = N_i + \frac{1}{RT} \cdot \left[\frac{p_{i-1}^0 \cdot V_r}{Z_{i-1}^0} + \frac{p_i \cdot V_0}{Z_i} - \frac{p_{i-1} \cdot (V_r + V_0)}{Z_{i-1}} \right] \quad (2-56)$$

$$\Delta N_i = N_i - N_{i-1} = \frac{1}{RT} \cdot \left[\frac{p_{i-1} \cdot (V_r + V_0)}{Z_{i-1}} - \frac{p_{i-1}^0 \cdot V_r}{Z_{i-1}^0} - \frac{p_i \cdot V_0}{Z_i} \right] \quad (2-57)$$

$$\Delta Q_i = 22.4 \times 1000 \times \frac{\Delta N_i}{G} \quad (2-58)$$

式中　N_{i-1}——压力点 p_{i-1} 下的甲烷吸附量，m³；

　　　p_{i-1}^0——参照缸第 $i-1$ 次充气压力，MPa；

　　　p_{i-1}——参照缸平衡压力，MPa；

　　　Z_{i-1}^0——p_{i-1}^0 压力下及温度 t 时甲烷的压缩系数；

　　　Z_{i-1}——p_{i-1} 压力下及温度 t 时甲烷的压缩系数；

　　　N_i——压力点 p_i 下的甲烷吸附量，m³；

　　　R——常数，取 8.735；

　　　T——热力学温度，273+温度 t，K；

　　　ΔQ_1——每克煤在压力 $p_i \sim p_{i-1}$ 内的解吸量，cm³/g。

③ 重复步骤①、②，逐次降低实验压力至等温吸附的初始压力。求得解吸过程每一个平衡压力点 p_i 下对应煤样吸附量 N_i 和每克煤减压段内甲烷解吸量 ΔQ_i。

④ 按逐次测得的 p_i 及 N_i 作图，即为煤样的解吸等温线。

⑤ 解吸实验的压力点数应大致等于吸附实验的压力点数。

2.4.2　不同流体对煤岩吸附/解吸影响实验研究

2.4.2.1　不同介质流体对煤层气解吸伤害率的定性研究

不同介质流体对煤储层孔隙度影响不同。孔隙受损会导致孔隙度减小或孔隙减少、甚至封闭，从而影响甲烷的解吸。继续选用 pH 值分别为 6、7.5、9 的溶液进行煤粒伤害一定时间后，开展入井流体对解吸量影响的研究。按《煤的高压等温吸附试验方法》(GB/T 19560—

2008)的实验方法进行煤对甲烷的吸附实验后,将相同量的不同pH值的溶液,通过自制钻井液注入装置保持相同压力降条件下注入相同量到吸附/解吸罐中,浸泡60h,再进行煤粒解吸,测定解吸量。

图2-85表明,吸附甲烷后的煤粒受到不同pH值溶液伤害后,甲烷解吸的滞后量不同,滞后越多,根据"墨水瓶"理论,孔隙受污染后对孔隙结构的影响越大。pH值为9时,解吸与吸附拟合线重合性最佳,pH值为7.5时,解吸与吸附拟合线的滞后现象略高于pH值为9时,说明对煤层气仍具有良好的解吸作用,当pH值为6时解吸拟合线滞后现象更为严重,说明对煤层气的解吸有一定的影响,说明pH值为7.5~9时,对煤层气的解吸影响不大。

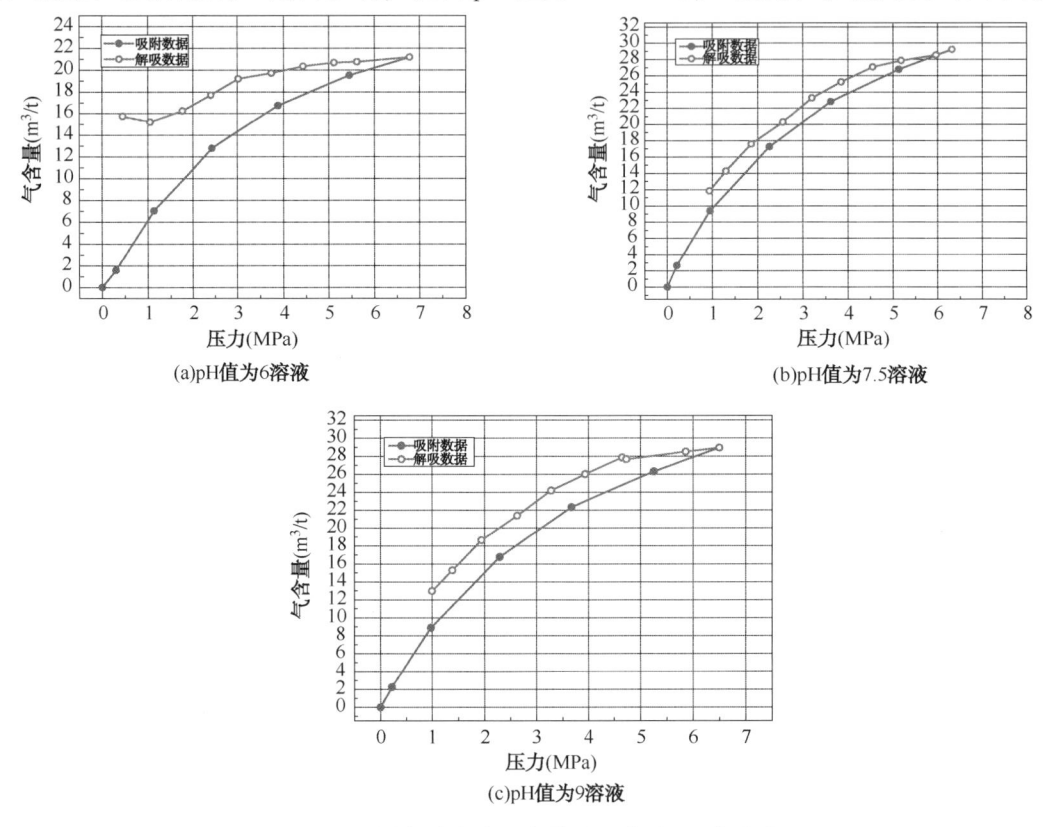

图2-85 不同介质溶液污染前后吸附/解吸附量对比

通过图2-85等实验数据以及每组实验的分析结果对比分析可知:

(1)实验煤样的吸附/解吸曲线出现了较小的滞后环,对甲烷的吸附和解吸表现出非可逆性,在相同压力下,升压过程(吸附)中对甲烷的吸附量要比降压过程(解吸)中的吸附量稍低。

(2)等温吸附/解吸实验数学模型采用Langmuir模型来拟合煤吸附甲烷行为及煤层气解吸行为所得的吸附及解吸回归相关系数均大于0.99,因此Langmuir模型是能满足要求的。

2.4.2.2 煤粒膨胀控制剂对煤层气解吸伤害率的定性研究

最大限度地保护煤岩孔隙结构和渗透率是保护煤储层的重要任务。通过煤岩膨胀抑制剂对吸附一定量甲烷气煤颗粒的浸泡伤害,再进行解吸实验,研究煤岩膨胀抑制剂对甲烷解吸量的影响。仍选用优选出的煤颗粒抑制剂0.3%CSW-1和3%KCl对煤颗粒进行伤害,考察煤颗粒受伤害后对甲烷解吸量的伤害。

由图2-86可知，含有一定量甲烷的煤颗粒受煤岩膨胀抑制剂影响后，解吸的拟合曲线与吸附曲线均存在着一定的滞后现象，3%KCl的滞后现象高于0.3%CSW-1，0.3%CSW-1对煤层气孔隙影响较小，解吸量的影响也相对最小。

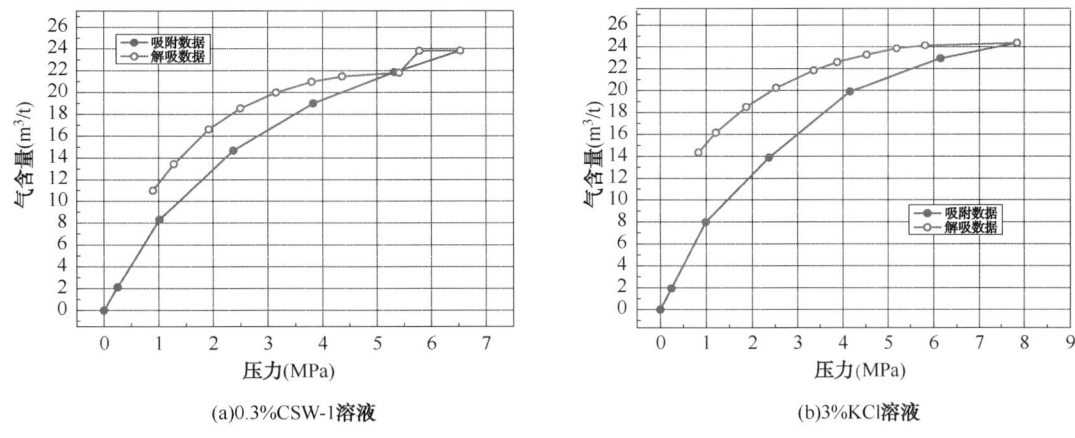

图2-86 伤害前后吸附/解吸量对比

2.4.2.3 不同流体浸泡后吸附/解吸实验对比分析

本项研究重点对比分析煤样在钻井液浸泡前后的吸附/解吸特性。具体实验内容包括：原煤在模拟地层条件下的甲烷吸附/解吸实验；煤岩经水浸泡后，在模拟地层条件下的甲烷吸附—解吸实验；煤岩经1号钻井液（5g聚合物+1L清水+10g破胶液）浸泡后，在模拟地层条件下的甲烷吸附/解吸实验；煤岩经2号钻井液（100g清水+3g氯化钾+0.5g防水锁剂+0.5g润滑剂）浸泡后，在模拟地层条件下的甲烷吸附/解吸实验。

按照煤岩吸附/解吸实验标准，模拟在地层条件下（温度30℃、压力0~10MPa），测试煤岩在原始状态及浸泡不同钻井液后对甲烷气体的吸附/解吸量，并对实验结果进行对比分析，找出变化规律。

（1）煤层气解吸伤害率定义及评价。

解吸伤害率的定义为对应实验条件下煤样解吸过程中Langmuir体积与吸附过程中Langmuir体积的差值与吸附过程中Langmuir体积的比值。考虑到现场应用的需要，本研究将对应实验条件下煤样的解吸量与原煤未经处理的煤样吸附量的差值和原煤未经处理的解吸量的比值作为解吸伤害率。由表2-37可看出，由于实验过程所用煤样为不同煤样，其质量、湿度、压力、温度有一定偏差，另外Langmuir体积为Langmuir方程拟合结果，所以部分解吸伤害率数据存在大于1的现象。但是总体来看，聚合物+破胶剂处理煤样解吸甲烷效果最佳，氯化钾处理煤样次之。水处理与聚合物处理煤样解吸效果相接近。

表2-37 不同实验条件下煤样的解吸量与未经处理煤样吸附量的比值

压力 (MPa)	原始状态	水		聚合物		聚合物+破胶剂		氯化钾	
	原煤吸附量 (cm³/g)	解吸量 (cm³/g)	解吸伤害率(%)	解吸量 (cm³/g)	解吸伤害率(%)	解吸量 (cm³/g)	解吸伤害率(%)	解吸量 (cm³/g)	解吸伤害率(%)
1	9.823	9.407	4.2	8.811	10.3	10.277	-4.6	10.07	-2.5
2	12.438	11.219	9.8	10.76	13.5	12.49	-0.4	12.275	1.3

续表

压力(MPa)	原始状态 原煤吸附量(cm^3/g)	水 解吸量(cm^3/g)	水 解吸伤害率(%)	聚合物 解吸量(cm^3/g)	聚合物 解吸伤害率(%)	聚合物+破胶剂 解吸量(cm^3/g)	聚合物+破胶剂 解吸伤害率(%)	氯化钾 解吸量(cm^3/g)	氯化钾 解吸伤害率(%)
3	14.347	12.415	13.5	12.099	15.7	13.996	2.4	13.784	3.9
4	18.639	14.777	20.7	14.875	20.2	17.087	8.3	16.899	9.3
6	20.704	15.777	23.8	16.107	22.2	18.445	10.9	18.276	11.7
8	21.918	16.33	25.5	16.803	23.3	19.208	12.4	19.052	13.1
10	22.717	16.681	26.6	17.25	24.1	19.697	13.3	19.55	13.9

（2）不同实验条件下的实验数据对比分析。

下面通过5组实验数据的对比分析此次煤样的吸附/解吸规律。分别计算出5组实验数据的吸附解吸 Langmuir 体积以及解吸伤害率（表2-38）。

表2-38 5组煤样经不同处理液处理的 Langmuir 体积 V_L 与解吸伤害率对比表

处理液	煤样	1号煤样	2号煤样	3号煤样	4号煤样	5号煤样	平均
无处理	吸附 $V_L(cm^3/g)$	25.63	27.77	27.03	26.32	28.57	27.07
	解吸 $V_L(cm^3/g)$	25.00	25.64	25.00	25.64	27.03	25.66
	解吸伤害率(%)	2.50	7.67	7.51	2.58	5.39	5.13
水处理	吸附 $V_L(cm^3/g)$	18.87	18.18	19.61	18.52	19.12	18.86
	解吸 $V_L(cm^3/g)$	18.18	17.86	18.01	18.52	18.68	18.25
	含水率(%)	3.48	3.27	2.54	3.24	2.48	2.94
	解吸伤害率(%)	3.66	1.76	3.72	0	2.30	3.23
聚合物处理	吸附 $V_L(cm^3/g)$	20.28	19.97	19.85	20.01	20.32	20.09
	解吸 $V_L(cm^3/g)$	19.61	19.34	19.34	19.31	19.8	19.48
	含液率(%)	3.28	3.25	2.74	3.04	3.14	3.09
	解吸伤害率(%)	3.30	3.15	2.57	3.50	2.56	3.02
聚合物+破胶剂处理	吸附 $V_L(cm^3/g)$	21.49	22.73	22.28	24.14	22.53	22.63
	解吸 $V_L(cm^3/g)$	21.23	22.32	21.60	23.87	22.12	22.23
	含液率(%)	3.08	3.17	2.94	3.12	3.27	3.12
	解吸伤害率(%)	1.21	1.80	3.05	1.18	1.82	1.79
氯化钾处理	吸附 $V_L(cm^3/g)$	22.18	22.18	22.44	23.01	23.17	22.60
	解吸 $V_L(cm^3/g)$	20.89	22.01	21.98	22.12	22.22	21.85
	含液率(%)	3.30	3.15	3.13	2.95	3.09	3.12
	解吸伤害率(%)	5.82	0.77	2.05	3.87	4.10	3.33

取每组最接近平均值的一组煤样数据用于绘制等温吸附及解吸曲线对比图,每组实验数据 Langmuir 拟合方程:将以上方程绘制成等温吸附解吸对比曲线图(图 2-87、图 2-88)。

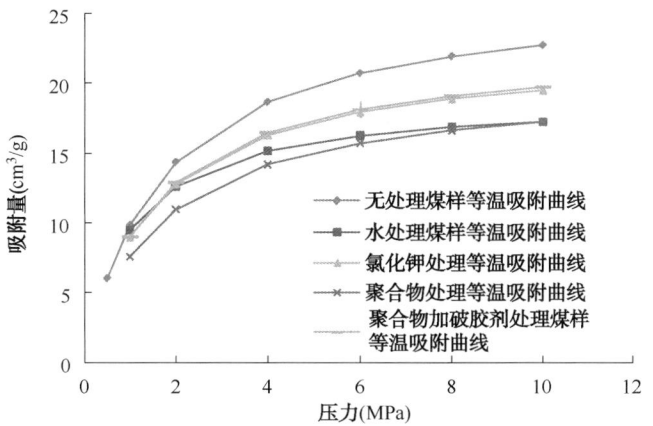

图 2-87　5 组处理液处理煤样吸附曲线对比图

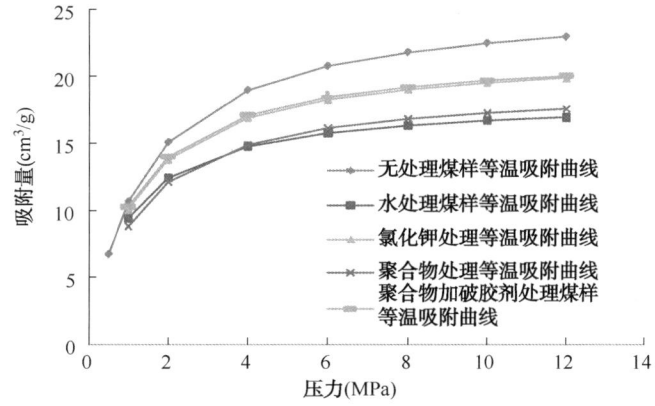

图 2-88　5 组处理液处理煤样解吸曲线对比图

从图 2-87 和 2-88 可得出以下结论:

① 无处理煤样吸附解吸曲线明显高于经处理液处理煤样吸附/解吸曲线。

② 经氯化钾处理煤样与经聚合物加破胶剂处理煤样吸附/解吸曲线吻合度较高,说明储层压力从 0 上升到 10MPa 过程中,这两种处理剂对此煤样的吸附/解吸甲烷行为可能存在相似影响机理,但当压力超过 10MPa 以后,可看出聚合物加破胶剂处理煤样较氯化钾处理煤样吸附/解吸曲线有明显的上翘,说明当压力超过 10MPa 以后继续增大压力聚合物加破胶剂处理煤样吸附/解吸效果更好。

③ 聚合物加破胶剂处理煤样吸附/解吸曲线要明显高于聚合物处理煤样吸附/解吸曲线,说明加破胶剂更有利于煤样的吸附/解吸。

④ 经聚合物处理煤样吸附曲线位于所有吸附曲线最下方,而经水处理煤样解吸曲线位于所有解吸曲线最下方,说明聚合物钻井液对煤样的吸附特性具有较差的影响,而水对煤样的解吸特性具有较差的影响。

2.5 煤储层伤害机理及防治措施研究

"十一五"期间,从单因素角度出发,以沁水樊庄和郑庄为例研究了钻井过程中煤层气储层的伤害机理,为煤储层保护方案的设计提供了科学依据。"十二五"期间,大力推动煤层气开发已是规划的重要部分,长治、安泽、郑庄煤层气得到大规模开发。由于煤储层伤害机理直接与煤储层特征有关,不同特征煤储层有不同的潜在伤害因素,因此,在"十二五"期间主要以长治、郑庄煤层气储层为研究对象,综合考虑钻井工程多因素对储层的伤害,包括钻井压力升高和波动、钻井液类型、钻井液侵入和吸附对煤储层的影响,找出钻井过程中的主要伤害原因,为提高煤层气井产能建设到位率打下基础。

2.5.1 钻井液侵入煤储层对煤岩表面性质的影响

在配制钻井液时,通常添加一些处理剂改善钻井液的性能,包括表面活性剂、絮凝剂等,不同的钻井液 pH 值也不同。在钻井过程中,煤储层浸泡于钻井液中,钻井液中的各种添加剂与煤岩表面接触,使得其表面性质发生变化。本书通过实验研究了钻井液中表面活性剂及钻井液的 pH 值对煤岩润湿性的影响,以期为钻井液体系的配制提供一些指导。

2.5.1.1 表面活性剂种类对煤岩润湿性的影响

(1) 加入阴离子表面活性剂后,煤岩表面亲水性增强。图 2-89 中数据显示,煤粉在标准盐水中自吸 24h,加入表面活性剂后煤粉的润湿高度均增加(即 ΔH 均大于 0),说明加入阴离子表面活性剂后煤岩的水润湿性增强。这是由于水中加入阴离子表面活性剂不仅能减小液体的内聚力,使其易于在煤表面铺展,还能够在煤表面形成一定的吸附层,将低能的煤表面变为高能表面,增加了与水的亲和性。

(2) 不同表面活性剂对煤粉的润湿性改变不同。由图 2-89 可知,煤粉在不同表面活性剂中自吸 48h 后平均润湿高度差不同,说明煤岩的润湿性增强程度不同,增强的程度由大到小排序为:石油磺酸盐>十二烷基硫酸钠>OP-10>十二烷基苯磺酸钠>双子表面活性剂>无表面活性剂。由这些表面活性剂的 HLB 值可知亲水性大小为十二烷基硫酸钠>OP-10>十二烷基苯磺酸钠。将这些亲水性不同的表面活性剂加入水中后增强煤岩润湿性的幅度也就不同了。

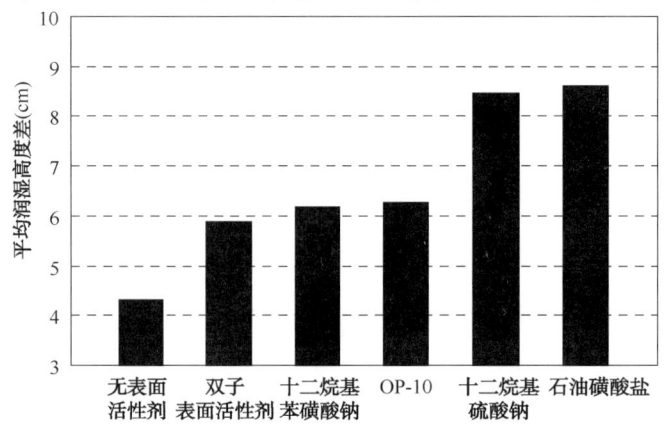

图 2-89 煤粉在同浓度不同表面活性剂溶液中自吸 48h 的平均润湿高度差

（3）加入表面活性剂后，煤岩的润湿速度先升高后又逐渐降低。由图 2-90 可以看出，随着时间的推进，煤岩在表面活性剂中的润湿速度先增加，后又减小。这是由于刚开始加入表面活性剂之后，亲水基团吸附水分子，润湿高度上升较快。但经过一段时间，煤岩吸附的水分子足够多，毛细管上升力与液柱的重力相等，因此润湿高度上升速度减慢。

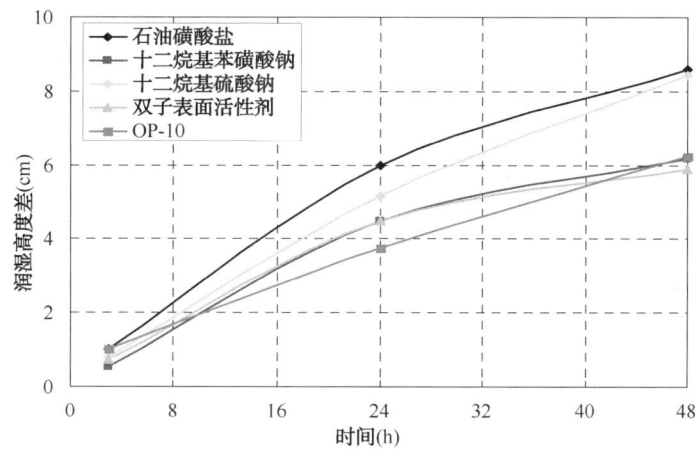

图 2-90　煤粉在不同表面活性剂中的润湿高度差随时间的变化关系

2.5.1.2　表面活性剂浓度对润湿性的影响

在本实验中研究了不同浓度的石油磺酸盐(阴离子表面活性剂)和十六烷基三甲基溴化铵(阳离子表面活性剂)对煤粉润湿性的影响，由表 2-39 数据可知：

（1）阴离子表面活性剂使煤岩亲水性增强，阳离子表面活性剂使煤岩亲水性略微减弱。

（2）煤岩的亲水性与表面活性剂的浓度有关。煤粉在添加了表面活性剂的溶液中的润湿高度与未添加表面活性剂的溶液中的高度不同(图 2-91、图 2-92)。这是因为表面活性剂的浓度不同，溶液中亲水基团和憎水基团的数目也不同，对亲水性的影响程度自然也不同。

表 2-39　煤粉在不同浓度石油磺酸盐溶液中的平均润湿高度

煤粉来源	表面活性剂	浓度(%)	24h 平均润湿高度(cm)
寺河矿	石油磺酸盐	0.00	3.73
寺河矿		0.01	11.54
寺河矿		0.02	11.78
寺河矿		0.05	14.82
寺河矿		0.07	13.10
寺河矿		0.10	9.78
寺河矿	CTAB	0	20.44
寺河矿		0.01	16.89
寺河矿		0.02	17.63
寺河矿		0.05	15.33
寺河矿	CTAB	0.07	17.5
寺河矿		0.1	18.53
寺河矿		0.15	16.46
寺河矿		0.2	17.03

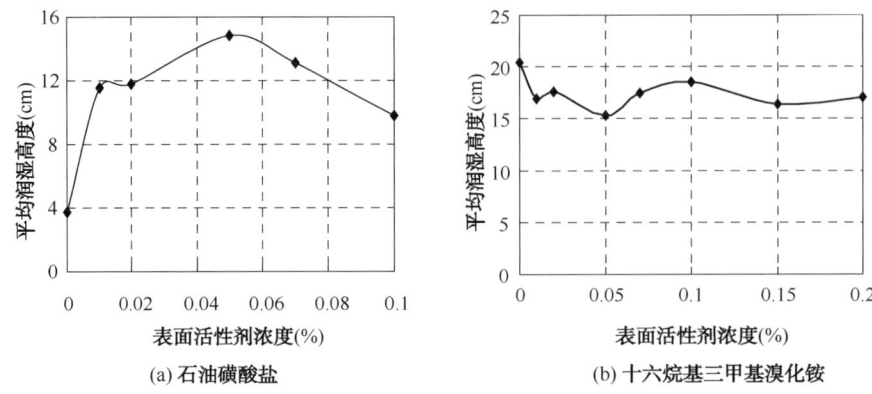

图 2-91　煤粉平均润湿高度随表面活性剂浓度的变化关系曲线

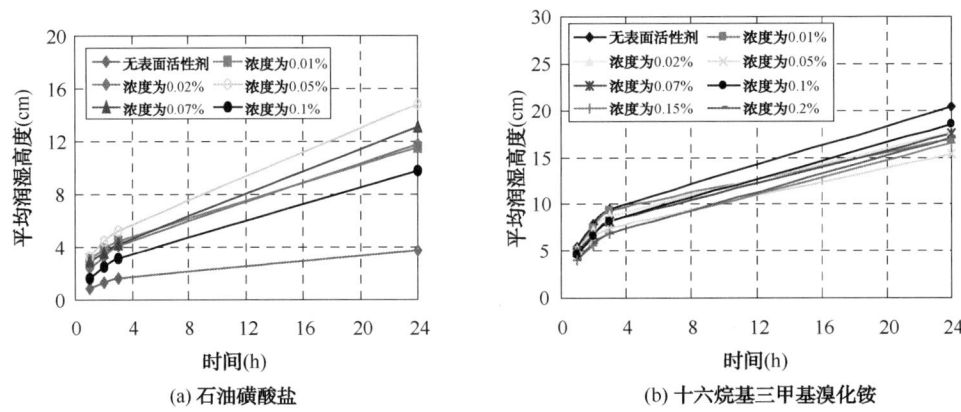

图 2-92　不同浓度石油磺酸盐溶液中煤粉平均润湿高度随时间的变化关系

2.5.1.3　钻井液的 pH 值对煤岩润湿性影响研究

由实验结果可知溶液的 pH 值影响煤岩的润湿性，而且 pH 值不同对润湿性的改变也不同。这是因为溶液 pH 值的变化影响了煤表面羧基、酚羟基的电离行为，从而影响煤表面的 ξ 电势，最终影响到煤的润湿性。由表 2-40、图 2-93、图 2-94 可以看出，煤粉的自吸高度随着 pH 值的升高先减小后增大再又减小。pH 值为 9 时的煤粉润湿高度最小，说明溶液 pH 值为 9 时使煤岩的亲水性最弱，因此，在配制钻井液时应注意调节其 pH 值。

表 2-40　煤粉在不同 pH 值溶液中的平均润湿高度

煤粉来源	pH 值	平均润湿高度（cm）			
		1h	2h	3h	24h
长畛矿	7	3.135	4.61	5.94	18
长畛矿	8.5	3.31	4.76	6	15.76
长畛矿	9	3.26	4.33	4.96	13.21
长畛矿	10	3.05	4.15	5.32	16.145
长畛矿	11	3.21	4.75	6.36	16.61
长畛矿	12	3.12	4.29	5.15	15.94
长畛矿	13	3.3	4.51	5.415	14.53

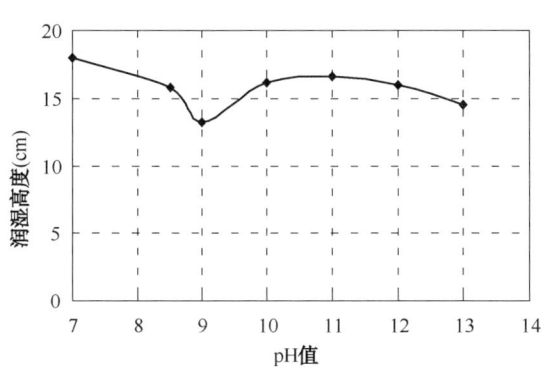

图 2-93 煤粉平均润湿高度随溶液
pH 值的变化关系曲线

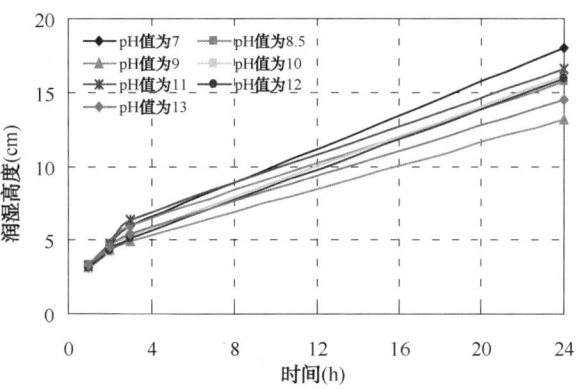

图 2-94 不同 pH 值溶液中煤粉平均润湿
高度随时间的变化关系

2.5.1.4 表面活性剂与 pH 值的共同作用对煤岩润湿性的影响

（1）对于同一 pH 值，添加表面活性剂以后，煤粉的自吸高度明显下降，说明表面活性剂和 pH 值得共同作用将使煤岩的亲水性减弱。

（2）由图 2-95、图 2-96 中可以看出，向 pH 值为 12 的溶液中加入表面活性剂后，煤粉的自吸高度下降的幅度为 5.47%，而 pH 值为 7 的下降幅度为 2.77%，加入表面活性剂后煤粉的自吸高度降低幅度更大，说明 pH 值为 12 的溶液中加入表面活性剂后将大幅度的减弱煤岩的亲水性。因此，在配制钻井液时应该避免向 pH 值为 12 的溶液中加入表面活性剂。

表 2-41 煤粉在不同溶液中的平均润湿高度

煤粉来源	pH 值	活性剂（十二烷基苯磺酸钠）	平均润湿高度（cm）							
			1h	2h	3h	6h	7h	18h	20h	24h
长畛矿	7	无	6.22	8.8	10.62	14.86	15.92	21.6	21.9	22.02
长畛矿	7	有	4.8	6.725	8.71	12.62	13.51	19.95	20.67	21.41
长畛矿	12	无	4.395	6.24	7.59	10.975	11.99	20.21	21.44	21.95
长畛矿	12	有	3.78	5.51	7.065	11.725	12.38	18.5	19.9	20.75

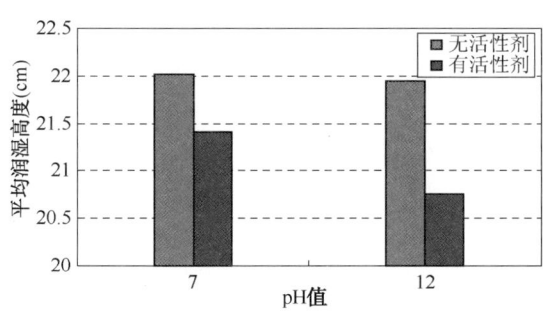

图 2-95 煤粉在不同溶液中
的平均润湿高度

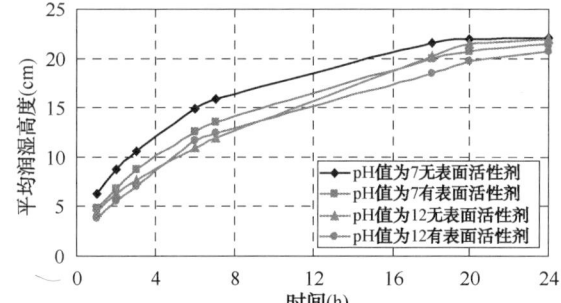

图 2-96 不同溶液中煤粉平均润湿高度
随时间的变化关系

2.5.2 钻井液侵入对煤岩气水两相渗流的影响

煤层气主要以游离态或吸附于煤体表面的形式存在于煤体基质孔隙和天然裂隙中，孔隙、天然裂隙也是煤层气渗流的主要通道。煤层气开采时，随着水的抽出压力降低，煤层气解吸成为游离状态，煤层中同时含有大量的水和煤层气共存，成为水—煤层气两相流，因此煤层气的产出主要与水、煤层气在煤层中的相对渗透率有关。然而钻井过程中当钻井液滤液侵入煤层气储层后，可能引起煤岩表面润湿性的改变，使煤层气、水在孔隙中重新分布，从而改变了煤层气和水在孔隙中的运动规律，影响煤层气的产能。因此有必要从源头找出钻井液对煤岩气水相对渗透率的影响，从而找出应对措施。

2.5.2.1 不同类型表面活性剂对煤岩润湿性的改变

采用自吸水速度法研究了煤粉在浓度为0.2%的石油磺酸盐溶液（阴离子表面活性剂）和浓度为0.01%的十六烷基三甲基溴化铵溶液（阳离子表面活性剂）中的自吸速度，并与在没有表面活性剂溶液的煤层水中的自吸速度对比，实验结果见表2-42、表2-43。

表2-42 煤粉在阴离子表面活性剂溶液中平均自吸高度

煤粉来源	粒级（目）	粉柱高度（cm）	表面活性剂	浓度（%）	润湿高度（cm）			
					1h	2h	3h	24h
寺河矿	100	22.40	石油磺酸盐	0.00	0.87	1.31	1.63	3.73
寺河矿	100	22.40	石油磺酸盐	0.2	1.48	2.1	2.62	9.17

表2-43 煤粉在阳离子表面活性剂溶液中的平均自吸高度

煤粉来源	粒级（目）	粉柱高度（cm）	表面活性剂	浓度（%）	润湿高度（cm）			
					1h	2h	3h	24h
寺河矿	100	22.40	CTAB	0.00	5.52	7.93	9.43	20.44
寺河矿	100	22.40	CTAB	0.01	5.07	7.53	9.30	16.89

由表中的数据可以看出，煤粉在浓度为0.2%的石油磺酸盐溶液中的自吸高度比没有表面活性剂的溶液中的自吸高度大，说明加入石油磺酸盐后使得煤岩的亲水性增强，因此可知，浓度为0.2%的石油磺酸盐溶液吸附到煤岩表面以后，使煤岩的亲水性增强。根据中国矿业大学对煤样进行傅立叶红外（FTIR）实验的研究结果可知，阴离子型表面活性剂的阴离子基团与煤表面上阴离子基团相互排斥，疏水基团趋向于吸附在煤表面上，阴离子基团朝外，使得煤岩表面呈现极性，因此亲水性增强。

由表中的数据可以看出，煤粉在浓度为0.01%的十六烷基三甲基溴化铵溶液中的自吸高度比没有表面活性剂的溶液中的自吸高度小。这是因为阳离子表面活性剂中不含与煤表面上阴离子基团相互排斥的基团，定向吸附作用比阴离子表面活性剂差。阳离子表面活性剂很难吸附到煤岩表面，当煤层水中加入阳离子表面活性剂后减小了煤层水与煤岩表面的界面张力。由毛细管压力的计算公式可知，界面张力减小将使毛细管力减小，由此导致水分子上升的高度减小。

2.5.2.2 润湿性改变对气水相对渗透率的影响

按照稳态法先测量气水相对渗透率，然后将岩心烘干后吸附表面活性剂并松弛48h，再次测量岩心的气水相对渗透率。实验中选取寺河矿煤块磨成煤粉，过100目筛后压制成填砂模型，对两块填砂模型进行了实验，实验结果见表2-44、表2-45。

表2-44　S1号煤岩气水相对渗透率测定结果

表面活性剂吸附前	$S_w(\%)$	17.07	42.6	56.79	73.29	76.899	93.8
	K_{rg}	1	0.543	0.419	0.379	0.212	0
	K_{rw}	0	0.0324	0.045	0.067	0.109	0.611
表面活性剂吸附后	$S_w(\%)$	13.87	39.72	42.28	45.45	49.27	75.72
	K_{rg}	1	0.587	0.492	0.461	0.378	0
	K_{rw}	0	0.038	0.066	0.107	0.161	0.916

表2-45　S3号煤岩气水相对渗透率测定结果

表面活性剂吸附前	$S_w(\%)$	22.98	44.46	52.9	58.65	64.63	84.83
	K_{rg}	1	0.83	0.61	0.378	0.1995	0
	K_{rw}	0	0.011	0.017	0.03	0.051	0.203
表面活性剂吸附后	$S_w(\%)$	15.542	38.903	43.69	46.06	49.662	74.98
	K_{rg}	1	0.522	0.236	0.17	0.121	0
	K_{rw}	0	0.022	0.045	0.061	0.101	0.52

由图2-97、图2-98看出，煤岩的亲水性增强对岩心的气水相对渗透率曲线产生了影响。在相同的含水饱和度下，煤岩的气相相对渗透率降低，液相相对渗透率升高。这一结论说明，当添加有阴离子表面活性剂的钻井液侵入煤层后使煤岩的亲水性增强，从而降低煤层气的渗透率，影响煤层气井的产量。所以，从煤层气的产能出发，为了利于煤层气产出，在配制钻井液时，应该选择添加那些吸附量小的表面活性剂。

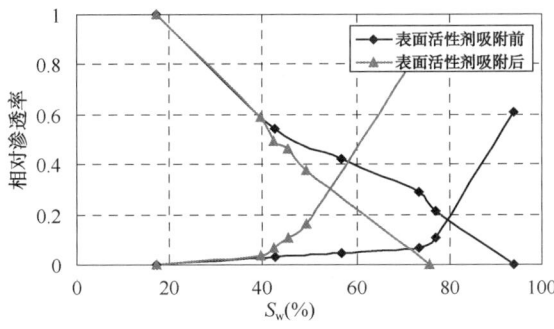

图2-97　S1号煤岩吸附表面活性剂前后相对渗透率曲线

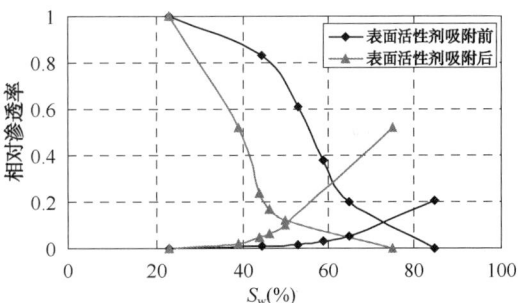

图2-98　S3号煤岩吸附表面活性剂前后相对渗透率曲线

2.5.2.3　界面张力改变对气水相对渗透率的影响

按照稳态法先测量气水相对渗透率，然后将岩心烘干后，测量岩心的气水相对渗透率（加入表面活性剂溶液）。实验中选取寺河矿煤块磨成煤粉，过100目筛后压制成填砂模型，对一块填砂模型进行了实验，实验结果见表2-46。

表2-46　S4号煤岩气水相对渗透率测定结果

表面活性剂加入前	$S_w(\%)$	24.9	58.92	68.01	71.42	75.55	83.78
	K_{rg}	1	0.201	0.072	0.052	0.001	0
	K_{rw}	0	0.016	0.027	0.049	0.088	0.154

续表

表面活性剂加入后	S_w(%)	22.53	59.16	87.62
	K_{rg}	1	0.307	0
	K_{rw}	0	0.012	0.108

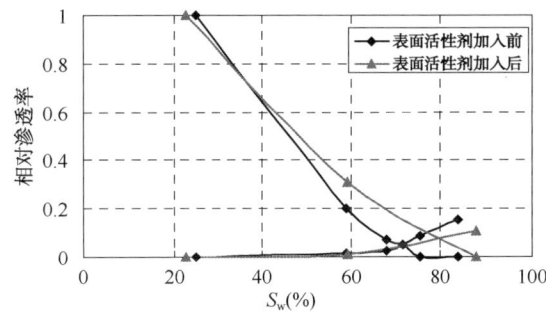

图 2-99　表面活性剂加入前后 S4 号煤岩相对渗透率曲线

在流动的煤层水中加入浓度为 0.3% 的阳离子表面活性剂十六烷基三甲基溴化铵以后，表面活性剂很难吸附到煤岩表面，对煤岩的润湿性几乎没影响。但表面活性剂加入以后会使气水界面的表面张力大幅度降低，对岩心的气水相对渗透率曲线产生的影响更大。由图 2-99 可以看出，界面张力减小后，气液相对渗透率曲线整体向右移动，等渗点饱和度增大。当含水饱和度超过 40% 以后，在相同的含水饱和度下，煤岩的气相相对渗透率升高，液相相对渗透率降低。由于使用的是阳离子表面活性剂，活性剂吸附作用较小，相对渗透率的改变主要是界面张力下降所致。因此，钻井液中加入吸附量小的表面活性剂后，有利于煤层气的产出。

此外，钻井液中加入阳离子表面活性剂之后也有利于钻井液的返排。当煤岩表面亲水[图 2-100(a)]时，毛细管力的方向指向气相，是钻井液向井筒中流动的阻力；当煤岩表面转化为亲气[图 2-100(b)]时，毛细管力的方向指向液相，是钻井液向井筒中流动的动力，使得钻井液向井筒中返排更加容易。加入阳离子表面活性剂后，气液相的界面张力减小，使得亲水孔隙的毛细管力减小，气相流动的阻力减小，煤层气向井筒中流动更容易，因此，气体的产能将增加。由此可以看出，钻井液中添加的表面活性剂对钻井液的返排及煤层气的产出有很大的影响，在配制钻井液时应该合理选择添加的表面活性剂。

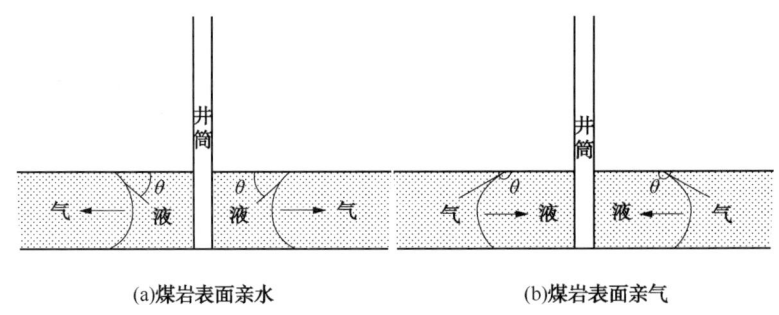

(a)煤岩表面亲水　　　　　　　　(b)煤岩表面亲气

图 2-100　不同润湿性煤岩的毛管力方向示意

2.5.3　钻井压差及井筒压力波动对煤储层的伤害研究

煤的杨氏模量小，煤的泊松比大（一般为 0.27~0.40，而常规储集岩大多小于 0.2），这说明煤比其他岩石更易压缩。因此，煤储层的渗透率很容易受应力的影响造成伤害。在煤层气钻井过程中，钻柱在充满钻井液的井眼中上下运动时，会引起钻井液在环空中的流动，由此引起钻井液柱压力的波动，导致钻井压差是一个动态的变化过程。钻井压差的变化和压力波动会使井筒附近的煤层发生变形，从而使煤层中的裂缝及孔隙发生变形，对储层渗透率造成伤害。本书通过应力敏感实验及井筒压力波动实验研究了钻井过程中钻井压差及压力波动对煤岩的伤害。

2.5.3.1 井筒压力变化对煤岩的伤害实验研究

沁水盆地郑庄区块的煤岩应力敏感性极强，因此，钻井过程中的压力变化会对煤岩的渗透率产生影响。下面通过实验研究了钻井压力对郑庄区块煤岩渗透率的影响。

由实验结果可得出如下认识：(1)由图 2-101 至图 2-104 可以看出，当压力增大时，煤岩的渗透率也随之增大。这主要是由于在围压和出口压力不变的情况下增大井筒压力将使煤样中的裂缝流体压力增大，将煤样中闭合的微裂隙撑开，并使裂缝的宽度增大，其允许流体通过的能力也变强了，因此，煤样的渗透率增加。(2)压力减小时，煤样的渗透率减小。当压力减小时，被撑开的裂缝失去流体压力的支撑，趋于闭合，流体通过的能力减弱，因此煤样的渗透率减小。(3)当压力减小恢复至初始压力时，煤样的渗透率无法回复到其初始渗透率，这主要是因为煤岩具有较强的应力敏感性，加压过程对煤岩的结构产生了不可逆的破坏。

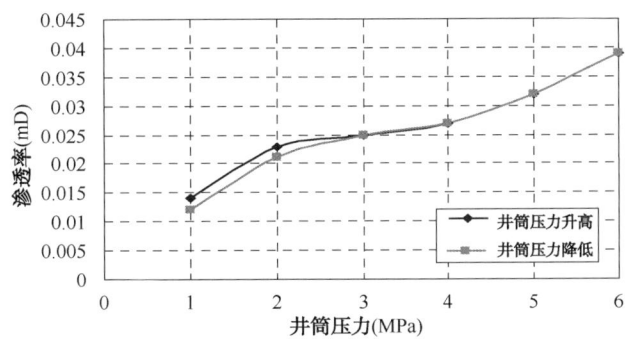

图 2-101 压力变化幅度为 1MPa 时，渗透率随井筒压力的变化关系曲线

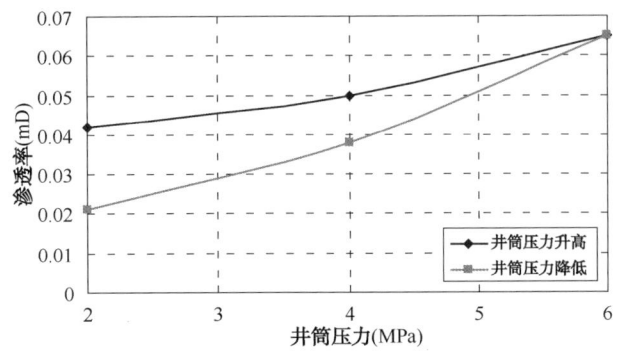

图 2-102 压力变化幅度为 2MPa 时，渗透率随井筒压力的变化关系曲线

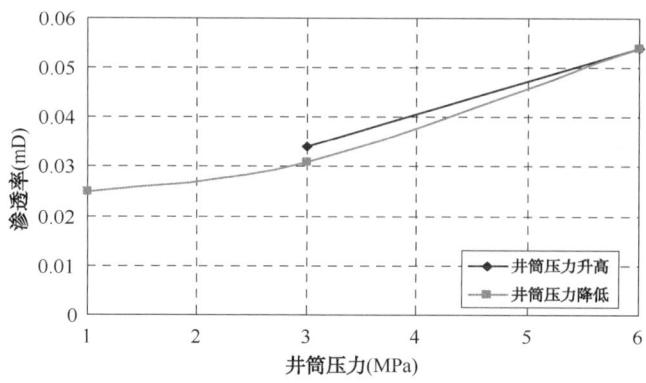

图 2-103　压力变化幅度为 3MPa 时，渗透率随井筒压力的变化关系曲线

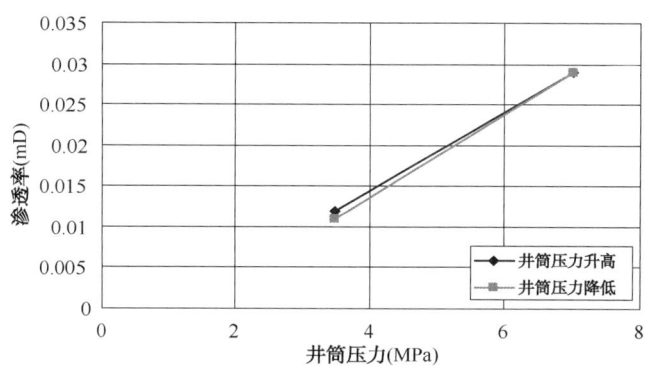

图 2-104　压力变化幅度为 3.5MPa 时，渗透率随井筒压力的变化关系曲线

根据每一个压力点下的渗透率可计算出压力每改变一次时煤样渗透率的变化率，结果见表至表。

表 2-47　压力变化幅度为 **1MPa** 时的渗透率变化率

井筒压力（MPa）		1	2	3	4	5	6
$\dfrac{\mid K_i - K_{i-1} \mid}{K_i}$（%）	加压	—	64.3	8.7	8	18.5	21.9
	卸压	42.9	16	7.4	15.6	17.9	—

表 2-48　压力变化幅度为 **2MPa** 时的渗透率变化率

井筒压力（MPa）		2	4	6
$\dfrac{\mid K_i - K_{i-1} \mid}{K_i}$（%）	加压	—	19	30
	卸压	44.7	41.5	—

表 2-49　压力变化幅度为 **3MPa** 时的渗透率变化率

井筒压力（MPa）		3	6
$\dfrac{\mid K_i - K_{i-1} \mid}{K_i}$（%）	加压	—	50
	卸压	42.6	—

表 2-50 压力变化幅度为 3.5MPa 时的渗透率变化率

井筒压力(MPa)		3.5	7
$\dfrac{\mid K_i-K_{i-1}\mid}{K_i}$(%)	加压	—	107.1
	卸压	62.1	—

由以上实验结果可得出如下认识:

(1) 由表 7-47 至表 2-50 可以看出,井筒压力变化的幅度不同,渗透率的变化率也不同。当压力增加幅度为 1MPa 时,渗透率的变化率先减小后增大,这主要是因为刚开始增加压力时处于闭合状态的裂缝被撑开,渗透率急剧增加,而继续增加压力时裂缝宽度的增加不是很明显,当压力超过一定值后,煤样中产生了新的小裂缝,渗透率又开始大幅度升高。当压力增加的幅度超过 2MPa 后,渗透率的变化率随着压力增幅的增大而增大。

(2) 在卸压过程中渗透率的变化率与增压过程中的不同,说明增压使煤岩的渗透率发生了不可逆的变化,压力降低无法使煤岩的渗透率恢复。

(3) 由图 2-105 可以看出,压力总增幅越大,渗透率增加的幅度也越大,因此,在钻井过程中应避免出现较大的压力波动。

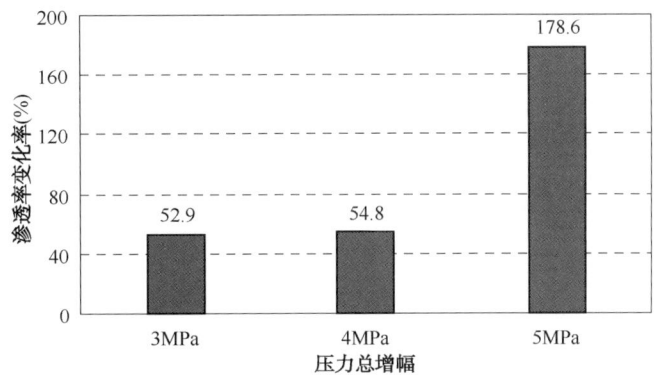

图 2-105 压力增加幅度对煤岩渗透率的影响

2.5.3.2 井筒压力波动对煤岩渗透率影响的实验研究

起下钻时钻柱的运动会引起井筒压力波动,导致井筒附近的煤层变形,从而使煤层裂隙发生变形,降低储层的渗透率。下面通过实验的手段研究了郑庄区块煤样在压力波动过程中渗透率的变化规律。在实验中采用标准盐水模拟钻井液,测定在压力波动一瞬间的煤岩渗透率及裂缝宽度变化情况,实验结果见表 2-51、表 2-52。通过实验测定了压力波动过程中裂缝性煤岩渗透率及裂缝宽度的变化情况,由实验结果可得出如下认识:

(1) 煤岩的渗透率随着压力增大而升高,随着压力的减小而降低。由图 2-106 及图 2-107 可以看出,当压力突然增大的一瞬间,煤岩的渗透率迅速升高,之后慢慢降低并趋于稳定;当压力突然减小时,煤岩的渗透率也迅速减小,之后又升高然后慢慢降低趋于稳定,但稳定值仍比刚减压时的值要小。由此可见,在钻井过程中,当井筒压力波动时会对煤储层的渗透率产生很大的影响。

(2) 当压力波动时,煤岩中裂缝的宽度发生变化:压力增大时裂缝宽度增大,压力减小,裂缝闭合,裂缝宽度减小(图 2-108、图 2-109)。

(3)由表可以看出,驱替压差为 3.5MPa 时的渗透率比 3MPa 时的还小,这是因为煤岩具有较强的应力敏感性,同一块煤岩经历应力改变之后渗透率会有伤害,再次加压时渗透率无法恢复至初始值。

(4)由数据可以看出,压力波动幅度为 3MPa 时煤样的渗透率伤害率达到 20.51%,压力波动幅度为 3.5MPa 时煤样的渗透率伤害率达到 21.43%,说明压力波动过程对煤岩的渗透率产生伤害,压力波动的幅度越大,对煤岩渗透率产生的伤害越大。

表 2-51 压力波动过程中煤岩渗透率的变化实验结果

驱替时间 (min)	压力波动幅度为 3MPa			压力波动幅度为 3.5MPa		
	驱替压差 (MPa)	出口端流量 (mL/min)	渗透率 (mD)	驱替压差 (MPa)	出口端流量 (mL/min)	渗透率 (mD)
1	3	0.07	0.039	3.5	0.03	0.014
10	3	0.08	0.045	3.5	0.03	0.014
30	3	0.066	0.037	3.5	0.026	0.013
60	3	0.06	0.034	3.5	0.021	0.012
80	3	0.06	0.034	3.5	0.021	0.012
81	6	0.24	0.068	7	0.11	0.043
100	6	0.23	0.065	7	0.18	0.036
130	6	0.2	0.056	7	0.13	0.031
160	6	0.19	0.054	7	0.12	0.029
180	6	0.19	0.054	7	0.12	0.029
181	3	0.07	0.039	3.5	0.025	0.012
190	3	0.066	0.045	3.5	0.025	0.012
220	3	0.06	0.034	3.5	0.028	0.014
250	3	0.055	0.031	3.5	0.025	0.012
280	3	0.055	0.031	3.5	0.023	0.011
300	3	0.055	0.031	3.5	0.023	0.011

表 2-52 压力波动过程中裂缝宽度的变化实验数据

驱替时间 (min)	压力波动幅度为 3MPa		压力波动幅度为 3.5MPa	
	驱替压差(MPa)	裂缝宽度(μm)	驱替压差(MPa)	裂缝宽度(μm)
10	3	2.216	3.5	1.502
20	3	2.113	3.5	1.426
30	3	2.076	3.5	1.465
40	3	2.018	3.5	1.426
50	3	2.018	3.5	1.386
60	3	2.018	3.5	1.426
70	3	2.018	3.5	1.426
80	3	2.018	3.5	1.426
90	6	2.505	7	2.018
100	6	2.412	7	2.166
110	6	2.384	7	2.057

续表

驱替时间(min)	压力波动幅度为3MPa		压力波动幅度为3.5MPa	
	驱替压差(MPa)	裂缝宽度(μm)	驱替压差(MPa)	裂缝宽度(μm)
120	6	2.384	7	2.018
130	6	2.384	7	1.957
140	6	2.369	7	1.936
150	6	2.355	7	1.914
160	6	2.355	7	1.914
170	6	2.355	7	1.914
180	3	2.311	7	1.914
190	3	2.076	3.5	1.426
200	3	2.038	3.5	1.426
210	3	2.018	3.5	1.465
220	3	2.018	3.5	1.502
230	3	1.998	3.5	1.465
240	3	1.978	3.5	1.426
250	3	1.957	3.5	1.426
260	3	1.957	3.5	1.386
270	3	1.957	3.5	1.386

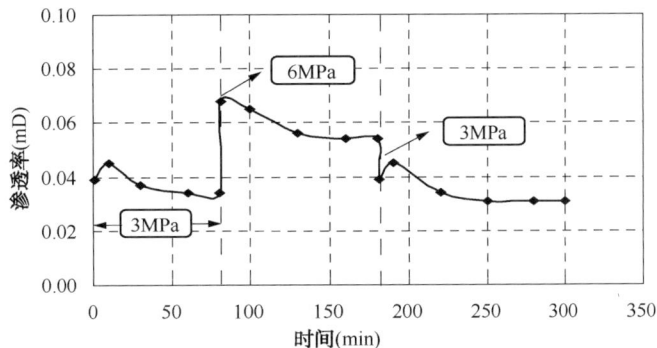

图 2-106 压力波动对煤岩渗透率的影响(压力波动幅度为3MPa)

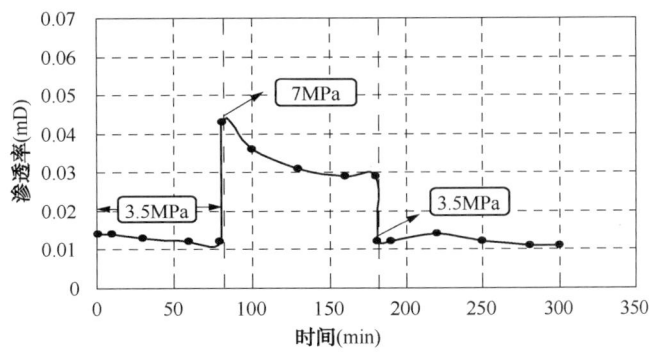

图 2-107 压力波动对煤岩渗透率的影响(压力波动幅度为3.5MPa)

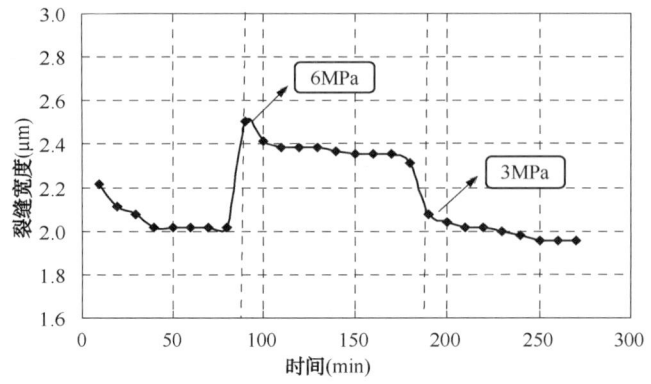

图2-108 压力波动对裂缝宽度的影响(压力波动幅度为3MPa)

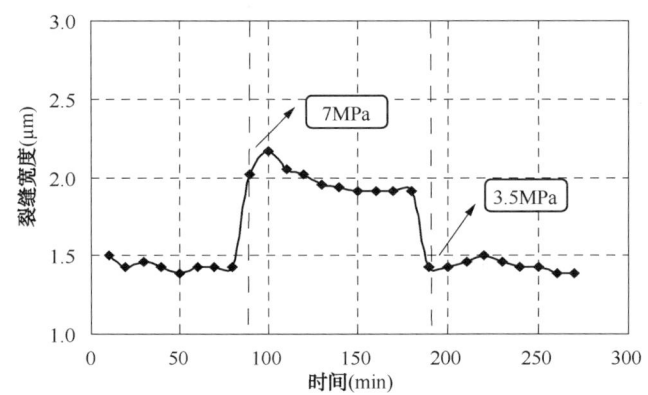

图2-109 压力波动对裂缝宽度的影响(压力波动幅度为3.5MPa)

由表2-51中数据可以计算得到经过压力波动过程以后煤样渗透率伤害率,结果见表2-53。

表2-53 压力波动引起的渗透率伤害率数据

压力波动幅度(MPa)	初始渗透率(mD)	压力波动后渗透率(mD)	渗透率伤害率(%)
3	0.039	0.031	20.51
3.5	0.014	0.011	21.43

2.5.3.3 井筒压力波动过程中不同钻井液对煤层的侵入量测试

在钻井起下钻过程中井筒压力可能会由于钻柱的运动而产生波动,当井筒压力高于地层压力时,钻井液会侵入地层,特别是在压力突然升高的情况下,由于煤储层的应力敏感性较强,所以煤储层中的裂缝的张开度更大。为了分析井筒压力波动对储层伤害的影响,通过室内岩心流动实验,分别测定了井筒压力波动和井筒压力无变化时,不同钻井液对岩心的伤害情况,同时测定了不同条件下钻井液向岩心裂缝中的侵入量。实验中研究了四种不同钻井液在井筒压力不变和井筒压力波动的情况下对煤样的伤害,以及钻井液向煤样裂缝中的侵入量(图2-110至图2-113),实验结果见表2-54、表2-55。

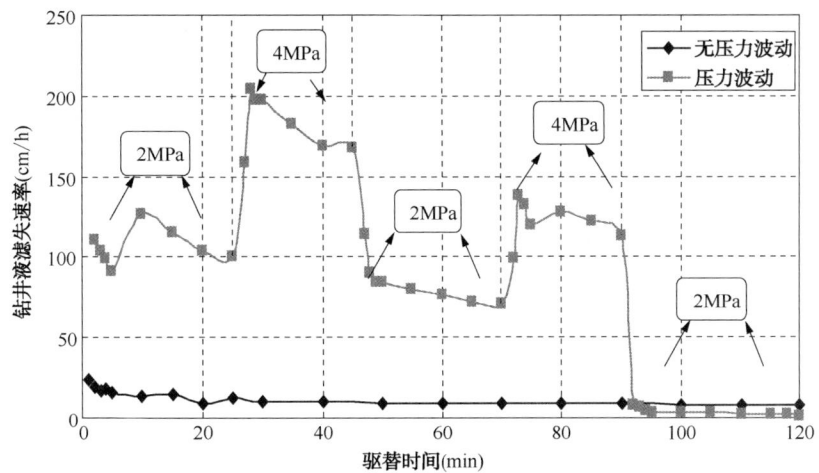

图 2-110 清水钻井液静滤失速率与驱替时间的关系图

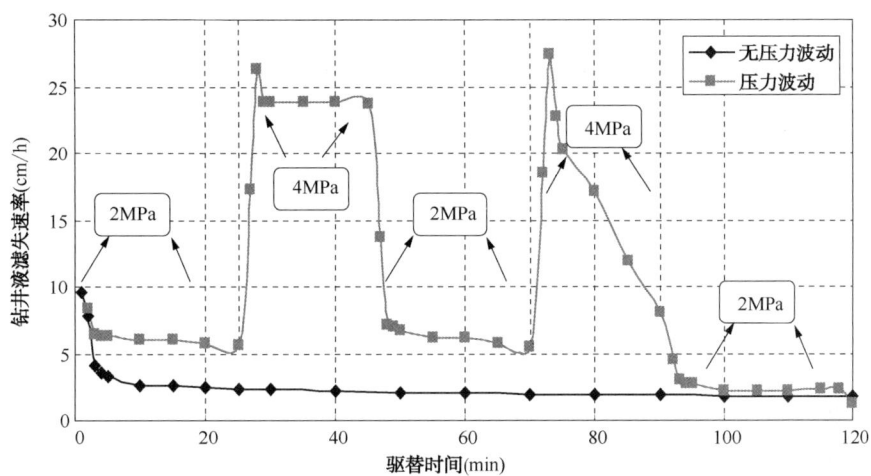

图 2-111 聚合物钻井液静滤失速率与驱替时间的关系图

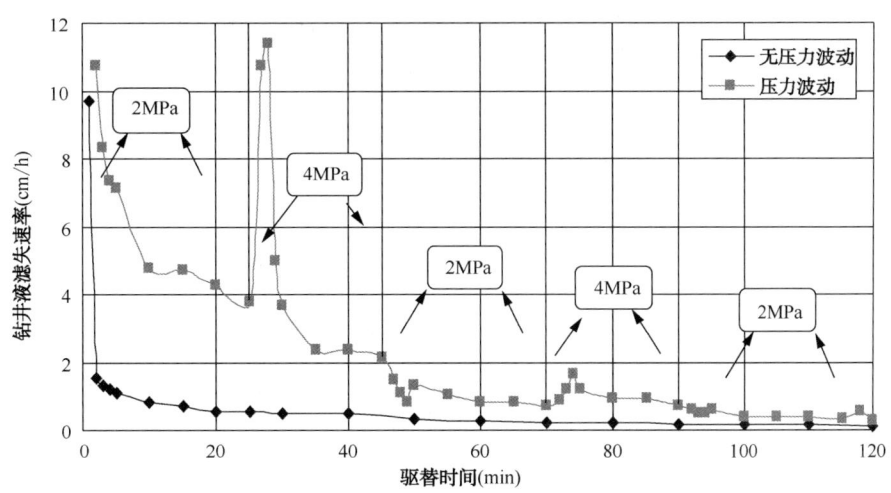

图 2-112 含固相聚合物钻井液静滤失速率与驱替时间的关系图

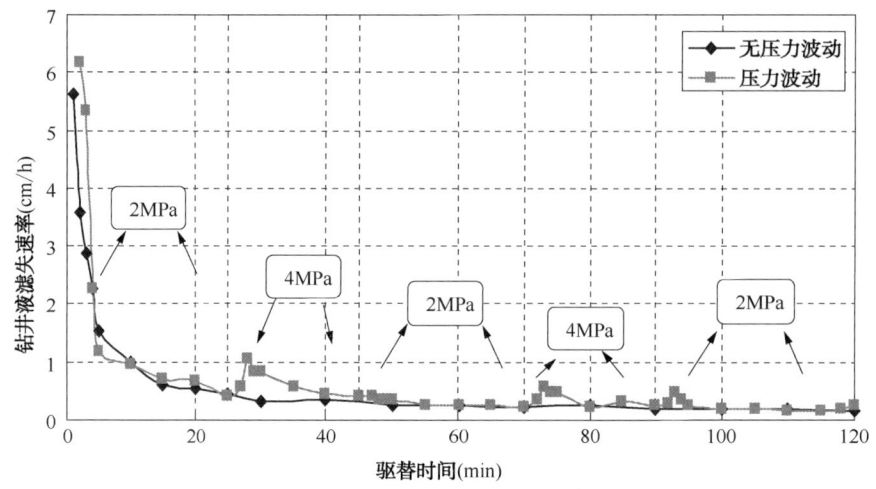

图 2-113 泡沫钻井液静滤失速率与驱替时间的关系图

表 2-54 实验岩心基础数据

岩心号	长度(cm)	直径(cm)	孔隙体积(cm³)	初始渗透率(mD)	裂缝宽度(μm)
FF40	5.566	2.524	4.576	2.968	8.904
FF41	4.629	2.525	2.868	4.316	10.089
FF42	5.443	2.532	4.492	4.596	10.312
FF43	6.199	2.530	4.719	5.757	11.113
FF44	7.153	2.529	5.874	5.461	10.918
FF45	4.492	2.537	2.885	2.815	8.763
FF46	7.304	2.530	6.475	7.268	12.011
FF49	7.032	2.537	4.585	6.958	11.849

表 2-55 实验结果汇总

岩心号	初始渗透率(mD)	钻井液伤害后渗透率(mD)	钻井液注入压力(MPa)	钻井液	钻井液总滤失量(mL)
FF40	2.968	1.438	2	清水钻井液	99.6
FF41	4.316	3.391	2→4→2→4→2		896.5
FF42	4.596	3.488	2	聚合物钻井液	22.24
FF43	5.757	5.757	2→4→2→4→2		96.28
FF44	5.461	2.196	2	含固相聚合物钻井液	4.33
FF45	2.815	0.267	2→4→2→4→2		22.04
FF46	7.268	2.180	2	泡沫钻井液	4.23
FF49	6.958	3.247	2→4→2→4→2		5.49

通过实验模拟了钻井过程中的井筒压力波动，分别测定了钻井液在井筒压力不变和井筒压力波动两种情况下在煤样中的滤失量。实验结果表明：(1)井筒压力波动时，钻井液的总滤失量增大。(2)相同时间内，四种钻井液在井筒压力波动条件下的滤失量均大于压力恒定时的滤失量。(3)当压力波动时，压力增大的一瞬间，钻井液的滤失速率陡增，然后又迅速

下降。这是因为当压力突然增大时,煤岩中的裂缝被撑开,所以钻井液的滤失速率增大,之后裂缝渐渐闭合,钻井液的滤失速率也就减小了。(4)不管是压力波动还是压力恒定不变,钻井液向煤岩中的侵入量大小顺序如下:清水钻井液>聚合物钻井液>含固相聚合物钻井液>泡沫钻井液。

2.5.3.4 不同类型钻井液对裂缝性煤储层的伤害研究

钻井液是造成煤储层伤害的一个重要的影响因素。由于煤储层属于低压储层,在钻井过程中,钻井压力过大时会使煤储层中的裂缝增大,加剧钻井液侵入裂缝,对煤储层造成伤害,使煤储层渗透率下降。为了研究不同钻井液对不同裂缝宽度煤储层的伤害情况,进行了钻井液伤害室内评价实验。在实验中设置两种裂缝宽度来模拟煤层中的裂隙及构造裂缝,并选取煤层气储层钻井时常用的四种钻井液进行了研究。

(1)钻井液滤失量及对煤岩造成的伤害。

对于不同宽度的裂缝,注入钻井液时的压力不一样,裂缝宽度较大时,钻井液注入压力小于3.5MPa。为了更好地比较钻井液在裂缝中的滤失量及滤失速率,将小于3.5MPa时的滤失量转化成3.5MPa时的滤失量,结果见表2-56。钻井液对不同裂缝宽度煤岩的伤害情况如图2-114所示。由表中数据可以看出,钻井液在小裂缝中的滤失量小于在大裂缝中的滤失量,说明裂缝宽度越大,钻井液越容易滤失;且对于同种钻井液,裂缝宽度越小,伤害率越大。

表2-56 钻井液滤失量

煤样号	钻井液类型	缝宽(μm)	钻井液注入压力(MPa)	总滤失量(mL)	转化后滤失量(mL)	转化后滤失速率(cm/h)
FF28	清水钻井液	2.43	3.5	20.9	20.9	2.115
FF2		61.76	0.002	281.4	514707.4	51217.658
FF27	泡沫钻井液	5.28	3.5	0.93	0.93	0.094
FF4		57.84	3.5	1.06	1.06	0.105
FF14	无固相聚合物钻井液	3.41	3.5	1.96	1.96	0.195
FF55		61.12	0.1	141.9	4610.9	459.186
FF56	含固相聚合物钻井液	2.94	3.5	3.4	3.4	0.339
FF15		59.84	0.1	941.1	32938.5	3306.342

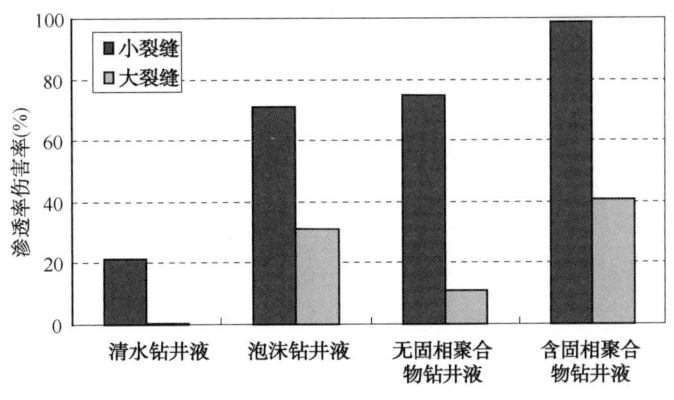

图2-114 不同钻井液对不同宽度裂缝煤岩的伤害率

(2) 水敏性伤害结果。

从表 2-57 中的实验数据可以看出,当裂缝宽度较小时,清水钻井液对煤岩渗透率的伤害率为 21.6%,裂缝宽度较大时,清水钻井液对裂缝宽度较大的煤岩中伤害较小(为 0.45%)。说明清水钻井液更易对煤储层中的微裂缝造成伤害。

表 2-57 清水钻井液对煤岩的伤害实验数据

煤样号	长度(cm)	直径(cm)	孔隙度(%)	原始渗透率(mD)	缝宽(μm)	钻井液伤害后渗透率(mD)	R_s(%)	伤害率(%)
FF28	2.983	2.509	1.6	0.06	2.43	0.047	78.4	21.6
FF2	4.231	2.530	3.2	987.951	61.76	983.505	99.55	0.45

(3) 贾敏效应伤害实验结果。

从表 2-58 中的实验数据可以看出,不管是大裂缝还是小裂缝的煤岩,泡沫钻井液均不同程度的侵入到煤岩中,因此,泡沫钻井液对大裂缝和小裂缝的煤岩均造成伤害。从表中的数据可以看出,裂缝宽度较大时,贾敏效应对煤岩造成的伤害率为 31.12%,裂缝宽度较小时,贾敏效应对煤岩造成的伤害率为 71.04%。说明,泡沫钻井液中的泡沫流入微裂隙中更容易造成堵塞,使煤岩的渗透率下降。

表 2-58 泡沫钻井液对煤岩的伤害实验数据

煤样号	长度(cm)	直径(cm)	孔隙度(%)	原始渗透率(mD)	缝宽(μm)	钻井液伤害后渗透率(mD)	R_s(%)	伤害率(%)
FF27	4.465	2.506	4.63	0.625	5.28	0.181	28.96	71.04
FF4	5.161	2.531	5.73	811.673	57.84	559.080	68.88	31.12

(4) 聚合物吸附伤害。

在实验中,采用聚丙烯酰胺配制成聚合物钻井液,实验数据见表。从表 2-59 中数据可以看出,裂缝宽度较小时,聚合物钻井液对煤岩渗透率的伤害率为 74.85%,裂缝宽度较大时,聚合物钻井液对煤岩的伤害率为 10.87%。说明聚合物高分子吸附在微裂隙中更容易引起煤岩渗透率的下降。

表 2-59 无固相聚合物钻井液对煤岩的伤害实验数据

煤样号	长度(cm)	直径(cm)	孔隙度(%)	原始渗透率(mD)	缝宽(μm)	钻井液伤害后渗透率(mD)	R_s(%)	伤害率(%)
FF14	4.394	2.529	3.93	0.163	3.41	0.041	25.15	74.85
FF55	6.734	2.529	6.56	958.358	61.12	854.184	89.13	10.87

(5) 固相颗粒堵塞。

在聚合物钻井液中加入粒径为 1.503μm 的膨润土,膨润土水化后会形成微小颗粒。从表 2-60 中的实验数据可以看出,固相颗粒对大裂缝和微裂隙煤岩均造成较大程度的伤害。裂缝宽度较小时,含固相聚合物钻井液对煤岩渗透率的伤害率为 98.77%,裂缝宽度较大时,含固相聚合物钻井液对煤岩渗透率的伤害率为 40.75%。

表 2-60 含固相聚合物钻井液对煤岩的伤害实验数据

煤样号	长度（cm）	直径（cm）	孔隙度（%）	原始渗透率（mD）	缝宽（μm）	钻井液伤害后渗透率（mD）	R_s（%）	伤害率（%）
FF56	4.663	2.529	3.32	0.106	2.94	0.0013	1.23	98.77
FF15	3.929	2.519	6.69	902.257	59.84	534.587	59.25	40.75

对以上实验数据进行分析可得出以下认识：①对于相同的钻井液，裂缝宽度越小，岩心的伤害率越大；说明煤储层中的微裂隙更易受到钻井液的伤害。②根据实验研究发现，裂缝宽度越小，钻井液的伤害越大。几种常用的煤层气储层钻井液对微裂隙储层的伤害程度大小依次为：含固相聚合物钻井液>无固相聚合物钻井液>泡沫钻井液>清水钻井液。③钻井液在小裂缝中的滤失速率小于在大裂缝中的滤失速率。④对于封堵性较差的钻井液，在钻井过程中，当钻遇裂缝宽度较大的煤储层时，钻井液很容易在正压差下发生漏失，向煤层的深部侵入，造成更大的伤害。清水钻井液对煤储层的伤害较小，但清水钻井液很容易侵入到煤层中，且清水的矿化度比煤层水矿化度低，一旦清水钻井液侵入煤层中以后很可能导致煤储层内黏土水化膨胀，引起黏土分散软化，引起井壁坍塌。而泡沫钻井液有较强的封堵能力，不容易侵入到煤层中，因此从井壁稳定性及钻井液的封堵能力的角度出发，建议在煤层钻井时选择泡沫钻井液进行钻进。

2.5.3.5 钻井工程多因素综合储层损害机理分析

"十一五"期间，从单因素角度出发，以沁水樊庄和郑庄为例，研究了钻井过程中煤层气储层的伤害机理，主要有钻井液侵入水锁伤害，钻井液中固相颗粒对煤储层的堵塞，高分子聚合物吸附堵塞煤层孔隙及钻井液与煤储层不配伍引起的伤害。由于储层伤害机理直接与储层特征有关，不同特征储层有不同的潜在伤害因素。因此，在"十二五"期间，研究中将综合考虑地质因素和工程因素对煤储层的伤害。通过理论分析和实验研究结果表明，钻井过程中的压力波动是煤储层伤害的主要因素，其次是钻井液侵入引起的大分子吸附、水敏性伤害、固相堵塞和贾敏效应对煤层气储层造成的伤害。

（1）钻井压力波动。

如果钻井过程中钻井压力产生波动，将使煤岩的裂缝宽度增大，对煤层渗透率产生影响。同时压力波动过程加剧钻井液向煤层侵入，造成储层伤害。对于裂缝性煤储层，钻井压力波动时，钻井液向裂缝中的滤失量增大，在相同的时间内，压力波动过程中的钻井液侵入量大于压力稳定时的滤失量。钻井液侵入煤层的量越多，越容易对煤层造成伤害。

（2）钻井液侵入。

不同类型的钻井对煤储层的伤害不同，通过实验结果可知，钻井液对裂缝性煤储层的伤害主要表现在以下四个方面。

① 大分子吸附

聚合物类钻井液中含有线状和线团状的高分子聚合物，这些大分子会随钻井液滤液侵入裂缝内部，可能会被不规则的裂缝表面吸附、捕集而附着在裂缝的表面，使有效渗流通道减小，对储层渗透率造成伤害。

② 水敏性伤害

沁水盆地樊庄区块的煤层水矿化度较低，在2000mg/L左右，水型为$NaHCO_3$型，水质呈弱碱性，pH 值为 8.69~8.95。水中含有成垢离子 Ca^{2+}、CO_3^{3-}、HCO_3^-、SO_4^{3-} 等离子。清水钻井液多取自当地地表水，而樊庄地区的浅层地表水矿化度仅有 300~700mg/L，比地层水的矿化度低。当用清水钻井液钻进时，钻井液侵入储层裂缝容易引起黏土矿物发生水化膨胀，堵塞裂缝，造成储层渗透率下降。

③ 固相堵塞

由于裂缝的宽度范围比较大，对于裂缝宽度比较大的裂缝性储层，由于裂缝宽度大于钻井液中的固相颗粒尺寸，钻井液中的固相颗粒就会在正压差作用下进入裂缝，在裂缝内形成堆积，堵塞渗流通道，降低储层的渗透率。

④ 贾敏效应

煤岩裂缝壁面凹凸不平，沿缝长的裂缝宽度也不是不变的，当泡沫钻井液进入裂缝，流动至裂缝较窄的地方时将产生贾敏效应，使渗流阻力增大，造成渗透率降低。

通过煤储层伤害单因素分析实验以及模拟钻井工程中井筒压力波动、钻井液污染过程的综合实验，可对煤层气储层伤害机理进行以下分析（表 2-61）。

表 2-61 钻井工程多因素对煤层气储层损害机理综合分析表

序号	伤害因素	损害程度	防治方法	重要程度
1	钻井压力波动		降低井筒压力波动	关键因素
2	高分子聚合物堵塞		采用可降解聚合物或不用聚合物	主要因素
3	水敏性伤害		加防膨剂	
4	固相颗粒堵塞		控制煤粉产出、降低钻井液中固相含量	
5	毛细管阻力、贾敏效应		降低气液界面张力	次要因素
6	润湿性反转		选用吸附量小的活性剂	
7	无机垢		控制钻井液 pH 值	
8	碱敏		控制钻井液 pH 值	
9	细菌堵塞		控制钻井液细菌含量	

2.5.3.6 煤储层保护技术对策

目前，煤层气钻井现场多使用清水打开储层，因其低密度、不含固相及各种常用的钻井液添加剂、中性的 pH 值环境，避免了对煤层气储层的多种损害，但也正因如此，无法形成有效的滤饼，增加了滤液侵入储层的量，同样给储层带来了一定的伤害。因此，为了保护煤储层，降低储层伤害，提高煤层气的产量，煤层气钻完井施工和生产对钻井液的性能提出了新的要求。

（1）提高钻井液的封堵性能。

在用清水或常规钻井液钻高角度裂缝的煤层时，钻井液不可避免地侵入煤层，钻井液进入到裂缝系统后，井眼附近的地层压力接近井底压力，导致钻井液对煤层的支撑力下降，致使煤岩脱落，造成井壁的坍塌，侵入储层的钻井液越多，侵入的距离越远，则坍塌的可能性越大。此时，人们往往为了稳定井壁而加入重晶石或者碳酸钙以增大钻井液密度，使井底压力重新大于储层压力，从而实现对井壁的支撑，但这样做往往会适得其反。因为井底压力的再次增加会将裂缝撑开，从而有更多的钻井液进入储层，当井底压力重新扩散到与储层压力相等时，井壁依旧坍塌。

钻井液进入裂缝，会在以下几方面对储层造成伤害，造成储层渗透率下降：煤基质吸收液体发生膨胀，挤压裂缝，使得储层渗透率大幅度下降，并且该过程几乎是不可逆的；钻井液中的固相颗粒(黏土颗粒、岩屑、粉煤灰等)堵塞裂缝造成储层渗透率下降；若钻井液中含有聚合物，高分子聚合物吸附黏土颗粒也会引起裂缝的堵塞；钻井液与地层流体不匹配，生成沉淀堵塞裂缝。渗透率的下降将严重影响到煤层气的产量。

经过以上分析，发现不论是从井壁稳定方面还是从保护储层免受钻井液伤害方面，都应当阻止钻井液侵入到储层，所以煤层气井钻井液要有较好的封堵性能。

（2）合理的钻井液密度。

煤层气井钻完井液的密度应尽量低，过高的密度会给井底对储层带来较高的井底压力，过大的压力将对应力敏感性煤层气储层带来严重伤害。合理的钻井液密度，可以控制钻井液进入裂缝，降低对储层造成伤害。另外，合理的钻井液密度对于井壁的稳定具有重要的意义，若钻井液密度过低，则井壁失去必要的支撑而发生坍塌，造成井径扩大，形成"大肚子"和"糖葫芦"井眼；若密度过高，超过煤岩破裂压力时则会压裂地层，产生井漏和储层伤害，所以确定钻井液密度窗口很有必要。

（3）提高钻井液的抑制性能。

虽然煤岩发育孔隙和裂缝，但发育相对稀疏的割理才是煤层气产出和影响煤岩渗透率的重要通道，煤岩中黏土矿物虽含量不高，但微小的膨胀会对分布稀疏的割理带来严重的封闭效应，所以，钻完井液应具有适当的抑制性，以使钻井液滤液渗入地层后有效抑制煤岩中黏土矿物的水化膨胀和分散，减小对储层的伤害；另一方面还能有效地抑制钻屑分散，有利于控制固相含量，保持钻井液性能稳定，也有利于保护煤层气储层。

（4）降低钻井液的固相含量。

煤层气钻完井液的固相含量应尽量低或不含固相，防止过多固相颗粒侵入储层，堵塞孔隙与裂缝，造成煤岩渗透率的降低，伤害储层。另外，钻完井液所含化学成分应尽量与储层配伍，防止两者接触时发生沉淀反应，产生的固相沉淀封锁煤岩孔隙、裂缝甚至割理，造成储层伤害，这种伤害几乎是永久性的。

（5）降低钻井液的表面张力。

裂缝的内经很小，每一条裂缝都可以看作是一条毛细管，钻井液的侵入会在裂缝中形成一个凹向水相的弯液面，从而形成毛细管压力，这个附加压力的存在使得气体流动阻力增加，甚至完全阻止气体向井筒的流动，造成"水锁"。表面活性剂能有效地降低钻井液体系的表面张力，从而减小"水锁"效应对气体流动的影响。

（6）具有合适的pH值。

当pH值过高时，OH^-与煤层面负电荷较高的氧原子可以形成强烈的氢键作用，促使水化作用，加剧坍塌的可能性，碱性滤液与地层水反应生成沉淀，会对储层造成伤害；若钻井液pH值较低，不利于钻井液中腐殖酸类等有机处理剂的溶解，对钻具也有腐蚀作用。因此，钻井液的pH值应当控制在一个合适的范围内，推荐钻井液pH值在7~8的范围内比较合适。

第 3 章　煤层气直井钻井技术

在美国的众多煤层气开发区块中，黑勇士、圣胡安、粉河、拉顿、尤因塔和皮申斯等盆地主要采用直井的开发方式；加拿大和澳大利亚同样以煤层气直井开发为主（表3-1）。中国煤层气直井数量占总井数的98%以上，主要分布在沁水、鄂尔多斯、宁武、准噶尔、阜新、霍林河等盆地。直井技术（包括丛式井）相对成熟，工艺简单，钻井风险小，费用较低，因此应用范围非常广，是煤层气勘探开发中普遍采用的一种方式。无论是在前期的开发评价中，还是在后期的增产改造和规模开发中，目前直井作为煤层气开发的主要手段之一，其作用依然不可替代。

表 3-1　煤层气直井钻井应用概况

国家	盆地	渗透率（mD）	煤层厚度（m）	煤层深度（m）	井型	完井方式	产量（m³/d）
美国	粉河	35~500	15~45	<600	直井	裸眼洞穴	4500
	黑勇士	0.01~10	7.6	344~1067	直井	射孔压裂	2800~3300
	圣胡安	10	30m，单层最厚9m	300~900	直井	裸眼洞穴、压裂	7000~50000
	尤因塔	1~20	3~12	300~900	直井	射孔压裂	2800
澳大利亚	苏拉特	500~1000	10~30	<1000	直井	机械扩孔	5400
加拿大	阿尔伯塔	10~500	30	200~700	直井	氮气压裂	2830

3.1　煤层气直井常用井身结构

煤层气直井井身结构设计的主要依据是煤层结构及渗透率、地层孔隙压力、地层水文条件、地层破裂压力、完井方法、增产措施、生产方式及生产工具等条件。设计井身结构的基本原则是：(1)应满足钻井、完井和生产的需要，以及获取煤层参数的需要。(2)应充分考虑到出现漏、涌、塌、卡等复杂情况的处理作业需要（一般留有余地）。(3)能确保钻井施工的安全、优质、快速实施，且成本低。煤层气直井钻井的另一个重要特点是要求在每口井底部预留一个大的"井底口袋"，深度一般在30~70m之间，用于安置人工举升设备，也便于聚集回流到井筒中的煤粉等碎屑物质。美国、澳大利亚、中国等形成了适合本国煤层气开发特点的直井及定向井井身结构方案。

美国粉河盆地煤层深度浅，地层厚度大，渗透率较高，选择裸眼完井进行煤层气开采，井身结构如图3-1所示，通常设计为：采用 $\phi 311.1mm$ 的钻头一开，钻至基岩，下入 $\phi 244.5mm$ 表层套管；然后采用 $\phi 222.2mm$ 钻头二开，钻至煤层顶板以上3~5m，下入 $\phi 177.8mm$ 生产套管；最后采用 $\phi 152.4mm$ 钻头将煤层钻开至预定井深，进行裸眼完井。

美国西部煤层气盆地的直井井基本采用了套管完井和水力压裂的开采模式，压裂作业多采用单煤层压裂或多煤层压裂。以黑勇士盆地为代表，直井井身结构如图 3-2 所示，通常设计为：采用 ϕ311.1mm 的钻头一开，钻至基岩，下入 ϕ244.5mm 表层套管；然后采用 ϕ200mm 钻头二开，钻穿煤层至预定井深，下入 ϕ139.7mm 或 ϕ114.3mm 生产套管并固井压裂。

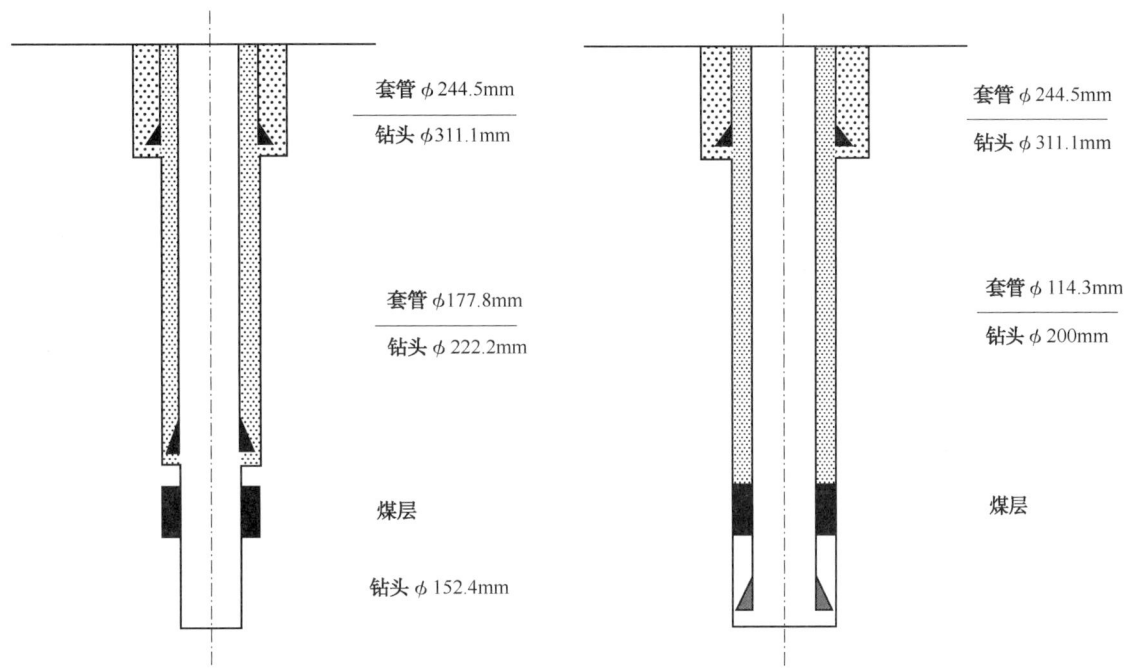

图 3-1　美国粉河盆地直井井身结构示意图　　图 3-2　美国黑勇士盆地直井井身结构示意图

圣胡安盆地煤层厚，渗透率高，储层压力高，该地区常采用洞穴完井的方式进行煤层气开采。洞穴直井的井身结构如图 3-3 所示，通常设计为：采用 ϕ311.1mm 的钻头一开，钻至基岩，下入 ϕ244.5mm 表层套管；然后采用 ϕ222.2mm 钻头二开，钻至煤层顶板 3m 以上，下入 ϕ177.8mm 生产套管并固井；最后采用 ϕ158.7mm 钻头三开，钻穿煤层至设计井深，然后利用空气动力等方法在煤层中锻造洞穴。

澳大利亚苏拉特盆地煤层厚度大，埋深浅，渗透率高，早期煤层气采用直井开采，采用裸眼完井或套管射孔压裂完井；目前筛管完井技术已在该盆地广泛应用，该类直井通常的井身结构如图 3-4 所示：一开下入 10in(254mm) 表层套管；二开采用 $9\frac{1}{2}$in(ϕ241.3mm) 钻头直接钻穿煤层至预定井深，在煤层顶部下入 $8\frac{5}{8}$in(ϕ219.1mm) 套管；煤层段下入 6in(ϕ152.4mm) 筛管进行完井。

澳大利亚鲍恩盆地煤层渗透率低，煤层薄，含气量高，早期采用直井开采，并进行套管射孔压裂完井，后来逐渐采用裸眼洞穴完井的激励增产方法。早期的套管射孔完井井身结构如图 3-5 所示：采用 ϕ250.8mm 的钻头一开，钻至基岩，下入 ϕ219.1mm 表层套管；然后采用 ϕ200mm 钻头二开，钻穿煤层至预定井深，下入 ϕ139.7mm 生产套管并固井压裂。

根据国外煤层气开发的实际经验和实际情况，结合生产套管尺寸和井身结构设计原则，中国煤层气直井的井身结构如表 3-2 和图 3-6 所示。一般采用 ϕ311.1mm 的钻头一开，钻至基岩，下入 ϕ244.5mm 表层套管；然后采用 ϕ215.9mm 钻头二开，钻至设计完钻层位，下

入 ϕ139.7mm 生产套管。个别情况确因产水量大、地层复杂或为提高气、水产量,可采用直径更大的套管。

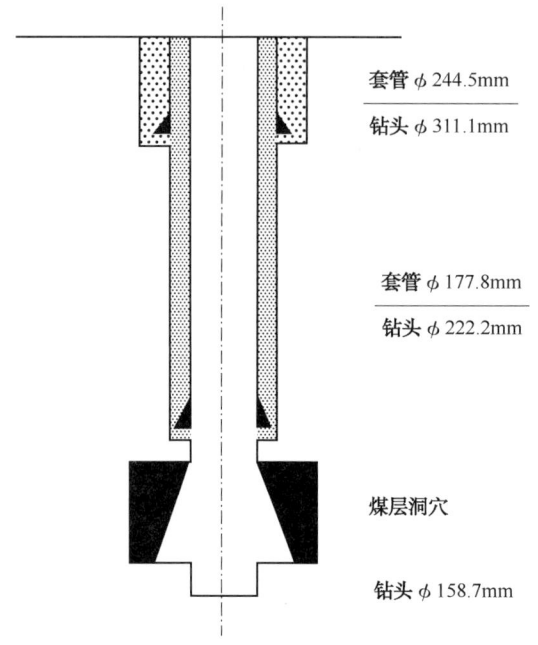

图 3-3 美国圣胡安盆地洞穴直井井身结构示意图

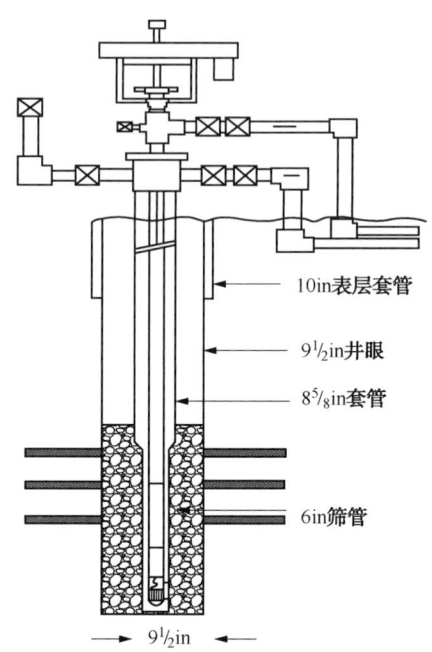

图 3-4 澳大利亚苏拉特盆地直井井身结构示意图

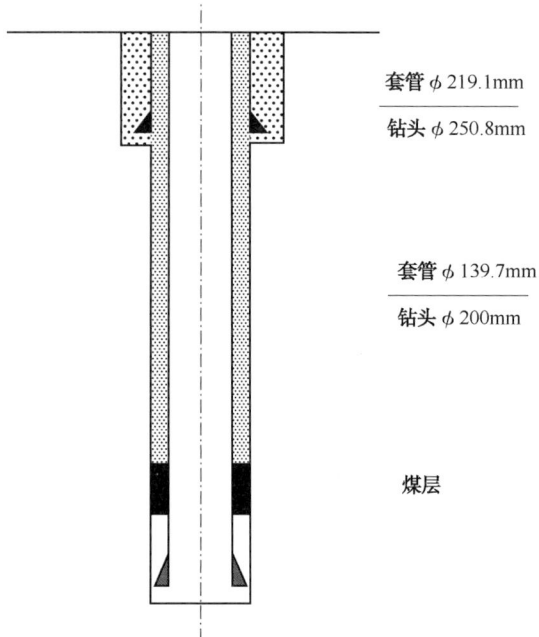

图 3-5 澳大利亚鲍恩盆地直井井身结构

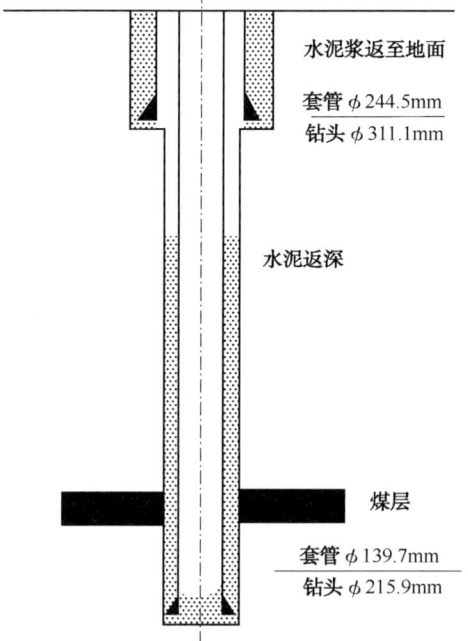

图 3-6 中国煤层气直井井身结构示意图

表 3-2 煤层气直井井身结构

序号	井段(m)	钻头尺寸(mm)	套管尺寸(mm)	水泥返高	备注
一开	地表—基岩	311.0	244.5	地面	封固地表松软层/水层
二开	基岩—煤层之下 60m	215.9	139.7	煤层以上 200~300m	

3.2 直井钻机选型及常用钻具组合

煤层气直井井浅、低成本开发的特点决定了钻机满足千米钻进条件即可。采用 ZJ20 以上的石油钻机，钻井成本较高；采用装备简陋水源钻机，也有钻井速度慢、钻井液性能得不到保证、事故处理能力差等弊端。煤层气直井钻井的核心技术要求是实现快速钻进、打直防斜、保护储层。快速钻进要求钻机有较大的转盘转速范围，能提供较大的钻压，根据地层特性合理的选取钻进参数。打直防斜要求钻机能兼容不同的防斜钻具，由于不同钻具要求的钻速和钻压不同，因此要求钻机能实现无线调速和配备液压系统。在保护储层方面，主要是选取合适的钻井液在煤层段快速钻进，因此要求钻机具备清水钻进、空气或泡沫钻井的能力，并能配合使用金刚石钻头、硬质合金钻头和牙轮钻头钻进。根据煤层气直井钻井时所需的最大钻具和套管重量，并考虑一定的附加安全系数，选用额定提升负荷不小于 500kN(50T) 的钻机可满足要求。目前二开井眼一般为 ϕ215.9mm，目标煤层埋深通常小于 1000m，因此钻井泵应满足 ϕ215.9mm 井眼、1000m 井深钻井液循环的需要。

从经济、实用、方便、高效的角度考虑，煤层气直井常用的钻机为 ZJ20 和国产 TSJ-2000 型水源钻机(表 3-3)；部分直井采用了 GZ-200 型钻机、美国雪姆公司 T130XD、T685WS 钻机、德国宝峨公司 RB40、RB50 钻机、阿特拉斯 RD20 钻机、意大利钻力公司 G 系列钻机，或满足要求的其他型号钻机。

表 3-3 煤层气直井钻井主要设备(以 **TSJ-2000** 钻机为例)

序号	名称	规格型号	数量
1	钻机	TSJ-2000	1 部
2	井架	人字架 23m	1 架
3	井架底座	6m×6m	1 架
4	天车	4 轮	1 个
5	游车	3 轮	1 个
6	钢丝绳	ϕ21.5mm×6 股	1 套
7	转盘	ϕ600mm	1 台
8	水龙头	ϕ203.2mm	1 个
9	方钻杆	ϕ108mm	1 根
10	钻井泵	TBW-1200/7	1 台
11	钻井液配制泵	NBB-250/6	1 台
12	高压管汇	ϕ80mm×4S×35MPa	20m

续表

序号	名称	规格型号	数量
13	立管	φ108mm	2根
14	除砂器	SYS-60SD	1台
15	钻井液搅拌器	ZMDT-1	1台
16	备用清水罐	15m³	1个
17	高压水龙带	φ38mm 高压管	20m

目前，中国对煤层气直井井身质量要求为：煤层气直井井深小于1000m时，要求井斜角小于1.5°，最大全角变化率小于1°/25m，井底水平位移小于20m，非煤层段的平均井径扩大率小于15%，煤层段的平均井径扩大率小于25%（表3-4）。

表3-4 中国对煤层气直井井身质量要求表

井段(m)	井斜(°)	水平位移(m)	全角变化率(°/25m)	井径扩大率(%)	井斜测量间距要求(m)
0~500	<1.5	≤10	≤1.25	≤15	50
500~1000	<2.5	≤20	≤1.25	≤15	30
备注	井深数据以转盘为计算起点，井身质量以完井电测连斜数据为依据；如果井斜角偏大，应加密测量间距；煤层段的井径扩大率不大于25%				

以中国沁水盆地煤层气直井和定向井为例，对常用的直井钻井钻具组合进行说明（图3-7）。沁水盆地煤层气直井一开的钻具组合：φ311mm 钻头+φ203mm 钻铤×18m+φ309mm 扶正器+φ178mm 钻铤×36m+φ159mm 钻铤×54m+φ127mm 钻杆+方钻杆。

二开钻具组合：φ215.9mm 钻头+φ203mm 钻铤×18m+φ213mm 扶正器+φ178mm 钻铤×36m+φ159mm 钻铤×54m+φ127mm 钻杆+方钻杆。

定向钻井钻具组合：φ215.9mmPDC 钻头+1.25°螺杆+φ159mm 钻铤（含 1~2 根无磁钻铤）×54m+φ127mm 钻杆+方钻杆。

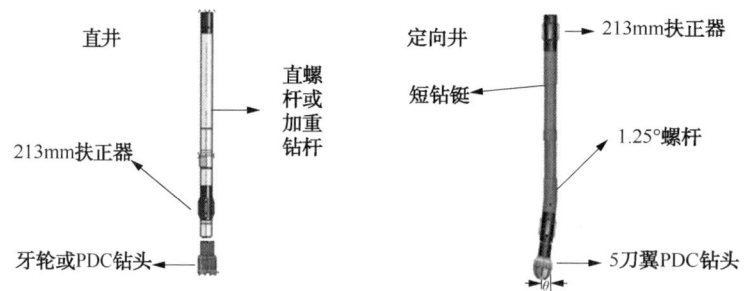

图3-7 煤层气常用钻具组合示意图

3.3 煤层气直井空气钻井技术

目前煤层气直井的钻井方式主要有常规钻井方式和空气钻井方式两种。相对常规钻井，空气钻井方式的机械钻速高，钻井周期短。浅层煤层气直井的地层压力一般较低，宜采用空气、水雾、泡沫液做循环介质。美国煤层气井孔隙压力为常压，早在20世纪80年代就在黑勇士盆地利用空气循环进行欠平衡钻井，与常规钻井技术相比，煤层气井采用空气或泡沫等非钻井液体系循环介质钻井具有以下优点：

（1）有效避免钻井液、化学添加剂及岩屑颗粒进入到煤层割理中，尤其对中高渗透煤层具有重要保护作用。

（2）机械钻速大幅提高，是钻井液钻井的3~10倍，详见表3-5。

（3）钻井周期短(500m以下深的井，一般24~48h)，对煤层浸泡时间短。

（4）空气在井内循环流速快，能迅速将井底岩屑气举至地面，有利于及时准确判断井底情况。

（5）在缺水或供水困难的地区钻探煤层气井可降低钻井成本，综合效益高。如果遇到多裂缝、高渗透率的地层而产出大量水的时候，可以采用空气钻进和钻井液相结合的方法。即先利用空气钻井液钻进直至钻井液贮备池装满采出的水，再转用采出的水作钻井液。

表3-5 美国煤层气直井井钻井方式与成本对比表

钻井方式	循环介质	钻井周期(d)	单井总成本(万美元)	单位成本(美元/m)
欠平衡	空气(泡沫)	1~4	5~16	266~329
常规	水基钻井液	5~30	12~55	300~368

空气欠平衡钻井是美国成功开发煤层气的一项高效钻井技术，其直井钻井90%采用空气—泡沫钻井，以最大限度地降低对煤层的伤害。美国的经验表明，对中高渗透率的煤层应考虑空气(泡沫)等欠平衡钻井技术的应用，减少过平衡压力对煤层渗透率的伤害，最大限度地降低工程技术对煤层气产出的阻碍。与美国相比，中国的煤层通常属于特低渗透率的储层，且孔隙压力较低；目前中国煤层气直井主要采用水基钻井液常规钻井工艺，钻井周期长；中国部分井采用了空气钻井，例如曾在新疆沙尔湖地区组织实施的沙4井钻井周期只有7d，在巨厚低阶煤层实现了煤层气空气钻井技术的首次成功。

空气钻井的主要缺点是不能控制地层流体进入井筒。根据国外的经验当岩屑与水体积比达到1∶25时，岩屑结团在钻具上形成岩屑环或滤饼圈，使环形空间变窄，阻碍了井眼的清洗，导致井眼净化和卡钻事故。因此要先充分研究所钻地层井壁稳定性和地层出水情况，再考虑是否进行空气钻井。深煤层区由于地层压力高，不宜于采用空气钻井技术。如美国西部含煤盆地的某些层段压力超高，中国大宁区块深层(2000m左右)地层压力达到1.3，该类煤层气井宜采用钻井液钻井或控压钻井，利用调整钻井液密度来控制可能发生的水涌和气涌。

3.3.1 煤层气井空气钻井主要设备配置

煤层气空气钻井除常规钻井设备外，还需要一些特殊的设备，主要包括井口旋转控制头、空气压缩机、增压机、泡沫泵、钻柱止回阀等(图3-8)，这些设备可选用国产或进口的，但必须满足钻井参数设计要求。空气钻井流程如图3-9所示。

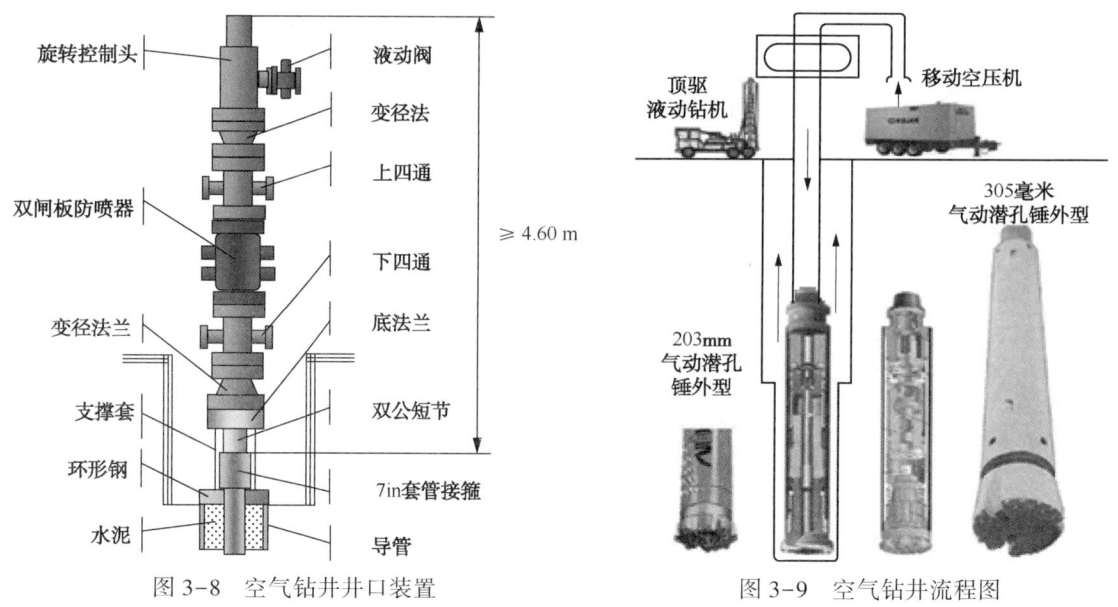

图 3-8 空气钻井井口装置　　　　图 3-9 空气钻井流程图

3.3.2 空气钻井主要工艺参数

空气钻井是在井壁稳定,且不出水地层进行钻井的最佳方法。钻屑通过极高的环空气流速度被携带出井。按美国空气钻井的经验,环空气流上返速度达到 15.23m/s 时,才能达到很好的清洗岩屑作用(图 3-10)。

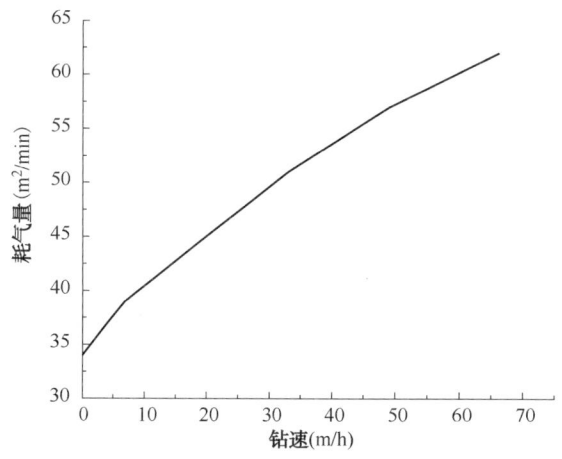

图 3-10 美国煤层气空气钻井注气量与钻速关系曲线

通常情况下,理想的气体流量等于过流截面积与流速的乘积,即符合关系式:$Q = A \times v$(A 为过流截面积,v 为流速)。但实际空气钻井过程中,环空中的气体流量不仅与气体流速、井眼尺寸、钻具尺寸有关,还与井内温度、井底压力、环空井口回压有关,而且与岩屑浓度、岩屑尺寸、岩屑密度有关。因此,空气钻井注气排量的影响因素多且关系复杂。

通过数值计算所需的气体注入量使得环空速度足以携带岩屑。对于不同的井眼尺寸、钻柱直径和机械钻速可绘制出一系列的曲线图,用于估算所需的空气流量。通过 Hubs 软件计算和理论分析,推荐煤层气直井空气钻井注空气参数见表 3-6。

表 3-6　沙尔湖地区煤层气直井推荐的空气或泡沫钻井参数

参　　数	空气钻井	泡沫钻井
注气量（m³/min）	45~60	5~18
发泡剂（m³/min）	/	10~20
压力（MPa）	1.76~2.32	1.5~3.5
备注	ϕ152.4mm 井眼，井深 800m	

3.3.3　主要钻井工艺

空气钻井与常规的钻井液钻井有所区别，它是直接用空气作为钻井循环介质，满足钻井工程作业需要的一种钻井方式。

空气钻井主要施工工序如下：

（1）钻具组合。

空气钻井与常规钻井液钻井所要求的钻具组合基本相似。为了防止回流堵塞钻头水眼，下钻时必须在钻头上安装一只箭形止回阀，同时在井口附近的钻具上安装一只活瓣式止回阀，以避免接单根时钻柱内大量空气喷到钻台上。

（2）气举排液。

空气钻井前，井筒内如果有钻井液，需要把钻井液举升到地面来。气举排液分为充气排液和分段排液两种。气举时，钻完表层固井候凝后，将钻具下到井深100m、350m、500m进行气举作业，将井筒内液体顶替干净。

（3）吹干井筒及试钻。

气举排液结束后，使用压缩机吹干井筒。空气钻井正式钻井前，控制机械钻速进行试钻。

（4）空气钻井。

钻井时，要求送钻均匀，并注意立管压力及井下情况，发现立压突然升高、扭矩变化、憋跳严重、上提遇卡等异常情况出现时，应立即停钻，活动钻具，循环观察，及时处理。

（5）接单根及起钻。

由于空气不可能悬浮岩屑，空气钻井时，起钻或接单根前必须进行充分循环，将井下钻屑或其他沉积物带到地面。循环时间长短取决于钻井情况。

（6）空气钻井转化为钻井液钻井。

空气钻井转换为钻井液钻井的主要原则，发现以下情况之一，应立即将空气钻井改为钻井液钻井：①地层出水量大于 5m³/h，地面表现为见液滴、砂样湿润，井下扭矩、摩阻增加，井壁不稳定。②返出流体中全烃含量连续超过3%。③返出流体中 H_2S 含量超过 5mg/m³。

3.3.4　沙尔湖地区空气钻井试验及效果分析

3.3.4.1　沙尔湖地区地质概况

沙尔湖凹陷位于吐哈盆地南缘，具有典型的内陆山前凹陷冲积相—湖泊山角洲相成煤环境，西山窑中晚期由于盆地区域性挤压闭合，湖区全面淤浅，形成大面积泥岩沼泽，成为本区聚煤作用最强烈时期，以聚煤面积大、煤层厚或特厚为特点。西山窑组共发育可采煤层3

层,煤层厚度181m(ZKL),单煤层最大厚度154m。该区煤层埋藏较浅,深度一般小于1000m;构造较简单,断裂构造总体上不发育;煤层顶、底板岩性多为封闭性能好的泥岩、粉砂岩,煤层气的保存条件较好,预测含气量为1.66m³/t。虽然含气量较低,但本区最大的优势在于煤层单层厚度大,因而预测煤层气资源量较大,为$1880×10^8m^3$,资源丰度较高,为$1.14×10^8m^3/km^2$;通过对沙尔湖凹陷煤层气地质条件和已钻探情况分析认为,沙尔湖凹陷煤层巨厚,煤层物性好,保存条件好,加之埋深和构造等有利条件,是最有前景的煤层气勘探区块之一,其地层情况见表3-7。

表3-7 沙尔湖地区地质概况

地 层				厚度(m)
界	系	统	组(群)	
新生界		第四系		2~3
	新近系		葡萄沟组(N_2p)	85
			桃树园组(N_1t)	
中生界	侏罗系	中统	头屯河组(J_2t)	65
			西山窑组(J_2x)	601
		下统	三工河组(J_1s)	232
古生界	石炭系	上统	苏穆克组(C_3s)	>140

3.3.4.2 SS4井空气钻井试验

为了确保SS4井空气钻井试验成功,在认真分析总结国内有关气体钻井经验教训的基础上,针对沙尔湖凹陷的地质情况,重点研究了井壁稳定性、地层出水、井眼尺寸与注气参数,优化出"$\phi241.3mm$钻头×$\phi177.8mm$表套+$\phi152.4mm$钻头×$\phi127mm$筛管"空气钻井井身结构,据此优选了空气钻井参数。

为应对空气钻井过程中处理井下复杂的能力,在设计中提出了注气设备能力按设计附加40%准备,同时配备雾化钻井设备和雾化液材料。现场实施时,配备了7台S-10m³/min×15MPa的空气压缩机,理论注气量为70m³/min(图3-11);1台水泥车作为泡沫泵;井口采用14MPa双闸板防喷器+3.5MPa国产旋转控制头;地面管汇、井口排渣管线按一定斜度引至排污池。

图3-11 7台S-10m³/min×15MPa的空气压缩机

SS4井(图3-12)用$\phi241mm$钻头一开,钻进至511m下入$\phi177.8mm$表层套管至508.98m,固井;用$\phi152.4mm$钻头二开,采用空气钻进,安全顺利钻达井深790m,下入

φ127mm 筛管完井；全井钻井周期 7d。空气钻进井段机械钻速达到 20~30m/h。

图 3-12　SS4 井空气钻井现场

3.3.4.3　SS4 井空气钻井效果分析

SS4 井空气钻井的钻井周期比水基钻井液钻井减少了 9~35d（表 3-8），有效地解决了该地区极易井漏问题，与临井相比，少漏失钻井液近 1000m³；空气钻井井段的平均机械钻速比用钻井液钻进指标最高的 SS2 井提高了 2.53 倍（表 3-9、图 3-13），初步实现了提高钻速、降低成本的目标。

SS4 井的钻探成功，标志着煤层气钻井技术又进了一大步，同时为今后中国低煤阶、高渗透巨厚煤层的煤层气勘探开辟了一条新道路。

表 3-8　吐哈盆地沙尔湖地区已钻井主要指标对比表

井号	SS1	SS2	SS3	SS4
钻井方式	常规钻井液钻井	常规钻井液钻井	常规钻井液钻井	空气钻井
完钻井深(m)	635	850	826	790
主煤层厚度(m)	149.6	156	132.67	133
钻井周期(d)	30	16	42.7	7
平均机械钻速(m/h)	4.2	9.48	5.28	19.07
主煤层漏失量(m³)	1037	270	919	/

表 3-9　空气钻井井段指标对比

	SS2 井	SS4 井	SS4 井/SS2 井
井段(m)	603~850	511~790	
进尺(m)	247	279	1.13 倍
钻井方式	钻井液钻井	空气钻井	
纯钻时间(h)	43.3	19.4	0.45 倍(缩短 55%)
机械钻速(m/h)	5.7	14.4	2.53 倍

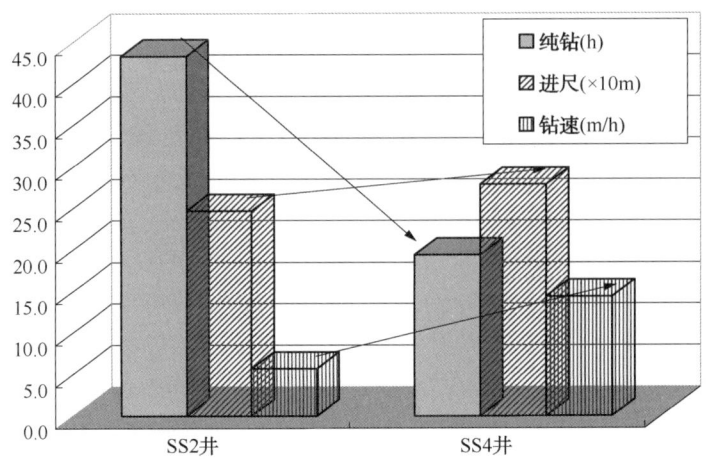

图 3-13 SS4 井空气钻井与 SS2 井钻井液钻井指标对比

空气钻井需要附加设备，一定程度上增加了钻井承包商的设备购置费用、操作运行费用和初期钻井成本，但空气钻井可成倍提高机械钻速，大幅度缩短钻井周期，另一方面，降低钻井液材料消耗和费用，避免井漏的发生，可降低钻井综合成本。

总之，从综合经济、实用、方便、有效的角度来考虑，空气钻井工艺技术是煤层气直井高效钻井技术手段之一。充分利用空气流体的特性，有助于达到减轻或避免对中高渗透率煤储层的伤害，最大限度地降低工程引起对煤层气产出的伤害，提高机械钻速，降低综合成本，从而为经济有效地开发煤层气创造条件。

3.4 煤层气直井固井技术

煤与常规天然气储层不同，煤层既是煤层气的生气层又是储层。目前国内煤层气直井的完井方式主要有裸眼完井和套管射孔完井两种。在中国，由于受煤层低渗透物性的限制，绝大部分煤层气井需要进行大型水力压裂，所以裸眼完井应用较少，套管射孔完井是主要的完井方法。固井是套管射孔完井技术中的关键技术，煤层气井固井质量的好坏及对煤储层的伤害直接关系到后期增产措施的实施效果和煤层气单井产量的提高。因此，必须高度重视固井质量，在提高固井质量的同时，还要注意保护煤储层。

3.4.1 煤层气井固井特点及难点

煤层气直井一般采用压裂增产作业，并进行排水采气作业。这给直井固井设计与施工提出了更高的要求，固井质量要高，层间封隔要好，且固井施工对煤层的伤害达到最小。与一般油气井相比，煤层气井固井的特点及难点主要表现在以下几方面。

（1）井壁稳定性差，煤层段井径不规则。

煤层机械强度低，力学稳定性差，钻井过程中煤层易坍塌，形成不规则的井眼。煤层气井井深浅，固井时替浆量少（一般直井固井时替浆量只有 $4\sim10m^3$），难以采用紊流固井技术。

（2）水泥浆配方设计困难。

适合于煤层气直井固井的水泥浆配方要求满足低温下固井的要求，保证第一界面和第二界面的封固质量，同时固井施工对煤储层的伤害小。煤层气井井深浅，井底温度低，一般在25~45℃之间，上部地层的温度更低，远低于油气井的井底温度。低温下水泥浆特别是低密度水泥浆的水化速度缓慢，水泥石早期强度和后期强度低。为加快水泥的水化速度，提高水泥石的早期强度，必须在水泥浆中加入早强剂或促凝剂，但早强剂或促凝剂会破坏常用降失水剂的降失水作用。低温条件下与降失水剂配伍的早强剂及促凝剂少，一般外加剂在低温下不起作用，因此水泥浆配方设计困难。

（3）水泥浆失水量大。

煤层气井固井时水泥浆更容易失水，滤液对煤储层的伤害比常规油气层要严重。一是由于煤层气直井井深浅（一般在200~1500m之间），钻井液密度低、性能差，井壁上形成的滤饼不密实，阻挡力小；二是由于煤层的孔隙压力低，固井过程中过平衡压力大，也加大了水泥浆向地层的失水，即使在水泥浆加入一般的降失水剂，水泥浆仍然很容易向地层失水；三是由于上部地层疏松，吸水性强，且当煤储层遇水时，在很强的毛细管作用下，煤层的吸水反应强烈；四是由于煤层气井井深浅，井底温度低，候凝过程中水泥浆长时间处于液态，也加大了向地层的失水。在上述四个方面因素的影响下，水泥浆很容易向地层失水，使其性能发生很大变化；不仅影响了对煤层的封固，还会对煤层造成伤害。

（4）固井过程中复杂情况多，水泥浆易漏失。

煤层段地层孔隙压力梯度较低，且煤层易破碎，使用清水钻进时，煤层段漏失现象时有发生。由于煤层气独特的开采方式，水泥浆返至煤层以上200~300m，封固段长一般在500~1000m之间。由于煤层孔隙压力梯度低，水泥浆密度比钻井液密度高（钻井液密度一般在1.03~1.08g/cm^{3}之间），固井过程中易形成高的过平衡压力并发生漏失。一方面水泥浆低返，影响封固质量；另一方面水泥浆渗入煤层，对煤层造成大面积的伤害。

（5）煤层易受到伤害，煤储层保护的难度大。

当钻开煤层后，煤层气从煤的内表面解析、扩散，通过裂缝流到井内。如果煤层的孔隙和裂缝一旦受到伤害，其伤害程度比常规油气层严重，不仅使气体的渗流通道受损，还会影响煤层气的解析过程。固井过程中如果环空的液柱压力高，水泥浆的失水量大，水泥浆性能差或施工不当，很容易对煤层造成伤害。

3.4.2 固井对煤储层的伤害机理

固井时水泥浆对煤储层的伤害主要是水泥中的微颗粒对煤层割理与裂缝的充填与堵塞，其次为水泥浆液柱压力大于煤层孔隙压力所引起侵入速度加快和侵入半径扩大。固井施工对煤储层的伤害可总结为以下几点。

（1）水泥浆中的固相易进入煤层的孔隙与裂缝，堵塞孔隙或喉道。

煤储层主要由两种空间组成，一种是孔隙，另一种是裂缝。孔隙以吸附和容纳气为主，裂缝主要是煤层气的通道。煤层裂缝是决定煤层气资源量和产能的主要因素，煤层的孔隙和裂缝一旦受到损害，其损害程度比常规油气层严重，不仅使气体的渗流通道受损，还会影响煤层气的解吸过程。

水泥浆对煤层的伤害是在钻井液的伤害之后，在井壁上形成的滤饼阻挡了水泥颗粒的侵入。但是煤层气井钻井液性能差，井壁上形成的滤饼不密实、疏松，固井过程中又采取了提高顶替效率的技术措施，清除了部分滤饼，使滤饼的阻挡力更小；煤层属于低压储层，固井过程中过平衡压力大。所以不可避免地为水泥浆颗粒提供了进入地层的条件。水泥浆中固相进入煤层的孔隙与裂缝，并在其中水化固结，堵塞孔隙或喉道，对煤储层造成永久伤害。

（2）水泥浆滤液对煤储层的伤害。

煤层气井固井时水泥浆更容易失水，滤液对煤储层的伤害比常规油气层严重。进入煤层的滤液影响了对煤层的封固，同时也会对煤层造成伤害。含有各种离子和高碱性的滤液进入煤层后，加速了黏土矿物的解理、分散和运移，并形成毛细管阻力，降低了煤储层的渗透率。滤液与煤层水不配伍时，会生成沉淀，对煤层裂缝产生堵塞。煤层是大分子结构的有机物，易对水泥浆中的水和高分子聚合物产生吸附，产生高分子滞留作用及煤基质的膨胀作用，引起煤层渗透性的降低。

（3）固井过程中过平衡压力大，造成煤储层渗透率的降低。

固井过程环空液柱压力大于煤储层压力时，会使作用在井筒附近的纯应力降低，引起煤层渗透性的增大，增大了钻井液与水泥浆对煤层的侵入速度与侵入半径，固井结束后随着裂缝的闭合最终造成煤储层渗透率的大幅度下降，导致煤层气单井产量降低。

3.4.3 国外煤层气固井技术现状

美国煤层气固井技术在经历了几十年的研究和现场试验后，已形成了一套特色技术。其开发者在解决煤层气固井质量的同时十分重视固井过程中对煤层的保护。固井首先考虑的是如何减少水泥浆对煤层的伤害，其关键是降低液柱压力和失水量。从美国已完成的煤层气井固井工艺来看，其核心是"低压固井"，即针对不同煤层特性、不同井型和钻井方式采用高强度低密度水泥浆、分级固井、泡沫水泥浆固井及绕煤层固井等工艺技术来降低固井过程中对煤层的伤害，同时采用计算机模拟技术进行施工参数优化设计，确保固井质量，提高煤层的层间封隔能力。以下是具代表性的技术高强度、低密度、低失水水泥浆体系和绕煤层固井技术。

煤层通常较脆，且含有天然裂缝。为保证煤层气的固井质量，降低对煤储层的伤害，2003年，斯伦贝谢公司研制了适合煤储层的低密度高性能水泥浆体系——LiteCRETE CBM体系，该水泥浆体系可以防止水泥浆在煤层割理之间的漏失。该体系一方面对煤层施加较小的压力，避免煤层破裂，另一方面通过特殊纤维的架桥组织防止水泥浆向煤层裂缝的漏失。使用该体系可以使固井成功率从40%提高到70%。LiteCRETE CBM水泥浆体系由LiteCRETE低密度高强度水泥浆与CemNET纤维防漏剂组成。

（1）CemNET纤维防漏剂。

CemNET纤维是一种硅质惰性纤维，长度为12mm左右，直径为20μm，使用温度可高达232℃（图3-14）。CemNET纤维表面经过特殊处理，在水泥浆中很容易搅散，形成桥堵网，从而具有堵漏能力。CemNET纤维采用"后批混"的施工工艺。CemNET纤维水泥会在漏失层上形成纤维网络，桥堵漏层，从而恢复循环（图3-15）。CemNET纤维对地层无伤害，能适用于所有温度和钻井液密度条件下，与大多数水泥浆配方具有配伍性。使用这种水泥浆，可消除固井作业过程中的水泥浆漏失，降低了昂贵的补救性挤注作业的概率。惰性纤维CemNET可以连续添加到水泥浆中，并不影响水泥浆的性能。因为CemNET纤维属于惰性材料，所以它对水泥浆的稠化时间和最终抗压强度的形成没有影响。纤维材料可以同所有水泥浆添加剂配伍，同时也容易分散，不会堵塞钻井液槽和钻井液管线。这种水泥浆可以用于堵漏(如循环漏失和打水泥塞等),在常规固井过程中,这种新型水泥浆体系同时也具有很好的堵漏作用。

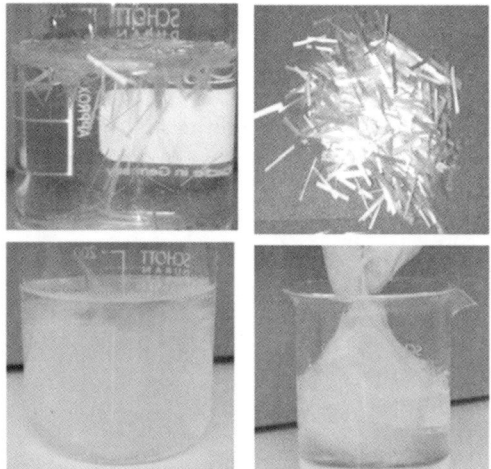

图 3-14 CemNET 纤维示意图

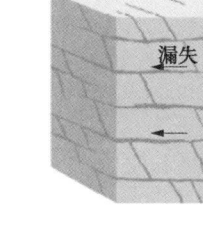

图 3-15 使用 CemNET 水泥浆防止漏失的机理

(2)LiteCRETE CBM 低密度高强度水泥浆体系。

20 世纪 90 年代后期斯伦贝谢公司将紧密堆积理论应用于固井水泥浆设计中,并形成了以 CemCRETE 为标志的技术体系,LiteCRETE 高性能低密度水泥浆是其中的一种类型(图 3-16)。

LiteCRETE 水泥浆密度可低至 0.96g/cm³,密度为 1.20g/cm³ 的水泥浆 24h 抗压强度大于 14MPa,水泥浆性能可与常规密度水泥浆相媲美;密度为 1.26g/cm³ 时抗压强度达到 14MPa 以上,密度为 1.51g/cm³ 时,抗压强度强度达到 21MPa,已经达到了一般密度水泥浆(1.85~1.90g/cm³)的胶结强度(图 3-17)。LiteCRETE 低密度体系中应用了合成钠硼珠,合成钠硼珠密度低(可低至 0.15g/cm³),耐压高(最高可达 124.1MPa)。

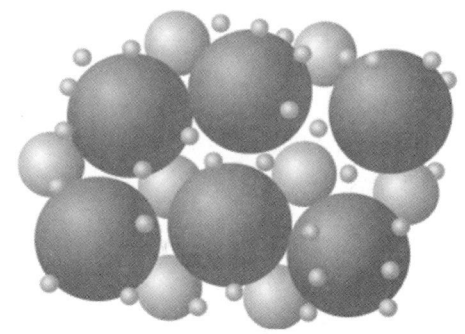

优化的粒径分布。小粒径颗粒占据大颗粒间的空隙,这使得水泥浆中固体成分含量大,而固结后水泥的渗透率降低

图 3-16 LiteCRETE 高性能低密度水泥浆固相堆积示意图

在科罗拉多西北的 Piceance 盆地的 White River Dome 煤层气田,Tom Brown 公司开采的煤层气井的井深为 2590.8m。由于地层承压能力低,加上裂缝发育,以前采用密度为 1.56g/cm³ 的水泥浆并不能防止固井过程中的漏失,固井成功率低。

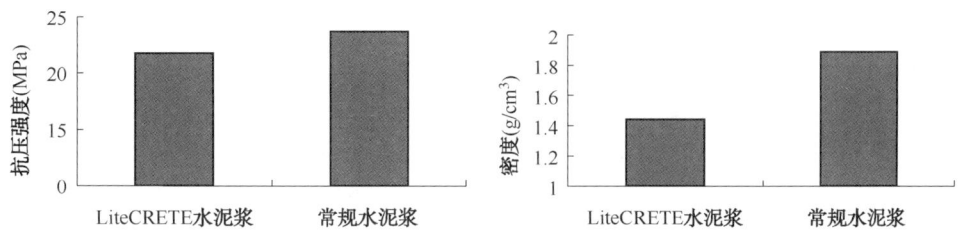

图 3-17 密度为 1.44g/cm³ 的 LiteCRETE 与 1.89g/cm³ 常规密度水泥浆性对比

为解决固井过程中的漏失问题，尽管采用了泡沫水泥固井，但是并不能解决固井施工中的问题。采用双级固井虽然部分井取得了成功，但是增加了额外的完井成本。最终，Tom Brown 公司试验了斯伦贝谢公司研制的密度为 1.26g/cm³ 的 LiteCRETE 新型低密度水泥浆。该水泥浆体系有效降低了环空的液柱压力，保证了固井成功。2002 年，Tom Brown 公司采用 LiteCRETE 低密度水泥浆完成了 9 口井的固井施工，采用常规水泥浆固井施工 5 口。如图 3-18 所示，LiteCRETE 低密度水泥浆固井成功率为 75%以上，采用常规水泥浆固井只有 20%左右的井固井成功。

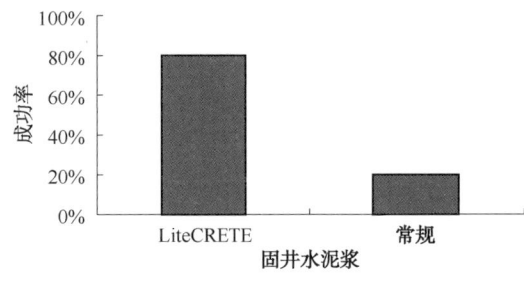

图 3-18 采用常规水泥浆与 LiteCRETE 低密度水泥固井成功率对比

2003 年，Tom Brown 公司在 White River Dome 煤层气田的所有煤层气井均采用了 LiteCRETE 低密度水泥浆固井，固井成功率为 80%。Tom Brown 公司采用低密度水泥浆 LiteCRETE 配合纤维防漏剂 CemNET 来进一步降低固井过程中水泥浆的漏失，同时防止水泥浆漏到天然裂缝中。LiteCRETE CBM 水泥浆降低了固井施工对煤储层的伤害，增加了不同盆地中煤层气的气产量。

3.4.4 中国煤层气固井技术现状

中国针对煤层气井固井技术的研究起步较晚，原地质矿产部❶ 1990—1992 年在经历了常规固井技术应用于煤层气无法保证固井质量后，于 1993 年开始研究煤层气固井技术。通过室内研究和现场试验指出，煤层气井较浅，替浆量很少，一般为 5~10m³，常规井有效的紊流顶替在煤层气井中产生 U 形管效应影响严重，顶替接触时间短，顶替效率差，固井质量合格率低。另一方面，部分煤层气井固井水泥浆必须返到地面，为降低环空液柱压力，减轻对煤层渗透率的伤害以及防漏，需要降低水泥浆设计密度。国内煤层气固井技术主要技术现状如下。

（1）固井工艺对煤层的伤害大。

煤层属强应力敏感、低压、低渗透率储层，固井水泥浆液柱压力与煤层静压差达到 3~7MPa，导致煤层产生不可逆的塑性变形并大幅度降低煤层的渗透率，使钻井过程中保护煤层的努力失去意义。

（2）未设计有针对性的水泥浆体系。

未针对煤储层低压、低渗透率、易伤害、胶结性差等特点，设计适合于煤层固井的工艺技术和水泥浆体系。依然沿用油气井的固井技术，前置液、水泥浆和施工工艺和油气井固井大体相同。

（3）未严格控制水泥浆的性能。

煤层气井固井时，对水泥浆的性能要求不严格，造成水泥浆体系的稳定性差，失水量高，强度发展慢，有的井甚至用原浆固井，这些都影响了对煤层的封固质量。

---

❶：1998 年 3 月 10 日，根据九届人大一次会议上通过的国务院机构改革方案，地质矿产部、国家土地管理局、国家海洋局和国家测绘局共同组建国土资源部。

(4) 综合固井措施应用不好。

和油气井固井相同，煤层气固井也必须从各方面入手，采取有效的措施，应用综合固井技术。固井时应针对每口井的具体情况，对影响固井质量的每个环节都进行认真考虑、细致准备，争取将影响固井质量的每项因素都减小到最低限度，否则只注意单个方面或几个方面，都不能很好地固好井。

(5) 保护煤层的措施不够。

煤层气井固井时有的井没有针对煤储层的压力情况，设计合理的水泥浆体系，致使水泥浆液柱压力远远高于煤储层的压力，对水泥浆失水也未严格控制，有的井虽然加入降失水剂，但失水量依然比较大，这些都对煤层造成了很大伤害，从而导致有些井的试气结果不理想。

煤层气固井由于对固井质量及固井对煤储层的伤害不太重视，所以煤层气井的固井质量问题才未显得特别突出。在沁水盆地固井施工中，煤层气井固井质量问题才显得比较突出。2000年沁水盆地共固井8口，有7口井固井质量不合格，在该地区试验了水泥5种，外加剂4种、4种顶替方式，均没有解决煤层气井固井质量差的问题。尽管从固井工艺、提高顶替效率、前置液、套管居中、活动套管、固井水泥、外加剂、候凝方式等方面进行了改进，固井问题依然未解决。煤层气井固井的问题成了长期困扰工程技术的一个难题。

针对沁水盆地煤层气井固井长期存在的问题，中国石油钻井技术研究院进行了深入的技术攻关，开发了适合煤层气井固井的TS低失水低伤害水泥浆体系，提出了适合煤层气井固井的施工方案，保证了煤层气井固井的成功，在一定程度上降低了固井施工对煤储层的伤害，为煤层气这种新型能源的勘探与开发创造了条件。

3.4.5 低温早强低伤害水泥浆体系研究

3.4.5.1 低温早强低伤害常规密度水泥浆体系研究

为进一步提高煤层气井的固井质量，降低对煤储层的伤害，在室内优选出了以成膜型降失水剂TS为主剂的常规密度水泥浆体系。通过室内综合评价，该体系具有失水量低（不大于50mL）、抗压强度高（不小于14MPa）、稳定性好（自由水量为0）等特点，能较好满足煤层气井固井的要求。实现了低失水量与早期高抗压强度的有机结合，克服了以前水泥浆体系的不足，为保证煤层气井的固井质量找到了切实可行的路子。

降失水剂选择方面：根据国内现有降失水剂产品的性能、使用状况及煤层气井的地质情况、钻井完井特点，经过大量室内试验及分析对比，考虑采用TS作为水泥浆的降失水剂比较合适。在井底温度压力条件下，TS高分子聚合物可动态胶联成膜，这种高分子膜不仅具有较好的防窜效果还具有一定的防漏性能（图3-19）。TS水泥浆体系能显著缩短水泥浆初终凝间的过渡时间，提高水泥浆的早期强度并具有微膨胀作用，可补偿水泥浆水化产生的收缩，可以较好地满足煤层气井固井的需要（表3-10）。

表3-10　TS水泥浆体系的主要应用性能

序号	GES掺量(%)	密度(g/cm³)	温度(℃)	API失水量(mL)	稠化时间(min)	抗压强度(MPa/24h)
1	0.5	1.90	35	36	72	17.2
2	0.6	1.90	35	34	65	18.3

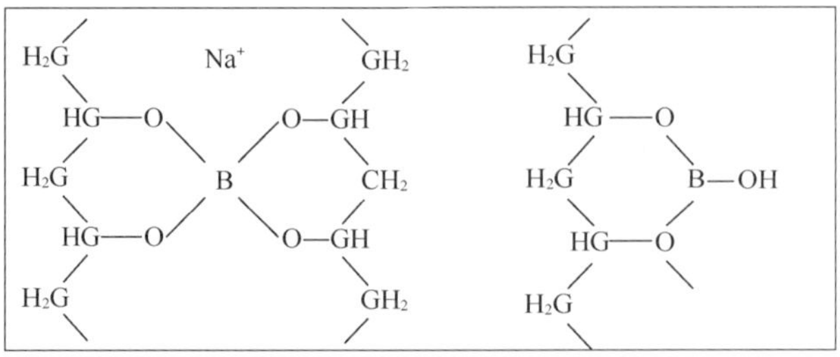

图 3-19　交联剂与降失水剂分子的作用机理图

3.4.5.2　低温早强低伤害低密度水泥浆研究(大于 1.55g/cm³)

为进一步提高煤层气井的固井质量，降低对煤储层的伤害，在室内筛选出了以减轻剂漂珠为主，配合有凝硬活性的材料微硅为辅的常规低密度水泥浆配方。同时优选了以成膜型降失水剂 TS 为主剂的低密度水泥浆体系。通过室内评价，该体系具有失水量低(不大于 50mL)、抗压强度高(不小于 7MPa)、稠化过渡时间短(不多于 15min)、稳定性好(自由水量 0)等特点，能较好煤层气井固井的要求。该体系实现了低失水量与高早期高抗压强度的有机结合，克服了以前水泥浆体系的不足。

(1) 煤层气直井对低密度水泥浆的性能要求。

① 低温条件(35℃左右)。

② 早期强度高(大于 7MPa)。

③ 失水量低(小于 50mL)。

④ 浆体稳定性好(自由液为 0)。

⑤ 内部结构致密。

(2) 减轻剂筛选。

比较常用的诸多减轻材料中，选择漂珠作为减轻材料较为理想。因为漂珠的主要成分为 SiO_2 和 Al_2O_3，漂珠质量轻、空心、密闭、粒细，并具有活性，且水分不易进入珠内，由于具有上述特点，因此只需要很少量的水来润滑其表面就能配制出高强度、低密度的水泥浆，相反其他减轻材料只能靠增大用水量来降低密度。

和水泥相比，漂珠颗粒粗($15\sim300\mu m$)，活性较低，水化缓慢。水泥浆密度要求低时，漂珠加量大，单位体积浆体内的活性材料(水泥)少，水泥的胶凝强度发展缓慢，水泥石强度低，水泥浆失重时浆体基质渗透性高，对储层的封固效果也相对较差。单独用漂珠作为减轻剂效果并不特别理想。

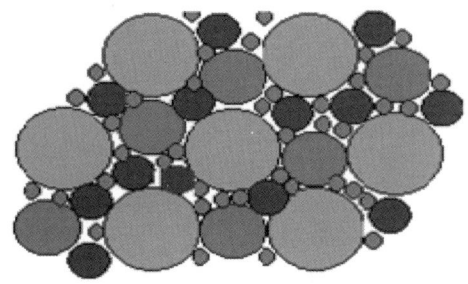

图 3-20　TS 低密度水泥浆水泥石内部结构图

选择漂珠配合微硅来降低水泥浆密度比较适合。因为微硅中含有 85%~98%的以球形微粒形式存在的无晶二氧化硅(SiO_2)。这些微粒可以堵塞水泥颗粒间的空隙，减少水泥基质的渗透率(图 3-20)。另外的一个特性是其具有很大的比表面，具有较高的凝硬活性，并能与水泥水化形成 $Ca(OH)_2$ 反应，从而进一步减少水泥基质的渗透率。漂珠微硅复合水泥浆体系，利用微硅稳定性好的特点来弥补漂珠稳定性差、难以水化的缺陷，使水泥浆体系均匀稳定；

利用漂珠对水依赖性小的特点，减少微硅对水的敏感性，降低水泥浆的水灰比，提高水泥浆的综合性能。

TS 低密度水泥浆是基于紧密堆积理论和颗粒级配理论设计的。根据组成物料的特性，理论与实验相结合，设计增强剂、减轻剂，进行合理组合和加工，保证物料颗粒之间紧密堆积并具有良好的颗粒分布和颗粒级配，提高并改善了水泥浆的整体性能，可减小水泥浆的游离液、失水量，并能减小水泥石收缩、缩短候凝时间、提高水泥石抗压强度的能力，且不受使用温度和环境水质的限制。

（3）TS 低密度水泥浆性能评价。

① 水泥浆配方确定。

水泥浆密度为 1.55g/cm^3、TS 加量达到 2.0%时，失水量就可以控制在 50mL 以内。可以根据现场的情况，对水泥浆的密度进行适当调整，一方面保证水泥浆的综合性能，另一方面保证水泥浆返至设计位置，保证施工安全。经过大量室内试验，最后确定了密度为 1.55g/cm^3 水泥浆体系：G 水泥 600g+13%漂珠+5%微硅+1.25%降失水剂 TS+0.1%~0.3%缓凝剂 VH-02+0.1%消泡剂 XP-1+390mL 水+0.4%VF-20 分散剂。

配浆方法为：首先将微硅、漂珠、TS、VF-20 与水泥干混后，再与配浆水按 API 标准配制水泥浆。表 3-11 为 TS 低密度水泥浆体系的失水性能。

表 3-11　TS 低密度水泥浆的失水性能

水泥浆配方	密度（g/cm^3）	1min 失水量（mL）	7.5min 失水量（mL）	总失水量（mL）
水泥 600g+13%漂珠+5%微硅+1.25%TS+消泡剂+390mL 水+0.05%VH-02+0.4%VF-20 分散剂	1.55	13	15.5	34

注：低密度水泥浆要预先在温度为 35℃的常压稠化仪中搅拌 20min 后，再测试失水量，测失水量时的温度 35℃，压力 6.9MPa，时间 30min。

TS 水泥浆体系之所以具有良好的失水控制功能，是因为滤液在很短的时间内，大量滤出，使得靠近滤网处的降失水剂浓度急剧增大，微观上表现为高分子聚合物的"聚结"和"联网"，宏观上表现为在滤网上形成一层厚度约为 0.1~0.3mm 的坚韧薄膜，限制了自由水的进一步滤出。这种特性避免了因失水量过大造成的环空液柱压力损失，减少了对储层的污染；形成的滤膜也能起到一定的防窜、防漏失作用。

② TS 低密度水泥浆的稠化特点。

水泥进入凝固期间，低密度水泥浆中的 TS 可以作为一种胶结剂，增强水泥颗粒和晶体及漂珠、微硅之间的联结，使水化产物尽快形成网架结构，从而提高了水泥石的抗压强度（图 3-21、图 3-22）。

实验中发现，TS 低密度水泥浆配方具有良好的稳定性，自由水量均为 0。经过分析后认为主要是因为 TS 具有微弱触变性，浆体静止后，内部形成结构，能有效阻止浆体内部自由水的析出，同时 TS 在浆体内形成的网络结构及比表面积很大的微硅也有利于保持浆体稳定。

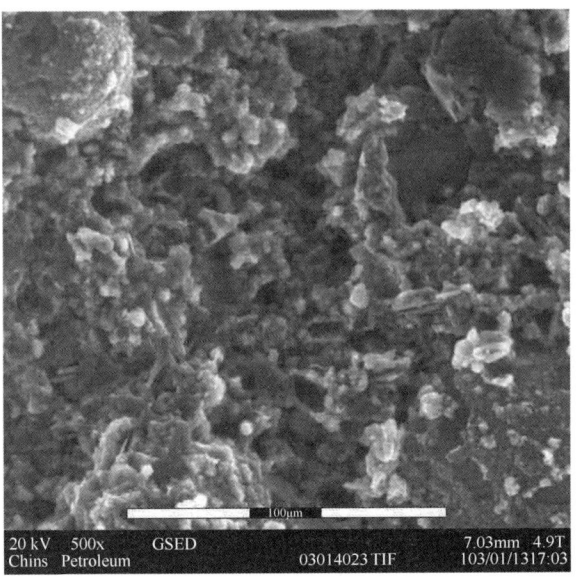

图 3-21 漂珠/微硅复合低密度水泥浆水泥石照片

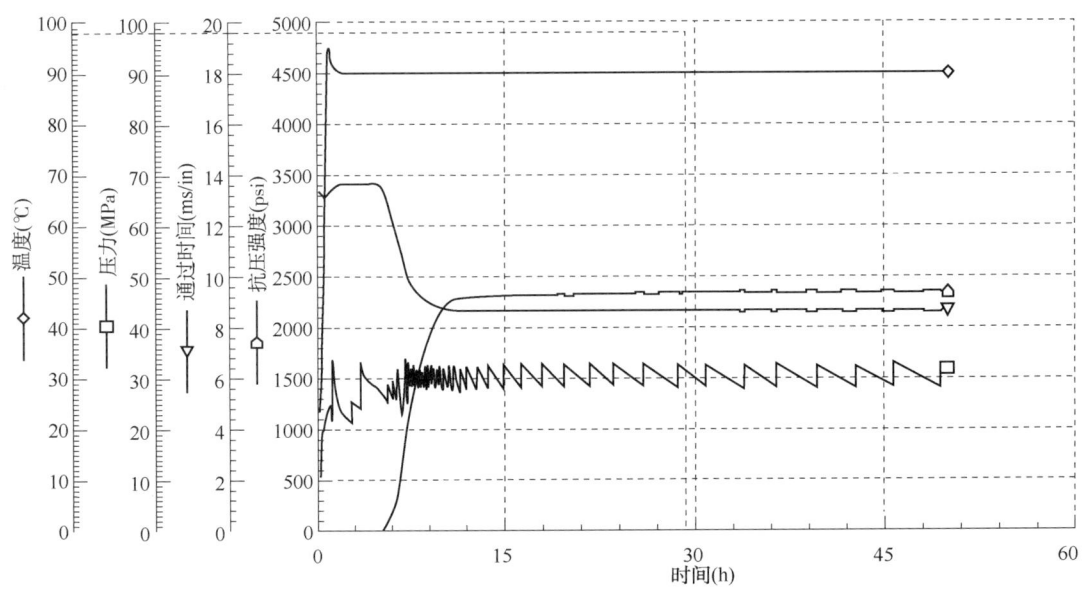

图 3-22 TS 低密度水泥浆胶凝强度发展曲线

表 3-12 TS 低密度水泥浆水泥石收缩试验

序号	水泥浆密度(g/cm³)	温度(℃)	24h 体积收缩率(%)	48h 体积收缩率(%)
1	1.45	35	0	0
2	1.55	35	0	0
3	1.60	35	0	0

③ TS 低密度水泥浆水泥石渗透率及水泥韧性评价。

由于 TS 低密度水泥浆采用了紧密堆积理论和颗粒级配理论来设计,并且减轻剂和增强剂配合设计,增强剂可以堵塞水泥颗粒间的空隙,减少水泥基质的渗透率;另外的一个特性是其具有很大的比表面积，具有较高的凝硬活性，并能与水泥水化形成 Ca(OH)$_2$ 反应，从而进一步减少水泥基质的渗透率。所以 TS 低密度水泥浆水泥石渗透率低（表 3-13）。

表 3-13　TS 低密度水泥浆水泥石渗透率测试

序号	水泥浆密度（g/cm³）	温度（℃）	3D 水泥渗透率（mD）
1	1.45	60	0
2	1.55	60	0
3	1.60	80	0

在 35℃条件下加压，对 TS 低密度水泥浆水泥石的静态弹性模量进行测试，可以定量地反映其增韧效果的优劣。测试结果表明，TS 低密度水泥浆的水泥石养护 48h 后，其静态弹性模量比常规低密度水泥浆水泥石降低 27.2%，说明 TS 低密度水泥浆的水泥石韧性较常规低密度水泥浆大大增加。

3.4.5.3　低温早强超低密度水泥浆体系研究（1.25~1.55g/cm³）

超低密度水泥浆体系为了降低密度需要加入大量的微珠，材料组分之间密度范围跨度大（0.38~3.15g/cm³），而且微珠和水泥颗粒之间存在较大的空隙，这既增大了体系的需水量和含水量，又降低了体系的密实程度，从而影响体系的稳定性和强度。在一定水灰比下配浆，超低密度水泥浆体系表观稠度较高，而且很容易发生分层离析的现象。因此，为了能配成流动性较好的水泥浆，需要加大水灰比，水泥浆的强度较低则很难达到固井要求。低密度水泥浆为了降低密度需加入大量的减轻外掺料，加大水灰比，造成水泥浆密度的降低和水泥浆性能的矛盾。

为了提高水泥浆的综合性能，通过对胶凝材料的宏观力学与微观力学的研究，提出了以紧密堆积和材料颗粒大小级配分布来提高材料的宏观力学性能，即使单位体积的水泥浆中含有更多的固相，提高体系的堆积密度，减小水泥颗粒间的充填水。进行充填的矿物微粒应该是充填性好、比表面积相对较小、表面光滑致密、化学活性较高的具有减水作用的高性能矿物掺合料，因此超低密度增强材料的设计是提高超低密度水泥浆的关键技术之一。通过研究，对活性胶凝材料进行选择和颗粒级配，形成超低密度增强材料 VW，它是由 4 种密度较低、具有合理颗粒级配的活性超细胶凝材料组成，掺入水泥浆中，不仅能发生凝硬性反应，还可进一步充填水泥石孔隙，形成更加致密的水泥石，可显著提高低密度水泥浆的强度、稳定性等综合性能，同时，由于微填颗粒的滚珠效应，即使水固比较低，也能获得良好的流变性能（图 3-23）。根据体系材料的粒径分布和紧密堆积理论（图 3-24），设计增强体系的粒径分布为 10~60μm、15~80μm、0.5~30μm，基本实现不同粒径球形粒子堆积空隙率较小，有效地提高和改善水泥浆的综合性能。

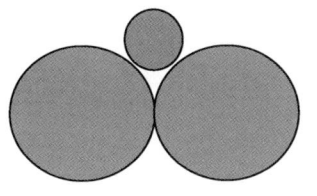
(a) 两级级配示意图

(b) 三级级配示意图

图 3-23　超低密度水泥浆的级配情况

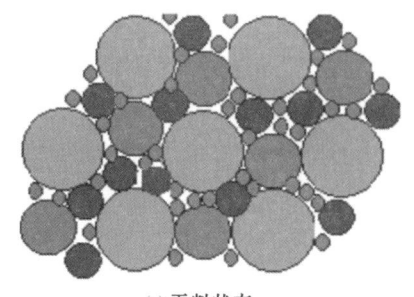

(a) 干料状态　　　　　　　　　(b) 带水化膜状态

图 3-24　紧密堆积原理

在超低密度水泥浆体系配方中,除了要进行主体物质的颗粒级配外,还需要经常进行密度的设计和液固比的设计计算,以便使超低密度水泥石具有较低的空隙率及良好的水泥石力学性能。液固比取决于地层及固井作业对固井液的密度和抗压强度的要求及可泵送条件。

(1) 确定的低温低密度水泥浆体系的材料组成。

① 基本材料:嘉华 G 级油井水泥。

② 减轻剂:漂珠。

③ 低温增强材料:VW。

④ 降失水剂:聚合物降失水剂 DSJ-S。

⑤ 分散剂:酮醛缩合物 VF-10。

⑥ 早强剂:VX-102。

(2) 适应煤层气固井的超低密度水泥浆配方。

水泥浆配方:200g 水泥+160g 漂珠+140gVW+240g 水+0.25%DSJ 降失水剂+1.5%VX-102 早强剂+2.0%分散剂 VF-10。

通过上述论述可以看出,采用紧密堆积理论和颗粒级配理论及合适降失水剂、早强剂的选择,解决了超低密度水泥浆低温下抗压强度低、失水量大的难题,实现了水泥浆体系在低温下密度低、强度高、失水量小的优势,该体系较好地满足对煤储层封固质量,且可降低对煤储层的伤害。

3.4.6　降低对煤储层伤害的固井工艺技术研究

3.4.6.1　适合煤层气固井的前置液体系的研究

GLY 隔离液由清水、高聚物、降失水剂和抑制剂组成,具有低失水的特点,能够防止储层受到污染,有效冲洗井壁滤饼,隔离钻井液与水泥浆,给水泥浆提供一个清洁干净的胶结环境,提高水泥浆顶替效率和固井质量(表 3-14)。该冲洗液对钻井液有明显的稀释作用,与钻井液或水泥浆相容性好。

表 3-14　GLY 隔离液的性能

项目	密度(g/cm³)	塑性黏度(mPa·s)	滤失量(mL)	热稳定性(℃)
性能	1.00~1.15	<40	<50	0~80

3.4.6.2　适合煤层气固井工艺技术研究

采用 CemSmart 固井软件对煤层气井固井工艺进行了分析(环空带压液柱压力、动态摩阻、流变性分析、提高顶替效率等），提出能有效降低煤储层伤害，同时又能保证固井质量的合适的技术措施。

下面以沁水盆地晋试 5 井为例，利用 CemSmart 固井软件对施工过程进行模拟，以确定合适的固井施工工艺。JS-5 井为一口预探井，设计井深 900m，实际完钻井深 1015m，钻井液密度 1.08g/cm³，黏度 40s。煤层顶界为 837m，底界为 947m。

（1）全井采用常规密度水泥浆固井的施工模拟。

① 施工工艺流程（表 3-15）。

环空浆柱结构与压力分布图如图 3-25 所示。

表 3-15 施工工艺流程

操作内容	工作量（m³）	密度（g/cm³）	排量（L/s）	井口压力（MPa）	施工时间（min）	累计时间（min）	累计注替量（m³）
管汇试压							
泵注流体 SP1：冲洗液	3.00	1.000	16.00	0.9	3.10	3.10	3.0
泵注流体 SL1：中间浆	30.22	1.890	20.00	0.0	25.20	28.30	33.2
停泵下胶塞	0.00	0.000	0.00	0.0	3.00	31.30	33.2
泵注流体压塞液	1.00	0.000	10.00	0.0	1.70	33.00	34.2
泵注流体钻井液	9.13	1.080	25.00	9.5	6.10	39.10	43.4
泵注流体压塞液	2.00	0.000	10.00	11.5	3.30	42.40	45.4

说明：SP 代表前置液，SL 代表水泥浆，MF 代表中间浆。

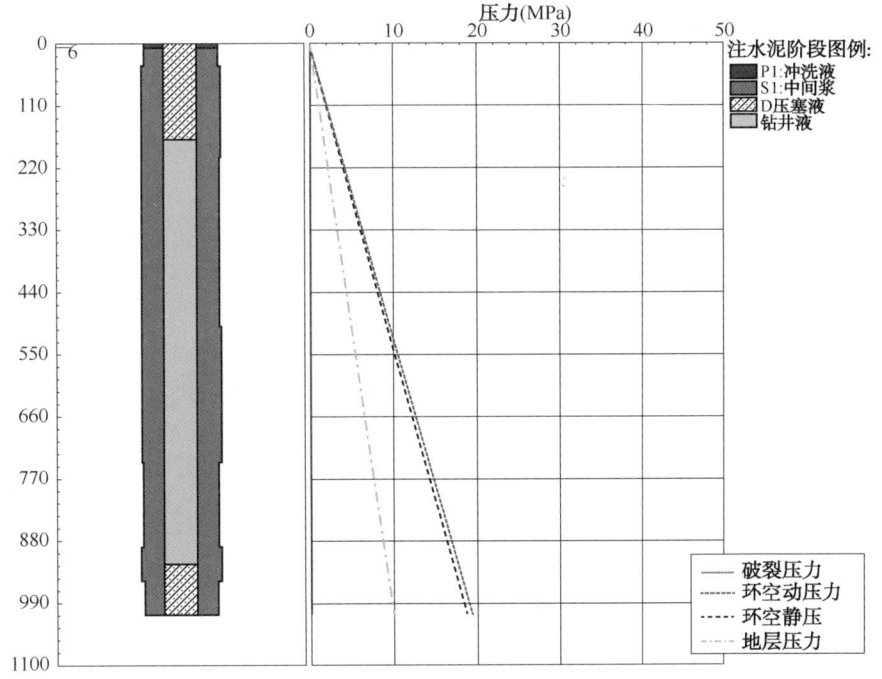

图 3-25 环空浆柱结构与压力分布

② 施工过程模拟计算(表3-16)。

表3-16 施工过程模拟计算

时间 (min)	液体名称		注入情况		返出情况		压力情况		
	注入流体	返出流体	注入量 (m³)	注入排量 (L/s)	返出量 (m³)	返出排量 (L/s)	井口压力 (MPa)	井底当量密度 (g/cm³)	838m处 当量密度
开始注入SP1：冲洗液									
0:24	SP1：冲洗液	钻井液	0.38	16.00	0.38	16.00	0.8	1.10	1.10
开始注入SL1：中间浆									
3:18	SL1：中间浆	钻井液	3.22	20.00	3.22	20.00	1.0	1.09	1.09
U形管效应现象开始									
8:30	SL1：中间浆	钻井液	9.46	20.00	11.65	33.50	—	1.10	1.10
8:54	SL1：中间浆	1：冲洗液	9.94	20.00	12.47	34.75	—	1.10	1.10
10:18	SL1：中间浆	1：中间浆	11.62	20.00	15.41	28.98	—	1.10	1.10
15:18	SL1：中间浆	1：中间浆	17.62	20.00	20.97	16.48	—	1.26	1.11
20:18	SL1：中间浆	1：中间浆	23.62	20.00	25.93	16.82	—	1.40	1.28
25:18	SL1：中间浆	1：中间浆	29.62	20.00	31.01	16.95	—	1.54	1.45
开始注入Plug									
28:30	Plug	1：中间浆	33.22	0.00	34.22	13.45	—	1.63	1.56
开始注入压塞液									
31:30	压塞液	1：中间浆	33.34	10.00	34.89	0.95	—	1.62	1.56
开始注入钻井液									
33:12	钻井液	1：中间浆	34.54	25.00	34.96	1.47	—	1.62	1.56
U形管效应现象结束									
38:12	钻井液	1：中间浆	42.04	25.00	41.94	25.00	8.2	1.87	1.84
开始注入压塞液									
39:18	压塞液	1：中间浆	43.51	10.00	43.41	10.00	8.1	1.89	1.87
42:24	压塞液	1：中间浆	45.37	10.00	45.27	10.00	11.5	1.95	1.95

说明：SP代表前置液，SL代表水泥浆，MF代表中间浆。

注替水泥过程排量变化如图3-26所示。注替水泥过程井口压力变化如图3-27所示。

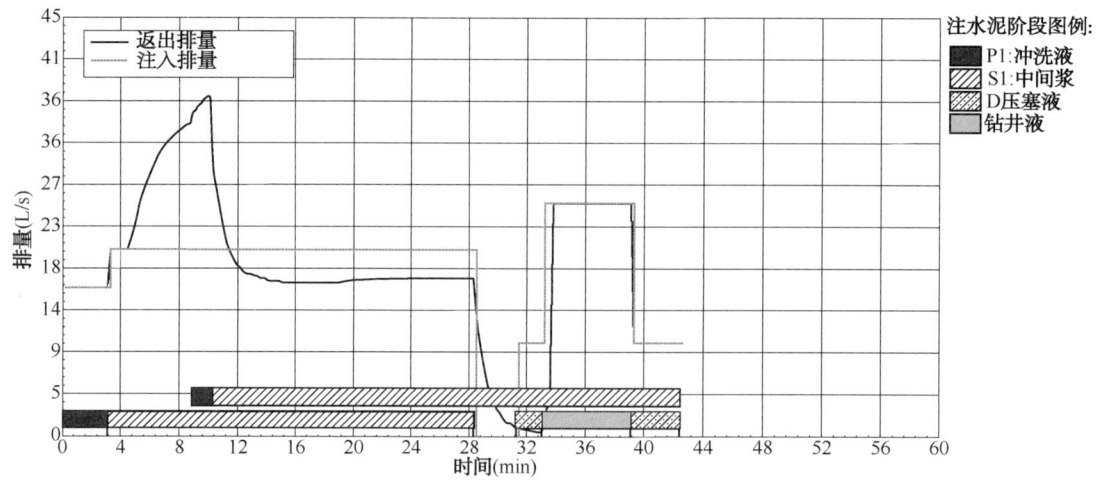

图3-26 注替水泥过程排量变化

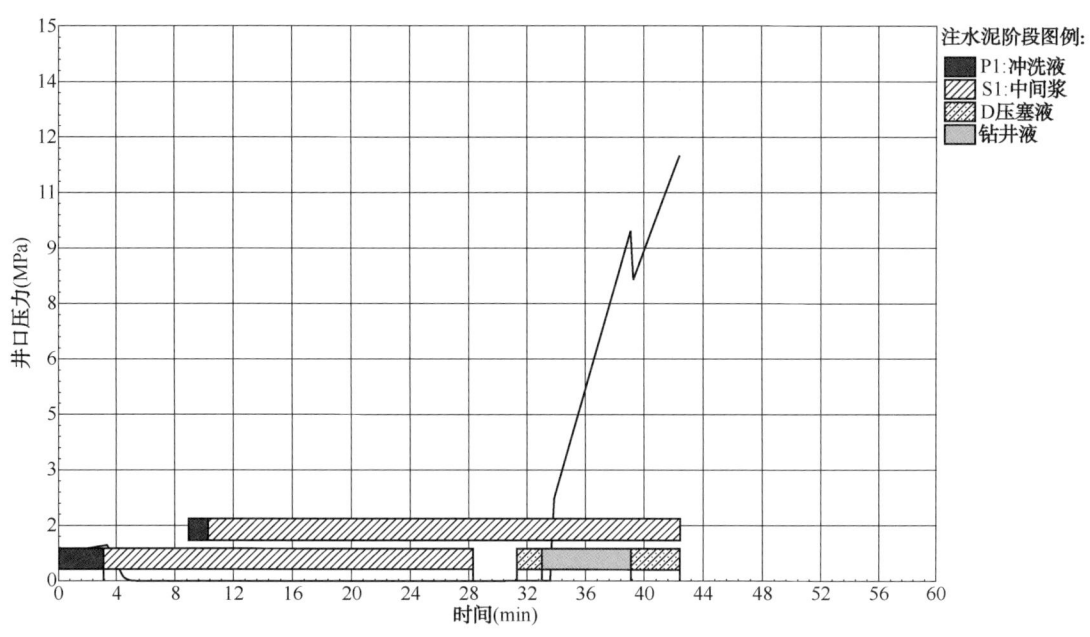

图 3-27 注替水泥过程井口压力变化

③ 注替水泥过程流态变化曲线(图 3-28)。

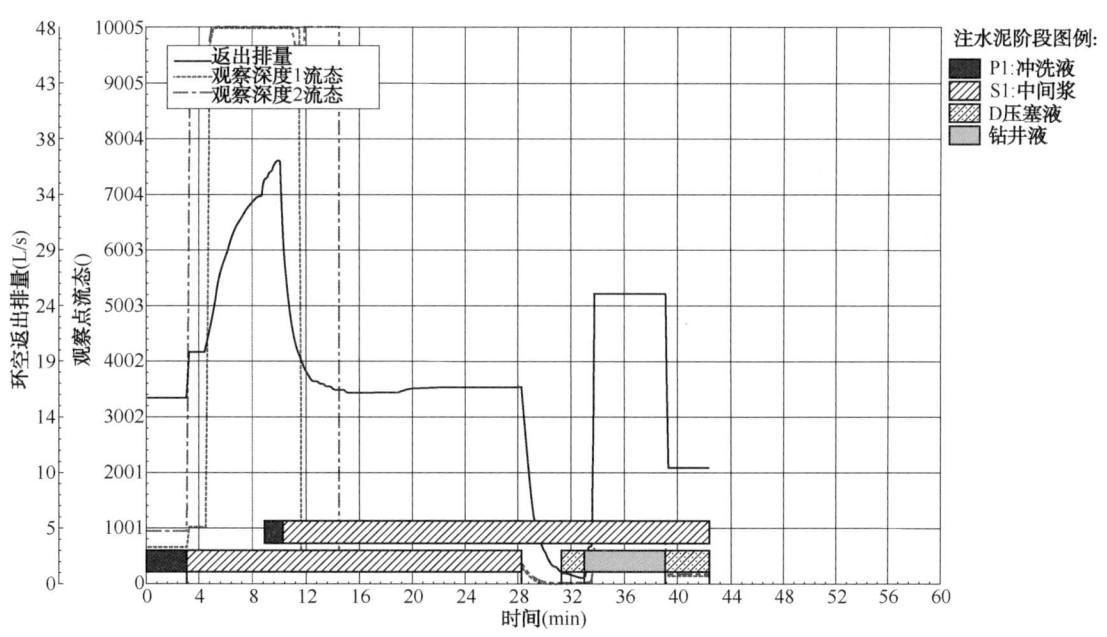

图 3-28 注替水泥过程流态变化

根据软件的模拟结合现场固井实践,降低对煤储层伤害的固井工艺技术主要有以下几个方面:①采用常规密度水泥浆封固煤层及煤层以上 50m 的井段,以高强度和致密性的水泥石可靠地封固产层,满足射孔、压裂及长期采气的需要。②煤层气井一般全井封固,采用低密度或超低密度水泥浆封固煤层以上的充填段,低密度水泥浆或超低密度配合常规密度水泥浆来降低环空的液柱压力，减少过平衡压力，提高固井质量与保护煤储层相结合。③采用塞流注水泥技术。采用塞流注水泥技术时，在两相界面上形成聚集物质，在井眼扩大段及不规则段，产生类似活塞一样的顶替作用，同样可以取得好的顶替效果。注水泥及替浆过程中，控制环空返速小于0.45m/s。④应用综合固井技术。固井时对影响固井质量的每个环节都进行精心考虑、认细准备，争取将影响固井质量的每项因素都减小到最低限度，提高固井质量与保护煤层相结合。⑤设计满足封固要求的水泥浆体系。根据煤层的特点及井下条件，设计出满足封固质量要求低失水量、低渗透率、低温条件下强度发展快、稳定性好的水泥浆体系。

3.4.6.3 JS5井固井情况

JS5井为中国石油在沁水盆地布置一口预探井，设计井深900m，实际完钻井深1015m，钻井液密度1.08g/cm³，黏度40s。煤层顶界为837m，底界为947m。固井时以钻井时的排量循环钻井液2周以上，注隔离液6m³。注低密度水泥浆12m³，水泥浆平均密度1.54g/cm³，注常规密度水泥浆12.2m³，水泥浆平均密度1.87g/cm³，钻井泵替浆11.1m³，碰压15MPa，放压至零，确认碰压，敞压候凝。48h后测井，经过综合评价，固井质量达到优质(图3-29)。

JS5井固井的成功从根本上解决了煤层气井长期存在固井质量差的问题，找到了适合煤层气井固井的固井工艺及低伤害水泥浆体系，为保证以后煤层气井的固井质量打下了良好的基础。截至2015年，该固井综合技术累计推广应用300多口井，固井质量合格率100%，优质率85%，为煤层气这种新型能源的勘探开发创造了条件。

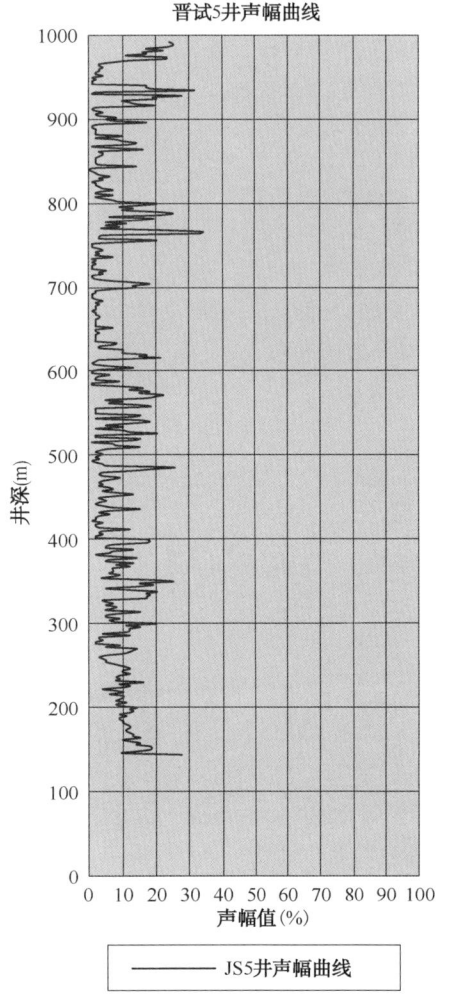

图3-29 JS5井固井质量声幅图

3.5 绕煤层固井完井技术及工具

绕煤层固井是消除固井作业对中高渗煤层伤害最有效的固井技术，其基本思路是在煤层部位的套管柱中加装套管外封隔器和特殊接头等绕煤层固井工具(图3-30)。注水泥时，水泥浆流到煤层底部时经绕煤层固井工具进入导流管，并从煤层顶部返回环空。绕煤层固井时，水泥浆不与煤层接触，避免了固井水泥浆对煤层的伤害。与常规套管固井相比，在绕煤层段套管与煤层间无水泥环，减少了射孔阻力，增进了射孔弹的穿透深度，有利于后期作业，且最大限度地保护了近井筒煤层带的渗流孔道。

对于杜绝水泥浆伤害的绕煤层固井技术，绕煤层固井技术是国外应用比较成功的一项技术，它是消除固井作业对煤层伤害最有效的固井技术，国内对此项技术进行了前期研究和探索。下面绍了绕煤层固井的基本思路、最新技术进展和研制的工具情况。

第 3 章 煤层气直井钻井技术

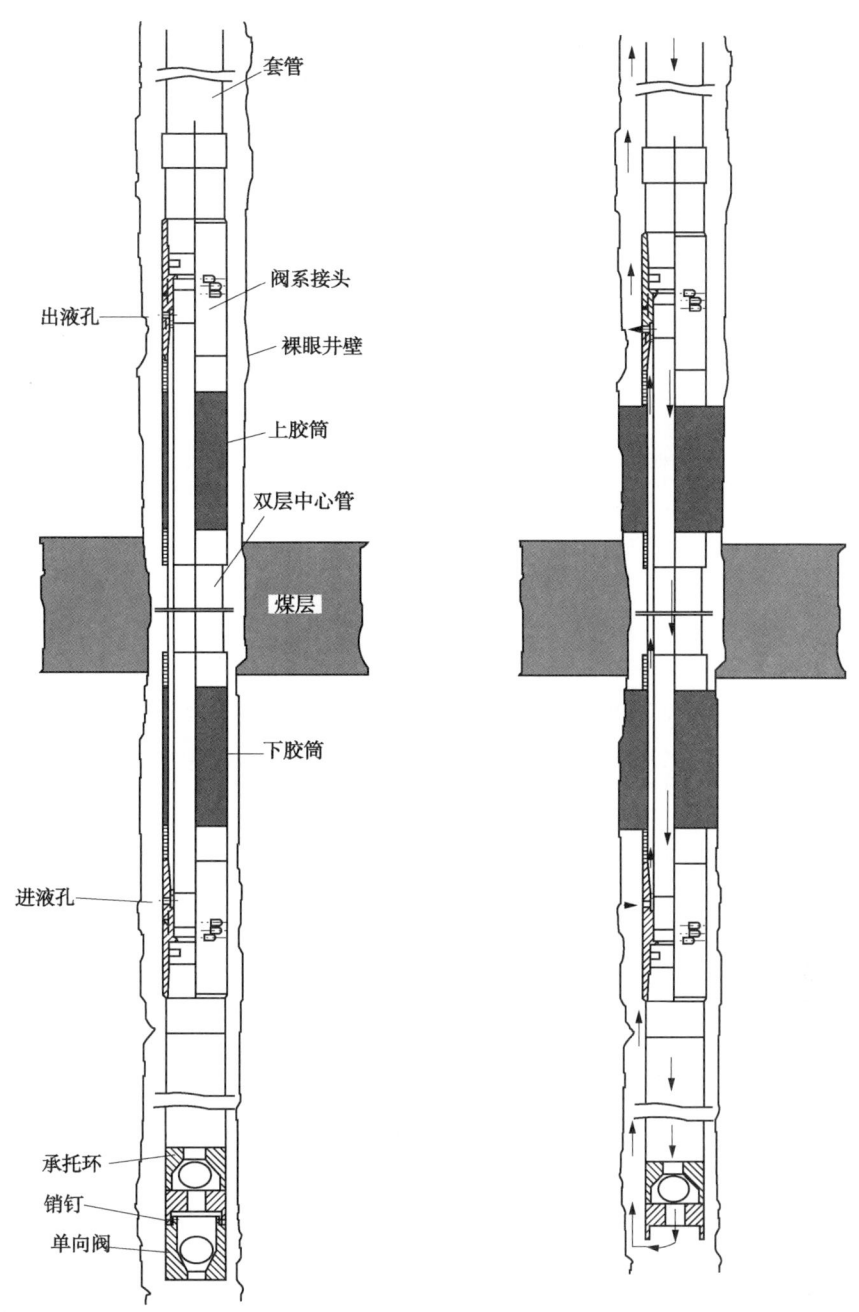

图 3-30 绕煤层气固井技术原理图

3.5.1 同心管绕煤层固井施工工艺

同心管绕煤层固井，即在完井套管串加装专用工具，工具两端加专门设计的封隔器，封隔器分别位于煤层顶板和底板位置，煤层段为同心管，注水泥前先坐封封隔器，水泥浆在环空到达煤层前进入同心管内外管之间，到上部封隔器后再进入套管与井眼环空，水泥浆不接触煤层。如图 3-30 所示，工具接入设计位置的管串中，随同套管串一起下入井中，建立循环；下接球座，投球憋压，膨胀套管外封隔器；继续憋压，打通球座建立循环(详见图3-30)；类似常规固井注水泥施工。

同心管绕煤层固井工艺主要包括如下阶段和步骤。

(1) 绕煤层固井工具尺寸的确定及制造。

根据拟开发煤层气井目的层的厚度，确定绕煤层工具的长度。原则上，工具胶筒中心位置在煤层顶、底板上，外管长度基本和煤层厚度相当；根据以上数据，进一步确定绕煤层固井工具的长度和尺寸，并制造加工。

(2) 绕煤层固井工具的连接及入井。

根据设计的下深和位置，连接到套管串中。绕煤层固井工具上钻台要使用吊车缓慢吊到钻台上，根据情况及工具长短确定是放入鼠洞连接还是直接连接到已入井的套管串上。连接绕煤层固井工具前，检查管内通径和胶筒膨胀保险装置，打掉胶筒膨胀保险装置(挡杆)。在和已入井的管串连接过程中，小心操作，禁止在胶筒、外管位置打钳或碰撞，防止胶筒、外管及整体工具的损坏。绕煤层固井工具两端要加装套管扶正器，最好加装外径大于工具最大外径的刚性扶正器。绕煤层固井工具随套管串一起下到设计位置。

(3) 循环、胶筒座封及注水泥作业。

套管串下到位后，座好套管吊卡或卡盘，参考通常注水泥作业准备，建立循环并循环2周以上。注意建立循环和循环过程中，泵压不能超过5.0MPa。投球，球到位后，管内憋压5.0~7.0MPa，膨胀胶筒，隔离煤层。继续憋压至9.0MPa，打通球座，建立循环，开始常规注水泥作业。待水泥浆初步凝固后，可以进行座井口等作业。

3.5.2 同心管绕煤层固井工具

3.5.2.1 绕煤层固井工具模型

绕煤层固井工具简化模型如图3-31所示。其工作原理是：待绕煤层固井工具下至煤层后，上下两个胶筒坐封在煤层顶界和底界；从井口注水泥浆，水泥浆经中心管流入工具与井壁形成的环形空间中，而后通过进浆孔流入导流管，水泥浆经导流管上行，最后从出浆孔流入工具与井壁形成的环形空间。这样就实现了水泥浆绕过煤层将煤层上下界的套管固井、绕开煤层。

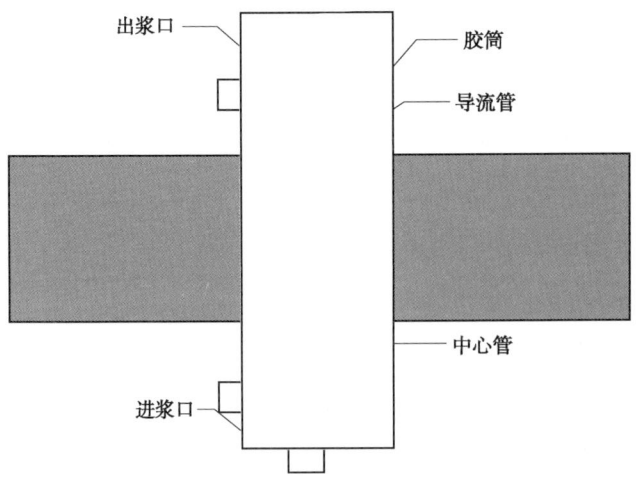

图3-31 绕煤层固井示意图

3.5.2.2 绕煤层固井工具组成

绕煤层固井工具主要包括阀系接头、双层中心管、绕煤层固井胶筒、带有剪断销钉的单向阀等组成。该工具的最小内径为124mm，最大外径为206mm。绕煤层固井工具在一定压力范围内正循环时单向阀关闭；继续升高套管内压力时、销钉剪断，单向阀脱离开套管底端。本套固井管柱比常规固井管柱增加了一套单向阀。该单向阀的球座为带有销钉的可滑动装置，连接在套管柱的最下端。套管内正循环至销钉剪断压力之下时，单向阀球坐落于球座并密封、可使套管内憋压；继续升高套管压力时，剪断销钉，球座滑动、脱落。

（1）阀系接头。

如图3-33所示，该接头一端和双层中心管的内管静密封连接、和外管靠螺纹连接，另一端为5½in套管螺纹，材质为常规的35CrM或40Cr。接头上沿圆周均匀分布各有六个进/出液孔，该孔和双层中心管之间的小环空连通。同时，接头上安装有一HSF-7型套管外封隔器阀系，该阀系的微进液孔和套管内连通，微出液孔和双层中心管的外管—胶筒之间的小环空连通。阀系的微进出液孔与接头上均匀分布的六个进出液孔互不连通。

（2）双层中心管。

该结构为相同长度的5½in套管穿入7in套管组成，二者之间的小环空为水泥浆提供一个流动通道。

（3）绕煤层固井胶筒和带有剪断销钉的单向阀。

利用常规的管外封隔器胶筒，但要保证该胶筒的内径大于7in套管外径、留出一定的环形空间。把该胶筒套在7in套管两端，并用接箍固定、密封在套管外壁上，确保胶筒膨胀后，胶筒内的液体不泄漏且胶筒不脱离接箍。胶筒与7in套管外壁之间的环空和阀系的微出液孔相连通。

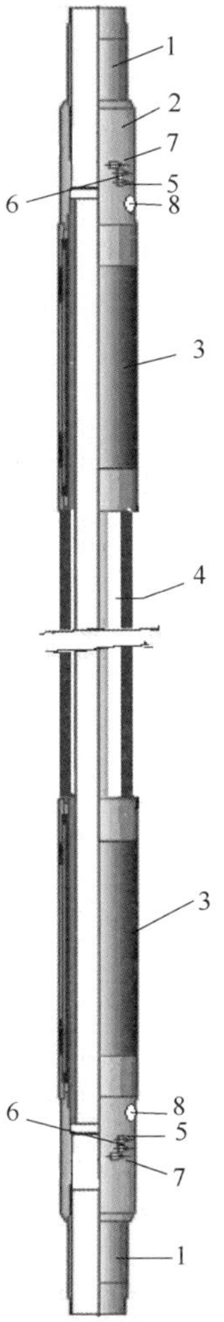

图3-32 分级箍固井工艺管串结构
1—接箍；2—阀系接头（装有径向或轴向阀系）；
3—胶筒；4—双层中心管；5—关闭阀；
6—单流阀；7—开启阀；8—径向循环孔（多个）

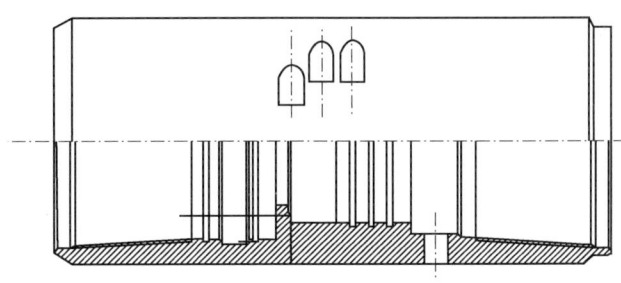

图3-33 阀系接头

3.6 煤层气丛式井钻井技术

丛式井又称密集井、成组井，是在一个位置和限定的井场上向不同方位钻数口至数十口定向井，使每口井沿各自的设计井身轴线分别钻达目的层位，各井井底伸向不同的方位，通常用于海上平台或城市、良田、沼泽等地区。丛式井占地面积小，可节省大量投资并便于集中管理。中国沁水等煤层气盆地地形复杂，沟壑纵横，地面海拔 800m 左右，为减少水土流失，节约井场和道路所占用的耕地，降低钻井成本，提高煤层气开发的经济效益，煤层气的开发以丛式井组作为主要的开发方式。丛式井组开发比单井开发更经济，主要节约部分为钻前费用，井组布井数越多，钻前费用节约越多。目前，沁水等煤层气田主要采用 300m×300m 的井网进行部署，比较适合浅层丛式井方式进行开发。丛式井的布局需考虑钻井技术水平、钻井费用、井场区域地貌、防碰绕障等因素，受地貌条件限制时每个井场布井数不少于 3 口，通常的井数为 4~9 口，井口间距为一般 4~6m，不得小于 3m（图 3-34、图 3-35）。

图 3-34 煤层气丛式井平台

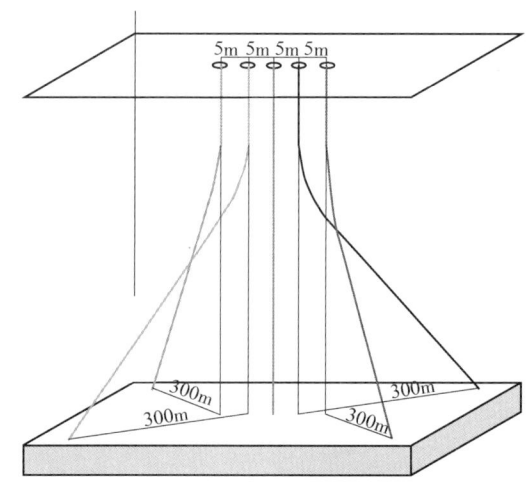

图 3-35 丛式井布局

3.6.1 井眼轨迹优化设计与施工技术

由于煤层埋藏较浅，煤层气丛式井井身剖面一般采用大曲率半径的"直—增—稳"三段式剖面。剖面设计的关键点是选择合适的造斜率，既可实现排水泵的顺利下入，又能满足井眼轨迹长度尽量最小的要求。轨迹优化的主要参数是造斜点位置、造斜率和稳斜段井斜角。造斜点选择在适宜造斜的地层，同时为了防碰目的要求相邻井的造斜点深度交错 30m 以上。目前煤层气排水采气用的排水泵主要包括有杆泵和电潜泵等两种。普通有杆泵的适宜工作井斜角一般小于 40°，高于 40°后球阀的工作稳定性将消失。对于普通电潜泵，从实际使用情况看，可顺利通过曲率为 3°/30m 的 ϕ139.7mm 井眼，并不会造成永久的伤害，另外可通过曲率为 5°/30m 的井眼，但需要进行必要的保护。为了扩大排水泵的选择范围并保证排水泵的顺利下入，造斜率优选为 3~5°/30m，井眼轨迹的稳斜角在满足造斜能力条件下达到最小值。另外井眼轨迹中靶后继续延长 60~70m，保证预留足够长的口袋。

表 3-17 煤层气丛式井井身质量通用规定

井段(m)	全角变化率(°/30m)	最大井斜角(°)	靶点水平位移(m)	井径扩大率(%)	方位偏差(°)
直井段	≤1.5	≤1.0	≤4	≤15	/
造斜段	≤5.0	30~40	/	≤15	闭合方位±2°
稳斜段	≤1.5	30~40	300~400	非煤层≤15 煤层≤25	方位偏差±5°以内，闭合方位±2°。

首先建立如图 3-36 所示的二维坐标系，a 为造斜起点，b 为造斜结束点，c 为轨迹终点，建立的数学方程如下：

$$H_0 + R\sin\alpha_b + L_w\cos\alpha_b = H_1 \tag{3-1}$$

$$R(1-\cos\alpha_b) + L_w\sin\alpha_b = S_1 \tag{3-2}$$

式中　H_0——造斜点井深，m；

H_1——c 点垂深，m；

R——曲率半径，m；

L_w——稳斜段长度，m；

α_b——稳斜角，°；

S_1——c 点水平位移，m。

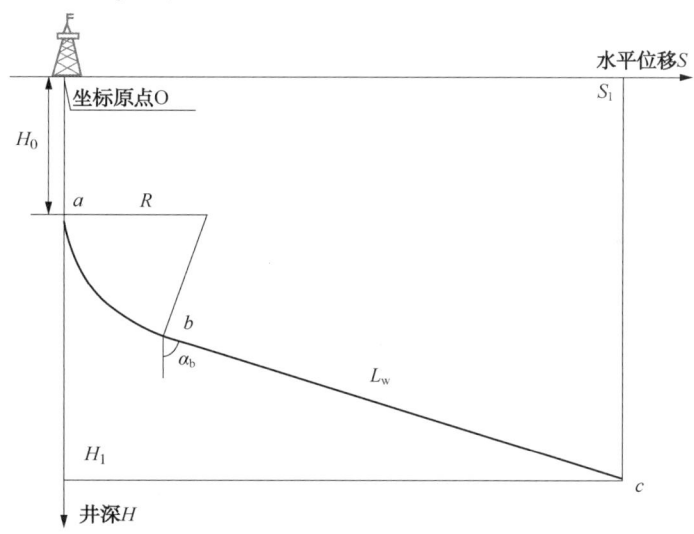

图 3-36 煤层气丛式井剖面优化设计原理图

圆弧段的曲率半径 R 和轨迹总长度 L 等几个关键参数的表达式如下：

$$R = \frac{(H_1-H_0)\sin\alpha_b - S_1\cos\alpha_b}{1-\cos\alpha_b} \tag{3-3}$$

$$L = H_0 + R\pi\alpha_b/180 + [S - R(1-\cos\alpha_b)]/\sin\alpha_b \tag{3-4}$$

$$k = 180/(\pi R) \tag{3-5}$$

式中　k——造斜率，°/m。

对于上面建立的轨迹优化模型，造斜点垂深、造斜率(曲率半径)、稳斜角大小、稳斜段长度是式(3-1)和式(3-2)的 4 个未知变量，但四者之间存在着相互制约的关系，若已知

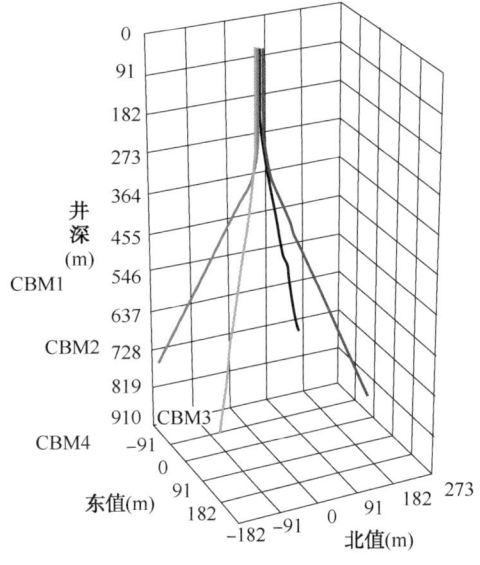

图 3-37 TL-004 井区 4 井组丛式井井眼轨迹设计曲线

其中两个变量，即可通过两个已知变量来求解出其余两个变量。

煤层气丛式井通常优化的变量为造斜点位置、造斜率和最大稳斜角。造斜点越浅，井眼轨迹长度越短，同时最大井斜角也越小，那么井眼轨迹越有利于后期管柱及排水泵的下入与运行。但是浅处造斜施工难度大，钻压难以满足施工要求。考虑地层的因素，建议造斜点选在 100~180m 左右。依据上述造斜点的优选结果，设计造斜点位于井深 130m 和 160m 处，相邻井造斜点相距 30m，造斜率为 0.1°/m，设计目标垂深为 700m，另外包括长 60m 的"口袋"，具体的井眼轨迹如图 3-37 所示。计算结果显示，相邻定向井井深为 801~804m，丛式井组单井比直井井深增加了 41~44m。4 口定向井最大井斜角为 28.16°，满足排水采气要求。表 3-18 为四井组丛式井轨迹优选结果一览表。

表 3-18 四井组丛式井轨迹优选结果一览表

井名	造斜点(m)	总井深(m)	最大井斜角(°)	造斜率(°/m)
CBM1	160	807.40	28.16	0.1
CBM2	130	804.14	25.80	0.1
CBM3	160	807.40	28.16	0.1
CBM4	130	804.14	25.80	0.1

丛式井的钻井选型、井身结构、钻井液体系和固井方案与直井基本相同，仅钻具组合略有差别。丛式井井身结构与直井方案基本一致，采用二开井身结构方案，一开用 ϕ311.1mm 钻头，下 ϕ244.5mm 表层套管，套管下入深度约 30~50m，封固地表疏松层、砾石层，注水泥全封固。二开用 ϕ215.9mm 钻头，钻穿目标煤层底界以下 60m 完钻，下入 ϕ139.7mm 生产套管。煤层气丛式井常用的钻具组合有两类，第一类为扶正器造斜组合，第二种为导向动力钻具组合。第一种钻具组合成本低，工具配置简单，对于轨迹控制要求不高的煤层气井是比较现实的。第二种钻具组合采用了连续钻井导向技术，加强了井眼井斜、方位的控制能力，同时也避免了测单点作业，因此提高了钻井速度和井身质量，但是该组合的推广应用受到煤田地质钻井队的装备限制。

(1) 不同扶正器造斜钻具组合。

直井段：ϕ311.1mm 钻头+ϕ178mm 钻铤×2 根+ϕ159mm 钻铤×2 根+ϕ121mm 钻杆。

增斜段：ϕ215.9mm 钻头+ϕ214mm 扶正器+ϕ158.8mm 钻铤+ϕ158.8mm 短钻铤(微增斜组合时长度一般为 4m)+ϕ214mm 扶正器+ϕ127mm 钻杆。

稳斜段：ϕ215.9mm 钻头+ϕ214mm 扶正器+ϕ158.8mm 无磁钻铤+ϕ158.8mm 普通钻铤+ϕ214mm 钻铤+ϕ127mm 钻杆。

(2) MWD+导向动力钻具组合。

直井段：φ311.1mm 钻头+φ178mm 钻铤×2 根+φ159mm 钻铤×2 根+φ121mm 钻杆。

增斜及稳斜井段：φ215.9mm 钻头+φ165mm 导向动力钻具（1°）+φ163mmMWD 短节+φ158.8mm 无磁钻铤+φ158.8mm 普通钻铤（6~9 根）+φ127mm 钻杆。

3.6.2 丛式井经济效益评价

经济评价的目的是对比分析丛式井与直井开发方案的效益，主要考虑了钻前费用、钻井材料费用等。钻前费用包括征地、修路、平井场等，经平均计算，沁水盆地樊庄区块单井井场的费用约为 $15×10^4$ 元。直井井深按 760m 计算，直井和丛式井进尺成本初步设定为 470 元/m，J55 套管（壁厚 7.72mm）单位重量为 25.3kg/m，套管价格为 6000 元/t，直井单井总投资为 $75×10^4$ 元（表 3-19），忽略后期输气工程节约费用。

表 3-19 丛式井组经济可行性分析

井　别	单井平均费用（万元）	节约费用（万元）	节约比例（%）
直井	75	0	0
四井组丛式井	71.6	3.4	4.518

从表 3-19 可以看出，丛式井组开发浅层煤层气具有一定的成本优势，四井组丛式井单井与直井相比，可节约钻井成本的 4.518%，一个井组共节约费用 13.6 万元。以 2006 年樊庄区块 200 口开发井为例，如果采用四井组丛式井代替直井模式进行开发，总共可节约 680 万元。

3.7 中国石油煤层气直井丛式井现场应用

中国石油累计钻探煤层气直井 4758 口（统计截至 2015 年 12 月），其中沁水盆地完钻直井 2200 口，直井平均单井产量由 2010 年 $1480m^3$ 上升到 2012 年 $1688m^3$，直井产能符合率达到 70% 以上。中国石油鄂东煤层气田完钻直井 2558 口，其第一个规模开发的韩城区块共计完钻直井 1200 口，建产能 $10×10^8m^3$。以中国石油 A 区块为例，区块共有直井产气井 673 口，直井平均日产气 $1647m^3/d$，日产水 $2.41m^3$，直井产能到位率 82%（图 3-38、图 3-39）。

图 3-38 中国石油 A 区块直井日产量曲线

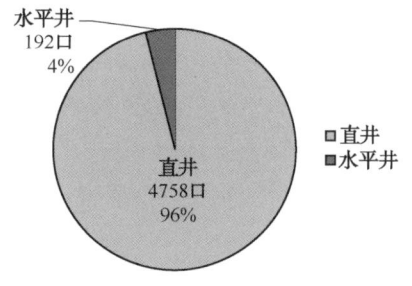

图 3-39 中国石油煤层气井井型分布情况

面对煤层气单井产量低、开发效益差的严峻形势,通过深入研究和技术实践,中国石油形成了一套低成本直井钻井技术。低成本直井钻井的主要技术特征如下:(1)丛式井采用 ZJ20 石油钻机,其他简单直井采用 TSJ1000 水源钻机等类型。(2)三开井身结构简化为二开井身结构,并采用了 5½in 生产套管。(3)应用了空气、清水等循环介质,有效保护了储层。(4)广泛推广丛式井技术,有效降低了钻井成本。

3.7.1 直井钻机优选

沁水盆地和鄂东煤层气区块煤层埋藏较浅,基本分布在 300~1000m,而且该井段地层压力稳定,压力系数集中在 0.6~0.9 范围内,因此该地区钻井的难度小,钻机选型的主要目的是降低钻井成本,实现低成本开发煤层气的战略。目前应用在该地区的钻机主要有 ZJ20 石油钻机、RD20 车载空气钻机、TSJ1000 水源钻机、TSJ2000 水源钻机等几种类型。RD20 车载空气钻机适用于空气钻进、清水或钻井液钻进等不同工艺,根据需要可随时进行转换,以满足不同地层的需求,空气钻井时采用 6~8in 气动潜孔锤钻进,该钻机的最大井深达 1550m。TSJ 系列水源钻机主要用于水源、中浅层石油、天然气、煤层气、地热等钻探,具有低能耗、操作简单和便于维修保养等特点。

3.7.2 井身结构优化设计

综合考虑沁水盆地等煤层气区块的地层压力剖面、井壁稳定性和经济性等因素后,普遍采用了二开井身结构方案(图3-41)。一开用 φ311.1mm 钻头,钻穿黄土和基岩风化带后,下 φ244.5mm 表层套管,封固地表疏松层、砾石层,建立井口。二开用 φ215.9mm 钻头,钻穿 3 号煤层,并预留 60m"口袋",下入 φ139.7mm 生产套管,注水泥封固至 3 号煤储层以上 300m。

图 3-40 TSJ 系列煤层气直井钻机

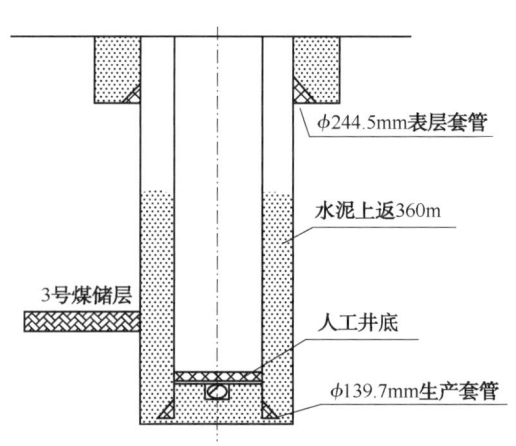

图 3-41 煤层气直井井身结构图

3.7.3 规模应用和推广丛式井技术

鄂东、沁水地区地处山地,地形条件较差,钻前及排采工作量大,因此2012年中国石油大力推广丛式井技术,节约大量钻前及排采费用,传统的丛式井组以3至5口井为主(图3-42),目前已经在临汾区块尝试包含7至9口的丛式井组。

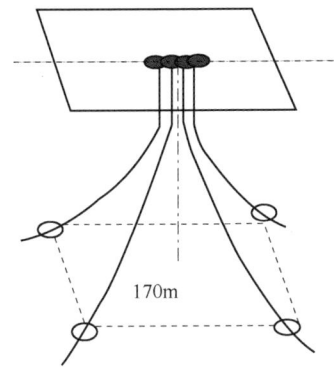

图3-42 煤层气丛式井井眼轨迹图

3.7.4 煤层气直井快速钻井技术

快速钻井技术主要包括钻头优选、钻具组合优化、钻井参数的优化、钻井液性能优化。根据地层特点对钻头类型进行优选,不同层位选用不同类型钻头(泥岩地层选用PDC钻头,含砾砂岩和石英砂岩选用牙轮钻头)。直井段和稳斜段采用复合钻井方式,造斜段和调整轨迹时再用滑动钻进方式。以临汾区块为例,通过该技术应用钻井周期从2010年的29d缩短到2011年的22d。保德区块钻井周期从12d缩短为7d,韩城钻井周期由28d缩短为24d(表3-20)。

表3-20 2011年鄂东煤层气田直井钻井周期统计

区块	最大机械钻速(m/h)	最短完井周期(d)	平均完井周期(d)	比去年缩短钻井周期(d)
韩城	10	7(H3-1-063向2)	24	4
临汾	16	5(J24-2向1、J24-2向4)	22	7
保德	35	3(B1-06向2等9口井)	7	5

第4章 煤层气水平井钻井技术

随着煤层气商业化开发的不断推进,煤层气钻井技术向着低成本、高效和安全钻井方向发展,煤层气水平井技术是低渗透和超低渗透煤层气经济高效开采的有效途径之一,该技术主要包括定向钻井工艺、随钻测量与评价、煤层钻进风险预测与控制、新型钻井液、非金属筛管完井等技术。2005年,中国石油首次引入国外羽状分支井技术(武M1-1井),通过引入试验、规模引进建产、自主研究实施、技术改进及提高四个阶段,基本形成了多分支水平井和U形井钻完井优化设计、精细施工等系列配套技术,创新发展了L形水平井、顶板水平井(仿树形)等各种新型复杂结构水平井(图4-1),为中国沁水、鄂东煤层气开发提供了技术支撑和经济高效开采模式的探索。

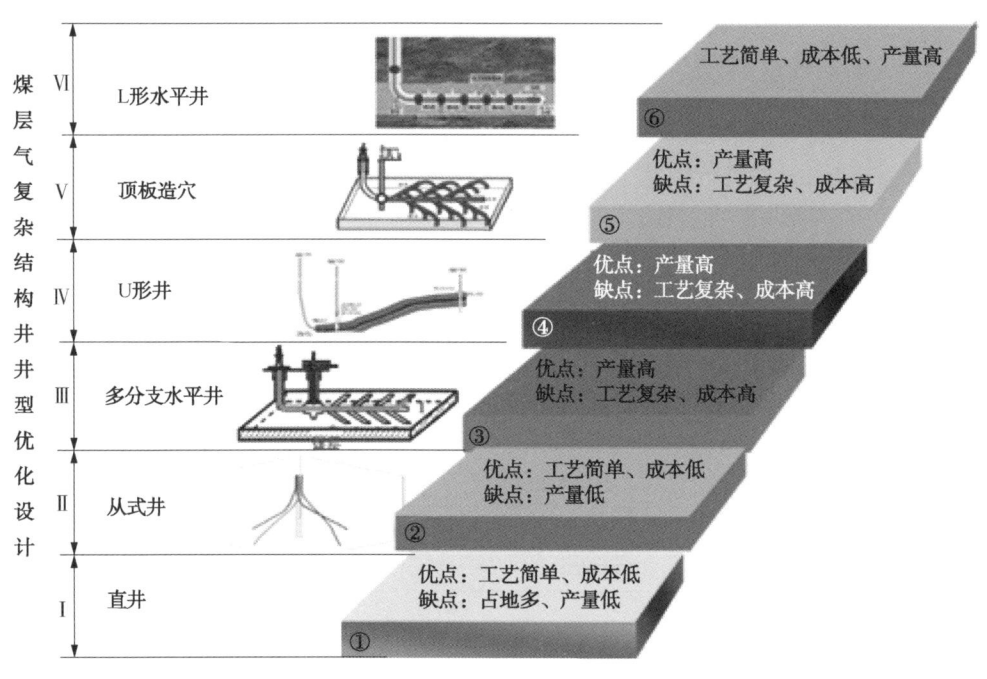

图4-1 煤层气开采井型发展历程

4.1 煤层气多分支水平井钻井技术

煤层气多分支水平井又称羽状水平井,是煤层气工业发展过程中将油气井水平井技术与煤层地质特征相结合发展起来的一种新的煤层气开采技术。基于煤层气井"排水—降压—采气"的产出特点,首先需要钻一口洞穴直井作为采气井,并在煤层部位造洞穴,然后在距该井 200m 左右处钻工程井，主水平井眼与直井在洞穴处连通，连通之后再从主井眼两侧不同位置水平侧钻分支井（图 4-2）。为了降低钻完井成本，有时在一个井场朝对称的 3 或 4 个方向各分布一组水平井眼，有时还利用上下两套分支同时开采两层煤层。因其分支结构形状像羽毛一样，所以在煤层气行业中形象地称其为煤层气羽状水平井。多分支水平井适用于煤层厚度和深度适中、渗透率中等、煤岩机械强度高、井壁稳定性好、含气量和饱和度高的煤储层。此外，对于存在大量薄煤层的情况，多分支水平井也是理想的选择。通过国内郑庄等深部地层多分支水平井的试验证明，该类井型对于超低渗透煤储层不适应。

图 4-2　煤层气多分支水平井示意图

4.1.1　煤层气多分支水平井技术概况

煤层气多分支水平井钻井技术始于 20 世纪 90 年代中后期，它是由美国 CDX Gas LLC 公司针对美国 3~4mD 低渗透煤层气资源的有效开发而发明的。CDX 公司首次用此项技术先后为美国钢铁公司在西弗吉尼亚州的煤层气开发项目施工了近百口多分支水平井，取得了显著成效，以其单井产量高而备受关注。这种多分支水平井单井日产煤层气量可达 34000~56600m^3，比常规压裂井提高 10 倍。运用该技术抽排 3 至 5 年，可采出控制区内 70% 以上的煤层气资源。煤层气多分支水平井技术集钻井、完井和增产措施于一体，已被美国环保局指定为开发煤层气的推广技术。

（1）煤层气多分支水平井克服了直井井筒"点"的局限性。

常规煤层气直井开发技术主要以井筒所在"点"为考察对象，以有限的井筒影响范围为假想目标来设计钻井和完井程序及储层激励措施。而实际上煤层气的产出更需要以"面"为单位，综合考虑煤层内微裂隙的分布规律、储层的地应力和流体渗流动力场的互相影响。与直井相比，多分支水平井并未改变油气渗流的机理，但它却引起了储层流体流入、流出条件的变化，因此，二者的流场是不同的：一般情况下，直井的近井流场是圆柱面，而分支水平井水平段的流场是长椭球体。

（2）单井产量高，采收率高。

由于多分支水平井完井层段长，井筒裸露面积大，可以穿越煤层天然裂缝系统，在煤层中形成相互连通的网络，最大限度地沟通煤层裂隙和割理系统，大幅度降低了煤层裂隙内流体的流动阻力，提升煤层排水降压速度和煤层气解吸运移速度，进而增加煤层气产量，提高采出程度，缩短采气时间，极大地提高了煤层气开发经济效益。根据现场生产数据（图 4-3），多分支井相比垂直井压裂增产，产量增加可达 6~20 倍。在西弗吉尼亚地区石炭系 4#煤层（厚度 1.22m，含气量 8.5m³/t，渗透率 3~4mD）和 6#煤层（厚度 2m，含气量 12.7~15.6m³/t，$R_0=1.5\%$，平均厚度 1.5m）中单井日产量可达 $(2.8~5.6)×10^4m^3/d$。

（3）总的井场占地面积小，控制面积大，综合成本低，经济效益好，环境破坏小。

一个小井场分布 2~4 口多分支水平井，进行 360°方向整体抽排，抽排面积达 4~5km²，若用直井压裂开采相同面积则需要 16 口（图 4-4）。相比直井分布，多分支水平井可以节省井场占地、钻机搬迁安装、下套管、废弃钻井液和岩屑处理等费用，同时还可以降低地面采气和集输设备等费用，投产 9 至 10 个月收回钻井成本。减少了地面建设和占用的土地，在一定程度上也减小了对周围环境的破坏程度。

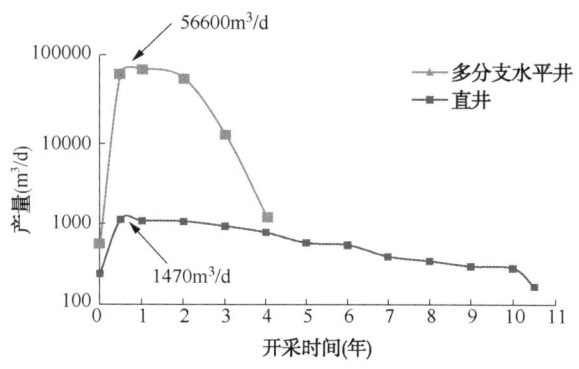

图 4-3 直井压裂与多分支水平井产量对比实例

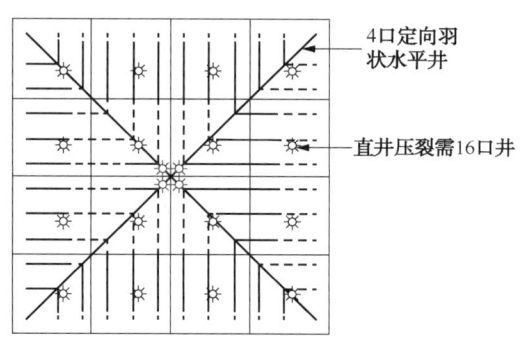

图 4-4 4 口井的多分支水平井井位部署

（4）有利于采煤作业。多分支水平井水平段不下套管，便于今后的采煤作业，是先采气后采煤的最佳配套技术，并保障煤炭的安全开采。

4.1.2 煤层气多分支水平井钻井工程优化设计理论

煤层气多分支水平井集成了水平井与洞穴井的连通、钻分支井眼、充气欠平衡钻井和地质导向技术等，是一项技术性强、施工难度高的系统工程。同时为了保持煤层的井壁稳定，煤层段一般采用 $\phi152.4mm$ 小井眼钻进，因而对钻井工具、测量仪器和设备性能等方面都提出了新的要求。煤层气多分支水平井面临的主要难点可概括为如下四点：（1）煤层比较脆，而且存在着互相垂直的天然裂缝，在这种脆性地层中钻进极易引起井下垮塌、卡钻等复杂井况及事故，甚至导致井眼报废。（2）煤层易受伤害，储层保护的难度大，一般需采用充气钻井液、泡沫或地层水等作为煤层段的钻井液体系。（3）由于煤层埋藏比较浅，且井眼的曲率较大，钻压难以满足要求，同时钻水平分支井眼时钻柱易发生疲劳破坏，导致井下复杂状况。（4）煤层气多分支水平井工艺属于钻井新工艺，涉及许多新式的工具和仪器，例如用于两井连通的旋转磁测量装置、小尺寸的地质导向工具和高效减阻短节等。

目前中国石油已形成了一整套针对不同煤层特性的多分支水平井设计理论和技术，并编制了专门的设计软件。煤层气多分支水平井主要优化设计原则包括：（1）井眼剖面设计原则：井眼轨迹最光滑原则、穿越煤层有效长度最长原则。（2）根据煤层厚度、物性、走向、地应力方向设计分支井眼方向、长度、间距等。（3）抽排面积最大、井数最少、经济效益最大化原则。典型煤层气多分支井示意图如图 4-5 所示。

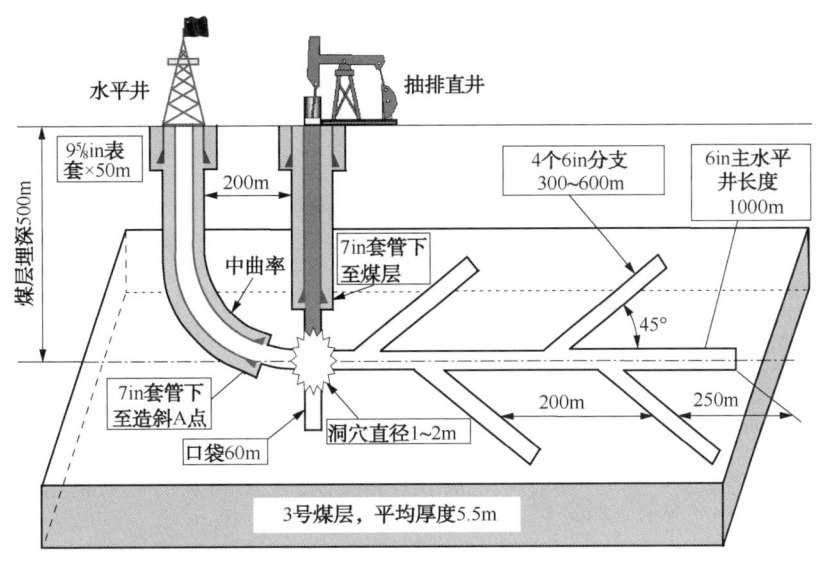

图 4-5 典型煤层气多分支井示意图

中国煤储层总体上呈现"三低一高"的特性,即低渗透率、低含气饱和度、低压力和高煤阶,但不同地区的储层又具有不同的特性,不同特性的储层开采井型方案(钻井、完井措施及相关技术,图 4-6)也不尽相同。对于渗透率小于 5mD 的低渗透煤层,水平井和多分支井是最佳开采模式,例如在沁水盆地潘庄、樊庄等区块均取得了成功开发。随着煤层气勘探开发的不断推进,开采领域逐渐进入深部煤层(垂深 500m 以上),例如沁水盆地郑庄、柿庄等区块。随着煤层埋深的增加,煤层渗透率急剧下降(图 4-7),一般小于 0.5mD。深部煤

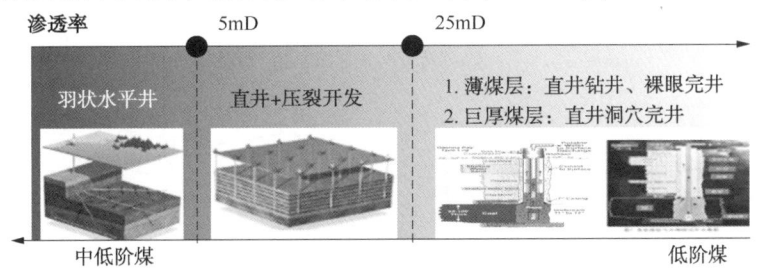

图 4-6 煤层气开采井型与渗透率的关系

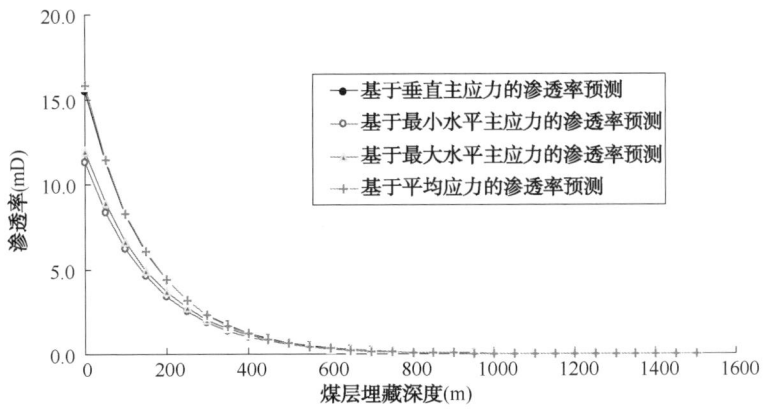

图 4-7 煤层渗透率与埋深的一般关系

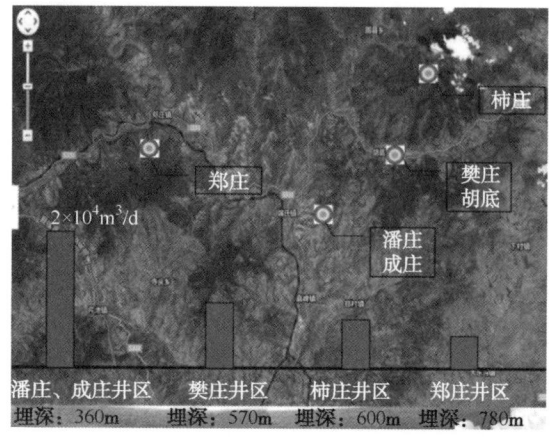

图 4-8 沁水盆地不同区块煤层气多分支水平井产量与埋深关系

层水平井遇到了超低渗透率的开采挑战,井筒的自然有效渗流半径由几百米降至几十米甚至 10 米以内,最终导致深部煤层气水平井单井高产能低产量的现象发生。该类超低渗透煤层气需要采用"水平井+分段压裂改造"技术,可大幅度提高单井产量和最终采收率(图4-8)。

沁水盆地是多分支水平井应用效果良好的典型代表。中国石油 A 井区多分支水平井开井 49 口,平均单井日产气量 4857m³,产气量在 10000m³ 以上的井 6 口,产量为 5000~10000m³ 的井 8 口,产量为 2000~5000m³ 的井 7 口,产量为 1000~2000m³ 的井 3 口。B 井区水平井开井 4 口,产气井 4 口,日产气量 7.63×10⁴m³,日产水量 2.8m³,平均单井日产气量 19070m³。

4.1.2.1 多分支水平井布井类型与井身结构优化设计

(1) 传统多分支水平井布井类型。

为了便于煤层脱水和排水采气,在距水平井眼约 200m 左右与主水平井眼在同一剖面上设计一口垂直井,或在水平井同一井场内与主水平井眼在同一剖面上设计一口斜井,并与主水平井眼在煤层内贯通,用于抽排水采气。煤层气多分支水平井布井方式有四羽状、三羽状、双羽状和单羽状四种;例如四羽状井在一个井场朝相互垂直的四个方向布四口羽状水平井和四口抽排直井,然后在直井中下入电潜泵或螺杆泵等直接抽排采气(图 4-9)。

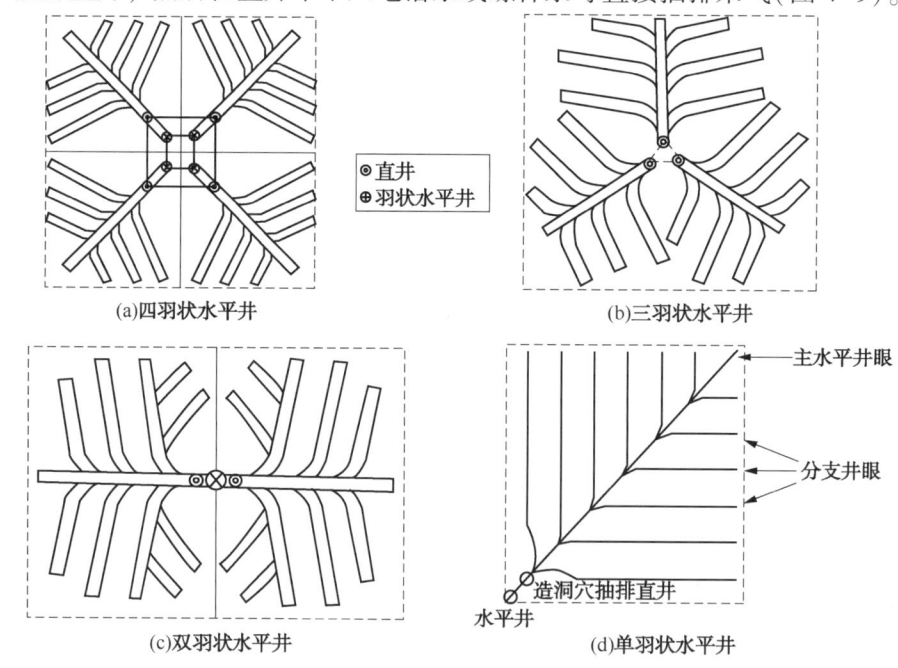

图 4-9 多分支水平井布井类型

(2) 新型仿树形多分支水平井。

针对煤层垮塌、难以重入问题，中国石油创新多分支水平井设计理念，提出仿树形多分支水平井设计方法，其主体思想为"主支疏通、分支控面、脉支解吸"（图4-10）。一口煤层气仿树形水平井由一口工艺井（即多分支水平井）和两口排采井组成，其中，远端排采井也可作为监测井。工艺井分别与两口排采井连通，连通位置置于稳定的煤层顶板（或底板），工艺井的主支在稳定的煤层顶板（或底板）沿上倾方向钻进，形成稳定的排采通道；工艺井水平段由主支、分支、脉支构成（图4-10）。

图 4-10 新型仿树形多分支水平井示意图

该井型最大的优点是可以保证钻井和排采期间水平井主井眼的稳定性，并具备井筒可重入、可洗井的作业能力。传统的煤层气多分支水平井主支、分支追求最大限度地穿越煤层，出现垮塌复杂即完钻，其结果往往是煤层进尺达不到设计要求，主支不可监测、不可重入、不可冲洗。仿树形水平井由主支、分支、脉支组成，主支是"树干"，是汇聚各分支、脉支产气的主通道，要求稳定疏通；分支是"树枝"，是各脉支产气进入主支的连通通道，通过分支的延伸控制产气解析面积；脉支是"树叶"，若干脉支在煤层内。仿树形多分支水平井钻井周期较长，且单井钻井成本高，制约了该技术的规模推广应用。

该仿树形水平井主要适用于有稳定顶板（或底板）岩层的单斜煤层，其主要设计关键点如下：①工艺井的直井段位于煤层的低部位，主支在稳定的顶板或底板岩层，沿煤层上倾方向钻进，井斜角大于90°，保持距离煤层尽可能小的距离，但不触煤。水平段长度一般不小于800m，与两口排采井均在顶板（或底板）岩层中连通。建在煤层顶板或底板内的主支，提供了稳定的排水、疏灰、采气通道；产状上倾，有利于排水；不触煤，有利于稳定。②在主支两侧钻若干分支（一般为6~12个），分支沿地层上倾方向侧钻进入煤层，在煤层内保持平缓上倾延伸，尽可能钻长，以满足多钻脉支的需要，分支长度一般不小于200m，同侧分支侧钻点间距为100~200m，异侧分支侧钻点间距为50~100m。分支通过在主支两侧的延伸控制着仿树形水平井在煤层中的展布形态和产气解析面积。③在每个分支上侧钻若干脉支（一般为3~8个），脉支在煤层内，以沟通煤层内裂隙为主要目的，不出煤层，长度一般为50~400m，不求长，但数量应尽可能多，以增大煤层气解吸面积。④排采井洞穴的主要作用，一是方便工艺井与排采井连通，二是排采时作为气、液、固的分离腔。为确保洞穴长期稳定，将排采井洞穴建在稳定的顶板（或底板），排采洞穴应处于水平井轨迹的低部位，便于主、分支顺"势"排水，便于气、液、固三相分离，同时当井眼有垮塌物时，流水可将其搬运到洞穴处，保证井眼畅通。

ZSP-5H 井是中国石油华北油田公司在山西沁水盆地的第一口煤层气仿树形水平井先导性试验。由一口工艺井(ZSP-5H 井)和一口排采直井(ZSP-5V1 井)、1 口监测井(ZSP-5V2 井)组成(图 4-11),工艺井主支设置在煤层顶板泥岩中,距煤层顶部保持适当距离(一般控制在 0.5~3m 之间),不触煤;排采井、监测井在煤层顶板造洞穴,洞穴底部距离煤层 1m,直径 0.6m,高度 6m。该井完成主支 1 个、分支 12 个、脉支 29 个,煤层进尺 9408m,单井控制面积 0.36km^2。目前该井井底流压 0.55MPa,套压 0.54MPa,日产气 $1.1×10^4 m^3$,目前保持良好上升趋势。

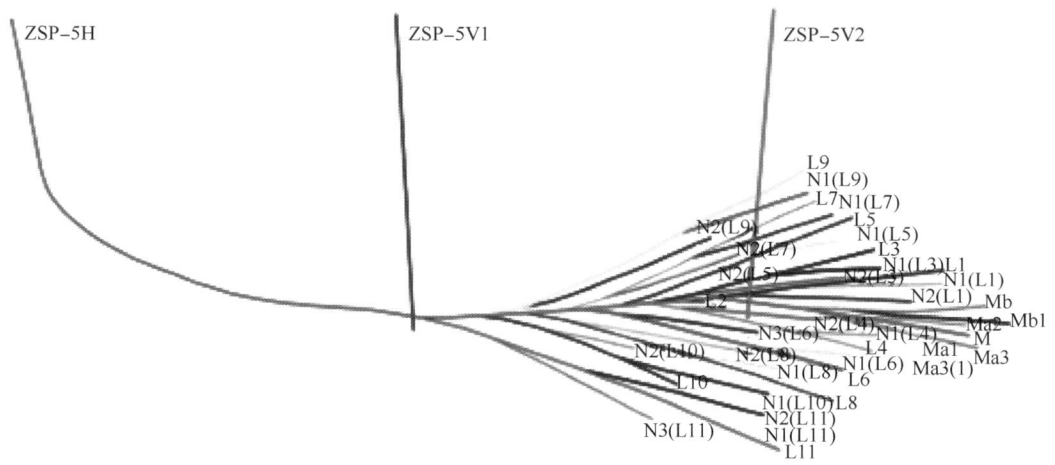

图 4-11 ZSP-5H 井完钻轨迹示意图

(3) 煤层气双层多分支水平井。

双层多分支水平井是在同一个井眼中钻探两个不同深度的煤层,以增加控制面积,减少地面工程量,达到节约成本和提高效益的目的。2012 年,中国燃气公司首次完成了第一口双层多分支水平井(FL-H6 井),该井位于柳林地区,共同开发 5 号煤和 3+4 号煤;该井总进尺 7699m,其中在煤层进尺 6777m,控制面积比单井提高一倍,并实现了一井排采、双层控制的目标,大幅度提高单井开发效果。

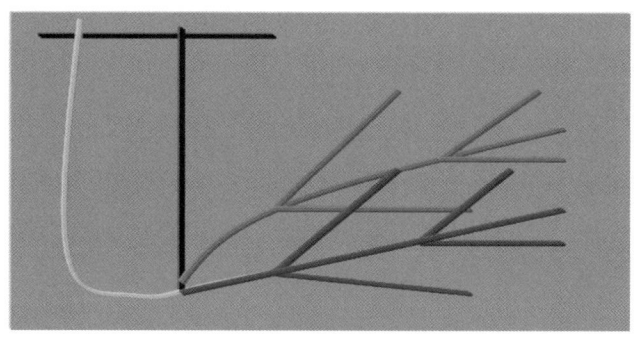

图 4-12 双层多分支井示意图

(4) 井身结构设计。

井身结构优化设计是保证全井安全、快速钻达目的层并达到开发目的的重要前提。2005年,某公司在山西寿阳打了一口煤层气多分支水平井,其井身结构的设计存在着严重缺陷,设计的套管鞋位置进入了煤层,固井时用密度为1.8g/cm³的水泥浆将煤层压裂,导致三开后的井壁坍塌,从而影响了整个井的施工。煤层气多分支井井身结构设计与常规油气井的设计略有区别,需考虑洞穴井与水平井的连通、后期的排水采气和煤层的井壁稳定等因素(图4-13)。水平分支井通常采用的井身结构为:244.5mm 表层套管×H_1+177.8mm 技术套管×H_2(下至造斜段结束处)+152.4mm 主水平井眼+152.4mm 分支水平井眼,其中 H_1 和 H_2 为套管下深。洞穴井的井身结构一般为:244.5mm 表层套管×H_1+177.8mm 技术套管×H_2(煤层顶)+裸眼段(包括口袋),其中 H_1 和 H_2 为套管下深。

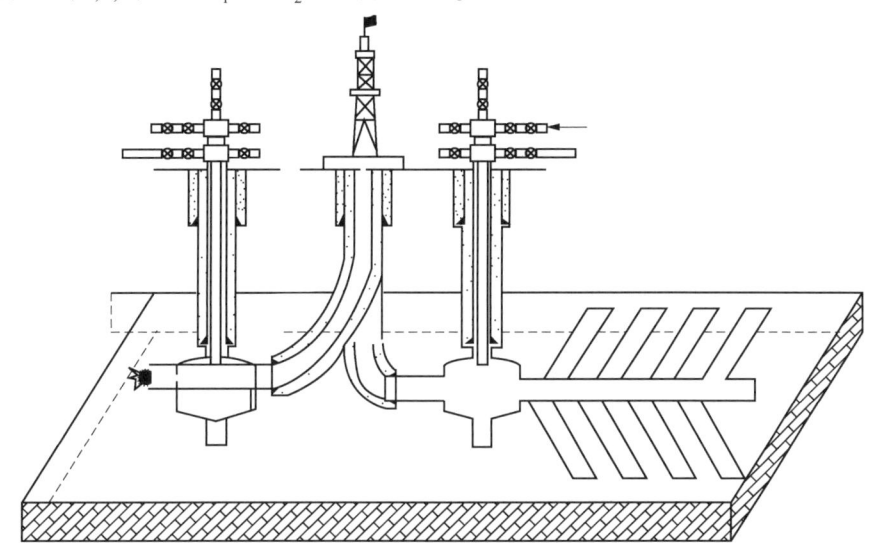

图 4-13 煤层气多分支水平井典型井身结构图

另外煤层气多分支井井身结构的优化设计还需考虑以下因素:①由于煤层比较脆,技术套管一定不能下到煤层中,防止固井时将煤层压碎,导致后续钻进过程中的井壁坍塌。②从抽排采气的角度考虑,套管必须将煤层上部大量出水的层位封堵。③直井井底必须留有合理容量的口袋。口袋留深以不揭开下部含水层为基本原则,应优先考虑增大口袋留深。④如果多分支水平井为多羽状,水平井的技术套管无法下到造斜段中,应下到造斜点以上部分,以便于后续的裸眼侧钻。

4.1.2.2 井眼轨迹优化设计

多分支水平井井身剖面设计是多分支水平井的关键技术之一。因为煤层一般较浅,所以煤层气多分支水平井主水平井眼采用"能消耗较少垂深而得到较大位移"的理念进行井身剖面设计,从而达到更大的水垂比。当前,定向井常用的剖面设计方法主要有常曲率设计和变曲率设计两种。常曲率设计主要包括"直—增—稳"、"直—增—稳—增—稳(水平)"等剖面,而变曲率设计有英国的悬链线剖面设计和挪威修正的悬链线剖面设计等。煤层气多分支水平井井身剖面设计,不仅考虑钻机和顶驱设备的能力,设计轨道的摩阻/扭矩大小和现场施工的难易程度,同时还要考虑钻柱的强度优化设计及下套管作业等因素。多分支水平井的井身剖面设计,绝不是简单的几何曲线的计算,而是与钻柱力学、钻井现场实际作业密切相关的一个系统工程。煤层气多分支水平井井身剖面设计主要有以下几项原则。

（1）轨道设计必须满足现场施工工况的要求。

由于煤层气多分支水平井垂直井段短，水平段长，一般在1000m以上，钻柱能提供的轴向压力是有限的，所以在多分支水平井井身剖面设计中，要使所设计的井眼轨道满足滑动钻进时的工况要求。

（2）井身剖面设计应当是满足各种设计条件下的最短轨迹。

根据煤田地质确定的目标点，按照不同设计方法设计出来的轨道，其长度是不同的。显然应尽可能地选择井眼长度短的轨道，减少无效进尺，既可以提高钻井的经济效益，又可以降低施工风险。同时应尽量缩小可钻性较差的地层进尺，例如宁武盆地石盒子组，这一层位为细砂岩，属于研磨性地层。

（3）钻柱摩阻和扭矩最小。

煤层气多分支井的显著特点是水平位移大，分支较多，80%以上的进尺为水平段，从而导致钻柱和套管柱在井眼内摩阻和扭矩很大，以及钻压难以加上等问题，摩阻和扭矩是多分支水平井的水平位移大小的主要限制因素。减小摩阻和扭矩的途径很多，轨道优化设计是途径之一，所以应尽可能地选择摩阻扭矩小的轨道。

（4）考虑到煤层的井壁稳定性差，主井眼和分支井眼要处于煤层的中上部位，以利于安全钻进，另外主井眼要满足抽排的要求。

（5）造斜点首先应该选择在适宜造斜的地层，造斜点越浅，滑动钻进摩阻扭矩越小，所以造斜点应选在地质和工程允许情况下的最高点为宜。

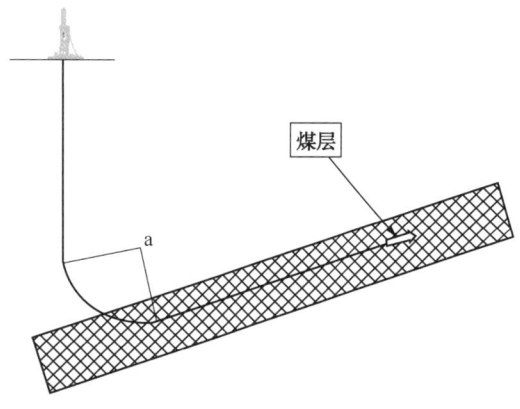

图4-14 煤层气水平井轨迹走向示意图

（1）轨迹走向对煤层气最终采收率的影响评价。

煤层气多分支水平井主井眼的轨迹走向受煤层倾角、完井排采工艺、钻井工艺（摩阻、扭矩、井眼清洁等）、区块井位部署等影响，其中排采工艺起关键作用。煤层气的开发遵从"排水—降压—解吸—采气"流程，随着煤层气压力的降低，吸附在煤层中的甲烷逐渐解吸，然后在井筒中聚集并运移，因此采用上翘或下倾不同轨迹走向模式，将影响排采后期的枯竭压力，并最终决定煤层气的采收率。

煤层气主要吸附在煤岩微孔隙的内表面，随着煤储层压力的降低，吸附在煤层中的甲烷逐渐解吸，然后在井筒中聚集并运移，最终到达多分支水平井井筒内。在抽排煤层水过程中，煤层中的真实压力漏斗面一般为一条近似的抛物线，为了方便计算，假设在排采后期煤层中仅存在地层水，因此压力漏斗面可简化为一条直线。建立如图4-15所示的坐标系，煤储层压力可表示为：

$$p = \rho g L \sin(\theta) \tag{4-1}$$

式中 θ——煤层倾角，°；

ρ——煤层水密度，kg/m^3；

g——重力加速度。

在一定温度条件下，煤层气在一定压力下的煤层吸附气量可用朗缪尔方程来表示：

$$C_p = \frac{V_L p}{p + p_L} \tag{4-2}$$

式中 C_p——煤层气吸附量，m^3/t；

p_L——朗缪尔压力，MPa^{-1}；

V_L——朗缪尔体积，m^3/t；

p——煤储层压力，MPa。

典型的煤层气等温吸附曲线如图 4-16 所示。

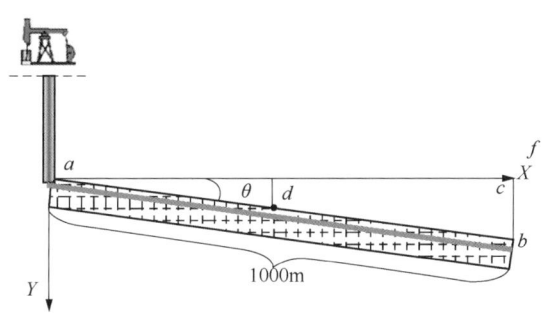

图 4-15 煤层气储层压力计算示意图　　图 4-16 典型的煤层气等温吸附曲线

将式(4-1)代入到式(4-2)中，得到煤层倾角大小与煤层中某一点 d 处的煤层气剩余量的关系式：

$$C_s = \frac{V_L \rho g L \sin(\theta)}{\rho g L \sin(\theta) + p_L} \tag{4-3}$$

式中 V_L——朗缪尔体积，m^3/t；

ρ——煤层水密度，g/cm^3；

p_L——朗缪尔压力，MPa^{-1}；

g——重力加速度；

θ——煤层倾角，°；

L——水平段长度，m。

煤层气的采收率理论上可由临界解析压力和朗缪尔参数采用以下公式计算：

$$\eta = 1 - \frac{p_{ad}(p_L + p_{cd})}{p_{cd}(p_L + p_{ad})} \tag{4-4}$$

式中 η——采收率，%；

p_{cd}——临界解吸压力，MPa；

p_{ad}——枯竭压力，MPa；

p_L——朗缪尔压力，MPa。

将式(4-1)代入到式(4-4)中，得到井眼轨迹水平段井斜角与煤层气水平井平均采收率的关系式：

$$\eta = 1 - \frac{\frac{1}{2}\rho g L \sin(\theta)(p_L + p_{cd})}{p_{cd}(p_L + p_{ad})} \tag{4-5}$$

以 JS1 井的等温吸附曲线为例对轨迹走向和产量的关系进行说明。假设煤层的倾角为 8°，煤层段主水平井井眼长度为 1000m，当排采液面降到煤层处后，d 点处的煤层吸附气量降低到 $5m^3/t$，理论采收率达到 71%，而 b 点处的煤层吸附量为 $8.8m^3/t$，理论采收率为 50%，同 d 点采收率相比降低了 29%。下面以多分支水平井 FXX01-2 井和 FXX04-5 井为例，其中 FXX01-2 井沿着下倾方向布井，FXX04-5 井沿着上翘方向布井；从图 4-17 可以看出，多分支水平井沿构造上倾方向钻进利于解吸产气，沿构造下倾方向钻进，不利于煤层气解吸，严重影响煤层气井产量。

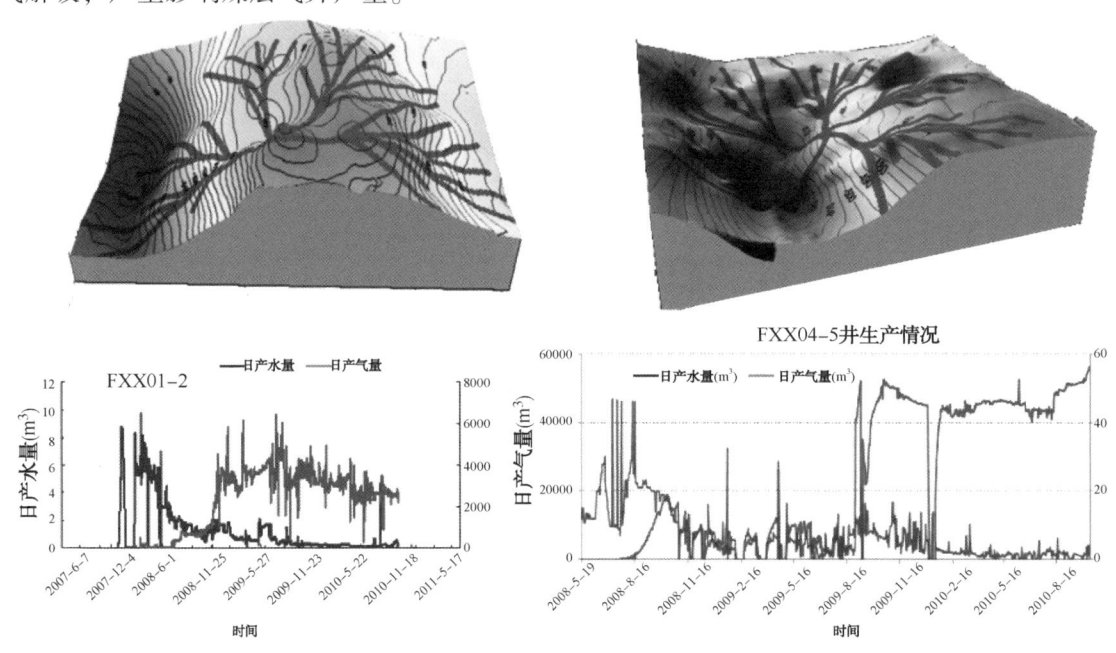

图 4-17 煤层气多分支水平井轨迹走向对单井产量的影响对比

（2）轨迹方位与煤层地应力和割理的关系。

由于煤岩的低杨氏模量、高泊松比的特点，在受力作用下煤较其他岩石更易发生变形和扩径等；煤层中发育的天然割理网络大幅度降低了煤的强度，使之比其他岩石更易破碎。基于煤层的独特力学特性，多分支水平井的轨迹走向对煤层段井壁的稳定性有着重要的影响。

影响水平井轨迹走向的因素是三个主应力大小及方向。通常水平主井眼设计方向与中间地应力避开，以防止钻进过程中发生井壁坍塌（表 4-1）。

表 4-1 煤层气水平井井眼方位与井壁稳定的关系

地应力关系	最安全的井眼方位
$\sigma_V > \sigma_H > \sigma_h$	与 σ_h 走向一致
$\sigma_H > \sigma_V > \sigma_h$	不确定
$\sigma_H > \sigma_h > \sigma_V$	与 σ_H 走向一致

另外通过矿井观察，发现煤层面割理和端割理一般近似垂直。面割理走向一般平行于最大水平主应力方向，端割理平行于最小水平主应力方向。垂直于面割理方向钻进，最有利于

沟通煤层割理系统，便于煤层气和地层水的渗流(图4-18)。

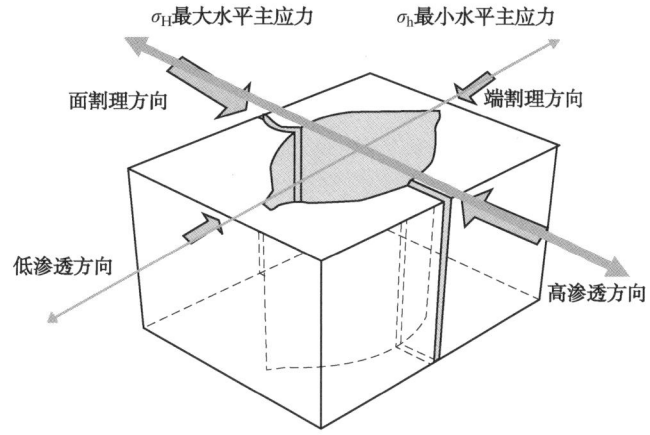

图4-18 地应力、割理与高渗透方向关系图

例如郑庄—樊庄煤层气区块以NE65°~85°、NW20°~50°方位裂缝最发育，排采井水平段延伸方向与两组裂缝成正交状态，即水平分支走向为北北东和北北西的水平井大都产气情况比较好(图4-19、表4-2)。

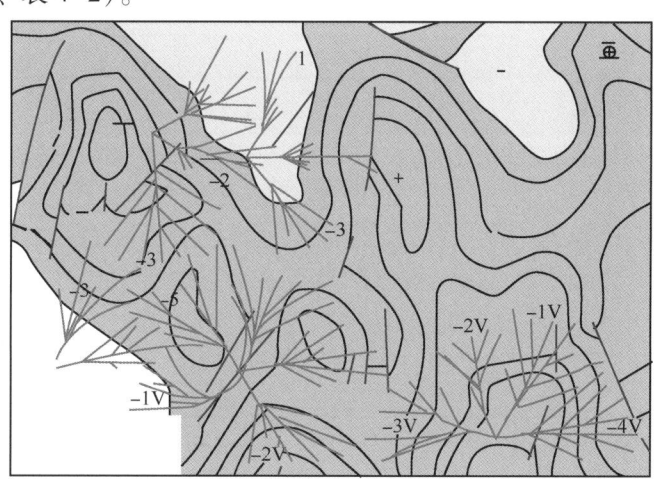

图4-19 樊庄区块4口多分支水平井部署图

表4-2 郑庄—樊庄煤层气区块分支各走向的产气情况

井号	日产气量(m^3)	累计产气量(m^3)	分支走向
FXX1-1	9900	1796632	北北东
FXX2-3	49300	16251918	北北西
FXX4-2	18700	3861660	北北西
FXX4-5	40600	5531348	北北西

澳大利亚鲍恩盆地割理方向描述图在一定程度上有效解释了同一区域不同方向水平井产能差异(图4-20、表4-3)；割理方向受构造影响，面割理垂直于构造轴线。主要割理方向有北东—南西，北西—南东向，部分为东西向；该区块的水平井部署对于指导煤层气布井和提高水平井产量具有现实意义。

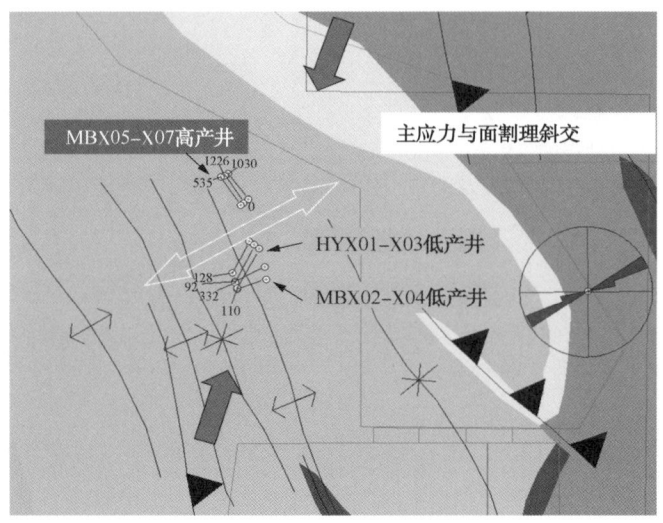

图 4-20 澳大利鲍恩盆地煤层面割理分布与轨迹走向关系

表 4-3 鲍恩盆地 SWC 区域生产试验井分析结果

类 型	井 名	最大产气量（m³/d）
垂直面割理	MBX05	18400
	MBX06	27700
	MBX07	12700
小角度斜交面割理	HYX01	2462
	HYX02	4047
	HYX03	/
平行面割理	MBX02	396
	MBX03	1415
	MBX04	2405

（3）轨迹剖面优化设计方法。

① 主剖面优化设计方法。

煤层气水平井距离洞穴直井通常只有 200m 左右，考虑到近距离和穿针轨迹控制的需要，一般采用直—增—增—稳设计剖面。该设计轨迹剖面就是在单增圆弧剖面的基础上，在第一个增斜圆弧达到接近水平时，继续第二个增斜圆弧达到设计稳斜角后，稳斜至靶点。该设计方法与圆弧剖面设计方法相比，能够处理和应对连通测量方位偏差大的情况，能够有条件实现全力扭方位作业。第一造斜段采用 1.5° 单弯螺杆，第二造斜段可采用 1.25° 单弯螺杆。该设计方法适于地层造斜特性掌握程度不高的地区；第二造斜段由于采用了较小的造斜率，给前一段施工的定向调整提供了回旋余地。

首先建立如图 4-21 所示二维坐标系，横坐标为水平位移 S，纵坐标为垂深 H，A 点为造斜点；B 点为煤层气水平井二开着陆点。O_1—A—B 段轨迹优化模型，即：

$$H_B = H_A + R_A \sin\alpha_B \quad (4-6)$$

$$S_B = R_B \cos\alpha_B \quad (4-7)$$

辅助方程： $k = 180/(\pi R)$ （4-8）

对于该段轨迹优化模型，造斜点垂深、曲率半径 R_A、B 点井斜角、H_B、S_B 为方程（4-8）的未知变量，若已知其中之三，即可求解出其余两个变量。考虑到固井的需要，B 点通常位于煤层顶板以上 2m 左右，且煤层位置坐标已知，因此 H_B 可定为已知参数；由于剩余 B—C—D 井段需进行连通施工作业，主要进行扭方位作业，一般选择 α_B 比 $90°+\varphi$ 值小 3°~5°；目前远距离穿针工具的探测范围可达到 80m，为了保证足够的连通井段，要求 $S_D-S_B \geqslant 80$，根据具体工程的需要，S_B 也为已知变量。因此该井段优化的变量为造斜点位置和造斜率 k。

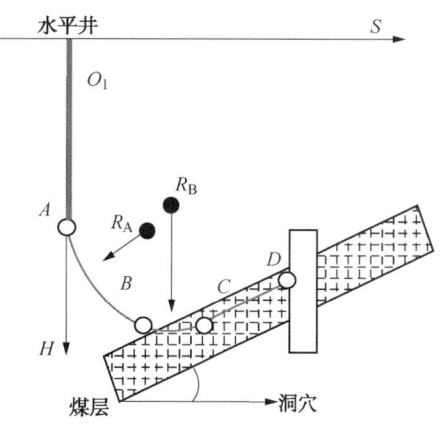

图 4-21　连通井组井眼轨道设计模型

B—C—D 段为煤层气水平井三开井眼，主要进行两井连通作业。该井段由二部分组成，即造斜段 B—C 和稳斜段 C—D。B—C—D 段轨迹优化模型，即：

$$H_D - H_B = R_B(\sin\alpha_C - \sin\alpha_B) + L_{CD}\cos\alpha_C \quad (4-9)$$
$$S_D - S_B = R_B(\cos\alpha_B - \cos\alpha_C) + L_{CD}\sin\alpha_C \quad (4-10)$$
$$(\alpha_C \leqslant 90°)$$
$$H_B - H_D = R_B[\sin\alpha_B - \sin(\alpha_C - 90°)] + L_{CD}\sin(\alpha_C - 90°) \quad (4-11)$$
$$S_D - S_B = R_B[\cos\alpha_B + \sin(\alpha_C - 90°)] + L_{CD}\cos(\alpha_C - 90°) \quad (4-12)$$
$$(\alpha_C > 90°)$$

对于该段轨迹优化模型，H_B、S_B、α_B 为上一段轨迹优化结果，是已知变量；H_D、S_D 为目标靶点，是给定值；α_C 为稳斜段井斜角，其与煤层倾角的关系满足 $\alpha_C = 90°\pm\varphi$；因此，该井段的优化变量为 R_B 和稳斜段长度 L_{CD}。

下面是中国石油 H 区块侧钻水平井主井眼剖面设计的一个实例。该区块曾主要采用直井开发，由于煤层压裂效果不理想，煤层气产能得不到最大限度地释放，部分井单井产量徘徊在 1000m³/d 左右，且部分高产井产量下滑明显，急需进行改造作业，有效提升单井产量，为区块的稳产提供保障。因此，在 H3-28 井区进行侧钻水平井钻井试验，并实施压裂改造作业，尝试大幅度提高该井区整体的煤层气产量。侧钻水平井 A 点水平位移要求小于 180m（图 4-22），泵允许下入最大允许狗腿度为 9°/30m。

基于 HC11 号煤层倾角为 2.78°，轨迹方位为 277.67，煤层厚度 6.75m 条件下，建立了入靶井斜—靶前距—井眼狗腿度优化计算图版；在保证排采泵下入条件，综合考虑 11 号煤层底部粉煤的不稳定性及造斜能力差等因素，设计轨迹位于煤层顶部以下 1~2m，确保在块煤中；经过优化，H3-28CP6 井最佳入靶井斜角 82°，造斜段狗腿度为 8.7°/30m，靶前距为 166m（图 4-23）。

② 分支剖面优化设计方法。

煤层气水平井分支井眼入靶形式分为以下三种类型（图 4-24），现场主要应用第三种类型，其各自特点如下：

分支类型 1：增降稳剖面。在煤层厚度一定的情况下，可在煤层中达到最大的延伸长度，但由于稳斜段的存在，使得造斜工具的弯角不能太大，工具造斜率受到限制。

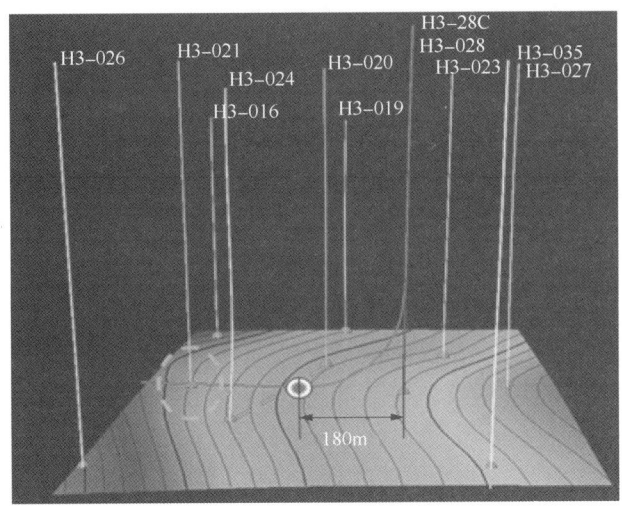

图 4-22 H3-28 井区老井改造示意图

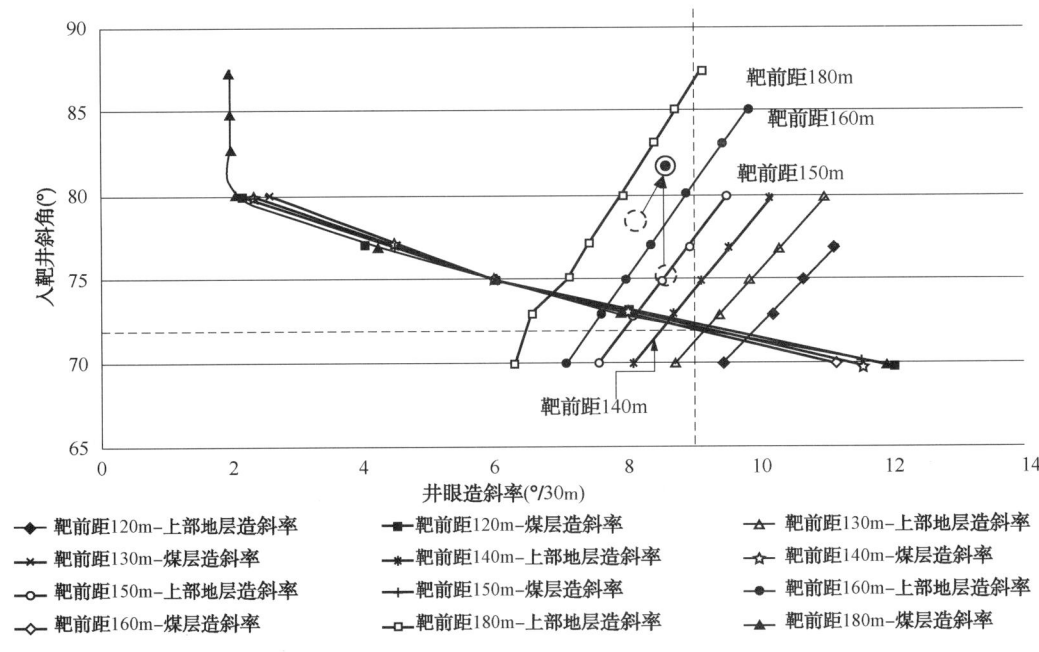

图 4-23 H3-28CP6 井主井眼轨迹优化图版

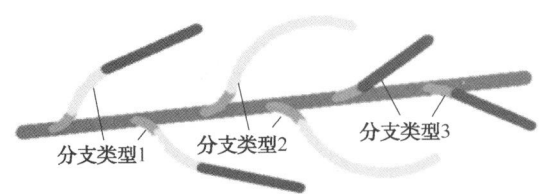

图 4-24 煤层气多分支水平井分支井眼轨迹类型

分支类型 2：增降剖面。可采用较大弯角造斜率高的钻具实现，可设计出在横向上和垂向上迅速偏离主井眼的分支，利于夹壁墙的迅速形成。

分支类型3：增稳剖面。轨迹设计和控制最简单，一般情况下，在煤层中的延伸距离最短。

（4）分支结构优化设计方法。

以煤层吸附解吸模型结合煤层气渗流理论，利用ECLIPS软件建立了煤层气分支水平井结构优化设计模型，对比论证了分支形态、水平段长度、分支角度和方位、分支间距等参数变化对产能影响因素，形成了适合中国煤层地质特点的井底多分支结构设计技术。

① 水平段长度优化。

煤层气水平井水平段长度越长，单井日产量越高；但是在水平段长度小于1000m时，每一百米井段平均日产气量随着长度的增加变化量逐渐变小；考虑到钻井施工（钻机能力等），原则上水平段长度优化为1000m（图4-25）。

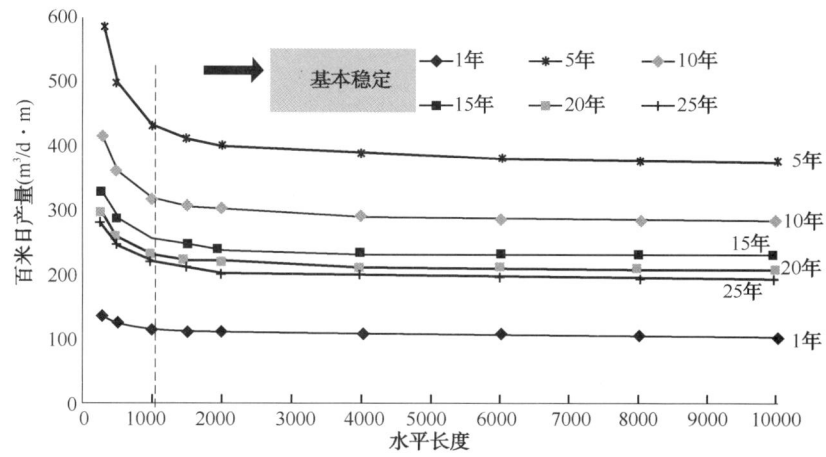

图4-25 水平段长度与产量的关系图（据华北油田孟庆春）

② 分支间夹角与间距。

夹角为30°时，因为分支间垂直裂缝发育方向的长度较长，而且其控制的面积和形成压力叠加的速度较为合理，所以较夹角为45°时的累计产量大。而夹角为90°时产气量最小的原因则是由于其垂直裂缝发育方向的长度最短，且角度大不利于形成压力叠加区（图4-26）。沁水盆地的地质条件确定分支间距为300m左右；随渗透率增加，分支间距可适当增加。

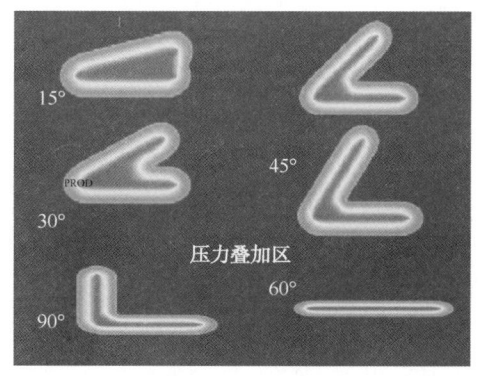

图4-26 不同分支夹角对控制面积的影响

4.1.3 煤层气多分支水平井钻井工艺

4.1.3.1 钻井顺序流程

煤层气多分支水平井的钻井顺序如下：钻抽排井→煤层造洞穴→抽排井下注气管柱和装完井井口→钻水平井直井段并下入技术套管固井→主水平井造斜并定向与抽排井洞穴对接→钻主水平井→由井底往上逐个侧钻分支井眼→侧钻另一定向羽状水平井→裸眼完井→封闭水平井井口→抽排井排水采气。

4.1.3.2 钻抽排直井

首先钻抽排井。一开用 ϕ311.1mm 钻头、清水钻进，下入 ϕ244.5mm 表层套管固井；二开采用 ϕ215.9mm 钻头、ϕ127mm 钻杆、空气或钻井液钻进至煤层顶部，下入 ϕ177.8mm 技术套管，采用短候凝水泥浆固井；三开用 ϕ152.4mm 钻头、清水钻进至口袋底完钻。然后，用扩眼工具在煤层部位造洞穴，完成后起钻下生产管柱，装好完井井口后，气举出井内清水并注压缩空气关井，工艺步骤如图 4-27、图 4-28 所示。

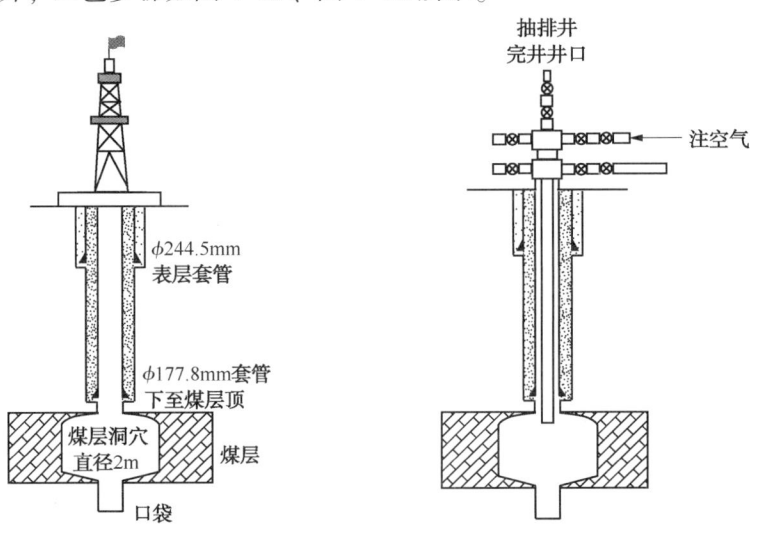

图 4-27 钻抽排井并造洞穴　　图 4-28 抽排井完井示意图

4.1.3.3 钻主水平井

二开将 ϕ177.8mm 技术套管下至造斜点处，注水泥固井；三开用清水钻进，采用 ϕ152.4mm 钻头+弯曲导向动力钻具+MWD（伽马）+ϕ88.9mm 钻杆[图 4-29（a）]，沿设计的方向造斜[图 4-29（b）]，水平进入煤层后控制方位与抽排井洞穴对接（图 4-30）；用 ϕ152.4mm（或 ϕ114.3mm）钻头继续按设计长度钻完主水平井眼。水平井钻井过程中，始终保持抽排井井口注空气压力维持在一定的值（具体值根据井深计算确定）。

4.1.3.4 钻水平分支井

钻完主水平井后，上提钻具到设计一分支位置，改变工具面方向，用井下导向动力钻具悬空造斜[图 4-29（c）]，达到设计造斜率后稳斜钻进；钻进过程中随时监测 LWD 的井眼轨迹方位、井斜角、伽马、电阻率值和综合录井仪的钻时显示，据此判断井眼轨迹是否在煤层中。在薄煤层中钻进时，为控制井眼轨迹，机械钻速不宜太快，一般情况控制在 300m/d 左右。

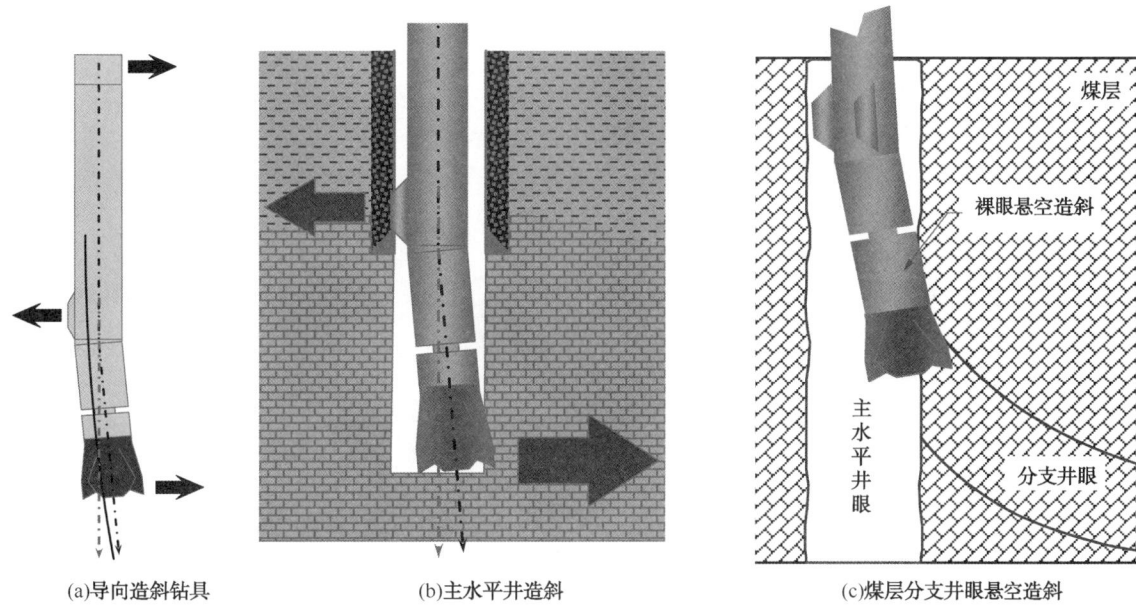

图 4-29 定向羽状水平井造斜示意图

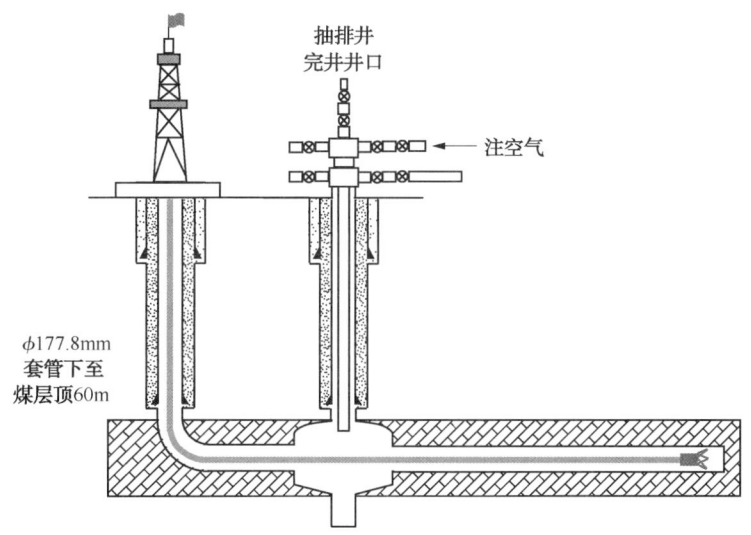

图 4-30 钻主水平井并与抽排井在煤层对接

当钻完第一分支后按顺序由下往上逐个分支钻成(图 4-31),重复上述方法钻完设计分支个数后裸眼完井。最后在主水平井眼上部打水泥塞封闭。

4.1.3.5 钻二口抽排井

首先钻抽排井,ϕ177.8mm 技术套管下至煤层顶部,三开用 ϕ152.4mm 钻头、清水钻进至口袋底完钻。然后在煤层部位造洞穴,完成后起钻下生产管柱,装完井井口,井内注压缩空气关井,工艺步骤如图 4-32、图 4-33 所示。

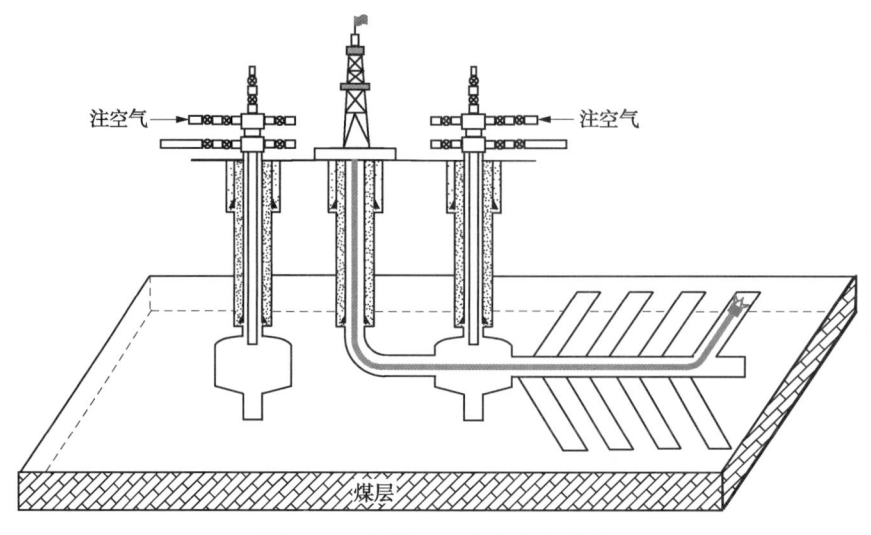

图 4-31 钻第一口多分支水平井

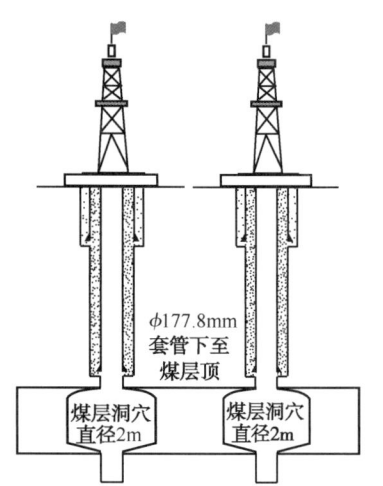

图 4-32 两口抽排井

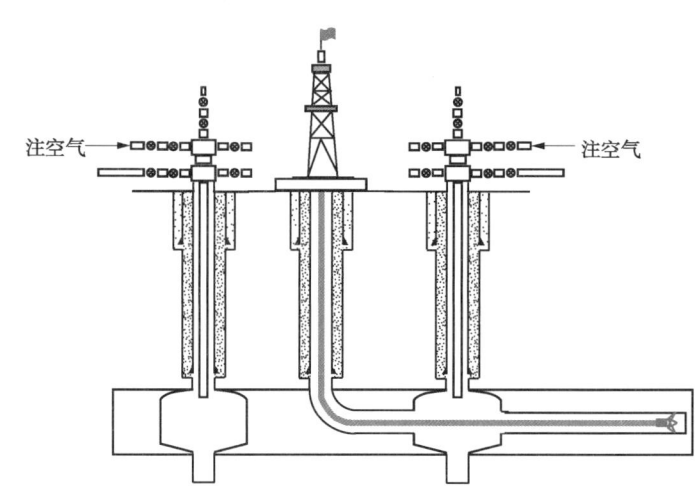

图 4-33 钻第一口主水平井并与抽排井在煤层对接

4.1.3.6 钻二个羽状水平井

三开用清水钻进,采用 $\phi152.4mm$ 钻头+弯曲导向动力钻具+MWD(伽马)+$\phi88.9mm$ 钻杆,沿设计的方向造斜,与第二口抽排井对接上后,继续钻完第二个主水平井眼(图 4-34);完成后由下往上直接钻第一个分支井眼。

4.1.4 煤层气多分支水平井摩阻/扭矩计算与分析

煤层气多分支水平井集钻井、完井和增产措施于一体,是开发煤层气的主要手段之一。该类型的井具有大水平位移、大井斜角、分支数量多及长裸眼段的特点。摩阻/扭矩是多分支水平井井眼轨迹和控制面积设计的基础,也是地面装备选择、制订完井采气方案的重要参考因素。2005 年,某外国公司在沁水南部盆地进行煤层气多分支水平井作业时,由于没有进行摩阻/扭矩的预测,同时钻进过程中未使用减阻器等工具,最终导致井下钻柱失效和落鱼事故。另外由于中国的煤层气田多属于低渗透和低丰度类型,难以进行经济高效开发,目

第 4 章 煤层气水平井钻井技术

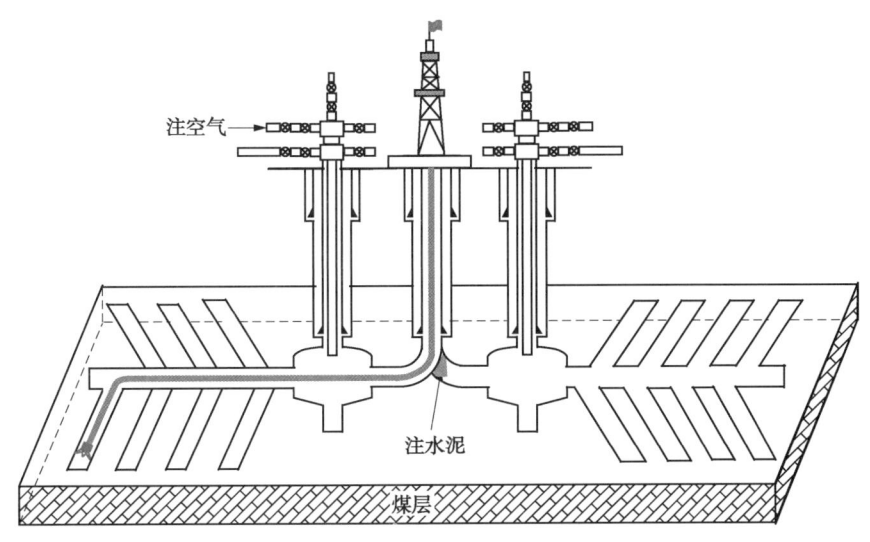

图 4-34 钻第二主水平井和分支井眼示意图

前已完成的煤层气多分支水平井水平段长度一般在 1000m 以内,多分支水平井的增产潜力尚未充分挖掘出来,应探讨利用最大储层有效进尺钻完井技术(MRC)来提高煤层气的采收率,这就需要应用摩阻/扭矩理论来论证方案设计中的水平段极限进尺长度。综上所述,摩阻/扭矩的预测和分析具有十分重要的意义,是多分支水平井设计和施工的一个关键点。

4.1.4.1 三维井眼摩阻/扭矩模型的建立

建立如图 4-35 所示的大地笛卡尔坐标系(O, N, E, H)和任意一点的 Frenet 标架(r, e_1, e_2, e_3),并选取一段钻柱微元 ds,其中 T 表示微元的内力;F 表示微元所受的外力合力,包括重力 F_g、支撑力 N 和摩擦力 f;M 为微元所受的内合力矩;m 表示微元所受的分布外力矩。另外假设钻柱与井壁只有在钻杆本体处相刚性接触,钻柱初始轴线与井眼中心线相重合,忽略接头的作用。

忽略钻柱的动力效应,由微元 ds 的静力学平衡关系和动量矩定理得:

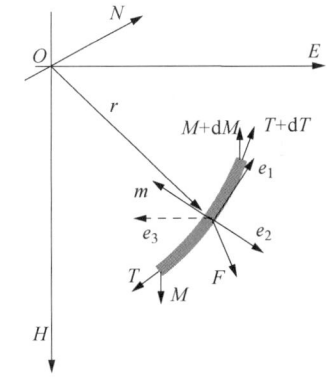

图 4-35 钻柱微元受力分析图

$$F+T'=0 \tag{4-13}$$
$$M+e_1 \times F+m=0 \tag{4-14}$$

将 T、F_g、N、M、m 和 f 分别向 Frenet 标架(r, e_1, e_2, e_3)投影得:

$$T=T_1 e_1 + T_2 e_2 + T_3 e_3 \tag{4-15}$$
$$M=M_2 e_2 - M_1 e_1 \tag{4-16}$$
$$F_g = g_1 e_1 + g_2 e_2 + g_3 e_3 \tag{4-17}$$
$$N = N_2 e_2 + N_3 e_3 \tag{4-18}$$
$$f = f_1 e_1 + f_2 e_2 + f_3 e_3 \tag{4-19}$$
$$m = m_1 e_1 \tag{4-20}$$

联立式(4-15)至式(4-20)代入式(4-13)和式(4-14)得:

$$\frac{dT_1}{ds}+\frac{M_2}{EI}\times M'_2 = -g_1-f_1 \tag{4-21}$$

$$N_3+f_3=\frac{d^2M_2}{ds^2}-[k_1T_1+k_2(k_1M_1+k_3M_2)+g_3] \tag{4-22}$$

$$N_2+f_2=\frac{d}{ds}(k_1M_1+k_2M_2)+k_2\frac{dM_2}{ds}-g_2 \tag{4-23}$$

钻柱的复合运动包括周向转动和轴向运动，根据复合运动的摩擦分析得周向和轴向摩擦力系数的表达式：

$$f_1=\pm\sqrt{N_2^2+N_3^2}\times\frac{V_1}{\sqrt{V_1^2+V_2^2}}\times\mu \tag{4-24}$$

$$f_2=-\frac{V_2}{\sqrt{V_1^2+V_2^2}}\times\mu\times N_2 \tag{4-25}$$

$$f_3=\frac{V_2}{\sqrt{V_1^2+V_2^2}}\times\mu\times N_3 \tag{4-26}$$

式中　μ——钻柱与井壁间的滑动摩擦系数；

　　　V_1——钻柱的轴向运动速度，m/s；

　　　V_2——钻柱的周向运动速度，rad/s。

以上的模型不包括扭矩载荷的计算，当钻柱上提和下放时扭矩 M 为0，而当旋转钻进或划眼时：

$$M=\sqrt{N_2^2+N_3^2}\cdot\mu\cdot\frac{d}{2} \tag{4-27}$$

式中　d——钻柱的直径，m；

　　　M——扭矩，N·m。

另外在计算过程中需同时判断钻柱的屈曲状态，如果发生螺旋屈曲，则要在式（4-23）的右边附加一个由屈曲所引起的侧向力：

$$N_h=\frac{rT_1^2}{4EI} \tag{4-28}$$

式中　r——钻柱与井眼之间的间隙，m。

由于煤层气多分支水平井具有水平段长等特点，钻柱设计中主要采用普通钻杆和部分加重钻杆的组合，因此在刚度较大的加重杆和曲率变化大的部分需考虑钻柱的弯矩，而在曲率变化小和普通钻杆部分忽略钻柱的弯矩，即采用软杆模型来计算。将式（4-21）至式（4-23）中的弯矩忽略后得如下计算公式：

$$\frac{dT_1}{ds}=-g_1-f_1 \tag{4-29}$$

$$N_3+f_3=k_1T_1+k_2k_1M_1+g_3 \tag{4-30}$$

$$N_2+f_2=k_1\frac{dM_1}{ds}-g_2 \tag{4-31}$$

4.1.4.2 模型的求解过程与边界条件设定

建立的上述计算模型可采用有限差分的方式来求解(图 4-36),将钻柱从钻头处到井口进行单元划分,并设定靠近钻头处的单元编号为 1,共划分了 n 个单元。对于第 i 个单元构造如下的软杆模型向前差分格式(考虑弯矩的公式与此计算原理相同):

$$\frac{T_{1,i}-T_{1,i-1}}{\Delta s}=-g_{1,i}-f_{1,i} \qquad (4-32)$$

$$N_{3,i}=k_1 T_{1,i}+k_2 k_1 M_{1,i}+g_{3,i}-f_{3,i} \qquad (4-33)$$

$$N_{2,i}=k_1 \frac{M_{1,i}-M_{1,i-1}}{\Delta s}-g_{2,i}-f_{2,i} \qquad (4-34)$$

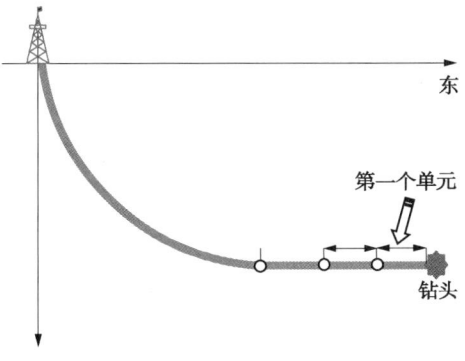

图 4-36 有限差分法单元划分示意图

摩阻与扭矩的计算需考虑起下钻、复合钻进、滑动钻进和划眼四种不同的工况,具体的边界条件见表 4-4,其中 M 为钻头处的扭矩,WOB 为钻压。

表 4-4 不同工况下的边界条件

参数	起下钻	复合钻进	滑动钻进	划眼
T_1(钻头处)	0	WOB	WOB	0
M_1(钻头处)	0	M	M	M
M_1(整个钻柱)	0	需计算	M	M

4.1.4.3 应用实例计算与分析

(1) WM1-1 井施工概况。

WM1-1 煤层气多分支水平井是中国石油的第一口煤层气预探井,该井位于山西宁武盆地的南部斜坡带区块,钻探的主要目的是寻求高效开发煤层气的途径,并探讨在中国低渗透煤层气储层进行多分支水平井开采的可行性。本书选择 WM1-1 煤层气多分支水平井作为研究对象,该井设计有十个分支,主井眼每侧各 5 个分支。WM1-1 井身剖面为"直—增—稳"三段制,垂深 900m,总进尺达 7993m。该井的井身结构为:φ244.5mm 表层套管×51m+φ177.8mm 技术套管×949m+φ152.4mm 主水平井眼(裸眼完井)×2000m+φ152.4mm 分支水平井眼(10 个分支)×(300~600m)。三开的钻井液体系为甲基无固相钻井液,添加剂包括坂土、石墨固体润滑剂、液体润滑剂、超细石灰石($CaCO_3$)、防塌剂等。三开的钻具组合为φ152.4mm 钻头+φ120mm 动力钻具×6.76m(1.5°)+φ120mm 无磁钻铤×2.91m+φ120mmLWD×10.81m+φ120mm 无磁钻铤×8.64m+φ120mm 浮阀×0.3m+φ89mm 加重钻杆(3 柱)+Agitator(2.57m)+振击器(2.55m)+φ89mm 加重钻杆(3 柱)+φ89mm 钻杆(长度待定)+φ89mm 加重钻杆(8 柱)+φ89mm 普通钻杆。

(2) 计算结果分析与讨论。

三开复合钻进时的钻压(WOB)保持在 7MPa 左右,转速为 35r/min。设定钻头扭矩为 1000N·m,套管与钻柱的摩擦系数为 0.2,钻柱与煤层段井壁的摩擦系数分别选取 0.15、0.18、0.2、0.25。以下是主水平井眼复合钻进时的实测井口扭矩与不同摩擦系数下的预测扭矩值的对比,图 4-37 中的黑线是主水平井眼 950~2000m 井段实测的值,由于钻进中不时地扭方位,实测值中出现了较大幅度的波动(表 4-5)。考虑到加重钻杆大部分处于垂直井段和水平段，计算模型采用了三维软杆模型，忽略了钻柱单元的刚度。

从图4-37可以看出，钻柱与煤层井壁间的摩擦系数为0.15~0.18时，预测值和实测值比较接近，这表明钻井液中的润滑剂和细小的煤屑起到很好的润滑作用，煤层中的摩擦系数值较其他地层（一般为0.2~0.25）要偏低一些。WM1-1井大采用ZJ40钻机+北石的DQ40BC顶驱，该型钻机和顶驱的额定提升载荷为2250kN，扭矩为40000N·m，施工过程中的最大扭矩为8000N·m，仅占额定载荷的20%，因此该顶驱的承载能力仍有较大的余量。

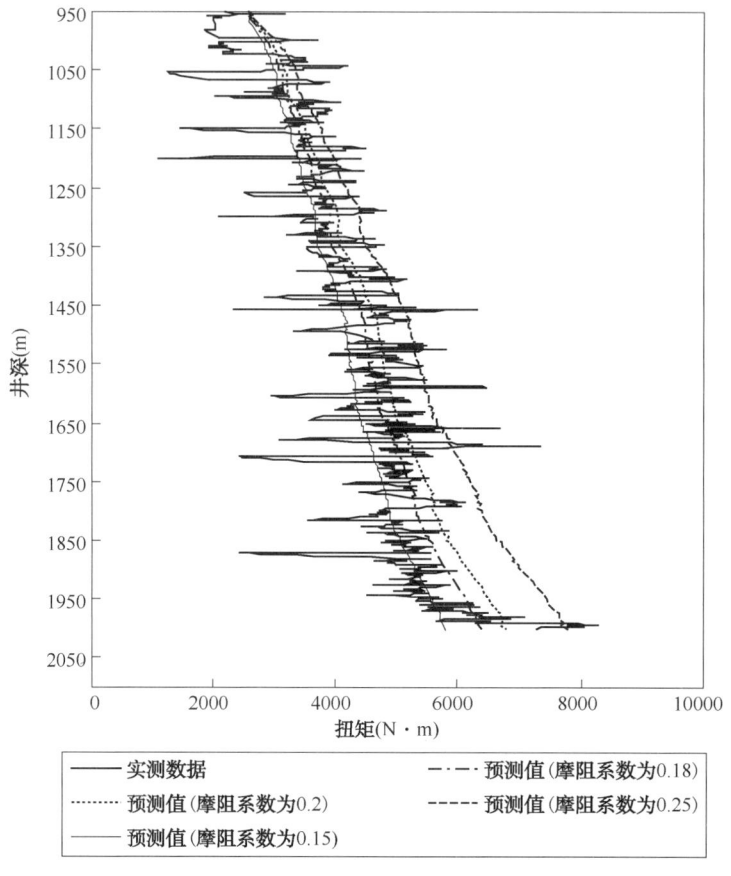

图4-37 实测扭矩与预测扭矩值的对比

表4-5 复合钻进时实测悬重与预测值的对比

测深(m)	实测悬重(kN)	预测悬重(kN)	钻压(kN)	误差(%)
1200	212	183	34	13.68
1800	242	222	59	8.26
2000	303	258	27	14.85

（3）结论。

① 钻柱摩阻/扭矩的计算是煤层气多分支井轨迹设计和设备优选的基础，目前主要有刚杆模型和忽略钻柱刚度的软杆两种主流计算模型。由于煤层气井基本不使用钻铤，广泛使用普通钻杆与加重钻杆的组合，软杆模型完全能够满足计算精度要求。

② 对WM1-1井的摩阻/扭矩进行了详细计算和分析，从结果来看，煤层裸眼段的摩擦

系数在 0.15~0.18 之间，比常规油井要略低一些。另外该井采用的顶驱和钻机的载荷均有较大的余量，建议煤层气多分支井的钻探可考虑 ZJ20 的钻机+小顶驱组合或满足负荷要求的车载钻机，以降低煤层气开发的成本。

4.1.5 煤层气多分支水平井轨迹测控技术

煤层气多分支水平井井眼轨迹控制的主要参数包括井斜角、方位角及垂深。水平井主井眼垂直段重点控制井斜，所以常用塔式钻具组合，如果井斜较严重，应使用钟摆钻具等纠斜钻具组合。主井眼造斜段一般使用"导向动力钻具+随钻测斜仪（MWD）"的常用定向钻具组合，施工过程中要确保工具的造斜率能够达到设计要求，使井眼轨迹在煤层中顺利着陆。水平主井眼及十个分支一般采用"单弯螺杆钻具+随钻测井仪（LWD）"的地质导向钻具组合钻进（图 4-38），通过连续滑动钻进的方式实现增斜、降斜，通过复合钻进的方式稳斜，既达到了连续钻进的目的，又可随时根据需要调整井眼状态，有效地提高了钻井速度和轨迹控制精度。

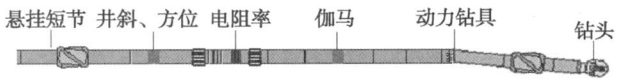

图 4-38　MWD/LWD 测量系统及井下导向钻具组合

为了很好地将井眼轨迹控制在煤层中，采用了地质导向技术进行井眼轨迹实时监测与控制。首先利用前期地震的资料建立区块的地质模型，然后利用从随钻测井仪（LWD）随钻监测到的储层伽马、电阻率参数来修正地质模型并调整井眼轨迹。另外，定向井工程师可以结合综合录井仪实时监测到的钻时和钻井液返出的岩屑，判断钻头是否穿出煤层（图 4-39）。

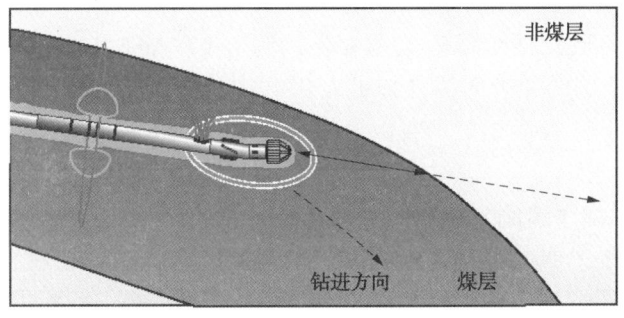

图 4-39　煤层气导向钻井系统示意图

4.1.5.1 煤层气主水平井眼轨迹方位校正

在以往定向井的施工中只对方位磁偏角进行了校正，未考虑收敛角，但在直井与水平井连通作业过程方位测量存在较大的误差，轨迹控制技术难度高。因此，需要对煤层气多分支井轨迹方位进行子午线收敛角的校正。

多分支水平井地质设计给定的井口平面直角坐标系一般为高斯投影坐标系（网格坐标系）的坐标。在高斯投影坐标系中，任一点都有其坐标北方向，且都与中央子午线方向相同，此坐标北方向称为"网格北"。同时，任一点还有其"真北方向"（沿子午线在该点的切线方向）。网格北与真北方向之间的夹角，称为高斯平面子午线收敛角。子午线收敛角有正负之分。以网格北相对于真北的方向进行判断，在中央子午线以东，网格北都在真北以东，可称为东收敛角,收敛角为正值;在中央子午线以西,网格北都在真北以西,可称为西收敛角,收敛角为负值。

煤层气多分支水平井施工用的 MWD 仪器测量方位角是以磁北为基准,轨迹设计和计算都使用的是高斯投影坐标系,是以网格北为基准的,需要对测量的磁方位角和子午线收敛角进行校正,这两个校正应结合起来一起完成,方位角的校正公式为:

$$\varphi_c = \Phi_s + \delta - \gamma \tag{4-35}$$

式中 φ_c——经过方位校正之后用于轨迹计算的方位角,°;

Φ_s——测量仪器测得的井斜方位角,°;

δ——磁偏角,东磁偏角为正值,西磁偏角为负值,°;

γ——高斯平面子午线收敛角,东收敛角为正值,西收敛角为负值,°。

收敛角对侧向误差的影响如图 4-40 所示,以沁水地区为例,收敛角多为 0.86° 左右,水平位移 200m,侧向误差为 3m。水平位移为 400m 侧向误差为 6m,远端连通井水平位移为 800m,侧向误差为 12m。由此可以看出收敛角的误差对两井连通作业的影响很大(图 4-40),在施工中一定要保证收敛角计算准确、精确。

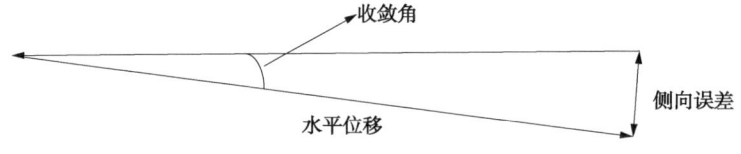

图 4-40 收敛角对侧向误差的影响

磁偏角随着地球磁场的变化会发生变化,由于气候原因,许多施工井施工周期较长,存在冬休及跨年施工的情况,要根据磁偏角的时间变化精确磁偏角的数值,从而为远端连通尽量减少数据上的误差。在山西地区磁偏角变化约为 0.07°/a,从图 4-40 的计算方法可以计算出对于 400m 水平位移的井侧向位移影响为 0.49m,而对于 800m 水平位移的远端连通井,侧向位移影响为 0.97m,虽然相对于收敛角较小,但是通过精确磁偏角的计算可以在最大程度上降低方位误差。

4.1.5.2 抽排井煤层造洞穴技术

为了易于实现水平井眼与抽排井眼在煤层中对接连通,建立气液通道,需要在抽排井的煤层部位造洞穴。煤层造洞穴工具(图 4-41)主要工作原理是:通过钻柱带动造洞穴工具高速旋转,在离心力作用下,两个带刀翼的切削臂自由伸张,旋转切削煤层形成洞穴;另一种工具是靠加钻井液压力使切削臂强制伸张,旋转切削煤层井壁,最大可形成直径为 2m 的洞穴。

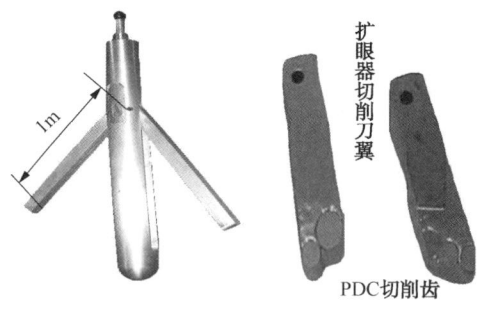

图 4-41 抽排井煤层造洞穴工具示意图

4.1.5.3 连通井段轨迹测量方法

煤层气水平井连通井段轨迹测量主要依靠井下旋转磁场测量技术进行定位和导向。引入旋转磁场可直接测量水平井钻头与洞穴井的距离和方位偏差,在明确两口井的相对位置关系后,调整水平井井眼轨迹,并与洞穴直井贯通。水平井钻头与洞穴井的距离和方位偏差测量计算公式如下所示:

$$R \cong K \sqrt[3]{\frac{1}{H}} \tag{4-35}$$

$$\theta \cong f(H_X, H_Y, H_Z) \tag{4-36}$$

式中 R、θ——分别为洞穴与水平井钻头间的距离(单位为m)和方位偏差角(单位为°);

K——比例系数;

H_X、H_Y、H_Z——分别为磁场信号的三个分量,nT。

煤层气水平井连通井段约为60~80m,考虑到该井段井斜已达到设计要求,轨迹控制的主要参数为方位角,控制方式通常采用稳斜扭方位或全力扭方位模式,基于连通井段所测得距离 R 和方位角偏差 θ 进行待钻井段轨迹控制方案设计。以下是稳斜扭方位的轨迹控制模型:

$$\varepsilon = \arccos(\cos^2\alpha_1 + \sin^2\alpha_1 \cos\theta) \tag{4-37}$$

$$\omega = \arccos\left(-\frac{\tan\frac{\varepsilon}{2}}{\tan\alpha_1}\right), \ (\theta>0) \tag{4-38}$$

$$\omega = 360 - \arccos\left(-\frac{\tan\frac{\varepsilon}{2}}{\tan\alpha_1}\right), \ (\theta<0) \tag{4-39}$$

$$\Delta L = C \frac{\varepsilon}{k} \tag{4-40}$$

式中 α_1——当前测点的方位角,°;

θ——钻进方向与洞穴及钻头连线间的方位偏差角,°;

ε——待钻圆弧井段的弯曲角,°;

ΔL——待钻井段长度,m;

C——常量系数。

以上模型中当前测点方位角 α_1、与靶点方位偏差角 θ、工具造斜率 k 为已知参数。待定的参数为工具面角 ω 和待钻井段长度 ΔL,其中 $\Delta L \leq R-M$,M 为预留的井眼安全余量长度,通常要求达到20m以上。

4.1.5.4 煤层段地质导向钻井技术

目前,国内外各公司在水平井钻探过程中大多采用地质导向技术。地质导向技术是综合利用随钻地质参数、录井参数及工程参数,对井眼轨迹进行精确预测、确定和控制,以达到节约钻井成本、提高储层钻遇率、增储上产的目的。地质导向在煤层气勘探开发领域起着十分重要的作用,尤其在多分支水平井上的成功应用,解决了煤层气水平井煤层钻遇率低的问题。将地质导向与多分支井相结合,充分应用随钻参数和资料,及时对比地层,调整实钻轨迹,是高效钻井、提高产量的关键。虽然地质导向技术已经在常规油气藏中的得到广泛应用，但由于国内煤层气开发时间较短，并且煤储层与常规油气藏性质不同，不能将原有的地质导向技术照搬到煤层气多分支井中，因此需要系统地分析和总结多分支井地质导向技术原理和方法。本书通过总结分析现有导向技术，提出了适用于煤层气水平井开发的地质导向要求、难点、原理及方法，结合沁水盆地多分支水平井的应用及效果，对煤层气多分支水平井的作业具有一定指导意义。

地质导向是煤层气水平井尤其是羽状分支井钻进中的重要环节之一。当钻至着陆点及水平段时，地质导向是保证顺利中完、提高水平段煤层钻遇率的关键。因此，对地质导向工作提出以下三点基本要求：①做好钻前资料收集及分析。通过对区域地质资料的分析，特别是对邻井地层对比，划分出地表砾岩层底界，预测煤层顶界，尽可能多地选取标志层，为技术套管的下入深度提供准确的数据，并为中完、水平段的施工奠定基础。②详细了解地质设计、工程设计，在执行设计的基础上，编制现场钻井施工设计，根据实钻情况进行调整，快速完成钻探任务。对于多分支井，还应当做好主支延伸方向、分支侧钻位置以及主、分支间的夹角设计等决策。③施工过程中，通过随钻参数，判断钻头位置，识别断层、褶曲等井段，绘制井眼轨迹实时跟踪图，及时调整井眼轨迹，提高水平段煤层钻遇率，确保顺利完钻。

煤层气水平井地质导向的难点主要体现在以下四方面：

① 沁水盆地内局部发育有小型正断层，特别是小型褶皱较为常见，煤层走势、厚度、地层倾角等地质参数变化快，难以全面掌握。水平段钻遇断层或褶皱发育区，煤层倾角及深度会发生骤变（图4-42），这就对实时跟踪及调整井眼轨迹提出了更高的要求。

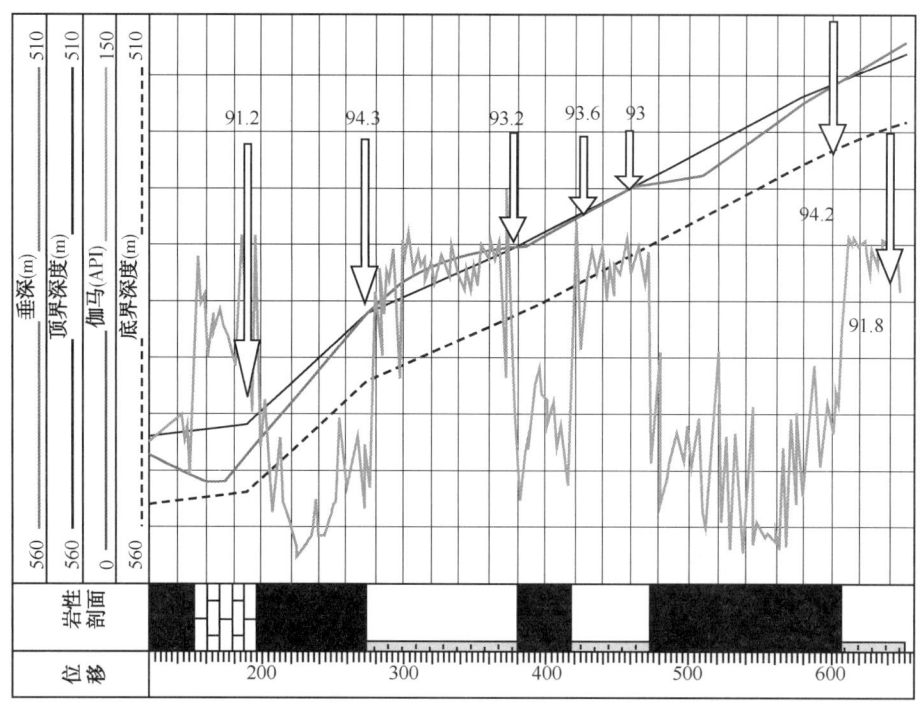

图4-42　ZB-1多分支井M2井眼纵向煤层深度变化示意图

从图4-42可以看出，在近600m的水平位移段内，随着井眼延伸，煤层深度呈现波浪形变化，地层倾角由91.2°增加至94.2°，给井眼轨迹控制带来困难，加之顶板泥岩致密可钻性差，使该井组的 M2、L2、L3、L4、L5 前后五个井眼均出层，无法定向而提前结束。

② 煤层内结构非均质性较为明显。沁水盆地煤层煤矸石丰富，而煤层顶层、地层泥岩的伽马值与煤矸石伽马值相类似，并且在水平段内煤层中的煤岩、砂泥岩及煤矸石的变化较大，这对随钻伽马曲线的形态及参数的判断有较大影响，仅靠伽马调整井眼轨迹会导致井眼出层。因此，在地质导向过程中需要综合考虑钻时、伽马、全烃、岩屑等参数。

③ 地质资料相对缺乏。受地形地貌影响，沁水盆地部分区块分支水平井的钻探延伸方向直井较少，基本上没有控制井（图 4-43）。

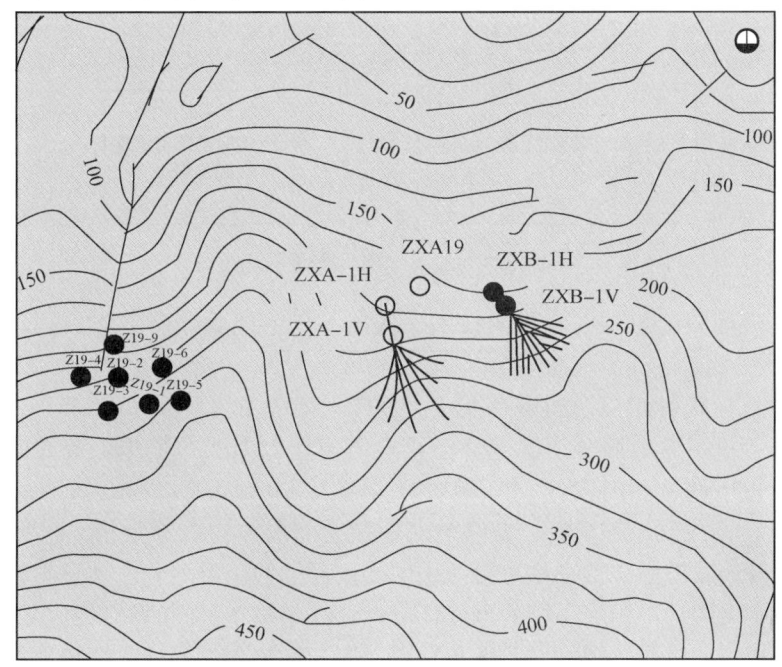

图 4-43 郑庄两口多分支井井眼设计轨迹海拔等值线投影图

由于邻井资料相对缺乏，无法根据邻井进行煤层埋藏深度变化分析及地层对比，因此主要依靠地震资料进行地层倾向变化和断层存在与否的分析。但是受二维地震精度及测线网密度的限制，地震获得的地质资料精度无法满足分支水平井钻探的需求，由此判断的地层倾向变化不能对井斜调整做出正确指示，甚至易造成误导。

④ 煤岩抗压强度低、脆性大、弹性模量小、泊松比高，且岩体块存在大量割理，易导致钻进过程中发生较为严重的漏失、垮塌等现象。另外，为保护储层，水平段多采用清水钻井液钻进，煤岩在长期浸泡下强度大幅下降，因此煤层段钻进极易发生垮塌事故，甚至仪器落井。如郑庄区块 JSA 井钻遇下石河子组漏失量达到 $200m^3$ 以上。部分探井煤层段存在井径扩大现象，说明所在区块煤层结构不稳定，易破碎。樊庄区块水平井 JPA-2 井水平井段钻遇复杂构造和断层破碎带，曾发生钻出煤层和井眼垮塌现象，导致钻具多次被埋。因此，煤层易漏失、垮塌的特性使水平井地质导向工作的难度大幅度增加。

（1）煤层导向基本原理及方法。

煤层气分支水平井钻探受低成本开发煤层气的大环境制约，应用于地质导向的仪器设备主要为综合录井仪和伽马测量仪器，以及用于实现井眼轨迹调整的带弯角螺杆钻具。地质导向人员用于卡准中完井深(着陆点)、判断钻头近围岩,进而分析是上围岩还是下围岩的参数主要有钻时、全烃、伽马、岩屑四个,此外扭矩也可起到辅助分析作用。

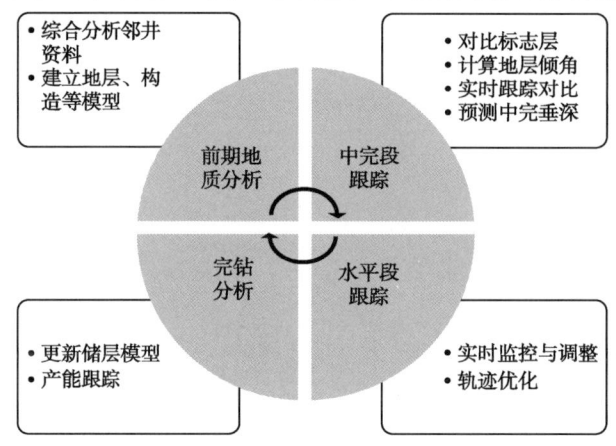

图4-44 地质导向工作流程图

根据上面的流程图,总结现有导向技术,提出了以下地质导向工作方法。

① 前期地质分析。

在充分收集目标区块相关地质资料基础上,结合已钻邻井的测井、录井、工程资料,对地层层位、特征等进行全方面分析,建立三维地质模型,为下一步施工及导向工作打下坚实基础。具体包括以下两方面内容:

a. 掌握邻井测录井、地震资料,做好前期地层、储层、构造等分析。根据邻井资料和钻井方案,提前做好地质模型,特别是对目的煤层要做详细的小层划分,划分出较为明显的煤层段、软煤段及众多夹层,对相应小层的电性特征做好详细描述,同时对目的煤层上、下围岩的电性特点也要做相应的描述,做好钻前准备材料,参加钻前会议并展示初步地质导向方案。

b. 建立地层和构造模型。利用地质、测录井、地震解释等资料,建立构造和煤储层模型。通过构造模型,分析标志层及煤储层顶层、底层构造,预测地层深度。通过储层模型,研究沉积微相,加之地震参数,预测储层含气性,进一步分析有效储层属性,为实钻过程中实现精确入靶,提高水平段储层钻遇率做准备。

② 实时跟踪导向方法。

a. 着陆段导向方法。

煤层气分支水平井按照钻井施工需要中完井深的完钻原则有两种,一种是揭开目标煤层中完,另一种是在距煤层顶部0.5~2.0m的顶板泥岩中完。两种完钻原则均对目标层的垂深有着比较严格的要求。实际垂深比预测值浅,进入煤层过多,甚至钻入底部泥岩,就会产生煤层中固井造成煤层不稳定,后续施工困难的恶性后果;实际垂深比预测值深,则定向施工困难,钻进速度缓慢,甚至导致连通失败。为满足预测目标层垂深与实际垂深误差小于2m,进一步完善了传统地层对比方法,建立起煤层气分支水平井的中完井深卡取工作流程(图4-45)。

入靶点准确预测的关键是将邻井和设计井地层深度转化成海拔垂深图,通过测井解释结果中的岩性特征、电性特征(主要是伽马曲线)、三参数(岩性密度、中子孔隙度及声波时差)进行综合对比分析,划分地层标志层和识别目的层沉积旋回组合。随钻进行精确地层对比，传统上一般使用等深对比推测法，但煤储层多存在小型褶皱，地层深度会发生变化，因此需要在入靶前计算地层倾角，使入靶更为精确。

设标志层至煤层顶厚度为 H_1，标志层 A 处煤层顶深与实际着陆点深度的厚度差为 H_2，由 A 点至 B 点的闭合距为 L，地层倾角为 α，井斜角的余角为 β，对于下倾地层和上倾地层可分别得到如下关系式，下倾地层（图4-46）：

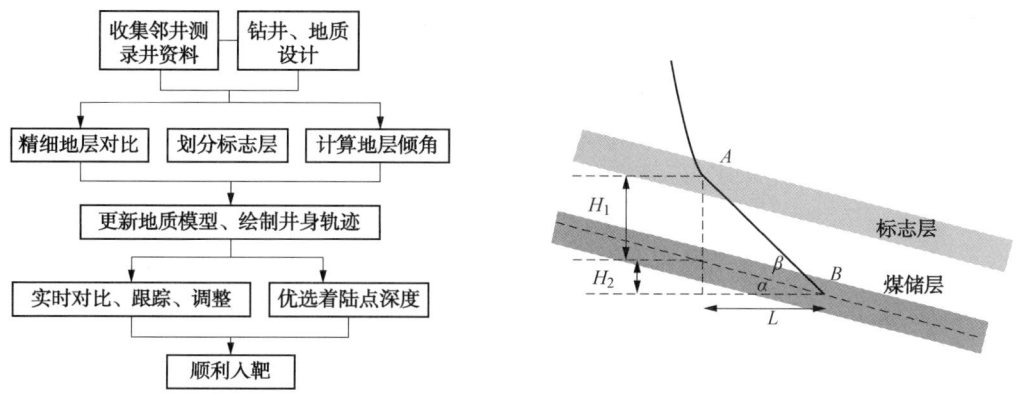

图4-45 中完井深卡取工作流程图　　　图4-46 下倾地层

$$H_1 + H_2 = L \cdot \tan\beta \tag{4-41}$$

$$H_2 = L \cdot \tan\alpha \tag{4-42}$$

关系式（4-41）减去关系式（4-42）可得：

$$H_1 = L \cdot (\tan\beta - \tan\alpha) \tag{4-43}$$

$$L = H_1 / (\tan\beta - \tan\alpha) \tag{4-44}$$

其中，H_1、α、β 均已知，可求得由 A 点至 B 点的闭合距 L，将 L 值代入式（4-41），可得出计算的着陆点深度。若地层为上倾地层，那么需要将以上公式中的方向取反方向，再计算着陆点深度。

对于揭开目标煤层中完钻井工艺，根据钻时加快、全烃升高、岩屑中煤岩含量增多、伽马值降低及时判断进入煤层确定中完；对于不揭开煤层，在煤层顶部泥岩中中完下入技术套管的水平井，要分析区域上煤层构造情况，考虑地层产状变化；加密定向随钻测斜，提高精确度，并根据地层产状变化情况合理选择中完垂深的变化范围；依据常规录井、综合录井、定向随钻井斜数据及随钻伽马数据要及时跟踪分析，一旦出现异常，应及时停钻，以防进入煤层过多。

b. 水平段导向方法。

地质导向的实施阶段，煤层及煤矸石深度、煤层内部夹杂的砂泥岩等成分不断发生变化，仅仅依靠伽马曲线值和曲线形态判断井眼轨迹不能满足调整要求。煤层水平段钻进过程中常用方法为模拟—对比—模型更新法。该方法根据上传的随钻测井和测斜数据，对模型做到及时更新，确定钻头的位置，并预测和计算出地层倾角，根据地层倾角的变化，综合分析钻时、全烃及岩屑等影响因素，对实钻井眼轨迹做出相应的调整，在地质导向过程中，始终保持与现场地质师的联系。通过下面的应用实例，进一步说明如何综合考虑参数进行轨迹调整。

图4-47中ZB-1H井L1-M2井眼使用电磁波聚焦伽马，由于在前期煤层钻进中仅仅依靠伽马参数对地层走势认识不清楚，因此，在井深1127m钻出煤层后，无法准确判断顶出、底出。钻至井深1158m伽马值降低，与煤层特征相似，钻时加快，但全烃值反应不活跃，

井斜角达到了99°(图4-47),观察岩屑见到粉砂成分,继续钻进至1186m,伽马值升高,井斜角102°。综合分析认为,虽然伽马、钻时与煤层相近,但是全烃显示不活跃、低伽马段厚度与6m的煤层厚度显示不符、井斜角大于区域上2°~9°的地层倾角变化,顶出煤层,由于定向钻进困难,起钻向下侧钻,证实判断正确。

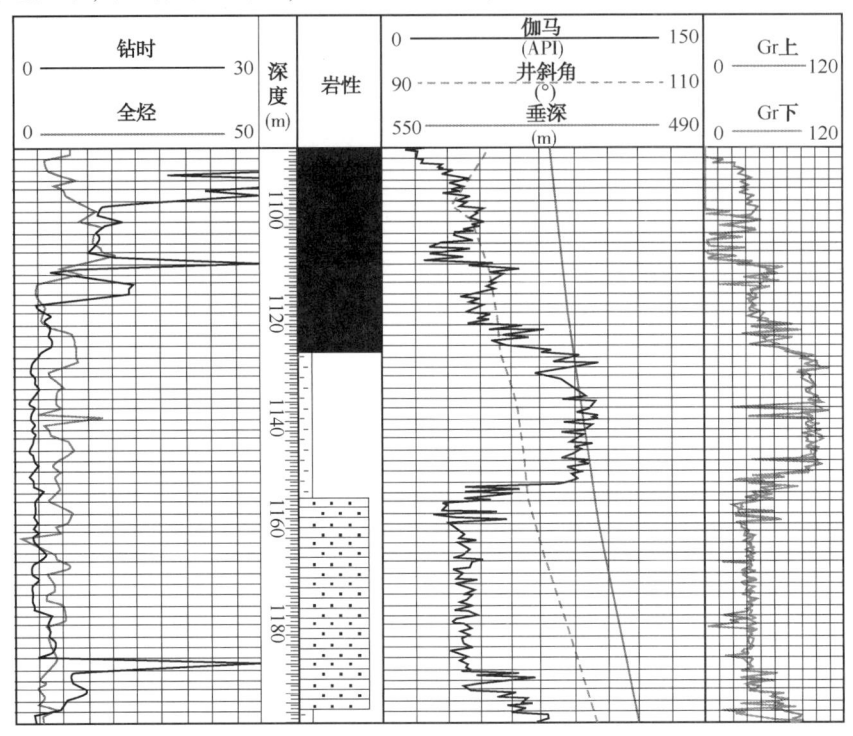

图4-47　ZB-1H井L1(M2)参数变化图

(2)煤层安全高效地质导向方法和经验。

煤层气分支水平井钻探轨迹控制的主要任务是根据随钻资料及时判断井眼轨迹在目的层中的位置,并适时调整,保证井眼轨迹在煤层中以"低峰长波"的波浪式穿越。实现"低峰长波"可以减少钻井定向的调整次数,降低井眼轨迹曲率,水平井段较少的"轨迹峰谷"总数,可降低井眼对钻具的摩阻。定向钻进时,其机械钻速比复合钻进慢3至5倍,减少了定向井段,就相对提高了总体机械钻速。要实现"低峰长波"穿行,就要选择正确的轨迹控制方法。

主支:是后期分支钻探的基础,浸泡时间长,易发生垮塌,施工时应尽量控制井眼轨迹在底部煤矸石以上,井斜调整幅度不宜过大;而且,第一主支地层倾角大小、地层倾角变化均为未知数,为尽可能避免顶底难以判断情况,应采用"波浪法"井眼轨迹控制方法,有意识地控制钻头接触煤层上部的标志层或顶板,探明地层倾角,为后续主分支施工奠定基础。

分支:井眼轨迹调整以"快速钻井"、"提高煤层钻遇率"为施工原则,选择煤层中的"有利"位置,采用"穿心法"进行井眼轨迹控制,根据主支的地层倾角大小及变化情况,认真分析地层倾角、井斜角、自然造斜率间的关系,适时进行层内井眼轨迹微调,引导钻头快速穿越,一旦出层,以仪器工具允许的最大造斜率进行调整,尽快回层,减少无效进尺。

断层:在根据地震、实钻资料分析确定钻遇断层,在井下安全的情况下,判断煤层位置,以仪器工具允许的最大造斜率追踪煤层,追踪垂深变化略大于煤层厚度。

结合山西组 3 号煤层特点，将 3 号煤层顶矸底与底矸顶之间的区域作为导向区间，二者距煤顶、煤底均有足够的调整空间，且特征明显，可及时计算地层倾角及角差，有利于使用"穿心法"对轨迹进行控制，使井眼轨迹在选定区域内穿越，实现"低峰长波"式井眼轨迹，有效提高钻遇率。由于伽马测量短节滞后钻头 8~9m，不能及时反应井底岩性变化，可参考钻时、气测、扭矩等参数确定钻头位置。钻时大小是井底岩性最直接的反应，当钻头碰到顶底板泥岩时，钻时明显增大，出现台阶式的变化；井底气体返出需要一定的时间，通过合理的循环，在消除井底钻具活动产生的抽吸气后，气测值也可明显指示井底钻具是否还在煤层中。

① 进层、出层轨迹调整方法。

准确掌握地层倾角与螺杆造斜率是进行井眼轨迹调整的前提。一般情况下，1.75°单弯螺杆全力增斜钻进 10m，井斜角相应增大 4°左右，复合钻进 10m 自然增斜约 0.5°左右（复合钻进自然增斜率与钻具组合结构有关系，仅供参考）。

顶进煤层时，若井斜角小于地层倾角在 5°之内，那么钻进 10m 入层垂深小于或者等于 0.87m。进层后钻进 20m 时再作轨迹调整，此时入层垂深小于 1.74m，由于复合自然增斜，此时井斜角与地层倾角之差约在 4°左右。全力增斜钻进 10m 后井斜角与地层倾角一致，增斜钻进 10m 过程中入层垂深增加约 0.4m 左右。那么，进层钻进 30m 入层垂深 2.14m 左右，井斜角与地层倾角平行，3 号煤层厚 5.5m 左右，钻头位于煤层中上部。目前郑庄区块 3 号煤层中夹矸层位于煤层内 2~3m 的区域，此时钻头位置位于中矸层顶部。若调整过程中地层倾角未发生变化，钻头在中矸层中穿行利于导向跟踪判断，若地层倾角发生变化，通过是否钻遇中矸层或者钻穿中矸层可实时掌握。若顶进煤层时角差大于 5°，考虑井眼轨迹质量与入层厚度的基础上，根据实际情况及时将井眼轨迹调整在角差 5°之内，调整到井斜角与地层倾角一致时，达到钻头位于煤层中上部（中矸层内），利于下一步跟踪判断与轨迹调整。

底进煤层时，由于底煤层易发生垮塌，应减少在底煤中的进尺，钻头穿过底煤层与底矸层后，再定向降斜钻进，穿过底煤层、底矸层的过程中要及时计算地层倾角，在中煤层（中夹矸与底夹矸之间）或者中夹矸层中将井斜角与地层倾角调整一致，后期在中夹矸层或其上部穿越过程中，轨迹调整要考虑复合钻进自然增斜的特点，合理控制轨迹实现"低峰长波"穿行。

出层一般是由于地层倾角发生变化引起的，出层后首先要准确判断是顶出还是底出，钻时可以先反映出层，但不能准确判断是顶出还是底出的煤层，先不要进行轨迹调整，在伽马曲线特征有出层特征后，仔细分析伽马曲线特征，按照顶出特征、底出特征分别估计角差，进而计算出两个不同的地层倾角，结合井眼估计数据反推顶出、底出那种情况合理，进而做出准确判断。明确顶出、底出后，及时计算地层倾角，在保证井眼轨迹质量与井下安全的基础上，以仪器工具允许的最大造斜率追踪煤层。在煤层顶部或者底部泥岩中降斜、增斜钻进，控制井斜角与地层倾角之差达到 5°即可，角度差越大，入层越快，但对于进层后轨迹控制不利，进层后及时计算地层倾角，按照进层的调整方法进行导向。

② 煤层内部轨迹调整方法。

钻头位于煤层中部时，控制好角度差以复合钻进为主，需要掌握好复合自然增斜规律，把握调整时机适当降斜，围绕中矸标志特征穿越钻进，根据钻时、全烃、伽马值的变化，及时计算地层倾角，预测角度差，实时发现地层倾角的变化情况，提前调整井斜，可实现"低峰长波"式井眼轨迹，从而实现有效提高钻遇率的目的。

钻头位于煤层上部时，为了避免后部地层发生下倾致使轨迹顶出煤层，跟踪入层垂深与复合钻进自然增斜的规律特征，适当控制井斜角小于地层倾角约 3°左右，3°角度差复合钻进 10m，垂深增加 0.53m，井斜角相应增大 0.5°左右，那么复合钻进 60m 后井斜角与地层倾角达到一致，此时垂深增大 2m 左右，钻头位置恰好位于煤层中部。有利于下一步跟踪判断与轨迹控制。

由于底煤易垮塌、底矸产能低的特点，钻头位于煤层底部时，导向过程中控制轨迹增斜钻进穿过底矸后将井斜角与地层倾角调整一致，然后调整方法同与位于煤层中部调整方法（图 4-48）。

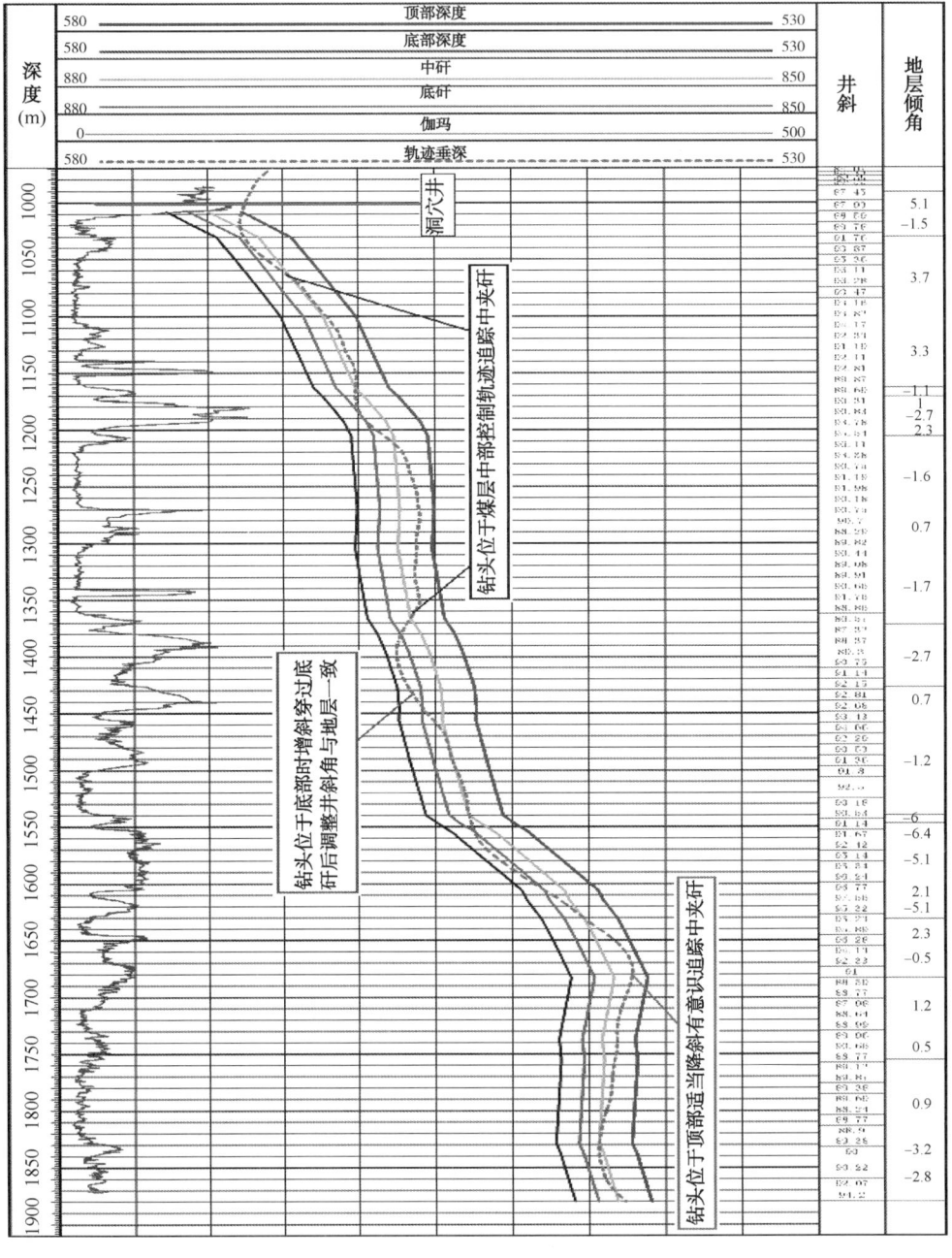

图 4-48 ZSP6H 井 M1 主支钻头位于煤层不同部位轨迹调整示意图

(3) 煤层地质导向典型应用实例。

① Z3P-5H 井 M1 井眼指导 M3 井眼钻探。

Z3P-5H 井设计井区地层倾角为 90°~96°之间，整体东高西低，所覆盖区域有小型隆起、断层。小方位区域地层上倾较缓甚至略显下倾，大方位区域地层较陡（图 4-49）。M1 主支是后续分支钻探的基础，其大致探明井组覆盖区域的地层倾角，结合井区构造特征可指导后续分支井眼的钻探。

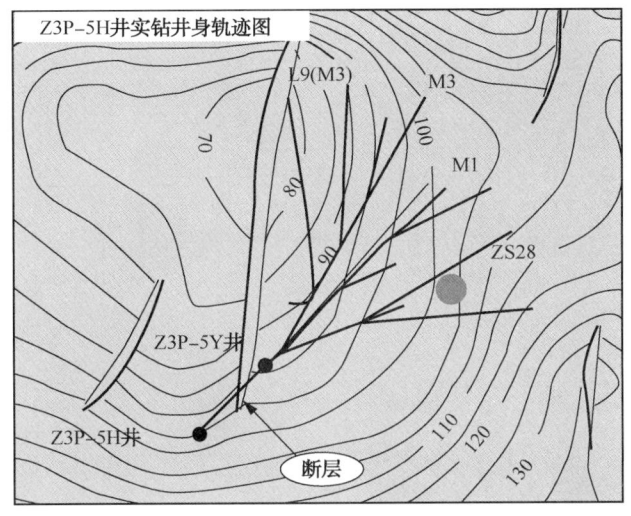

图 4-49　Z3P-5H 井实钻水平投影

M1 主支设计井深为 1864.03m，实际完钻井深为 1585.00m，水平段进尺为 600m，探明地层随着井深的增加逐步抬升，且幅度较大，地层倾角由上倾 1°~2°逐渐抬升至 5°~6°。为了探明井组末端的地层特征，导向设计继续沿原方位钻探 L1（M1）分支，最终钻进至 1705.00m 因井下复杂状况完钻，但基本上探明井组大致地层倾角，地层倾角变化大致可分为 3 段，连通后 200m 井段，地层较平缓，上倾角 0°~2°之间；连通后 200~500m 井段，地层倾角整体上倾，倾角起伏变化不大，在上倾角 3°左右；连通后 500~700m，地层倾角起伏较大，最大地层倾角为上倾角 6.3°，最小上倾角 1.2°。同时，通过 M1 主支的钻探，证实本区 3 号煤层中夹矸层与底矸层稳定分布，伽马值特征及其厚度基本相同，分布稳定，上夹矸层在厚度、伽马值方面变化较大，有时尖灭。以上分析为后续井眼施工奠定了基础。

M3 主支自 M1 主支井深 953m 侧钻，设计方位与 M1 主支方位夹角为 15°，通过 M1 主支的钻探，初步探明井区展布空间上的地层倾角变化和煤层的曲线形态特征，参考区域构造图，初步认为 M3 主支地层产状整体与 M1 相近，小方位区域地层相对变缓，因此，M3 主支在导向过程中可参考 M1 主支煤层顶底深度和地层倾角变化特征，同时做好比 M1 主支倾角小、煤层顶界垂深变深的可能。M3 主支实钻过程中地层倾角整体较值比 M1 井眼小 0.5~1.1°，煤层特征与 M1 井眼相似，在井深相同位置井深 1585m，垂深较 M1 井眼深了约 11m。

② ZSP3H 井判断钻遇断层。

ZSP3H 井 L3（M4）分支自 M4 主支井深 1000m 侧钻，方位 204°，钻进至井深 1136m 突然出层，分析认为钻遇断层（图 4-50、图 4-51）。

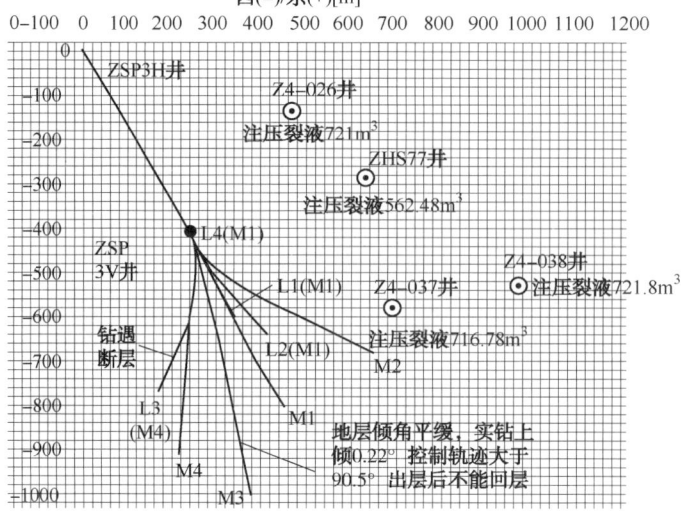

图 4-50 ZSP3H 井实钻水平投影图

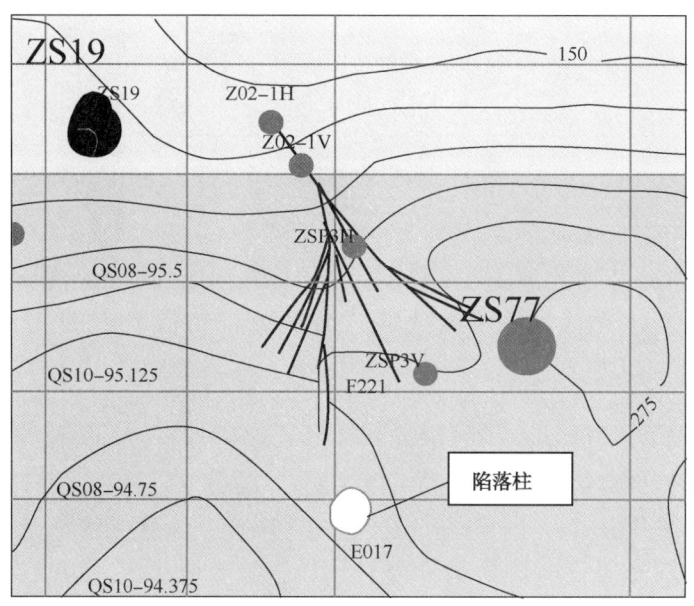

图 4-51 ZSP3H 井井位构造图

分析钻遇理由有以下几点（图 4-52）。

a. 自然伽马没有顶出、底出特征，井深 1110m 处伽马值低于 20API，为煤层内距煤顶 2.0~2.9m 的位置，其位置在顶矸和中矸之间，出层时伽马值直接上升至 171API，顶出没有钻遇到顶矸，底出没有钻遇中矸和底矸，既不是底出也不是顶出。

b. L4(M1) 分支出层时伽马值高达 171API，已钻分支 M1 底出、M3 顶出煤层，伽马最高均小于 125API。

c. L3(M4) 井眼井深 1136m 距 M4 水平距离约 40m，M4 主支在该处在煤层上部距顶约 1.5m 位置，本分支实钻与 M4 主支高低关系相近，本井眼井深 1136m 处比 M4 低 1m，即煤层位置为距煤顶 2.5m 左右，为煤层中部。

本井设计要求煤层内总进尺达到 4000m 以上，控制面积 0.35km² 以上。实钻煤层进尺为 2729.00m，纯煤进尺为 2255.00m，控制面积 0.2km²，钻遇断层是本井失利的主要原因之一。

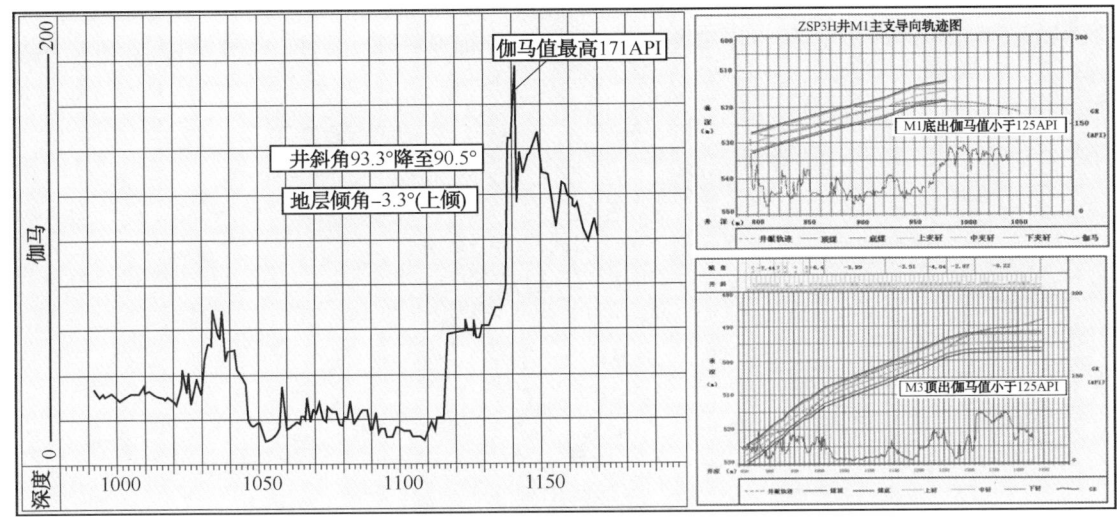

图 4-52　ZSP3H 井 L4(L3)分支随钻伽马与其他分支对比图

③ 已钻井组刻画地质模型指导后续井组施工。

由于地震资料对煤层展布在解释精度上存在局限性，小的褶曲、微型断层等构造现象钻前难以发现，通过总结区域内已钻井落实的煤层产状变化，结合地震资料的宏观指示，进一步校正刻画煤层地质模型，是地质导向技术的提升也是工作重点。

ZSP4H 井、Z3P-4H 井、Z3P-5H 井是设计在一个井场的 3 组多分支水平井，设计井位构造图如图 4-53 所示，显示井区整体较平坦，ZSP4H 井组展布空间内的地层倾角为最大，Z3P-4H 井组、Z3P-5H 井组覆盖区域地层近水平。ZSP4H 井为区域内第一口施工井，其次

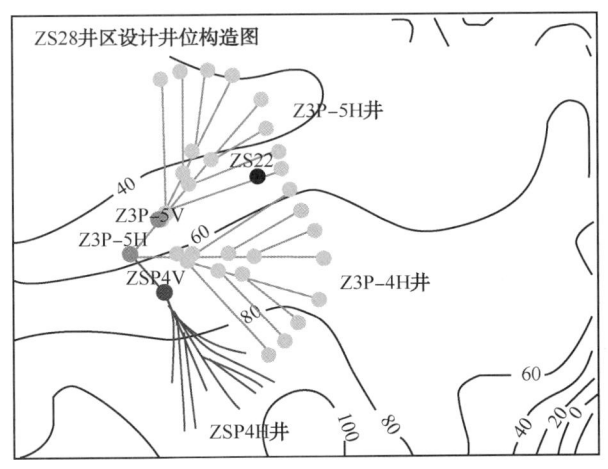

图 4-53　ZS28 井区设计井位构造图

为 Z3P-5H 井，最后为 Z3P-4H 井。ZSP4H 井实钻地层倾角整体较设计大了约 2°，落实地质特征与设计相差较大，实钻后校正构造图如图 4-54 所示。后续 Z3P-5H 井施工落实小方位区域内一半的井眼煤层全部下倾。利用已钻的 ZSP4H 井、Z3P-5H 井落实煤层倾角，结合区域地震解释资料，校正刻画地质构造，有利于指导位于 2 井中间的 Z3P-4H 井的钻井施工。Z3P-4H 井的施工过程中，因构造落实，煤层倾角已初步探明，14d 完成煤层进尺 4630m，煤层钻遇率达到 98.32%，单井控制面积 0.48km²，优质高效的完成了钻探任务。

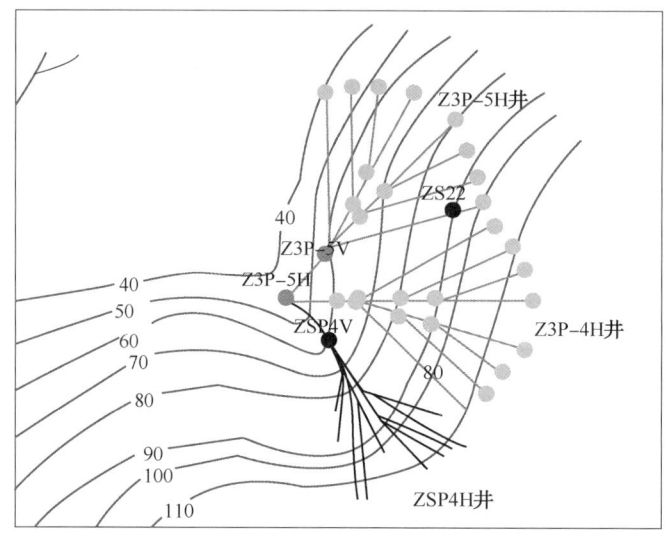

图 4-54　ZS28 井区实钻校正井位构造图

4.1.6　煤层气多分支水平井欠平衡钻井技术

煤层气藏不同于普通的油气藏，主要表现在割理系统渗流特性、应力敏感性、易受伤害等诸多特点。煤层气渗流能力主要取决于天然割理—裂缝系统（图 4-55），而基块渗透率极低；由于煤层强度低、易压缩，煤层气储层极易发生应力敏感伤害；另外煤为有机岩，煤中含有大量的微量物质元素，任何入井流体都极易与其发生化学反应，从而在煤割理系统中结垢。中国大部分中高阶煤储层属于无水干煤层、束缚水饱和煤层及自由水产量很低的低压低

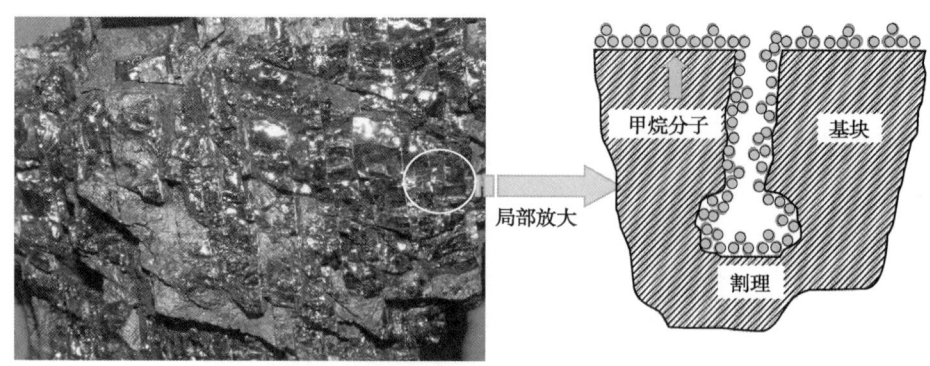

图 4-55　煤层气储层割理系统与甲烷吸附状态示意图

渗煤层。在常规钻井施工过程中,钻井液密度过大是导致储层伤害的主要因素之一,而在煤层气田中过平衡钻井对储层的伤害更为严重。如果能将井筒液柱压力降到与地层孔隙流体压力相近甚至更低,使地层流体不断流入井筒并循环到地面并得到有效的控制,就可能从根本上解决煤储层的伤害问题。

充气欠平衡钻井技术将空气注入钻井液内形成以气体为离散相,液体为连续相的钻井液体系。充气钻井液主要适合于地层压力系数为 0.7~1.0 的储层,并允许地层大量出水。充空气钻井液保护煤储层的机理是通过在钻井液中充气减少钻井液的 ECD(当量循环密度),从而降低液柱对井底的压力,在井底形成负压差以实现欠平衡钻井。充气欠平衡钻井的以上诸多特点使其很适合煤层气多分支水平井,目前该技术已在 WM1-1 井、FP1-1 井、PZP 井等得到了广泛应用,并取得了良好的预期效果。

4.1.6.1 煤层气充气欠平衡钻井工艺流程

煤层气多分支水平井一般利用抽排直井进行注气,在抽排井内下入注气油管,并在井底利用封隔器将环空封堵,其注入原理与寄生管注入原理相似(图 4-56)。抽排井注气的工艺流程为:空气压缩机或增压机将空气从抽排直井注入到注气油管内,压缩空气经过注气油管进入到水平井的环空中,经过与煤屑、清水钻井液的混合后,形成气、液、固三相环空流动。原则上返出混合流体经旋转头侧流口进入液气分离器进行分离,混合液流从液体出口流入振动筛,气体夹杂煤粉从气流管线进入燃烧管线排放。在燃烧管线出口处,利用大排量风机将排出的气体(包括注入的空气和解析出的甲烷)尽快吹散。

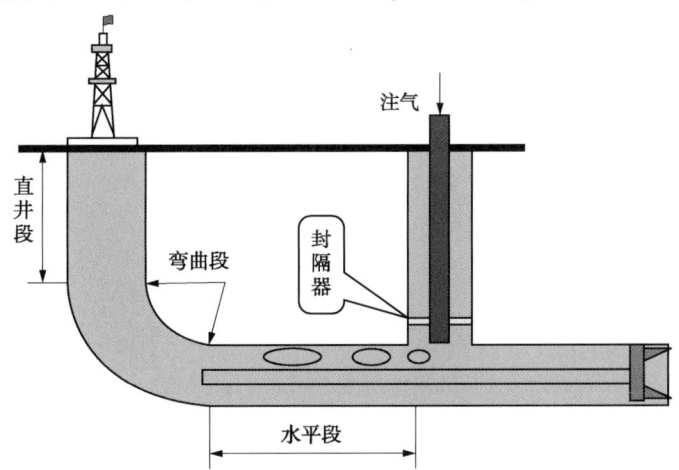

图 4-56 煤层气多分支水平井充气欠平衡工艺流程图

4.1.6.2 充气平衡钻井设计

(1) 液气流量窗口优化设计模型。

煤层气充气欠平衡气液流量窗口是煤层气充气欠平衡欠压值设计的依据,给出了欠压值设计的范围,通常气液流量窗口由四条曲线构成,即平衡压力限、坍塌压力限、冲蚀井眼限、携岩能力限(图 4-57)。煤层气充气欠平衡气液流量窗口优化设计的目的是保证钻进时井底流动压力小于地层压力;停止循环时保证井底压力大于煤层坍塌压力;保证气液混合物具有足够的携岩能力,避免岩屑床的形成;由于煤层强度低,避免对井眼造成冲蚀。

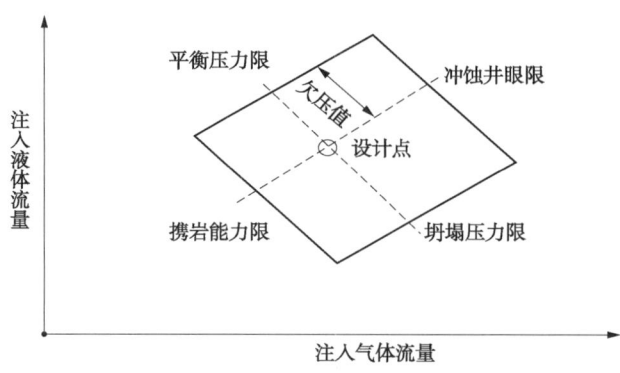

图 4-57 煤层气充气欠平衡气液流量窗口

① 气液流量窗口左限的确定。

气液流量窗口左限是根据液气流量组合确定的点来界定的，需要做不同液体流量下井底流动压力与气体注入量间的函数曲线，通过读取曲线上的压力值可以得到等于地层压力的不同液气流量组合。依据煤层气多分支水平井井身结构特点，可将其环空分为三个部分：环空直井段、环空造斜段和水平段，其中水平段洞穴后的井段为冲气钻井液体系，洞穴前的井段为清水钻井液体系。

a. 环空内直井段流动压力与井深的关系。

假设气、液、固三相流为均匀混合，注入的气体上返过程中符合 PVT 方程，且煤屑能随气液流以相同的速度流动。在以上假设的基础上，郭伯云等通过对热力学第一定律的研究，认为直井段环空压力主要由三相流的静液柱压力 dP_T、摩擦压耗 dP_M 二部分构成。但是在大量的煤层气充气钻井实践中发现，由于忽略了段塞流动模式，浅井段 Guo 模型计算的静液柱压力较实测值偏小。针对煤层气多分支水平井较浅的特点（垂深一般不超过 1000m），本文引入了修正系数 K，建立了修正的 Guo 模型：

$$dp = dp_T + dp_M = r_{mix} K dH + r_{mix} \frac{fV^2}{2g(D_h - D_p)} dH \tag{4-45}$$

式中　dp——流动压力变化值，Pa；

　　　dH——计算深度，m；

　　　r_{mix}——三相比重，Pa/m；

　　　f——范宁摩阻系数；

　　　V——环空平均流速，m/s；

　　　D_h——井眼内径，m；

　　　D_p——钻柱外径，m；

　　　K——修正系数，一般取 1.0~1.1。

空气、钻井液和煤屑的平均重度计算公式为：

$$r_m = \frac{W_s + W_g + W_l}{Q_s + Q_g + Q_l} \tag{4-46}$$

式中　W_s——岩屑的重量流量，N/s；

　　　W_g——气体的重量流量，N/s；

W_l——钻井液的重量流量,N/s;

Q_s——岩屑的体积流量,m³/s;

Q_g——气体的体积流量,m³/s;

Q_l——钻井液的体积流量,m³/s。

b. 环空内造斜段/水平段流动压力与井深的关系。

煤层气多分支水平井洞穴处(注气点)以上井段一般由造斜段和水平段组成(图4-56)。取 MWD 的一个测段 dH 为计算对象,测段的上端点为 N_i,下端点为 N_{i+1}。假定该测段的井眼轨迹为直线,井斜角和方位角为两测点 N_i 和 N_{i+1} 的相应值得平均值,即符合井眼轨迹的平均角计算方法。测段 dH 与流动压力的关系如下:

$$dp = r_m K\cos(I)dH + \frac{r_m f v^2}{2g(D_h - D_p)}dH \tag{4-47}$$

式中 dp——测段压力变化值,Pa;

dH——计算井段长度,m;

I——测段井斜角,弧度;其他参数同式(4-45)。

c. 洞穴至钻头井段环空压力与井深的关系。

为了保护煤储层不受到钻井液的伤害,入井流体一般为清水,它的流动规律符合牛顿流体。当雷诺数 Re 小于2100时,泥浆的流动为层流模式,当雷诺数 Re 大于2100时,钻井液的流动为紊流模式。该井段流动压力与井深的关系为:

$$\frac{dp}{dH} = \frac{8\mu v}{r_2^2 + r_1^2 - \frac{r_2^2 - r_1^2}{\ln(r_2 - r_1)}} + \rho g\cos(I) \qquad (Re<2100) \tag{4-48}$$

$$\frac{dp}{dH} = \frac{2 \cdot 0.0791\rho v^2}{\left(\frac{\rho v(D_h - D_p)}{\mu}\right)^{0.25} \cdot (D_h - D_p)} + \rho g\cos(I) \qquad (Re>2100) \tag{4-49}$$

式中 r_2——套管或井眼内壁半径,m;

r_1——钻柱外壁半径,m;

v——钻井液流动速度,m/s;

ρ——钻井液密度,kg/m³;

I——测段井斜角,°;

g——重力加速度;

μ——钻井液黏度,Pa·s。

② 气液流量窗口右限的确定。

气液流量窗口右限是根据在不同的气体注入流量下,使得不同液气流量组合产生的停止循环时的井底压力等于地层坍塌压力来界定的。为了确定这些点,需要作不同液体流量下的井底压力与气体流量的函数曲线,通过读取与坍塌压力曲线相交点的数据,即可绘出气液流量窗口右限。

煤层气多分支水平井充气钻井停止循环时的井底压力由三部分构成,即直井段的静压力、造斜段的静压力和稳斜段静压力构成,具体计算公式为:

$$p = \int_0^{I_m} K r_m R \cos(I) \mathrm{d}I + \int_0^H r_m \mathrm{d}H + \int_0^{H_m} r_m \cos(I_w) \mathrm{d}H \tag{4-50}$$

式中 r_m——气液固混合物的平均重度；

R——造斜段曲率半径，m；

I_m——最大造斜率，°；

I_w——稳斜段的稳斜角，°；

H——造斜点处的井深，m；

H_m——稳斜段长度，m。

③ 气液流量窗口下限的确定。

气液流量窗口下限的确定需根据混合流体的携岩能力来界定。对于充气钻井液体系，通常选择最小动能标准，标准携岩的单位体积动能为 15kgf·m/m³。忽略气体的携岩能力，仅以钻井液的动能为设计标准。

$$E = \frac{1}{2} \frac{r_w}{g} v^2 \tag{4-51}$$

式中 r_w——钻井液的重度，N/m³；

v——流速，m/s；

g——重力加速度。

④ 气液流量窗口上限的确定。

气液流量窗口上限的确定是根据井眼的冲蚀扩大限定的。目前没有这方面的设计方法，一般参考煤层气多分支水平井井径录井曲线和当地的钻井实践情况来确定。通常煤层气多分支水平井的注气量不超过 40m³/min，钻井液排量不超过 1200L/min。

(2) 气、液和煤屑三相流环空流动压力模型求解算法。

以上建立的液气流量窗口优化设计模型主要由一系列的非线性微分方程组成的数学模型，核心问题是三相流环空流动压力计算。由于平均重度 r_{mix}、速度 v、环空等效水力直径等参数都是不确定量，要直接获得理论模型的解析解是难以做到的。本书采用了对"井眼轨迹的离散化"求解方法，首先将煤层气多分支水平井井眼轨迹离散化，通常以 MWD 测点为离散的依据，将井眼轨迹分成 n 段：N_0、N_1……N_{n-2}、N_{n-1}；取 N_0 段为研究对象，获取该段的压力初值（即井口回压 p_s）、轨迹参数、井身结构参数、钻井液参数等，在此基础上将式(4-48)或式(4-49)在 N_0 区间积分，并用迭代法求出 N_0 段下端点的压力值。然后依此类推，逐段作数值计算求解，从而求出洞穴以上整个环空的摩擦压耗和静液柱压力的数值解。对于洞穴与钻头处的环空井段，同样以上的方法进行求解，但方程 4-49、方程 4-50 在选定的区间内的积分为线性方程，代入离散后的某个段 N_x 的长度即可求得下端点的压力值。

(3) 计算实例。

以沁水盆地樊庄区块某煤层气多分支水平井为例，造斜点位置为 335m，造斜段的造斜率为 10.6°/30m，主井眼垂深 500m，洞穴位置为 622m，最大井深为 1596m，煤层段井斜角为 90°。177.8mm 技术套管下入到 576m 处固井，用 152.4mm 钻头+88.9mm 钻杆进行三开煤层段钻进，机械钻速为 30m/h。地表温度为 25℃，地温梯度为 2℃/100m；控制出口回压为 0，忽略排管管汇压力降，修正系数 K 取 1.1。钻井液采用清水（黏度为 0.001Pa·s），并利用油管从抽排井注入空气，另外煤的相对密度为 1.6。

① 气液流量窗口优化结果。

沁水盆地 3 号煤层的地层压力取为 0.95，煤层段井眼的坍塌压力当量密度取为 0.3，泵排量的组合范围为 6~18L/s。经过计算得到了使井底流压等于地层压力的不同空气注入量为 5.7~34m³/min，坍塌压力的临界注入空气量为 15.5~39m³/min。按最小动能原理可求得满足携岩能力的条件下的泵最小排量为 6.59L/s。基于以上的计算结果，以泵排量为横坐标，注入空气量为纵坐标，即可得到如图 4-58 所示的气液流量窗口。考虑到煤层的不稳定性，欠压值 Δp 一般设计为 0.5MPa 左右。另外煤层气多分支水平井水平段长，易形成岩屑床，根据现场作业经验，钻井泵排量应保持在 15L/s 以上。

经过计算，设计的空气注入量为 30m³/min，水平段端部设计欠压值为 0.65MPa，水平段根部设计欠压值为 1.15MPa。该井在现场作业过程中，仅采用了一部空压机（额定排量为 30m³/min），由于注气效率等因素，实际的注气量为 27m³/min，注气压力约为 3.5MPa，瞬间停泵和停止注气时洞穴井井口压力为 2~2.5MPa，模型计算的洞穴井井底流动压力为 3.7MPa，静液压力为 2.02MPa，误差范围 6%~20%，计算结果较为准确。

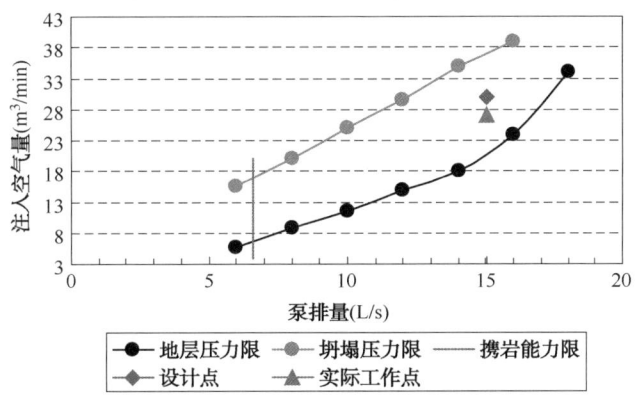

图 4-58 实例井气液流量窗口优化结果图

② 循环流动压力、静液压力与气液流量的关系。

表 4-6 和图 4-59 映了泵排量为 15L/s 时不同注入空气量条件下（Q_{go} 分别为 15m³/min、20m³/min、25m³/min、30m³/min、40m³/min 时），环空流压随注气量的变化关系。由图 4-59 可以看出，当钻井液排量固定时，在给定计算条件下，井底流压随注气量的增加而下降；当井深较浅时，环空内气体急剧膨胀，混相流体密度随之急剧减小，此时的流压以摩擦压耗为主；随着井深的增加，环空空隙率逐渐降低，此时环空静压对流压的贡献占主导地位。

表 4-6 泵排量为 15L/s 时环空压力与气体注入量的关系

井深(m)	$Q_{go}=15$m³/min		$Q_{go}=20$m³/min		$Q_{go}=25$m³/min		$Q_{go}=30$m³/min		$Q_{go}=40$m³/min	
	流压	静压	流压	静压	流压	静压	流压	静压	流压	静压
0	0	0	0	0	0	0	0	0	0	0
50	0.51	0.04	0.54	0.037	0.57	0.03	0.59	0.029	0.64	0.025
82	0.65	0.11	0.698	0.096	0.72	0.084	0.74	0.076	0.81	0.067
137	0.88	0.22	0.92	0.2	0.95	0.176	0.98	0.157	1.04	0.136
324	1.64	0.69	1.599	0.55	1.567	0.432	1.57	0.36	1.63	0.28

续表

井深(m)	$Q_{go}=15m^3/min$		$Q_{go}=20m^3/min$		$Q_{go}=25m^3/min$		$Q_{go}=30m^3/min$		$Q_{go}=40m^3/min$	
	流压	静压	流压	静压	流压	静压	流压	静压	流压	静压
368	1.93	1.02	1.85	0.74	1.78	0.57	1.76	0.47	1.81	0.36
405	2.23	1.17	2.11	0.94	1.89	0.62	1.95	0.599	1.97	0.45
461	2.82	1.69	2.65	1.4	1.99	0.72	2.32	0.88	2.28	0.66
532	3.58	2.36	3.36	2.02	3	1.55	2.82	1.26	2.69	0.94
622	4.43	3.09	4.22	2.73	3.7	2.1	3.44	1.71	3.22	1.28
700	4.49	3.09	4.28	2.73	3.77	2.1	3.5	1.71	3.27	1.28
800	4.54	3.09	4.33	2.73	3.82	2.1	3.55	1.71	3.32	1.28
1000	4.64	3.09	4.43	2.73	3.92	2.1	3.65	1.71	3.42	1.28
1200	4.74	3.09	4.53	2.73	4.02	2.1	3.75	1.71	3.52	1.28
1596	4.94	3.09	4.73	2.73	4.22	2.1	3.95	1.71	3.72	1.28

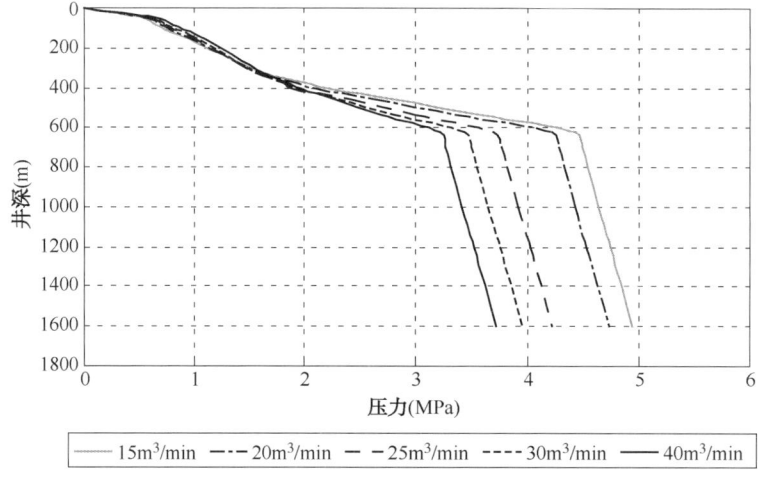

图 4-59　泵排量为 15L/s 时环空压力与气体注入量的关系图

图 4-60、图 4-61 反映了泵排量为 15L/s 时不同注入空气量条件下（Q_{go} 分别为 $15m^3/min$、$20m^3/min$、$25m^3/min$、$30m^3/min$、$40m^3/min$），环空累积摩擦压耗和液柱静压力随注气量的变化关系。从图 4-60 可以看出，随着注气量的增加，环空混相流体流速逐渐增加，环空累积摩擦压耗呈非线性增加趋势；当井深超过注气点（622m）后，此时的环空流体主要为清水，环空累积摩擦压耗呈线性增长趋势。

从图 4-61 可以看出，随着注气量的增加，环空静液压力单调降低；当井深在 200m 以内时，井筒内气相占主导地位，环空静液压力增长较为缓慢；当井深逐渐增加时，环空空隙率逐渐减少，静液压力增长较快。

（4）小结。

① 针对煤层气多分支水平井较浅和地层压力低等特点，建立了计算环空井底流压的修正 Guo 模型，通过修正系数的引入，降低了浅井段段塞流对静液压力的影响，经过现场钻井实践的检验，抽排井洞穴处环空压力计算值与实测值误差小于 20%。

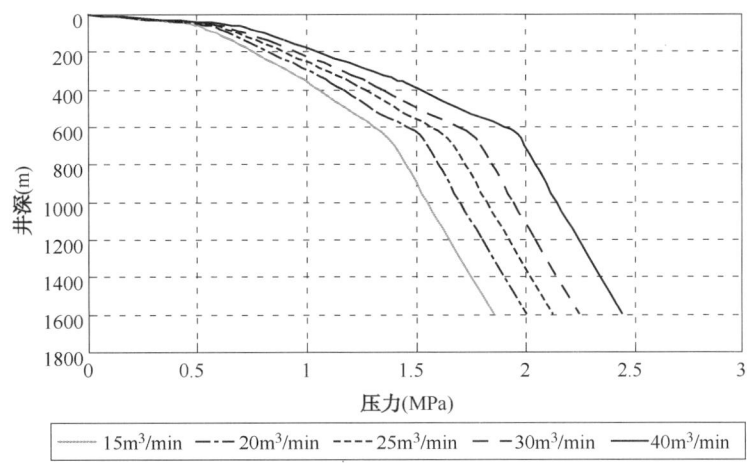

图 4-60　泵排量为 15L/s 时环空摩擦压耗与气体注入量的关系图

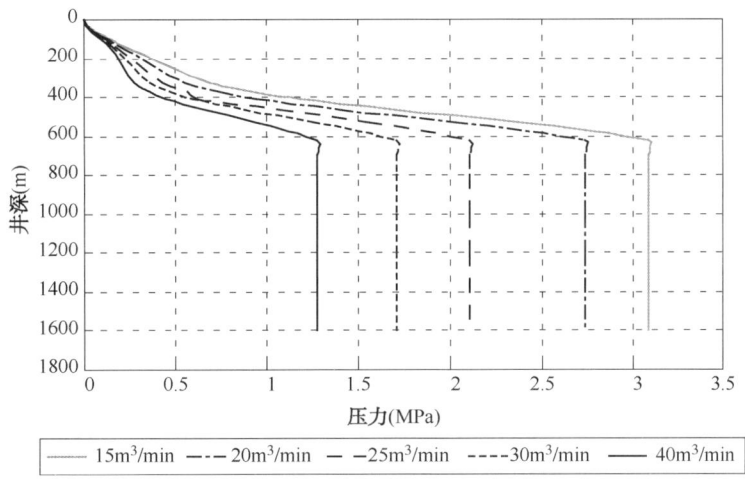

图 4-61　泵排量为 15L/s 时环空静液柱压力与气体注入量的关系图

② 结合牛顿流体压耗计算模型和修正的 Guo 模型，首次建立了煤层气多分支水平井气液流量窗口模型及其离散化求解方法。

③ 在给定泵排量的条件下，随着注气量的增加，在一定井深范围内环空内气体急剧膨胀，摩擦压耗占主导地位，此时的流压随注气量的增加而增加，当超过一定的井深后，环空空隙率逐渐降低，静液压力占主导地位，此时的流压随注气量的增加而减少。

④ 在给定泵排量的条件下，随着注气量的增加，环空空隙率逐渐增大，静液压力呈单调递减趋势，而累积摩擦压耗呈单调增加趋势。

4.1.6.3　充气欠平衡钻井工艺

煤层气为吸附气，钻井过程中难以进入井筒，因此在煤层气在充气钻井中可选择空气作为充入气体，钻井液为水基钻井液。充气欠平衡钻井工艺流程如图 4-62 所示。通过压缩机和增加机，将带有一定压力的气体经过洞穴井油管注入环空，与基液混合，一起由井眼环空返到井口，经四通、节流管汇、液气分离器进行液气分离，气体直接由燃烧管线排入大气中。分离出的含有固相的液体，经振动筛，把固相分离出去，钻井液经砂泵抽到常规固控系统进一步固控，然后重新进入井内，实现循环。

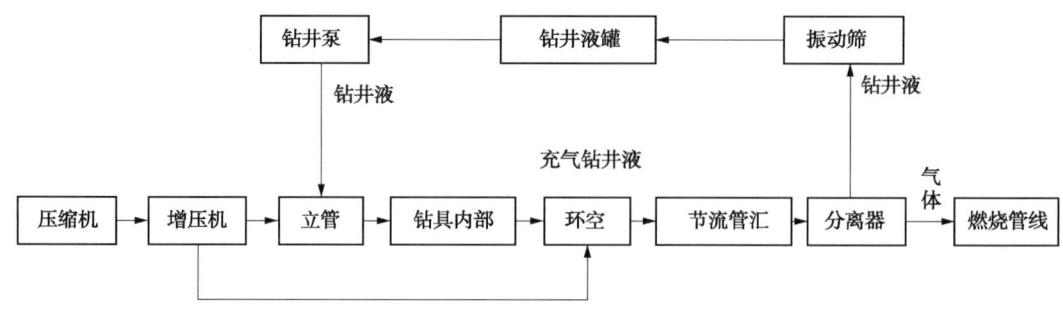

图 4-62 充气欠平衡钻井工艺流程

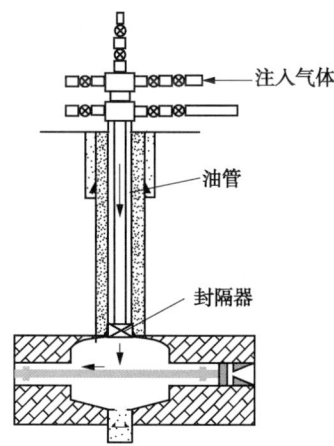

图 4-63 油管注气法示意图

(1) 注气管串。

充气管柱直径对井底压力和立管压力没有影响,但对于注气压力有微弱的影响,注气管柱直径减小注气压力增大。现场应用过程中,管柱直径较大时,管柱的容积效用较大,易形成大段的段塞流,降低循环流体总体密度,所以注气压力有所降低。优选下入注气管串,结构要求:确保下入封隔器封闭环空;保障管串的下入深度合适;注气管串井口密封。管串结构:油管+单流阀+封隔器+单流阀+笔尖(图 4-63)。

(2) 地面流程及设备配套。

① 注气井井口。

通常采用双空压机、双增压机注气,其中增压机一套留作备用(图 4-64、图 4-65)。

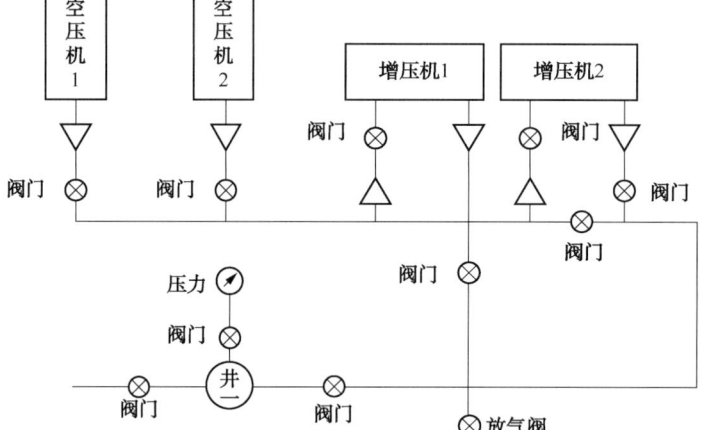

图 4-64 充气欠平衡注气设备布置连接示意图

② 水平井井口。

地面流程:采用旋转防喷器封闭井口环形空间,将井口返出气液混合物导流至液气分离器,分离后的液体进入循环罐,气体直接进入燃烧池(图 4-66)。

③ 设备配套方案。

洞穴井充气设备:主要包括空压机、增压机、地面注气管汇及阀门、注气管串、旋转控制头及控制装置等(表4-7)。

图4-65 充气欠平衡注气设备现场实物图

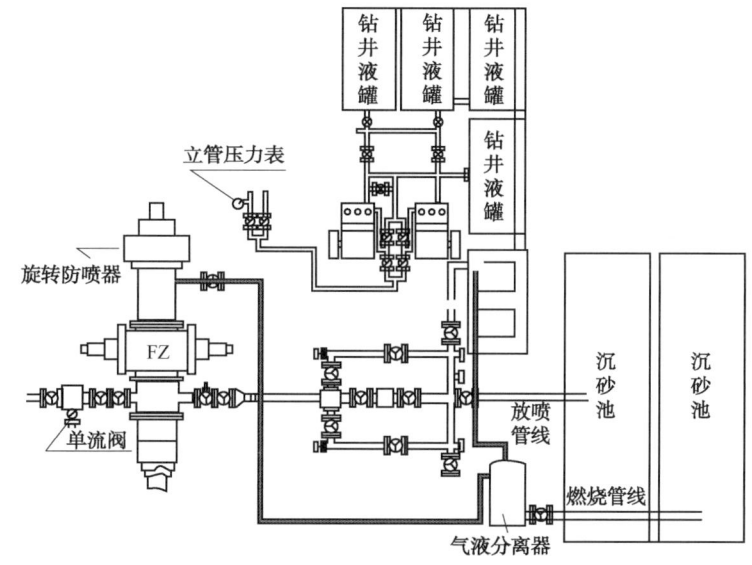

图4-66 水平井井口循环流程图

表4-7 洞穴井充气设备

设备名称	型号	数量	备注
空压机	DLQ900XHH-1150XH	2台	32.5m³/min
增压机	GEMINI H302/3-1800	2台	30m³/min/20MPa
地面注气管汇		1套	压力级别21MPa
注气管串		1000m	2⅞in 油管
旋转控制头	XF35-3.5/10.5	1套	

4.1.6.4 充气欠平衡钻井应用实例

Z3P-4H井是沁水盆地南部斜坡沁水煤层气田的1口煤层气开发井。该井由工艺井Z3P-4H和排采井Z3P-4V共同组成。Z3P-4H井在山西组3号煤层内钻多分支水平井,其主支穿过直井Z3P-4V在3号煤层段的洞穴,通过多分支水平井方式增加煤层内井眼长度,扩大煤层泄气面积,提高煤层产气能力。

(1)施工工艺。

采用洞穴井注气。

(2)施工设备。

2台 GEMINI H302/2-1800 和 GEMINI H302/3-1800 的增压机和 2 台 DLQ900XHH/1150XH 的空压机及连接管汇。

(3)井口设备连接情况(图 4-67)。

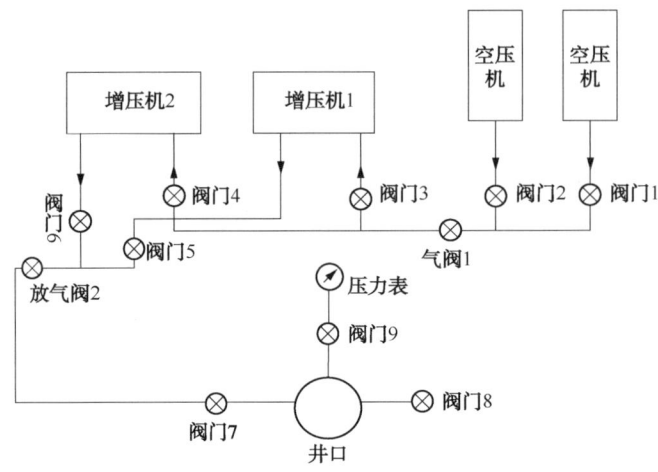

图 4-67　井口设备连接示意图

(4)注气管串下入情况。

Z3P-4V 井洞穴位置在 759.40~763.40m,玻璃钢套管位置在 756.87~764.90m。φ73mm 管串结构从下到上为:笔尖×1m+单向阀×0.38m+变扣×0.13m+封隔器×1.97m+油管×9.83m+单向阀×0.30m+变扣×0.18m+油管×77 根×735.97m+油管短节×2m+油管挂×0.23m+油补距×0.38m。

(5)欠平衡施工实施效果。

Z3P-4H 井在 2011 年 7 月 10 日至 8 月 4 日期间施工。共打 2 个主支和 6 个分支,完成进尺 5001m,煤层进尺 4554m,煤层钻遇率 91.06%。

注气效果:三开连通后,开始直井注气,注气压力稳定在 5.9~6.1MPa 之间。图 4-68 记录了从开始注气到停止注气整个过程,从开始注气到注气压力达到最大需要 15min。

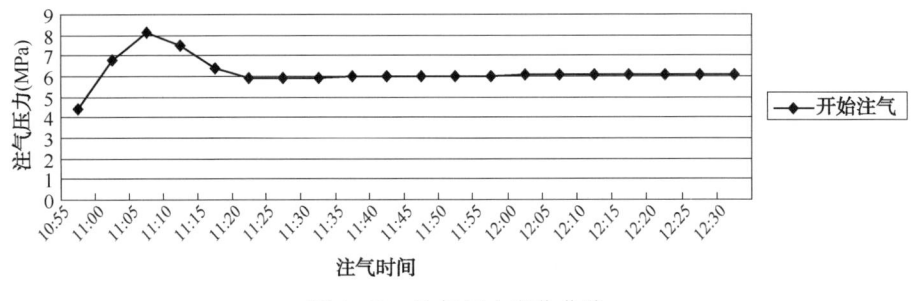

图 4-68　注气压力变化曲线

4.1.7　随钻仪器打捞技术

4.1.7.1　打捞工具结构设计与打捞技术

钻井施工作业过程中经常发生井下复杂状况,尤其是煤层气水平井,钻井安全等方面还存在不少技术问题；例如国内某煤层气田 48 口煤层气多分支水平井，共有 11 口井发生无线随钻测斜仪器 MWD 埋井，仪器损失高达 23%，因此在钻井施工过程中发生井下复杂时，将价格昂贵的无线随钻测斜仪器 MWD 打捞出井，减少事故损失成为需要解决的技术难题之一。MWD 无线随钻测斜仪器主要由井下仪器和地面设备两部分组成。井下仪器按一定顺序连接在一起形成井下仪器串。

MWD 无线随钻测斜仪器有两种坐键方式，下坐键和上悬挂坐键（图 4-69）。

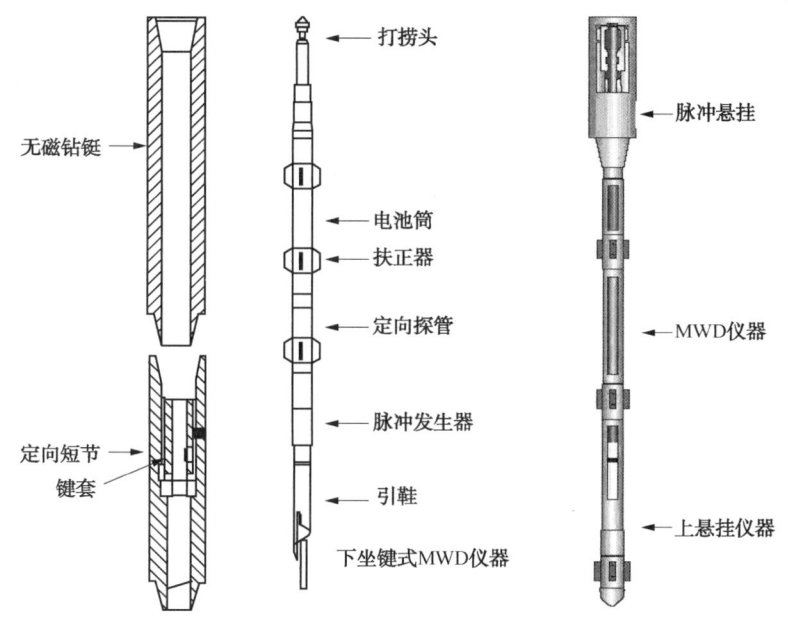

图 4-69　MWD 上悬挂与下坐键仪器的外结构示意图

上悬挂 MWD 无线随钻测斜仪器，上下直径不同，测量探管、驱动短节的直径通常是 $\phi48mm$ 或 $\phi45mm$，脉冲发生器部分的直径有多种规格，脉冲发生器随钻具组合规格变化。它装在一个特殊的悬挂短节中被固定，直径大于钻具水眼直径，一旦发生井下复杂状况，也只能等到复杂状况解除随钻具出井，无法从钻具水眼打捞出仪器的。

下坐键 MWD 仪器测量探管、驱动短节和脉冲发生器的外结构直径是相同的，无论钻具组合如何变化，脉冲发生器的直径不变，通常直径为 $\phi48mm$，其扶正器胶翼直径与相配合的钻具水眼相同，打捞仪器通过小水眼钻具时，在一定的拉力作用下胶翼将被剪切破坏，从而可将下坐键 MWD 仪器从钻具水眼内捞出。目前能从水眼里打捞的 MWD 仪器都属于下坐键。国内煤层气多分支水平井使用的无线随钻仪器基本上为此类型。

在定向井、水平井钻井施工过程中井下发生复杂情况时，若井下仪器串为下坐键，通常采用电缆绞车进行打捞。电缆连接打捞锚加重杆，打捞作业的条件一般是：打捞锚的直径小于钻具水眼直径，钻具水眼直径大于仪器直径，井眼轨迹的井斜角小于 60°。打捞工具在钻具内是靠自身的重力向下运动的，随着井斜的增大打捞工具向下运动的摩阻也增大，当摩阻与工具的重力分量相等时打捞工具就无法向下运动。而煤层气多分支水平井需要打捞仪器的井段几乎都在水平段，井斜角接近或大于 90°，显然用常规的方法是无法进行仪器打捞作业的，要想进行仪器打捞，必须有足够的力将打捞锚推下去。电缆连接打捞锚加重杆是柔性软连接，柔软的电缆无法给打捞锚施加足够的力推动其向下运动，因而不能在大井斜角的情况下进行仪器打捞作业。

用抽油杆送打捞锚到井下打捞仪器,在井斜角大于90°的情况下同样能够进行打捞作业。抽油杆(图4-70)连接打捞锚(图4-71)变成有足够刚度的硬连接,利用其在上直段的质量克服钻具与抽油杆之间产生的摩擦阻力推动打捞锚向前运动,打捞锚撞击仪器的打捞头,进入打捞锚被卡板卡住,将仪器捞获。打捞锚连接抽油杆如图4-72所示。设计打捞仪器的抽油杆采用直径 $\phi 22.2 mm$。

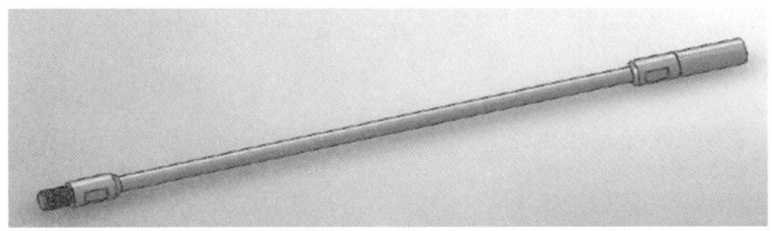

图 4-70 抽油杆

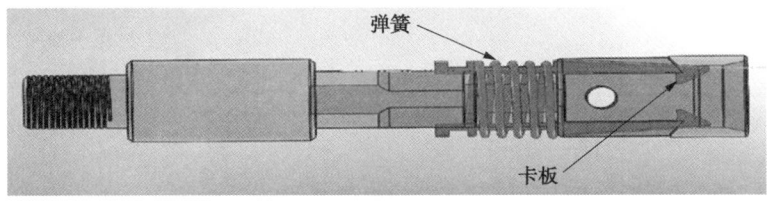

图 4-71 打捞锚

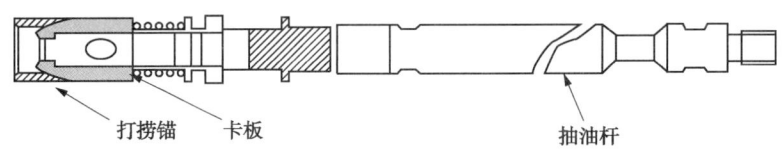

图 4-72 打捞锚连接抽油杆示意图

水平段施工发生井下复杂情况时,当水平段较长,上直段、斜井段的抽油杆的质量不能克服抽油杆与钻具之间的摩擦阻力,出现打捞锚无法向前运动,就不能有效地进行仪器打捞。

打捞加重杆是专门为打捞井下仪器而设计的,连接位置在上直段和井斜角小于60°的斜井段,主要目的是提供一定的压力,推动打捞锚进入水平段打捞仪器。连接结构:$\phi 45 mm$ 打捞锚+$\phi 22.2 mm$ 抽油杆+$\phi 38 mm$ 加重杆。打捞加重杆如图4-73所示:扣型与 $\phi 22.2 mm$ 抽油杆相同,使用作业吊卡也相同。

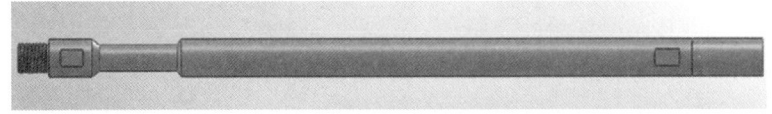

图 4-73 打捞加重杆

4.1.7.2 随钻打捞技术应用情况

国内某钻探企业于2011年施工的煤层气水平井有4口井发生了井下复杂状况,进行了4井次仪器打捞,获得成功。2011年10月20日ZPS6井在煤层钻进至1292m,忽然发生泵压升高,振动筛返砂较多,并有较多大块返出,判断煤层垮塌,上提钻具遇卡,采用上、下活动钻具,转动顶驱等一系列方法均无效,研究处理此情况的技术方案为先打捞出 MWD 仪器,再处理卡钻。

井眼状态:水平段长 322.19m,最大井斜角 96.28°水平位移 494.03m。10 月 21 日进行打捞作业,打捞工具组合为 ϕ45mm 打捞锚+ϕ22.2mm 抽油杆+ϕ38mm 加重杆。

打捞工具从钻具水眼下入到 1105m,遇阻,打捞失败。分析原因,水平段长 322m,1026.92~1227.36m 井段井斜大于 91°最大井斜 96.28°,上直段与斜井段的 ϕ22.2mm 抽油杆+ϕ38mm 加重杆组合不能推动水平段的抽油杆向前移动,造成打捞失败。

经过分析研究打捞失败的原因,得出以下结论:降低水平段抽油杆的质量,减小其在水平段的摩擦阻力,就有打捞成功的希望。于是在水平段使用空心抽油杆,利用其钻井液中的上浮力来降低摩擦阻力。2011 年 10 月 22 日,顺利从钻具水眼捞获仪器。打捞工具组合为 ϕ45mm 打捞锚+ϕ38mm 空心抽油杆×400m+ϕ22.2mm 抽油杆×200m+ϕ38mm 加重杆。

4.1.8 煤层气多分支水平井典型应用案例

中国石油为了全面掌握煤层气多分支水平井技术,由中国石油钻井工程技术研究院在沁水盆地组织实施了 ZJZP01-1 井,开创了中国石油依靠自己的技术,自主设计、自主实施煤层气多分支水平井的先例。ZJZP01-1 井组由 ZJZP01-1V 洞穴直井和 ZJZP01-1H 多分支水平井组成,ZJZP01-1H 井完钻总进尺达到 5257m,煤层段总进尺 3673m,钻遇率 80.14%;其主井眼井斜角达到 104°,创造了国内该类煤层气井主井眼最大井斜角纪录。

4.1.8.1 钻井地质概况与难点分析

ZJZP01-1 井组所在的 Z 区块位于沁水盆地东南部斜坡,总体构造形态为一马蹄形斜坡,东、西、南三个方向为隆起区,区内地层宽阔平缓,地层倾角一般为 2°~10°。区内局部有小规模褶曲,没有明显的断层发育。该井区 3 号煤层埋藏深度在 550~560m,煤层总体厚度较大,且煤层横向上分布稳定。另外煤层含气量高、含气饱和度较高,煤层物性好。

ZJZP01-1 井是沁水煤层气田 Z 区块部署的第一口多分支水平井,ZJZP01-1H 位于 ZJZP01-1V 井口北西方向约 17°的 211.5m 处,设计方位 163°(图 4-74)。该井的成功钻探主要面临以下三大难点:

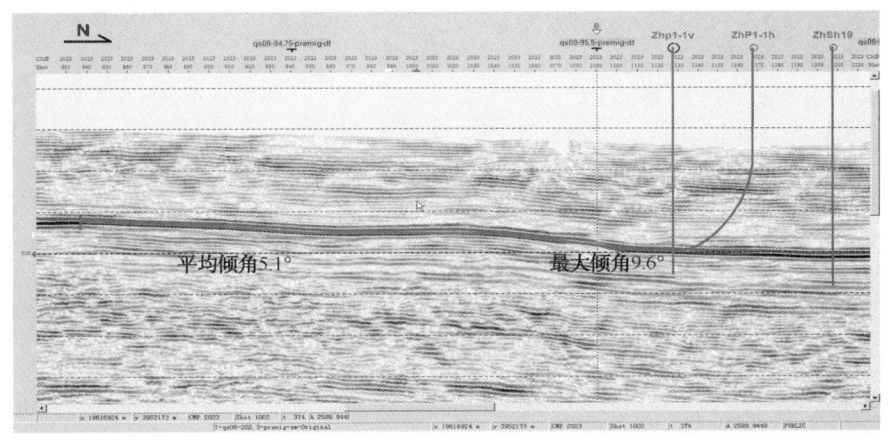

图 4-74 ZJZP01-1 井地层剖面与轨迹设计

(1) Z区块勘探程度相对低,邻井资料少,地质认识不全面,存在诸多不确定性,例如断层、破碎带和煤层实际变化趋势不确定等。

(2) 过洞穴后的煤层倾角变化大,据地震资料解释在100m左右的井深变化范围内地层倾角从0°迅速增至9.7°,给井眼轨迹控制和钻遇率的提高带来挑战。

(3) 该井是中国石油自主设计与施工的第一口煤层气多分支水平井,在优化设计、现场施工经验和自主研发仪器的工作稳定性等方面存在一些不足。

4.1.8.2 钻井工程优化设计及对策

(1) 轨迹走向优化设计。

由于ZJZP01-1井是Z区块的第一口水平井,轨迹走向优化设计参数暂参考邻井JS1井的煤层物性参数。Z区块主力3号煤层的Langmuir体积(V_L)普遍较高,以JS1井的等温吸附曲线为例,原煤基Langmuir体积值为$29m^3/t$,Langmuir压力为3.8MPa,临界解析压力为4.4MPa。另外ZJZP01-1井所在煤层倾角最大为9.6°,煤层段主水平井井眼长度设计为1000m。当排采液面降到煤层处后,可求得采用下倾布井方式下ZJZP01-1井理论平均采收率为68.15%,与上倾布井方式相比理论采收率下降了31.75%。考虑到ZJZP01-1井没有邻井协同排采,若采用下倾轨迹走向煤层气采收率会大幅下降,因此通过以上分析ZJZP01-1井最优的轨迹走向为上倾模式(图4-75)。

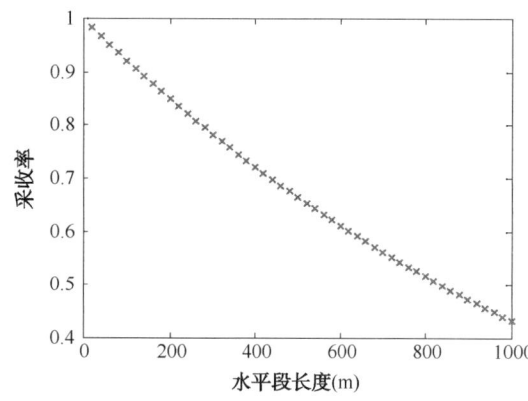

图4-75 ZJZP01-1井主井眼煤层气采收率沿水平段分布图(下倾模式)

(2) 分支结构优化设计。

多分支水平井分支结构设计是一个多目标优化问题,需要从地质工程、油藏工程、钻井工程和经济等方面考虑。地质工程方面主要需考虑地质构造、地应力场、煤层厚度、渗透率、地层各向异性等;油藏工程方面主要需考虑泄油面积、多分支水平井的产能等;利用自主研发的煤层气水平井优化设计软件(DRI-CBM)对ZJZP01-1井分支结构进行了优化设计(图4-76),最终优化设计的分支侧钻点间距为200m,分支长度265~605m,控制面积达到$0.5km^2$,通过产能模拟预计最高产量达到$1.2×10^4m^3/d$。

(3) 井眼轨迹优化设计。

ZJZP01-1井目标煤层为3号煤储层,垂深550~560m,埋深较浅,而主水平段长度达到1000m以上,因此主水平井眼采用"能消耗较少垂深而得到较大位移"的理念进行井身剖面设计,从而达到更大的水垂比。利用Landmark软件和自主研发的水平井设计软件(DRI-CBM)对ZJZP01-1井进行了轨迹优化设计,关键设计数据为:水平井与洞穴井井口设计相距210m、主井眼设计井深1600m、主井眼设计井斜角为95.1°、造斜点390m、造斜率选择10.8°和6°/30m两种、分支长度265~605m,具体轨迹设计垂直剖面如图4-78所示。

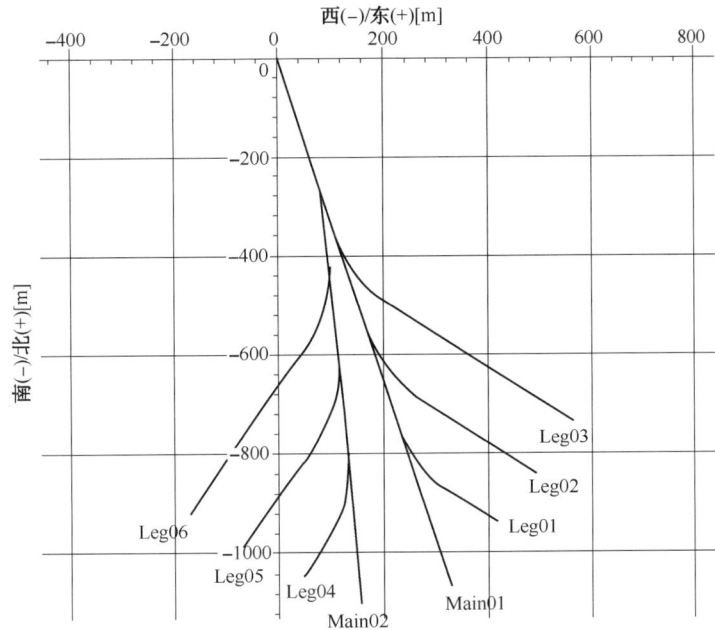

图 4-76 ZJZP01-1 井分支结构优化设计部署图

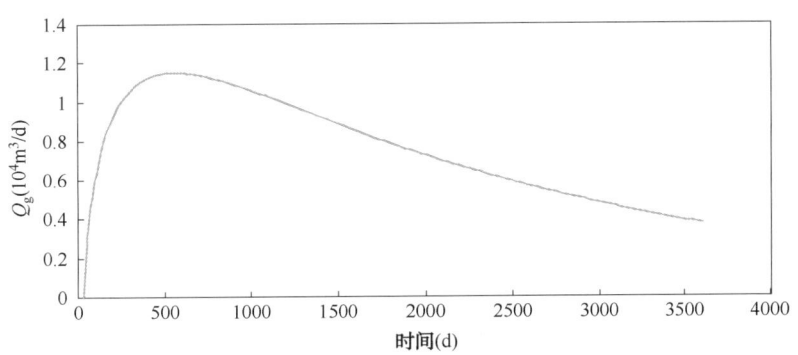

图 4-77 ZJZP01-1 井日产气量预测

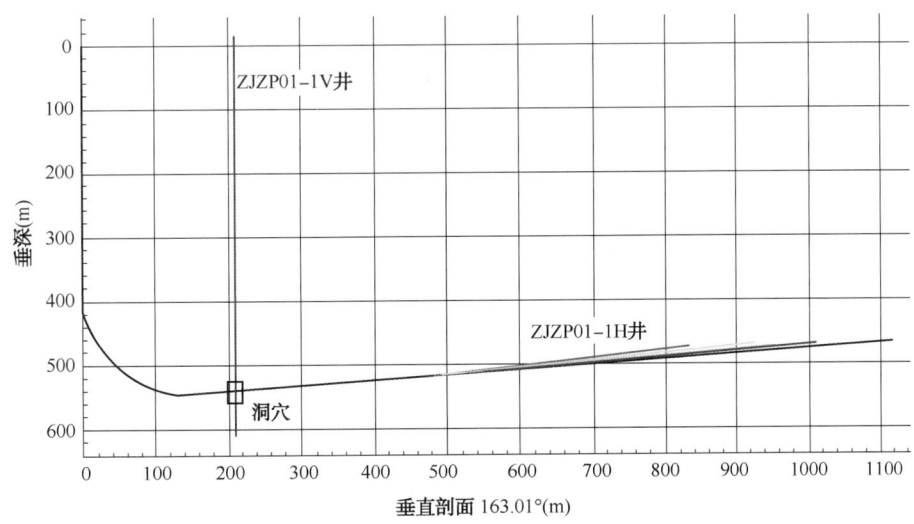

图 4-78 ZJZP01-1 井垂直剖面优化设计图

（4）井身结构优化设计。

基于多分支水平井井身结构优化设计方法，并结合ZJZP01-1井地层分层情况等，该井井身结构采用三开模式，井身结构详细设计如下：

① 一开井段采用 φ311.1mm 钻头，钻穿第四系黄土层，进入基岩不少于 10m，井深 50m，下入 φ244.5mm 表层套管，封固地表疏松层、砾石层。

② 二开采用 φ215.9mm 牙轮钻头，钻达位于煤层以上 2m 处的顶板完钻，着陆点预计井深 627.7m，垂深 548m，井斜角为 86°。

③ 下入 φ177.8mm 技术套管固井，水泥返至造斜点以下，为水平井筒内割套管及侧钻水平井留有余地。

④ 煤层段采用 φ152.4mm 钻头进行钻进，设计煤层进尺 4400m。

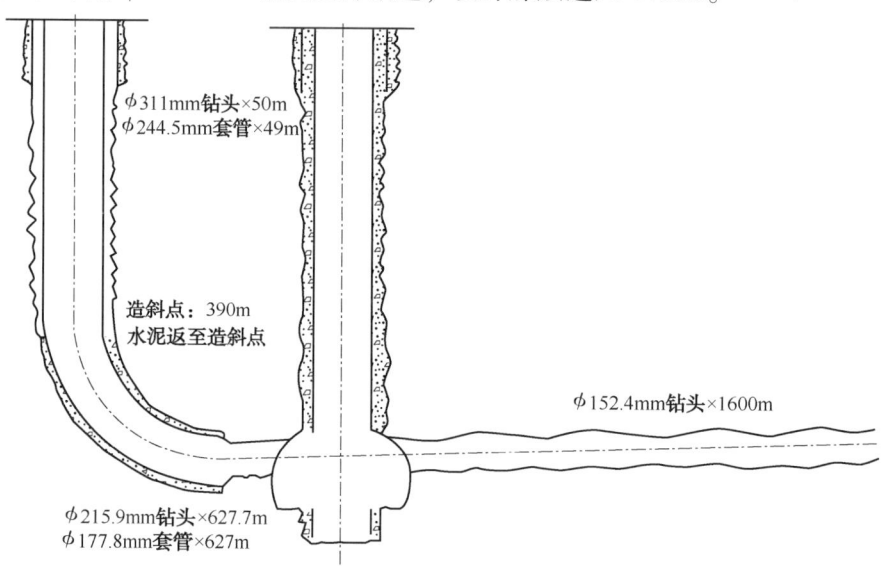

图 4-79 ZJZP01-1 井设计井身结构

4.1.8.3 ZJZP01-1 井现场施工工艺

洞穴直井 ZJZP01-1V 于 2008 年 11 月 4 日开钻，12 月 2 日完钻，完钻井深 626m，洞穴直径 0.5m。ZJZP01-1H 井于 2008 年 12 月 8 日正式开钻，2009 年 1 月 19 日顺利完成煤层多分支井段钻进，共形成了 3 个主井眼和 5 个分支井眼。ZP01-1H 井完钻总进尺达到 5389m，其中煤层段总进尺 4583m，超额完成了煤层设计进尺，各项技术指标均达到设计要求（图 4-80）。

（1）实钻井眼轨迹控制。

① 二开井段轨迹控制。

ZJZP01-1 井二开井段上部直井段重点控制井斜，现场主要采用了塔式钻具组合进行钻进，在井斜较大情况下，使用了钟摆钻具等纠斜钻具组合。另外钻进过程中加强单点测斜，随时根据单点数据改变钻井参数，确保二开直井段井身质量。二开井段下部造斜段采用了常用的"导向动力钻具+随钻测斜仪（MWD）"钻具组合，具体为：φ215.9mmH517G 钻头+φ165mm 螺杆（1.75°）+定向短接+φ165mm 无磁钻铤+φ127mm 钻杆。12 月 11 日 ZJZP01-1H 井开始二开钻进，12 月 20 日，二开完钻，累计进尺 257m，各项指标均达到了设计要求，其中造斜点井深360m，完钻井深617m，完钻水平位移145m，距洞穴48m。

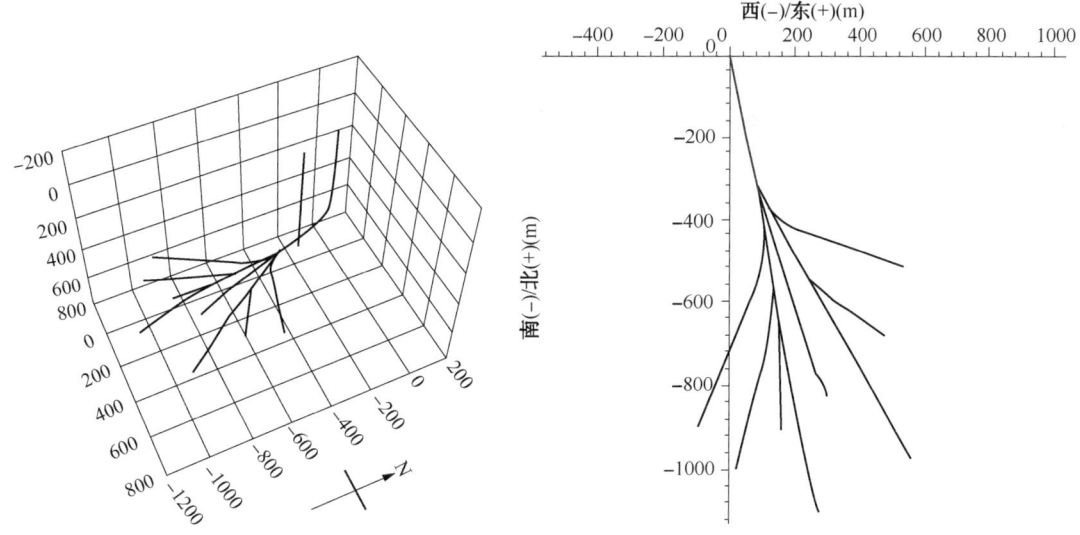

图4-80 ZJZP01-1井完钻轨迹示意图

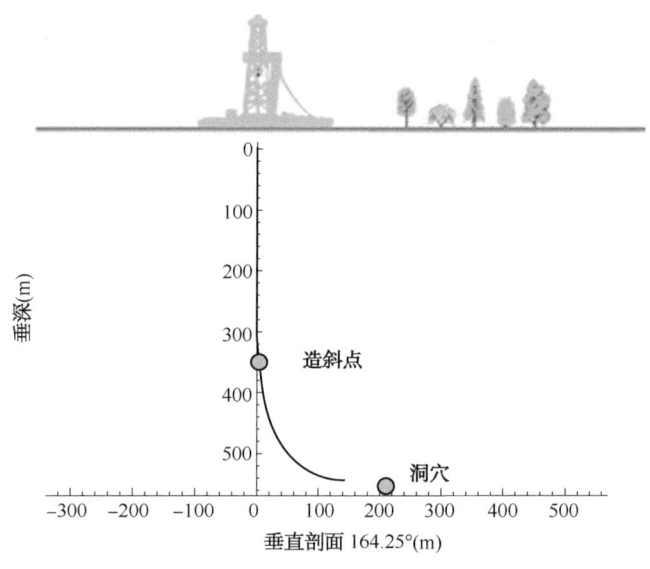

图4-81 ZJZP01-1井二开定向完钻轨迹示意图

② 煤层段轨迹控制。

2009年1月19日，顺利完成煤层多分支井段钻进，共形成了3个主井眼和5个分支井眼。ZJZP01-1井采用"单弯螺杆钻具+随钻测井仪"（主要参数为伽马值）的地质导向钻具组合钻进，结合综合录井仪实时监测到的钻时和钻井液返出的岩屑，判断钻头是否穿出煤层（图4-82）。Z区块勘探程度相对低，邻井资料少，地质认识不全面，存在诸多不确定性，实钻过程中发现煤层倾角变化大，变化趋势不规律，给钻井地质导向带来诸多困难。针对以上难点，从伽马值、电磁波信号强度以及综合录井等多方面入手，认真分析煤层顶、底板，夹矸层和煤层各部位的相关特征，同时24h监测来自随钻测井、录井、地质、工程等方面的信息，实时修正煤层顶底板等高线和钻进参数，圆满完成了设计进尺和煤层钻遇率。

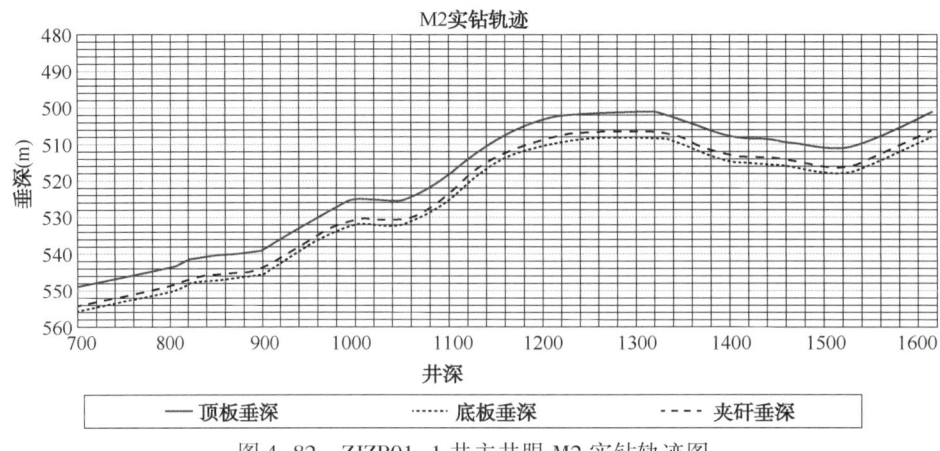

图 4-82　ZJZP01-1 井主井眼 M2 实钻轨迹图

（2）煤储层保护和井壁稳定配套技术。

ZJZP01-1H 井目的层位为 3 号煤层，煤岩的弹性模量较低，泊松比较高，吸附能力强，抗压和抗拉强度均较低、脆性大、易破碎、易压缩。根据沁水盆地以往钻井经验，煤层段存在着严重的垮塌、漏失等现象，约有三分之一的井发生了煤层垮塌埋钻具事故，这给安全钻井带来了极大的风险。通过深入研究和实验评价，ZJZP01-1 井不能采用密度高的钻井完井液体系钻进，高密度钻井完井液更易伤害煤储层；采用清水钻进能较好地保护储层，但易造成煤层的坍塌。为了保护储层和稳定井壁，项目组采用了中国石油钻井技术研究院研制的无固相可解堵钻井液，该体系以超低渗透率的封堵膜作为支撑体，通过吸附、浓集、覆盖形成渗透率为零的致密无孔膜封堵层，从而实现有效封堵煤层，在井壁的外围及井壁表层很浅的地方形成保护层。另外现场施工过程中，对钻井参数进行了优化，采取了小排量钻进、勤划眼等技术措施，最终整个煤层段钻进过程未发生钻井液漏失和井壁垮塌现象。

（3）认识与结论。

通过 ZJZP01-1 多分支水平井钻井工程的实施，从工程设计、定向钻进、两井连通、钻井液、多分支导向、钻井施工工艺、组织与管理等方面均取得了突破性的进展和重要收获，主要体现在：

① 形成了一套基于煤层气开采特点的水平井钻井工程优化设计技术，主要包括井位部署、轨迹优化、井深结构优化等。

② 进行了自主煤层轨迹控制技术尝试，基本形成了煤层气多分支水平井地质导向分析与控制技术，实践了两井远距离穿针技术，丰富了研究基础和经验。但引进国外 RMRS 仪器连通效果不佳，导致该井最终没有实现预期产量。

③ 进行了新型无固相可解堵煤储层钻井液现场试验，取得了良好效果。

④ 培养和锻炼了一批煤层气钻井技术人员，为未来煤层气钻井工程技术规模推广储备了人才。

4.2　煤层气 U 形水平井钻井技术

4.2.1　U 形井技术简介

U 形井也称 U 形水平井，是指根据煤层的特性，利用水平定向技术在煤层中钻出一长水平井眼作为泄气通道(工程井),同时为了满足排水降压采气的需要,在距水平井口数百米或数千米左右处钻一口直井(生产井)并在煤层造洞穴,水平井与直井在煤层洞穴处连通,形成连通水平井用于排水降压采气(图4-83),由于其形如字母"U",故简称其为U形井。

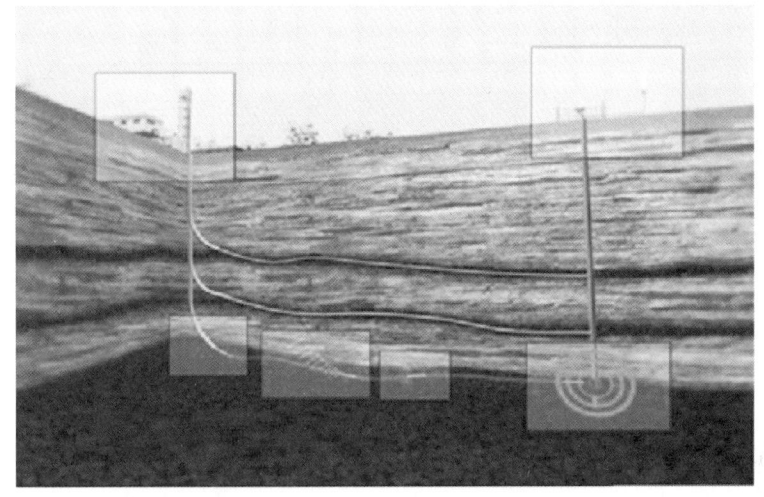

图 4-83 煤层气U形井井身结构图

U形井是由定向对接井技术发展而来的。定向对接连通井技术最早用于救援井施工,当一口井发生井喷或失火时,在距该井一定距离处,钻一口井与其连通,通过注入高密度钻井液压井或采取其他措施来处理井下事故。定向对接连通井技术曾用于可溶性矿产的开采,从水平井注入清水,在直井中即可采出含矿丰富的溶液;近十来年,U形连通井技术也逐渐应用于煤层气开采。澳大利亚是目前世界上应用该技术最早和最成熟的国家,该国必和必拓公司采用地质导向水平连通井的施工方法在澳大利亚打了350口煤层气开发井,并全部成功,大幅度降低了成本,提高了单井产量。U形井技术在保德等地区煤层气开采中开展了大量的应用试验,取得了初步成功。

4.2.2 U形井技术特点及技术优势

4.2.2.1 技术特点

除钻抽排直井外,U形水平井与常规水平井极为相似。在常规储层中,水平井普遍应用在稍平缓的地层,这些地层的厚度可以小于1m,也可以高至几十米。然而,在煤层气开采中,水平井钻进的煤层厚度大多在1~6m范围内。由于没有分支,其目标煤层渗透率理论上应该大于多分支水平井所应用煤层的渗透率,同时要求煤层连续性好,以避免断层的出现。

U形水平井中洞穴直井一般布置在煤储层构造的低部位,水平井布置在煤储层构造的高部位,这一点与多分支水平井刚好相反(图4-84)。在钻井过程中,当水平井造斜进入煤层以后沿煤层倾向从煤层高部位向低部位钻进,并与洞穴直井定向连通。由于煤层气U形井这种独特的井身结构充分利用了倾斜煤层水的重力优势,在生产排水阶段煤层水很容易依靠重力作用排到洞穴井的井底,再经过排采设备抽排到地面,因此非常有利于排水降压采气和清除煤粉。

煤层气U形水平井集成了水平定向钻井、井壁稳定及控制、两井连通和地质导向等技术,是一项技术性强、施工难度高的系统工程。该技术在区域适应性及方案设计、设备选型等方面都有严格的要求,受煤储层的渗透率、岩石力学性质、顶底板的不稳定性和地应力等因素的影响和制约,目前该技术的应用范围比较有限。

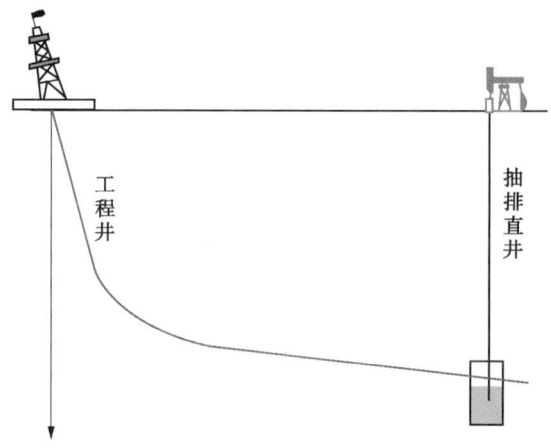

图 4-84　U 形水平井剖面设计图

4.2.2.2　技术优势

与其他水平井开采机理一样,U 形水平井也是基于实现广域面的效应,最大限度地穿越煤层割理裂隙系统,沟通煤层裂隙通道,扩大煤层降压范围,降低煤层排水时的摩阻,大幅度提高单井产量和采收率,从而达到产能和效益的最大化。直井开采为了增加与储层的连通性,须进行水力压裂,而多分支水平井则多侧钻支井。与传统单一直井采气相比,U 形水平井在煤层气开采中有以下优势:

(1) 高生产率。

虽然其钻井成本和持续时间是普通直井的 1.5~2.5 倍。但从建井的最终目的来看,U 形井的经济效益要比单一直井开采模式好,初期产量可提高 5~10 倍。

(2) 高回报。

中等渗透率煤层气 U 形井内部回报率为 15%~18%,明显高于传统直井 3% 的内部回报率。

(3) 绿色环保。

U 形井所施工的开发井数少,可多煤层分层布井,然后在同一洞穴井中连通,占地面积小,且污染小。

与多分支水平井相比,U 形井在煤层气开采中有以下优势:由于多分支水平井需进行分支侧钻,钻井周期长,井下钻进风险大,施工事故多;U 形井实施时则无需分支侧钻,井下风险小。在排采期,U 形井整个水平段能够进行 PE 筛管完井,有效防止井壁坍塌;而多分支水平井只能在主支进行 PE 筛管完井,分支完井还存在一定难度,不能完全有效地防止井壁坍塌;对于超低渗透率的煤层,U 形水平井可以进行分段压裂改造。

对于低渗透煤层,直井开采正逐渐失去传统优势,多分支水平井施工成本高且单井产量不理想,U 形井就可凭其自身优势成为二者之外开发煤层气的一种有益补充。

4.2.3　澳大利亚煤层气 U 形井钻井技术

4.2.3.1　煤层气地质概况

地质年代为二叠纪的鲍恩盆地是澳大利亚煤层气勘探和开发最为活跃的地区(图 4-85)。

2004年，该盆地的煤层气钻探活动占整个澳大利亚的煤层气钻探活动的比例超过80%。在鲍恩盆地钻探的煤层气井垂深一般都小于700m。目前鲍恩盆地的煤层气区块包括Molopo公司的Dawson Valley区块、Santos公司的Fairview区块、Arrow公司的Moranbah区块等。

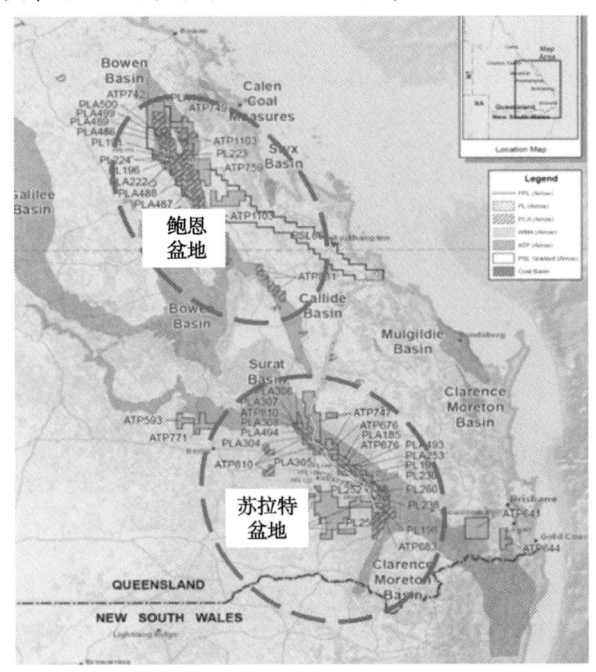

图4-85 澳大利亚鲍恩盆地示意图

鲍恩盆地的煤系地层位于二叠系和三叠系，为高挥发烟煤（中阶煤），煤层气开发目标煤层厚约4m，煤层气含量为8~16m³/t，煤层原始渗透率偏低，为0.1~10mD；主力开发煤层倾角为3°~8°，埋藏深度300~500m。

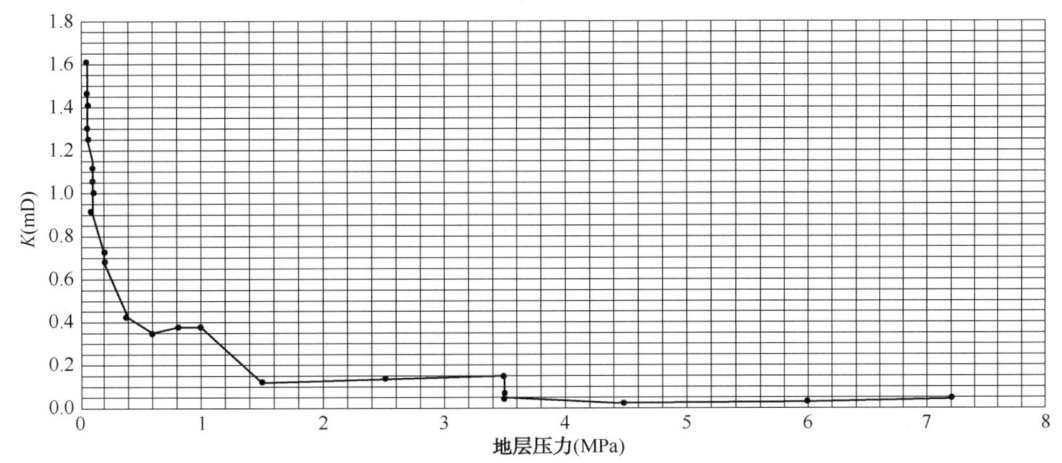

图4-86 鲍恩盆地煤层渗透率与地层压力的关系

4.2.3.2　鲍恩盆地煤层气U形井技术

鲍恩盆地煤层气勘探始于1976年，20世纪末以来针对该区块煤层含气量高、原地应力高、渗透率低等地质特点，成功开发和应用了U形井技术，使鲍恩盆地煤层气开发取得

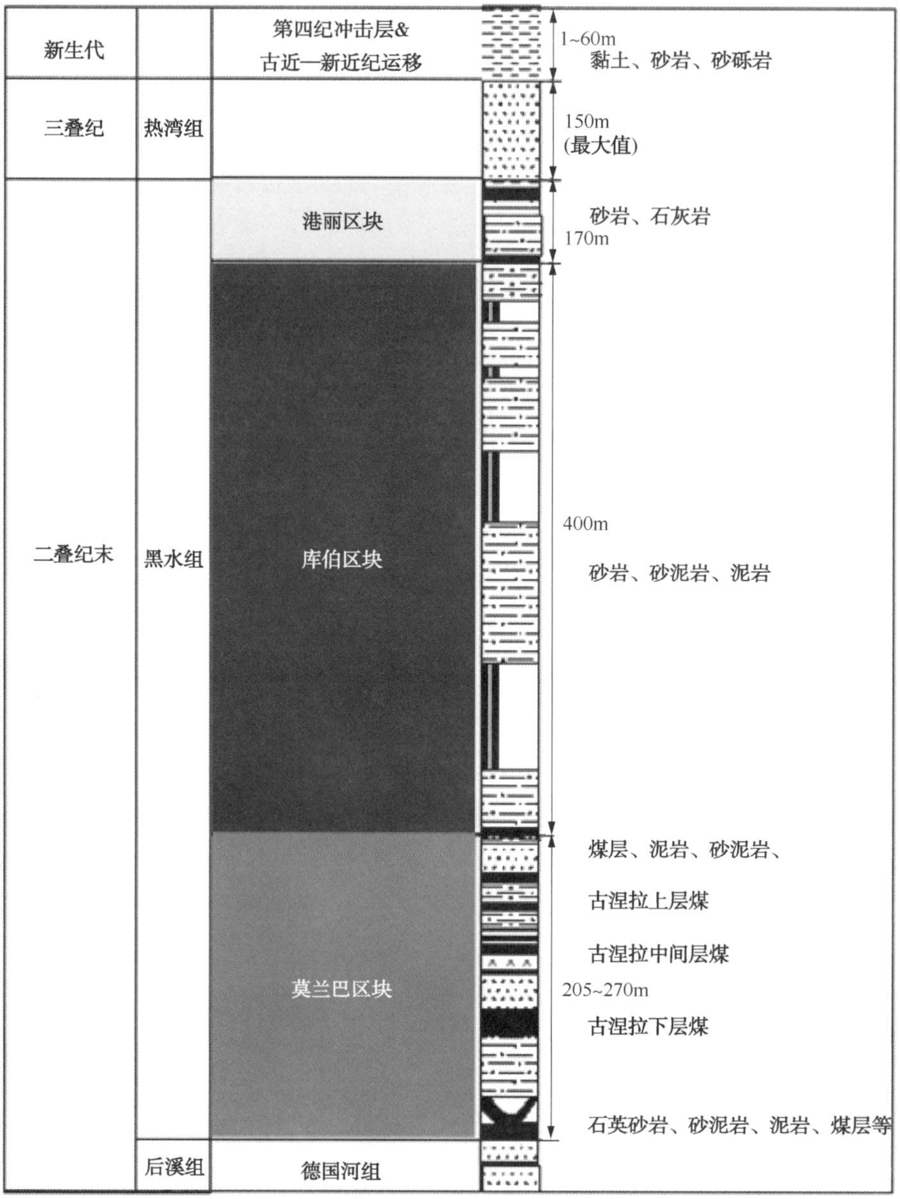

新生代		第四纪冲击层&古近—新近纪运移		1~60m	黏土、砂岩、砂砾岩
三叠纪	热湾组			150m(最大值)	
二叠纪末	黑水组	港丽区块		170m	砂岩、石灰岩
		库伯区块		400m	砂岩、砂泥岩、泥岩
		莫兰巴区块		205~270m	煤层、泥岩、砂泥岩、古涅拉上层煤 古涅拉中间层煤 古涅拉下层煤
					石英砂岩、砂泥岩、泥岩、煤层等
	后溪组	德国河组			

图 4-87 鲍恩盆地莫兰巴区块煤层剖面图

重大突破。U 形井由一口或几口水平井与一口洞穴直井组成，首先钻抽排直井，然后利用普通钻具组合或连续油管，在煤层中快速钻水平主井眼，并与洞穴直井连通，以实现两井或多井连通采气（图 4-88）。目前中国石油参股单位 Arrow 公司采用 U 形井技术在澳大利亚莫兰巴区块低渗煤层气开发中取得了成功，大幅度大降低了单井成本，提高了煤层气单井产量，成为澳大利亚开发煤层气的主要技术途径之一。该技术具有如下优点：①可多层布井，然

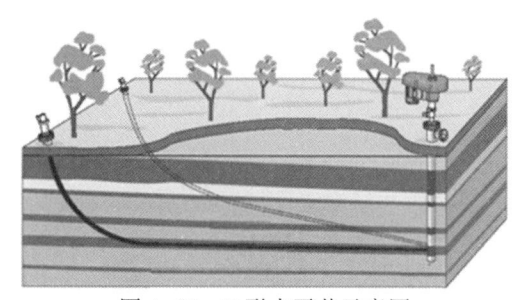

图 4-88 U 形水平井示意图

后在同一洞穴直井中连通。②与直井相比,煤层接触面积大,控制范围广,单井产量高。③与多分支水平井相比,具有钻井风险小、可间断性洗井等特点。

(1) U 形水平井布井方式。

鲍恩盆地的 U 形水平井由 2 口水平井组成,每口水平井与洞穴井井口距设计为 1200m,因此该井型也被称为 V 形井;两口水平井井口距设计为 980m,夹角为 50°;同一井场不同井组水平井井口与洞穴直井井口距设计值为 42m。具体布井方式如图 4-89 所示。

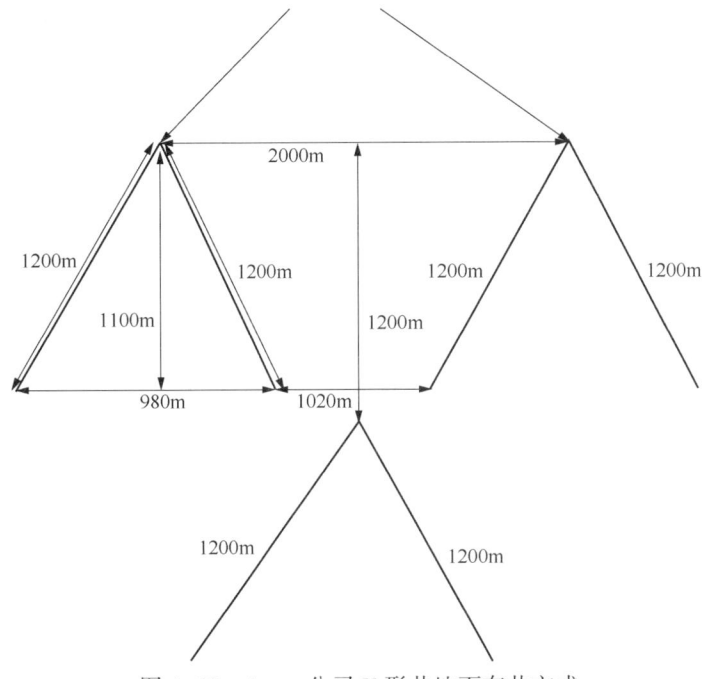

图 4-89 Arrow 公司 U 形井地面布井方式

(2) 钻完井顺序与施工工艺。

钻机选择是以节约成本为基本理念,优选采用小型钻机。该类钻机主要由煤炭和金属矿用钻机改造而成,设计紧凑,易搬运,安装在载重 30t 的卡车上。另外考虑到 U 形井的设计特点,钻机具备钻斜直井的功能。

图 4-90 澳大利亚 U 形井专用钻机

根据 U 形水平井的要求，井架架设角度，一般为 35°~40°；造斜井段依靠井下驱动钻具向煤层弯曲，造斜率为 7°/30m；表套直径为 141.3mm，水平井直径为 120mm，依靠 MWD 伽马探测导向器确定煤层的顶、底板，通过电磁导航工具与竖直井连通。该电磁导航工具与中国应用的 RMRS 工具有本质区别，它的磁信号发射源放置在洞穴直井中，而磁信号接收传感器连接在钻柱上，通过接收来自洞穴直井的电磁波信号来测量距离和角度偏差。连通施工前先将洞穴直井的煤层孔段扩大到 16in，然后放入电磁信号源，装在水平孔定向钻具前端的导向系统接收其信号，测量水平井眼的钻孔轨迹，并测出水平孔的钻孔轨迹和洞穴直井扩眼段的相对位置和距离，指导水平孔的定向钻进，确保水平孔在煤层洞穴处和垂直井对接（图 4-91）。如果一次未能贯通，根据导向系统接收到的电磁信号，重新精确计算水平孔的钻孔轨迹各点和洞穴直井扩眼段的相对位置和距离，然后再在适当位置侧钻新的井眼，确保水平井与洞穴直井连通。

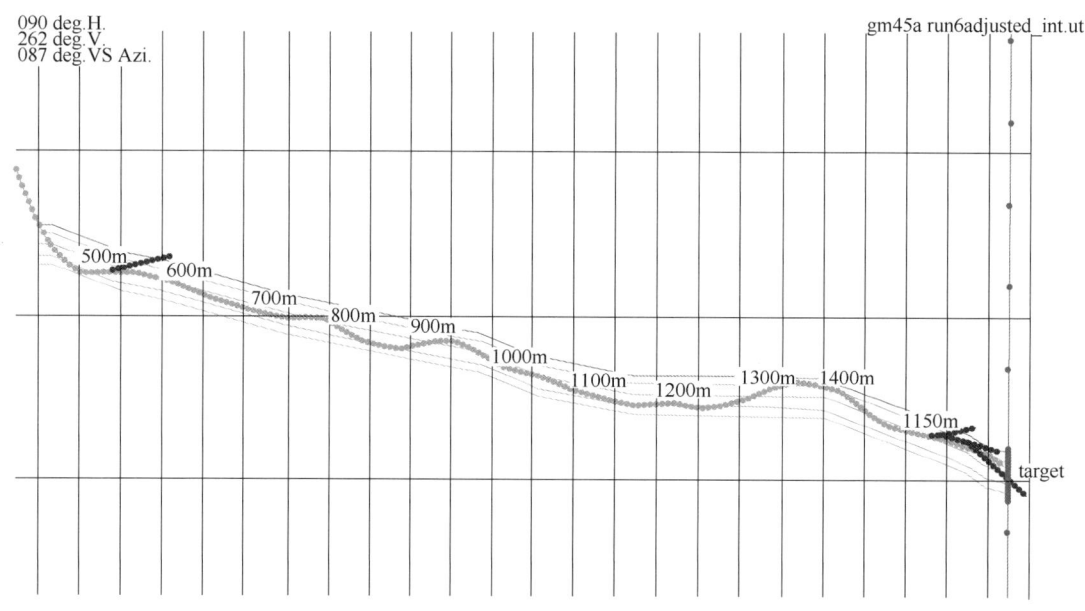

图 4-91　U 形水平井钻井轨迹控制示意图

（3）新型 PE 筛管完井工艺。

为了防止完钻后的 U 形井在排采期间井壁发生垮塌，完井时整个水平井段都使用直径 50mm 的 PE 筛管。另外在排采期间，鲍恩盆地煤层易产生煤粉，为了防止煤粉在井底大量沉淀和堆积，可利用下入的 PE 筛管进行间断性的洗井作业，确保井底畅通的煤层气渗流通道（图 4-92）。

（4）U 形水平井洗井工艺。

若生产直井产出水或气量发生突然下降，表明水平井井筒发生堵塞，需进行洗井作业。洗井过程：①首先排空水平井井口聚集的煤层气。②利用固井泵车从直井中注入清水，排量 1~1.5m³/min。③洗井液由水平井井口返出。④视洗井液返出煤粉情况决定洗井时间。⑤洗井完成后关闭水平井井口阀门，完成全部洗井作业（图 4-93）。

图 4-92 PE 筛管下入作业现场

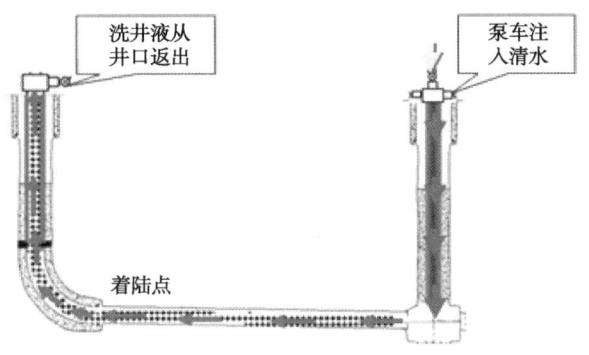

图 4-93 煤层气 U 形水平井洗井工艺流程

4.2.3.3 鲍恩盆地煤层气 U 形井产量情况

中国石油在鲍恩盆地有 11000km² 合同区，已发现 Moranbah 煤层气田，目前完钻井 2400口。鲍恩盆地煤层渗透率低，含气量高，产出水量较低，井型以 U 形水平井（PE 筛管完井）和压裂直井为主。U 形水平井低产井占 25%，产量为 0~6000m³/d，平均值为 3000m³/d；中产井占 50%，产量为 6000~30000m³/d，平均值为 15000m³/d；高产井的比例 25%，产量为 30000~60000m³/d。一般投产后 2.5 年左右达到产气峰值，可稳产 2 至 3 年。

4.2.4 国内 U 形水平井技术进展及典型应用案例

为提高单井产量，拓宽勘探开发思路，中国石油在鄂东、沁水气田等地区大力推广、探索研究特殊井型的应用，已基本掌握 U 形水平井钻完井关键技术。截至 2015 年 12 月，设计并完钻 U 形水平井 7 口，其中沁水盆地 3 口，鄂东区块 2 口，霍林河 2 口。"十二五"期间完成的 FSU1H 井是首口中国石油独立施工的 U 形水平井，与同区块施工的某国外公司相比，钻井周期减少 22d，提速 257%；FSU2H 井在煤层薄、工具落后条件下，创沁水盆地 U 形井钻井周期最短施工记录（表 4-8）。

表 4-8 沁水盆地中国石油 U 形水平井完钻情况一览表

井 号	煤层厚度(m)	连通距离(m)	煤层进尺(m)	煤层钻遇率(%)	钻井周期(d)
FSU1H 井	2~4	955.0	692	86.93	59
FSU2H 井	2~5	993.27	766	95.63	28
ZPS9U-H	5~7	665	701	89.76	55.5
HLP1H	5~8	1150	627	69.18	89.9
QU12-11-63 井	5~9	980	749	97.02	86.08

4.2.4.1 FSU1 井

FSU1 井是沁水盆地南部晋城斜坡带 F 区块的 1 口煤层气 U 形井。该井钻探的主要目的一是评价该区太原组 15 号煤层采用 U 形井开发的产气能力；二是开展 15 号煤层 U 形井技术试验。该井由工艺井 FSU1H 和排采井 FSU1V 井组成，FSU1H 井位于 FSU1V 井口南东约 12.2°方向 955m 处。FSU1H 井在山西组 15 号煤层内钻 U 形井，与排采井 FSU1V 井连通。着陆后煤层钻遇率在 90%以上，井眼全部 PE 筛管完井。

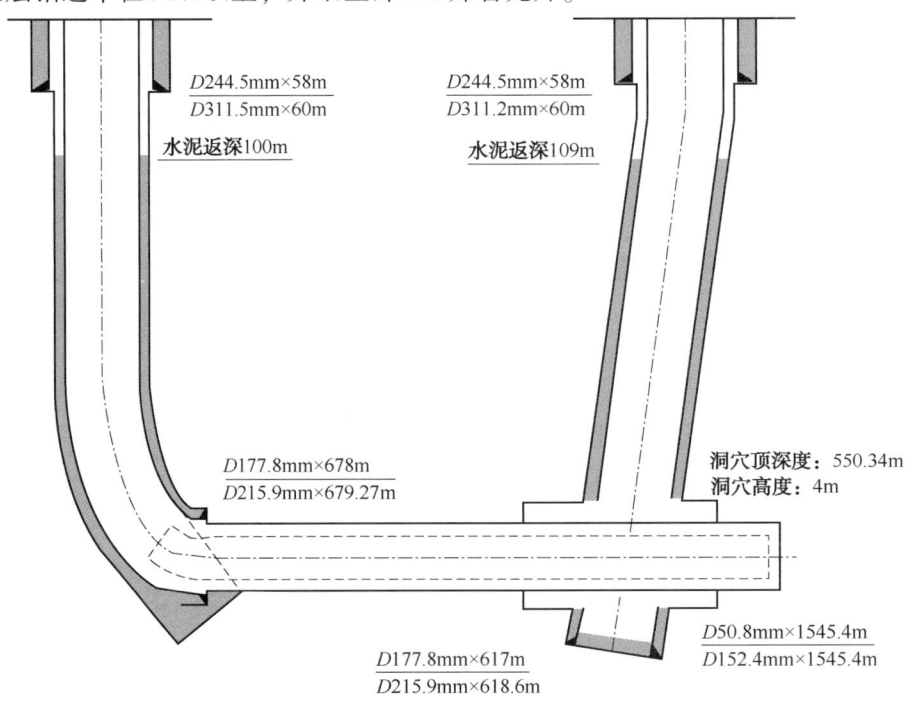

图 4-94 FSU1 井井身结构图

（1）主要钻井难点分析。

① 原始资料少，无地震资料、邻井资料较少。

FSU1H 井是该区域第一口以 15 号煤层为目标层的 U 形井，周围邻井都没有钻至 15 号煤层，对煤层构造形态和煤层性质缺乏了解；施工区域没有三维地震资料，二维地震测线误差较大，无法指导现场导向施工。

② 煤层薄、层位标志特征较少。

F 区块为 15 号煤层发育区，厚度 2~6.65m，工区中部最厚(5.2~6.65m)，向东北和西南方向厚度减薄至 1.5~2.0m 左右。根据本区构造形态、煤孔钻探结果及煤层分布规律，预计本井 15 号煤层厚度为 3.5~5.0m。根据洞穴井电测资料和导眼井实钻资料分析煤层厚度为 4.2m，相对于 3 号煤层(5~6m)，煤层明显要薄，导向施工难度更大。且 15 号煤层与 3 号煤层相比较，层内标志特征较少，不利于导向精细施工。3 号煤层与 15 号煤层电测曲线对比图(图 4-95)。

③ 构造复杂，不出层完成轨迹调整难度较大。

沿洞穴井方向的构造图分析，煤层起伏较大，水平井段轨迹调整幅度也会很大，相对于厚 4.2m 的煤层，要完成在煤层中调整导向难度较大，同时为了后期全井下 PE 筛管，要保证井眼轨迹的平滑，在导向中要求精细施工，避免调整幅度过大。

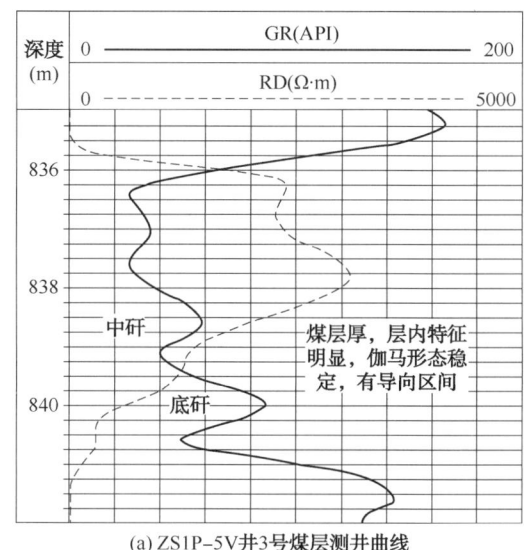 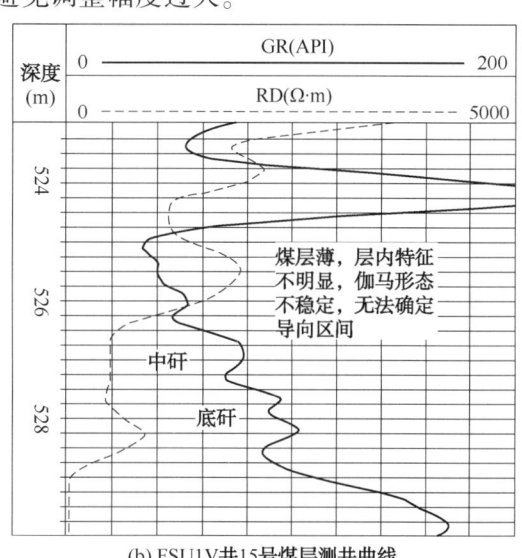

(a) ZS1P-5V 井 3 号煤层测井曲线　　　　(b) FSU1V 井 15 号煤层测井曲线

图 4-95　3 号煤层、15 号煤层电测曲线对比图

④ 设计水平段长。

FSU1H 井与 FSU1V 井相距 955m，靶前距大约为 150m，设计水平段长度为 800m，煤层钻遇率达到 90%以上，难度较大。

(2) 钻井施工过程及关键技术措施。

① 钻导眼井辅助了解煤层特征。

a. 确定煤层垂深及厚度。

导眼井为确定 15 号煤层深度，保证准确着陆，自二开造斜至井斜角 60°后稳斜钻进至煤层。本井自井深 419m 开始造斜，井深 607m、井斜角 60°，下入 MWD 随钻伽马开始稳斜钻进，井深 671.5m 钻至 15 号煤层，681m 钻穿煤层，至井深 695m 导眼完成。

b. 根据导眼井推测煤层产状。

通过分析洞穴井综合测井曲线，确定 3 号煤层及 15 号煤层顶部的两套石灰岩为比较稳定的标志层(图 4-96)，导眼井实钻中准确落实岩性剖面，与 FSU1V 井进行精确地层对比，根据 3 号煤层顶板计算地层倾角为 2.41°(上倾)，15 号煤层顶板的第一层石灰岩计算倾角为 3.84°(上倾)，第二层石灰岩计算倾角为 3.88°(上倾)，因第二层石灰岩距 15 号煤层顶板 10m，按照"就近原则"采用 15 号煤层顶板的第二层石灰岩地层倾角预测了 15 号煤层地层倾角，进而推算揭开 15 号煤层的垂深为 605.74m，实钻井深 671.5m，垂深 606.5m 进入 15 号煤层，与预测的垂深相差 0.74m。

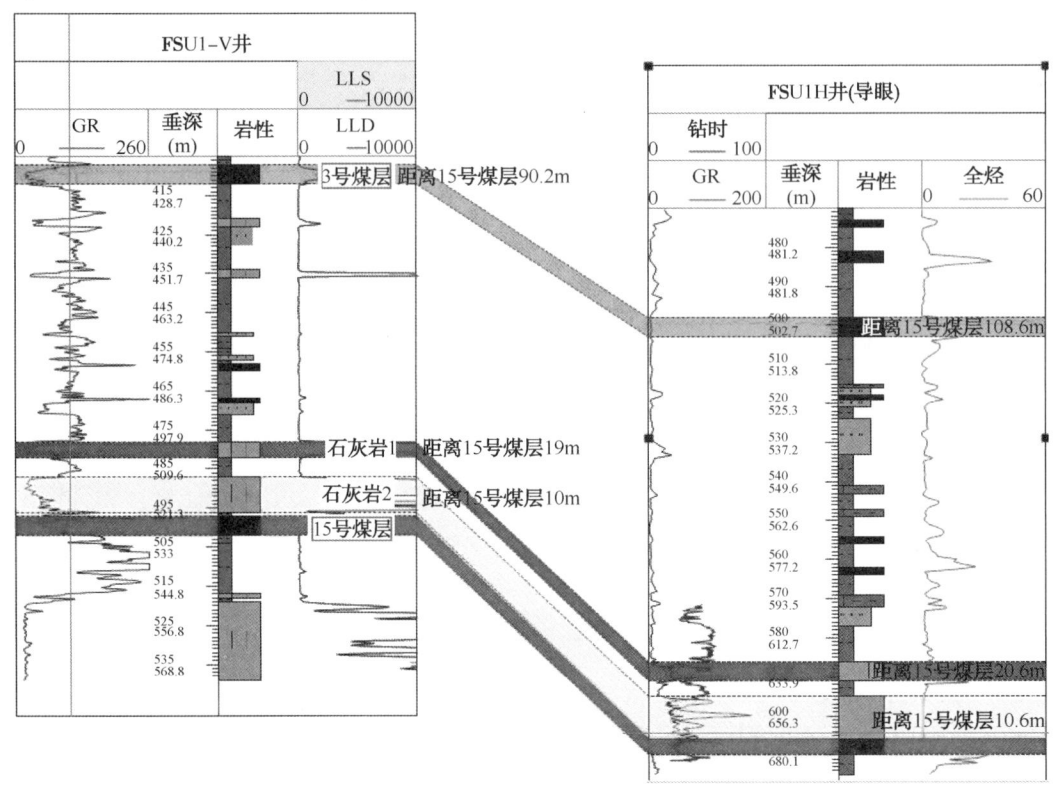

图 4-96　FSU1H 井（导眼）与 FSU1V 井垂深对比图

② 水平段轨迹控制方法。

a. 在接近构造转折位置平稳跨越（图 4-97）。

钻至井深 815m 从煤层底部钻出，水平位移 280m，接近预测构造低点位置，预计地层有可能开始变为上倾。此时井斜角为 83.3°，计算井底地层倾角 89.8°[图 4-97(A)]，相差较大。若此时开始增井斜追层，预计会钻遇大段泥岩无效进尺，对煤层钻遇率影响较大，如果地层到了开始上倾区域，向上追层更加困难。

上提钻具至 780m 煤层中侧钻。根据实钻地层倾角 89.8°调整轨迹，钻至井深 845m 自顶部钻出煤层，为探明煤层构造变化向下降斜追层，钻至 905m 井斜角降至 84.2°未见煤层。稳斜钻进至井深 910m 进入 15 号煤层，930m 出层。计算此段煤层的倾角为 101°，实钻情况如图 4-97(B)所示，出层后井斜调整无法追上地层变化幅度。

上提钻具至 770m 煤层中侧钻。根据探明的煤层趋势，在构造变化幅度较大位置平滑轨迹跨越的方式完成调整[图 4-97(C)]。

调整难点：一是无法准确判断煤层构造转折的位置。为保证煤层钻遇率侧钻两次。二是构造变化幅度大。根据实钻地层变化情况，轨迹完成井斜角由 82°~101°的调整位移不足，钻井施工风险增大，对后续的作业带来困难。最终在煤层顶板跨越的方式完成调整。

b. 煤层薄、构造变化频繁位置增加滑动钻进井段，保证煤层钻遇率。

井深 1286m 处井斜角 100°，垂深 591.52m，钻时由 2min/m 升高至 15min/m，钻遇顶板灰岩，计算此处地层倾角 96°，小于此处与洞穴井 FSU1V 井井间平均角度 101°。在 1270m

第4章 煤层气水平井钻井技术

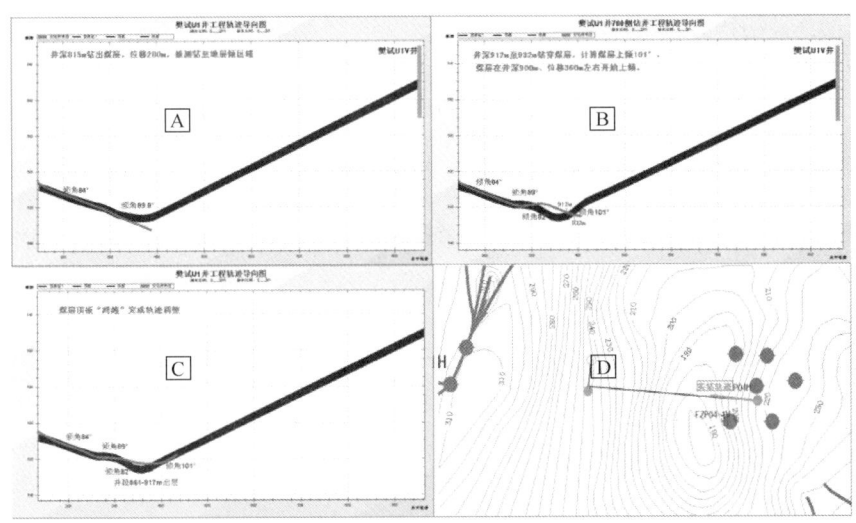

图4-97 FSU1H井导向图

处开始滑槽降斜，预计降斜2°左右可避免顶出。实际钻至井深1279m井斜降至90.35°，钻至井深1284m，井斜角90°，垂深593.51m，钻至煤层底板泥岩。为减少出层后大段无效进尺，退回井深1250m侧钻（图4-98），通过实钻证实位移745m左右煤层实钻厚度小于2m。

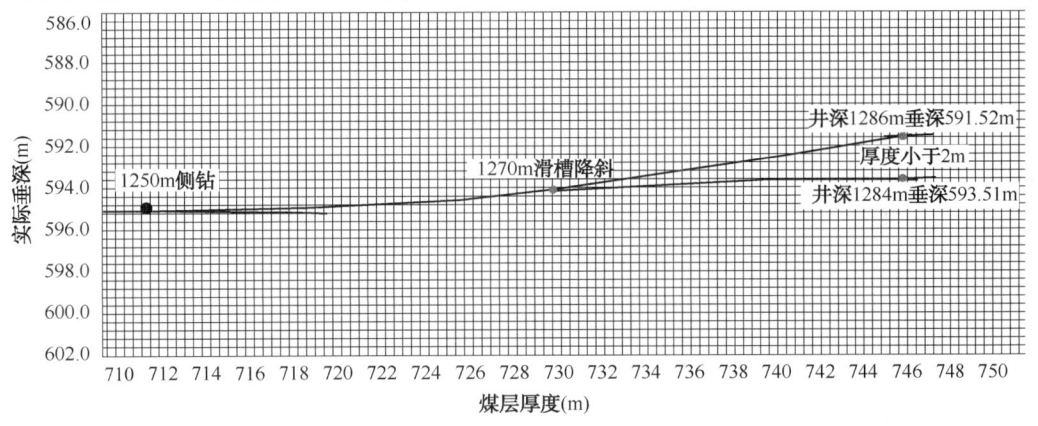

图4-98 FSU1H井井深1286m煤层厚度分析

c. 优选随钻参数，提高煤层钻遇率。

导向时依据钻时、岩屑、全烃、随钻伽马等资料判断井底岩性，指导轨迹调整。由于裸眼段过长，岩屑代表性差，往往不能及时、准确地反映出地层变化。随钻伽马曲线是最直接、干扰因素最小的资料，但是测点距离钻头有8~10m的距离。实钻时随钻伽马曲线上看到出层，此时已出层最少8m。在FSU1H井煤层薄、起伏变化频繁的地区，发现地层变化最早的参数是钻时。

FSU1H井在900m左右为地层由下倾转为上倾的区域，变化幅度较大，为了完成此次调整采取了在煤层上部穿越的办法完成调整。当钻进至井深919.53m，显示钻时由6.1min/m下降至2.8min/m，井底0.53m用时不到1min，与前面平均钻时8~12min/m有明显降低。随钻自然伽马30~40API，无明显变化；全烃值2.0%~3.5%，没有变化。

预测地层趋势将有大幅度上倾，如果调整晚了或幅度不够会造成底部出层。自井深

919.53m 开始增斜钻进。钻进至井深 922m 时发现全烃明显变化；钻至井深 926m 时，随钻伽马开始有明显变化，见到煤层顶部的标志特征。钻时、全烃、自然伽马三项资料对比，钻时为依据最早发现地层变化，比依据全烃数据提前 2m，比伽马数据提前 7m。

4.2.4.2 HLP1 井

HLP1 井作为在长治地区的一口煤层气 U 形井先导试验井，由一口抽排直井和一口长位移水平井连通而成。该井钻探的目的在于评价煤层气 U 形井在长治区块的适应性。水平井设计总进尺为 1872.83m，其中煤层段进尺为 957.83m。

设计之初，对该井了解的资料有限，该井所在区块为潞安煤矿所有，潞安有关煤层地质资料不多，仅有的是华北煤层气在该井周边已完成的 3 口直井资料。在施工过程中发现两口井的周围存在三个陷落柱，其中一个陷落柱在两口井的轨道上（图 4-99）。陷落柱的存在会导致井壁发生严重的垮塌，因为存在仪器落井及埋钻具的危险，必须予以绕行。

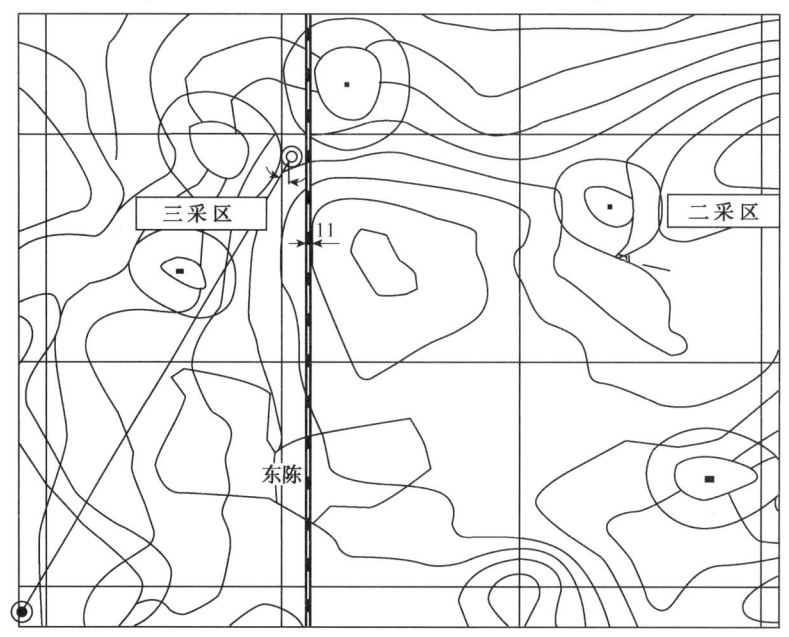

图 4-99 HLP1V 井、HLP1H 井使用 3 度带坐标展布平面图

鉴于以上情况，井眼轨迹设计进行了相应修改（图 4-100）。修改后该井轨道绕开了陷落柱，但在水平段发生了弯曲，井眼轨道变为更复杂的三维井眼轨道。这使得在水平井的钻井过程中，井下摩阻情况将会增大，导致水平井钻进过程钻压不足。

（1）一开、二开施工过程。

HLP1H 水平井钻探采用了 ZJ20 型石油钻机。该井于 2012 年 5 月 26 日 17∶30，用 311.1mm 钻头一开，钻至井深 55.7m 完钻，下入 244.5mm 表层套管；5 月 31 日 11∶30，用 215.9mm 钻头二开，二开完钻深度 846m，下入 177.8mm 生产套管至 843.51m，钻进至深度 545m（KOP）开始定向，着陆深度 845m，着陆姿态：井斜角 85°，方位角 197°。二开定向过程顺利，一次定向成功。

（2）三开施工过程。

6 月 23 日，用清水三开钻进至 867m，在井深 860m 处见煤，上部煤掉块非常明显，煤块呈长方形，大小 2cm×(2~3)cm×3cm 不等，掉块占返出岩屑 40%以上；由于煤层垮塌严

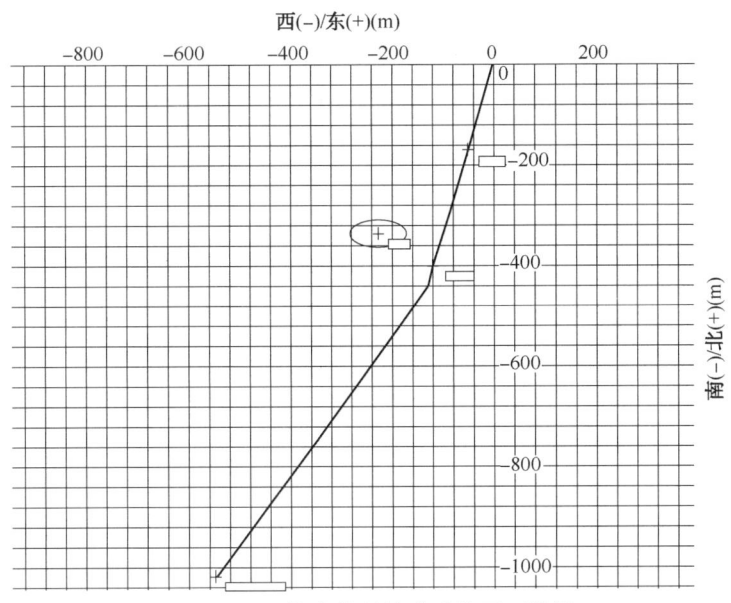

图 4-100　修改井眼轨道后的平面投影

重,导致该井在煤层段钻了 10 个井眼,但仍未实现两井连通作业,最终放弃继续施工,并在 M10 井眼下入 900m ϕ50mmPE 筛管进行完井作业(图 4-101)。

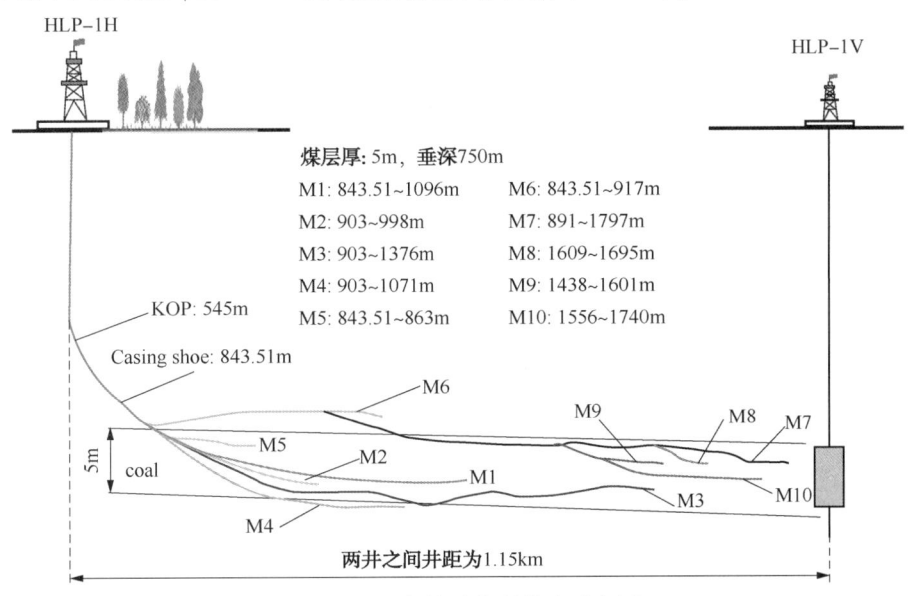

图 4-101　完钻后井眼分支示意图

(3) 复杂原因过程分析。

① 地质因素。

地质资料少,煤层起伏不定,两井周围存在 3 个陷落柱。由于该井所在区块是潞安煤矿,潞安地区的地质资料很少,没有三维地震资料,后来通过查阅资料,发现设计轨迹中存在陷落柱,给施工带来极大困难。

上部煤层呈块煤,节理极为发育,煤块与煤块之间相互独立,单个煤块具有较高强度,但整体上非常破碎很容易塌落;夹矸层下部为粉煤,下煤矿查看成岩性非常差。在几次钻进中，当起钻至套管鞋再下钻时找不到原井眼，只能新开井眼，说明套管鞋下的顶部煤层在钻进时逐渐塌落形成"大肚子"，是造成多次阻卡和找不到原井眼的根本原因。

煤层节理极发育，煤疏松，破碎，坍塌掉块严重。钻进过程多次出现严重掉块，掉块尺寸大多2cm×3cm×4cm不等。施工中发生10次严重阻卡事故，导致埋钻1次，损失EMMWD一套，损坏一套，被迫放弃6个井眼钻进，导致水平井和直井未能实现连通。

② 设计因素。

该井组连通距离过远，两口井水平距离1200m，远端连通且绕陷落柱，钻具屈曲严重造成托压，后期施工4次尝试连通无果。水平段长度对煤层气U形井钻井的成功与否十分关键。过长的水平段会导致钻井过程中的摩阻过大，井深难以达到设计值。

M7井眼作为与目标洞穴距离最近的一个井眼分支，被采用为钻具力学的分析对象。M7井眼垂直投影如图4-102所示。

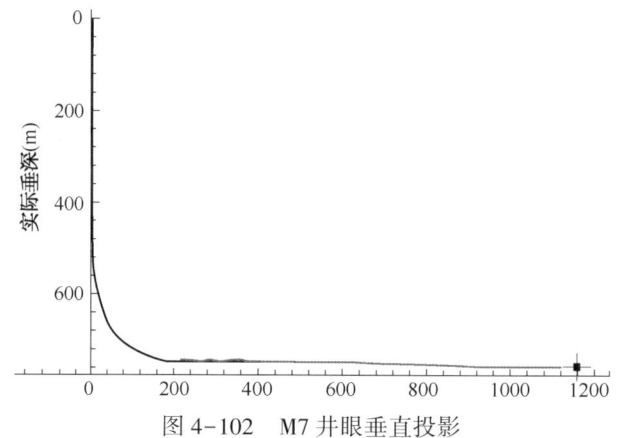

图4-102 M7井眼垂直投影

采用不同的摩擦因数，M7井眼钻进过程中大钩载荷与井深的关系如图4-103所示。

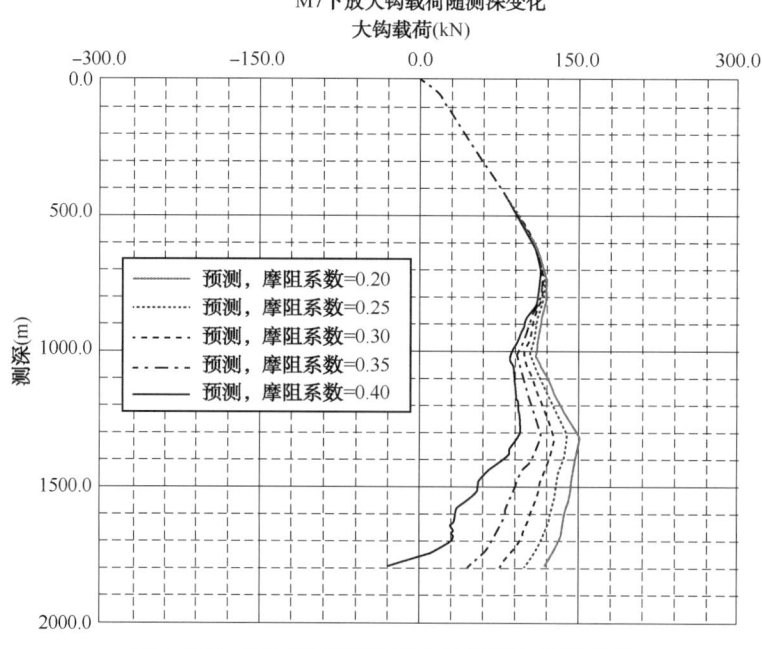

图4-103 不同摩擦因数下大钩载荷与井深关系

从图 4-103 中的预测结果可以得出,当摩擦系数为 0.4 时,到达井深 1750m 时,大钩已无载荷,所有的上部钻具质量不足以克服井眼摩阻,钻头处没有钻压。由此结果可以推算,真实的摩擦因数介于 0.4 左右。摩擦系数较大的原因是因为轨迹侧钻点达到了 9 个,轨迹狗腿度大,且轨迹整体已不光滑。同样从摩擦因数的影响可以观察到,当摩擦系数进一步减小至 0.2 时,1750m 处大钩载荷依然能够保持在 120kN 左右,相当于 12t 左右的钻压,并可保持至井深 1800m。因此,轨迹的光滑度和侧钻次数对于煤层气 U 形井的连通成功与否有着至关重要的作用。

4.3 煤层气 L 形水平井钻井技术

近年来,随着山西煤层气大规模开发,开发井型也越来越多样化,从普通的直井、丛式定向井转变为多分支水平井、U 形井、L 形井、仿树形等多种井型。其中,L 形井在开发中表现出较好的适应性和潜力,是 2015 年的主要实施井型结构(图 4-104)。井型设计方面最大优势为去掉洞穴井,设计主支 1 个,大幅降低了井组钻完井成本。L 型水平井完井方式主要包括三开下筛管完井及二开下套管分段压裂完井两种;该井型优点为井眼稳定、低成本、可改造、产量高,实现水平井高效开发。

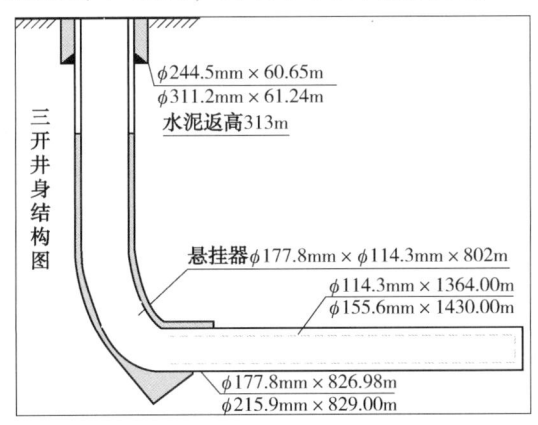
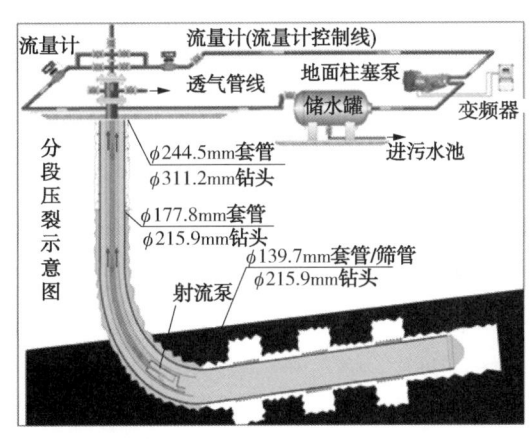

图 4-104 煤层气 L 形水平井示意图

4.3.1 技术难点

L 形水平井完成一次性"软着陆"和超长水平段进尺难度大。该井型与 U 形井、多分支水平井和山字仿树形水平井相比:(1)减少了轨迹延伸方向上近端或远端的洞穴井做对比,失去了指导轨迹控制的可靠靶点。(2)L 形井单支定方位的特点无法利用已钻分支对比参考、还原地层构造形态指导水平段钻进,反而增加了其难度。(3)部分 L 形水平井采取下钢制筛管的完井方式,与多分支水平井裸眼和 U 形井 PE 筛管完井相比对井眼轨迹质量提出了更高要求,导向施工过程中不仅要尽量避免侧钻,还要以较小的轨迹调整幅度追踪变化频繁的煤层。

另外部分 L 形井首度采用二开井身结构+ϕ215.9mm 大井眼钻水平段,增加了井眼安全稳定、悬空侧钻、轨迹控制的难度。区块上已完钻水平井均为三开井,煤层段采用 ϕ152.4mm 小井眼。今年以来,L 形水平井尝试采用二开井身结构+ϕ215.9mm 大井眼施工,煤层和其他不稳定地层在大井眼、裸眼段长的井身结构条件下垮塌风险非常大,增加了导向施工的难度。

4.3.2 L形水平井钻井工艺

针对山西煤层气区域地质特点及L形井钻遇指标要求和施工的技术特点,结合录井综合导向技术在煤层气其他井型的应用经验,研究总结出了采用MWD+伽马+综合录井的L形水平井地质导向等特色钻井工艺。

4.3.2.1 L形水平井井身结构优化设计

上部地层稳定的煤层气L形水平井采用二开井身结构:ϕ311.1mm×一开井深+ϕ215.9mm×二开井深。套管程序:ϕ244.5mm×一开套管下深+ϕ139.7mm×二开套管下深,水泥返至地面(图4-105)。

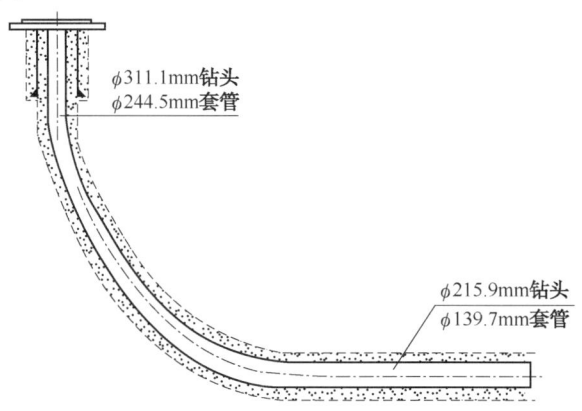

图4-105　L形水平井的二开井身结构示意图

若上部地层垮塌或漏失严重,则需采用三开井身结构:ϕ444.5mm×一开+ϕ311.1mm×二开井深+ϕ215.9mm×三开井深。套管程序:ϕ339.7mm×一开套管下深+ϕ244.5mm×二开套管下深+ϕ139.7mm×三开套管下深,水泥返至地面。对于渗透性较好的煤层,三开可采用悬挂玻璃钢或钢制筛管进行完井(图4-106)。

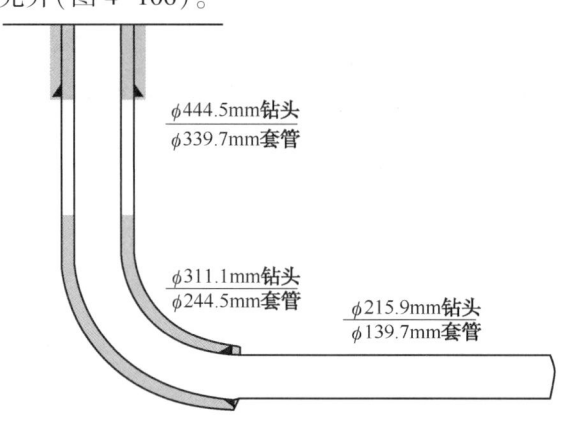

图4-106　L形水平井三开井身结构示意图

4.3.2.2 L形水平井地质导向钻井技术

通过总结L形水平井的施工方法与步骤,并结合其他水平井导向施工的经验,形成了针对 L 形水平井着陆和水平段两个阶段的特色钻井工艺流程。

(1) 着陆阶段操作流程。

首先通过邻井的对比分析，确定沉积稳定、易于识别的岩—电标志层；在实钻中依靠录井、随钻测井手段发现标志层，并计算预测着陆地层产状；然后通过地层对比计算预测着陆点（考虑地层倾角），进而判断与设计着陆点的吻合程度，若吻合较差，结合剩余靶前距和工程施工工具轨迹控制能力，适时对着陆进行调整，建立了着陆轨迹控制模型（图 4-107）。

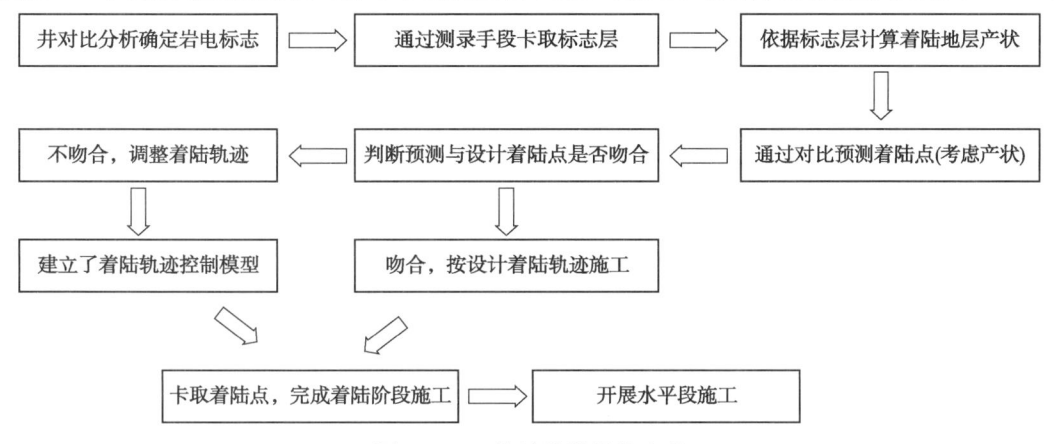

图 4-107　着陆阶段操作流程

以目的层为 3 号煤层为例，通过水平井钻遇 1 号煤线（2 号煤线）标志层时地层对比预测，发现 3 号煤层埋深比设计高，继续按设计轨迹钻进会提前着陆，由于井斜角太小，造成轨迹来不及增斜而底出煤层。这种情况下轨迹调整方法是：在设计允许的狗腿度范围内，增大轨迹造斜率快速增斜上调轨迹。调整幅度以保证入层后轨迹增斜调平过程中不底出煤层为最小幅度（如图 4-108 中浅色轨迹，着陆点 A2），以上调轨迹至设计靶前位移处着陆为最大调整幅度（如图 4-108 中深色轨迹，着陆点 A1）。

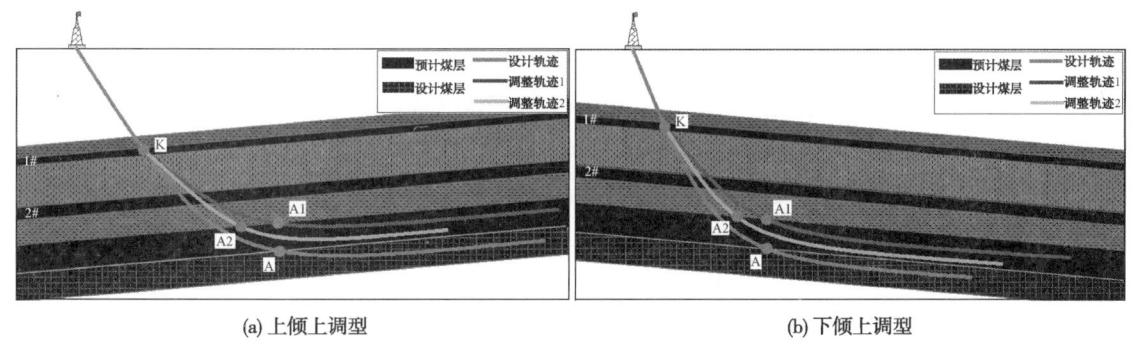

(a) 上倾上调型　　　　　　　(b) 下倾上调型

图 4-108　着陆轨迹模型—上倾、下倾上调型

(2) 地层倾角与着陆靶点计算。

地层倾角是水平井着陆和水平段导向所需要的关键参数，其预测方法主要有地层倾角测井、地震资料预测、邻井井间预测、构造等高线预测以及实钻井标志层计算预测等方法。L 形水平井由于其邻井少，构造落实程度有限，通过多种方法预测并应用发现，实钻井计算预测的地层倾角对着陆轨迹的指导意义较大。图 4-109 是实钻计算预测地层倾角和着陆靶点的方法。

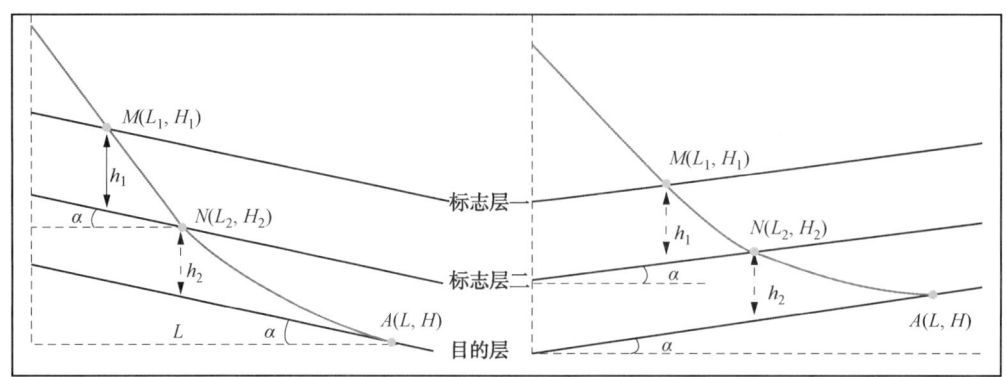

图 4-109 地层倾角与着陆靶点

$$\alpha = \arctan(H_2 - H_1 - h_1 / L_2 - L_1) \tag{4-52}$$

$$H = H_2 + h_2 + \tan\alpha \times (L - L_2) \tag{4-53}$$

$$H = H_2 + h_2 - \tan\alpha \times (L - L_2) \tag{4-54}$$

当地层下倾时,由式(4-52)和式(4-53)可计算地层倾角和着陆点垂深;当地层上倾时,由式(4-52)和式(4-54)可计算地层倾角和着陆点垂深。

式中 L_1、L_2——分别为钻遇标志层一、标志层二的位移,m;

H_1、H_2——分别为钻遇标志层一、标志层二的垂深,m;

h_1——标志层一到标志层二的地层厚度,m;

h_2——标志层二到目的层的地层厚度,m;

L——设计靶前距,m;

H——预测着陆点垂深,m;

α——地层倾角,°。

(3)水平阶段操作流程。

首先对比分析邻井煤层内部及顶底板岩—电性特征,划分煤层内部和顶底板的特征单元,进一步确定煤层内部导向标志和顶底出特征及判断依据,分别建立层内轨迹控制模型和顶底出轨迹控制模型(图4-110),水平钻进过程中,通过轨迹控制模型对实际轨迹加以调整与控制,完成整个水平段的钻进。

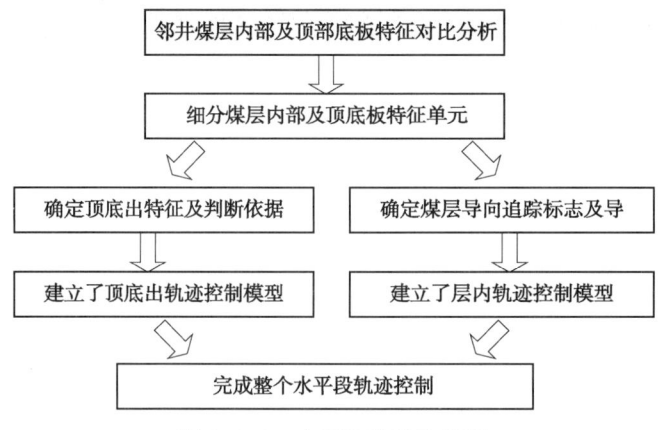

图 4-110 水平阶段操作流程

根据煤层内部特征以及井轨迹自然增斜趋势，优化轨迹质量，加快钻井速度，提高钻遇率，建立了水平段层内轨迹控制、顶出轨迹控制、底出轨迹控制三种轨迹控制模型。

① 层内轨迹控制模型。

在煤层内部选取上下两处跟踪参数差异明显，且距顶底板都有一定距离的范围作为导向轨迹控制区间。轨迹着陆后，控制井斜角略小于地层倾角（一般小 2°左右，视复合钻进自然增斜趋势而定）复合钻进向控制区间下边界缓慢靠近，钻遇区间下边界时井斜角与地层倾角基本相等，继续复合钻进至井斜角略大于地层倾角（一般大 0.5°左右）向控制区间上边界缓慢靠近，钻遇区间上边界时开始定向钻进控制井斜角略小于地层倾角，以此反复，完成整个水平段钻进（图 4-111）。

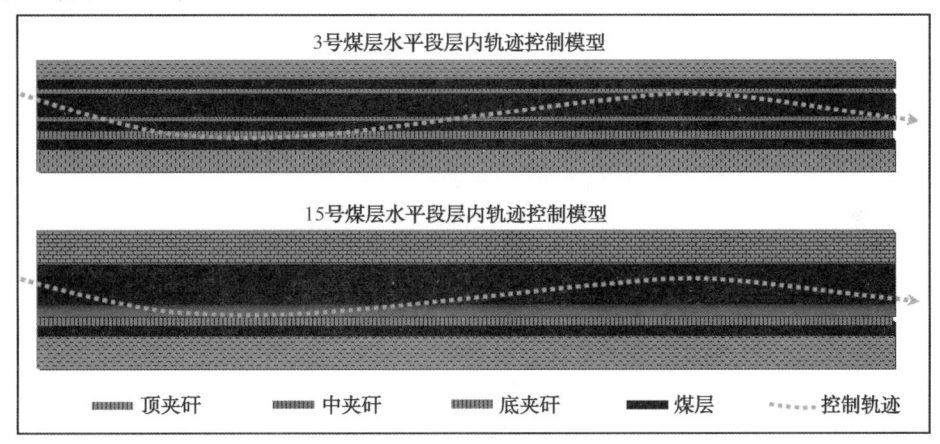

图 4-111　水平段层内轨迹控制模型

② 顶出轨迹控制模型。

当轨迹顶出煤层后，在保证井下安全和井眼轨迹质量要求的前提下以最大造斜率降斜至井斜角小于地层倾角 3°~5°，向下追踪煤层，顶进煤层后按层内轨迹控制方法钻水平段（图 4-112）。

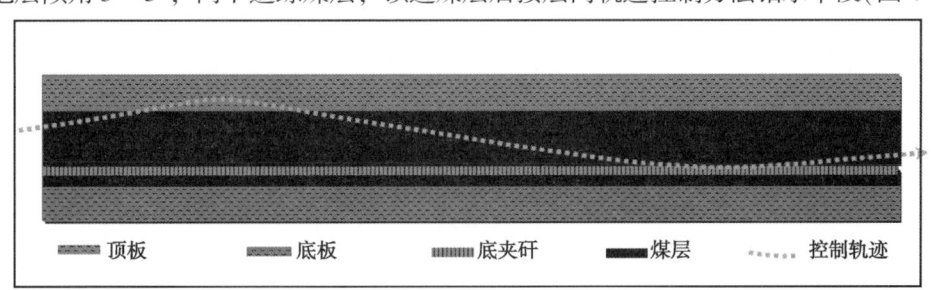

图 4-112　顶出轨迹控制模型

③ 底出轨迹控制模型。

当轨迹底出煤层后，在保证井下安全和井眼轨迹质量要求的前提下以最大造斜率增斜至井斜角大于地层倾角 2°~3°，向上追踪煤层，底进煤层后按层内轨迹控制方法钻水平段（图 4-113）。

4.3.3　L 形水平井实施效果

"十二五"期间，中国石油共现场试验 L 形水平井 11 口，完成水平段总进尺 8848m，纯煤总进尺 8098.7m，取得了平均钻遇率 91.53%的技术指标（表 4-9）。现场试验过程分为两

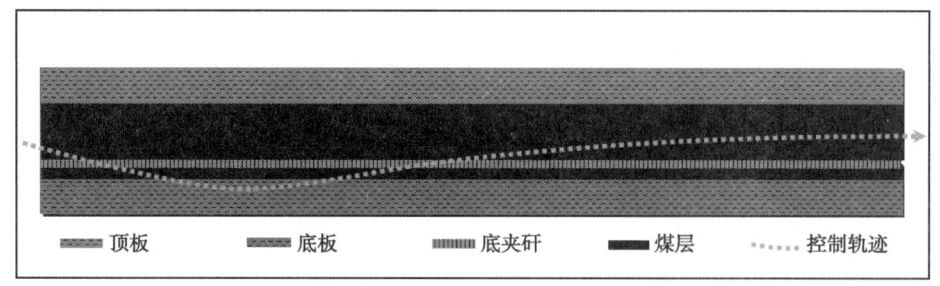

图 4-113 底出轨迹控制模型

个阶段，前 3 口井为试验初级阶段，由于对于施工难点认识不充分，现场施工经验不足，表现出侧钻次数多、施工周期长的特点；后 7 口井为试验完善阶段，针对第一阶段总结出来的施工难点，进一步细化了导向工作流程，建立着陆以及水平段轨迹控制的七种模型，施工效果有了明显改进。第二阶段现场试验过程中所取得的煤层钻遇率高达 95.62%，侧钻次数 0.2 次，平均水平段施工周期 4.8d，与前三口井相比较，钻遇率提高 2.4%，侧钻次数平均减少 2.4 次，水平段钻井周期缩短 9.8d。

表 4-9 11 口现场试验 L 形水平井统计数据

序号	井号	见煤进尺(m)	纯煤进尺(m)	钻遇率(%)	目地煤层	侧钻次数	水平段施工时间(d)
1	F71P2	604	542.7	89.85	3#	4	15
2	FP32	1035	943	91.11	15#	5	16
3	F71P4	990	960	96.97	15#	2	13
4	FS71P12	501	355	70.86	3#	1	4
5	ZS59P1	625	625	100	3#	7	21
6	F61P1	779	709	91.01	3#	0	5
7	FZP16-3N	708	656	92.66	3#	0	4
8	F71P3	760	611	80.39	15#	2	8
9	DP1	1000	901	90.10	3#	1	8
10	ZP02-1N	1020	1000	98.04	3#	0	12
11	F71P6	826	796	96.37	3#	0	3
	合计	8848	8098.7	91.53			

4.4 煤层气径向水平井钻井技术

4.4.1 径向水平井钻井技术概述

径向水平井是指曲率半径比常规的短曲率半径更短的一种水平井，又称之为超短半径径向水平井或超短半径水平井。径向水平井技术应用的钻井系统为超短半径径向水平井钻井系统("Ultrashort Radius Radial System"，简称 URRS)。运用 URRS 系统，在设计施工的层段内使钻柱以极短的弯曲半径实现从垂直方向到水平方向的转向,并以水力驱动钻杆送进、以完全高压水喷射破碎岩石进行水平钻进,形成径向水平井眼为 $\phi 70mm \sim \phi 110mm$。径向水平井钻井技术系统主要包括地面设备和井下工具设备两部分(图 4-114):地面设备主要为常规的修井机车、高压水射流发生装置、缆绳车和计算机监控设备、数据采集及处理装置,分别用来提供水力破岩、井下工具的动力、下钻具及控制钻井速度;井下工具包括井下开窗工具、转向系统(斜向器)及控制机构、高压水力喷射和推进装置、输送高压流体的连续钢管、水力破岩钻头等。

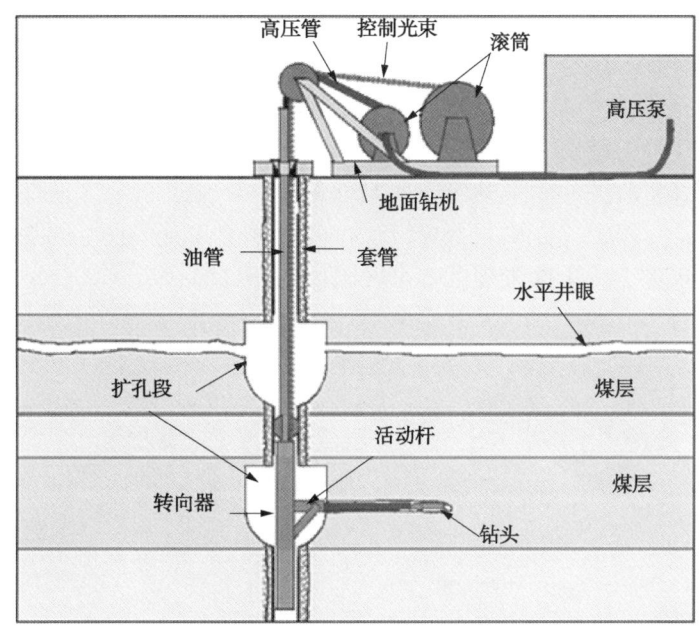

图 4-114 径向水平井系统组成

径向水平井完成从垂直到水平的转向,避免了采用常规的大曲率半径、中曲率半径和短曲率半径方法钻水平井所需的频繁造斜、定向和复杂的井眼轨迹控制等工艺过程,保证水平井准确地进入目的层;采用自旋转自进式射流钻头破岩形成水平井眼的新技术,无需钻杆旋转也不需要通过钻杆给钻头施加以破岩的"钻压",在整个过程中钻头可以自动旋转且自我提供动力推进;钻头侧部喷嘴在提供旋转扭矩的同时旋转扩孔,可以扩大孔径,形成规则稳定的井眼,有利于钻进过程中钻屑的及时排出;钻头尾部反向喷嘴所产生的射流在提供反作用力的同时,进一步旋转破碎环空岩屑,并为钻屑的排出提供冲击动力,从而解决常规水平井技术所遇到的施加钻压困难和钻杆旋转带来的一系列问题,减小了井下事故的发生并提高了钻井速度。采用电磁限速或油压限速装置,结合地面泵压及排量的合理控制,可以有效地控制水力破岩钻头的旋转速度及其地层中的钻进速度,从而保证高压旋转水射流具有良好的打击性能,确保钻头高效破岩钻进。

超短半径径向水平井技术最先由美国 Bechtel 和 Petrophsics 两家公司在 20 世纪 80 年代联合研究形成,已在美国和加拿大钻成 1000 口以上的径向井,曲率半径为 0.3m,工作压力为 60MPa 左右,孔眼直径为 70mm 以上,水平段长度为 30~60m。国内江汉机械研究所、石油大学等单位也开展了相关研究与试验,自 1997 年以来已在现场作业近 10 口井,水平段长度最大达到 18.5m。

4.4.2 径向井技术在煤层气中的应用

4.4.2.1 技术机理

径向水平井兼有完井和增产的作用,其机理在于井眼的形成是由于高压水射流的线切割破碎煤岩而成,不存在压实作用,保持了煤层原始的裂隙结构;辐射状的分支水平井眼与原始裂隙在煤层形成相互连通的网络,更大限度地沟通煤层原生裂缝和隔离系统,大幅度降低了煤层裂隙内流体的流动阻力,提高了煤层排水降压和煤层气解吸附运移的效率,增加煤层气、水产量,快速高效地降低煤层压力,进而提高煤层气产量,提高采出程度,缩短采气时间,解决了煤层气射孔、压裂效果不理想的问题,有望提高煤层气老井开发效益。另外,该技术利用清水喷射,减少了钻井液、压裂液对于煤层的伤害。

要使径向水平井眼与煤层形成更为有效的网路连通空间,还需要考虑煤田地应力状况与割理系统的走向。只要使径向水平井眼与面割理正交,才能最大限度地发挥分支井眼的排水降压效果。考虑到实际施工的需要,至少设计一部分水平井眼垂直于面割理,其他水平井眼可斜交于面割理,减少平行于面割理的水平井眼(图4-115)。

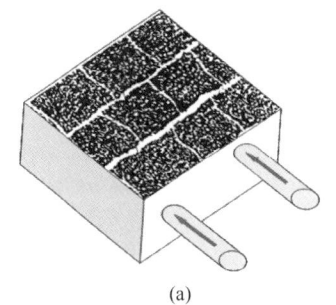
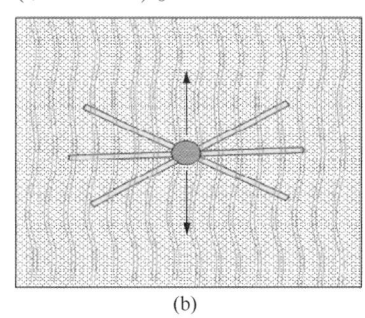

图4-115 径向水平井眼走向(a)与煤层面割理系统(b)
a—径向水平井眼走向(箭头方向);b—煤层面割理系统(箭头方向为面割理方向)

由于径向水平井井眼直径较小,应首先选择在渗透率高、煤层构造相对稳定、含气量和饱和度较高的煤层中应用,有条件的可以将喷射成孔过程与欠平衡钻井作业相结合,防止煤屑嵌入煤层微裂隙而影响井壁附近渗透率,可以减少排水采气过程中煤屑的产出。为了最大限度地发挥水平井眼的效率,可以进行多煤层布孔钻进(图4-116);渗透率更高、纵向分布层数较多的煤层,还可将径向水平井和洞穴完井技术结合使用。

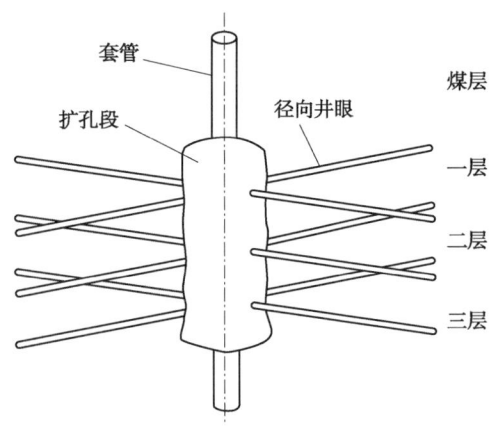

图4-116 多煤层径向水平井

4.4.2.2 国内外煤层气田径向水平井应用现状

自2006年以来,径向水平井技术在煤层气井初步应用取得成功。目前澳大利亚已成功应用高压水射流在煤层中钻水平井眼长度达到428m,破岩钻进速度达到了30m/min,特别是从20世纪80年代末发展了磨料射流可以用来射孔,使工作压力降至30MPa,油田使用的水泥车即可满足径向水力喷射的要求。

中国首先在阜新盆地进行径向水平井试验,其中 L30 井试验效果最好。2006 年 9 月,L30 井对孙家湾煤层(井深 596.9~789.5m,煤层厚度 83.6m,19 层)进行加砂压裂投产,压裂液 1600m³,加砂量 99m³。压裂后 L30 井日产气 200m³,日产水 2m³,累计产液 523m³,累计产气 13800m³。2007 年 1 月,在 L30 井以中间煤层段和太平煤层段(井深 669.45~789.5m,煤层厚度 59.8m,43 层)为中心,实现 8 个分支、总长 609.9m 的喷射径向钻进,起抽后日产气 2000m³。

中国已实施煤层气径向钻井 23 口以上,除上述 L30 井试验效果较好外,其余各井均不理想(表 4-10),单井总进尺最长 2941m(15 个分支)。究其原因主要是由于煤层渗透率低或渗透率超低、喷孔直径小、排采中井眼易被煤粉和水堵塞。

表 4-10　国内部分煤层气径向水平井技术实施效果数据表

井号	井深 (m)	喷射孔数 (个)	进尺 (m)	单孔最大进尺 (m)	作业前日产 气量(m³)	作业后日产 气量(m³)
L5	791~931	15	1520	189	100	500
L17	850~925	3	376.9	144	100	600
L30	675~713	13	1065.1	103.1	200	2400
L2	989~1017	10	1009	102	0	
FS-1	819~965	15	2941	201.4	100	500
SFS-1	831~81	8	754.45	104	0	600

第5章 煤层气井完井技术

煤层气井完井方式的选择及配套完井工程是煤层气高效开发的关键环节之一；与煤储层特点匹配的完井方式直接决定了单井产量的高低和开采的经济效益。煤层气完井和增产措施随煤层参数的不同而各异。煤层厚度影响开发井型；煤层渗透率决定具体的完井方式(比如是裸眼完井还是套管完井)。如果选择了套管完井，还要进一步考虑使用压裂液和支撑剂的种类和压裂工艺。目前煤层气井主要的完井方式包括裸眼完井、筛管完井、套管射孔完井、裸眼洞穴完井和井下扩孔完井五种完井方法，其中以套管射孔完井和裸眼/筛管完井为主。

基于煤层气藏的地质条件，优选最佳的完井工艺以达到煤层气采收率和开采效益的最大化，这是煤层气经济高效开发的基础。但是中国煤层气资源面临低渗透率、煤粉产出严重等复杂地质环境的挑战，完井和增产措施方法曾沿用美国中低阶煤层气的开发模式，但效果一直不理想；近年来探索试验了非金属筛管完井、氮气扩孔等新技术，取得了一些成效。未来完井及增产新技术仍将是煤层气经济高效开发的关键点和技术研发重点，例如可控多级完井等新技术有望解决超低渗透率煤层气的经济高效开发。

5.1 不同类型煤层气井完井方式优选

煤层气井完井方法需要考虑以下9个因素，分别为井筒钻遇的煤层的数目、预计产量、不同煤段的储量、煤层渗透率和气体含量、预计使用的增产措施、井壁稳定性问题、未来修井要求、人工举升系统要求、投资要求。

完井设计要与增产措施、排采工艺相协调，尤其是日产水量和产气量必须考虑。选择的排采泵除了要有效地将井筒中液体抽出，还要考虑到回流到井筒中的煤粉与压裂砂的影响。增产措施实施后的预期气体产量对于完井设计同样重要。完井方式需要在以上9个因素的基础上进行选择；完井类型选择后，需要决定井筒内完井段的数量及设计最终油管、套管的组合方案。图5-1描述了不同类型煤层气完井方式的选择方法和流程。

选择最佳完井方案的决策涉及以下关键地质参数：净煤层厚度、煤层含气量、煤阶、煤层深度、渗透率、煤层水平延伸距离、煤层倾角、煤层层数、煤层垂向分布。下面对一些关键地质参数的重要性进行阐述。

(1) 净煤层厚度。

净煤层厚度影响煤层气开采井型，例如水平井或直井。同时它也影响完井方式的选择，当净煤层厚度在2~3m之间时，一般可选择钻水平井。

(2) 煤层含气量。

煤层含气量对于煤层气的商业成功至关重要。在美国，只有粉河盆地的 Fort Union 煤层

第 5 章 煤层气井完井技术

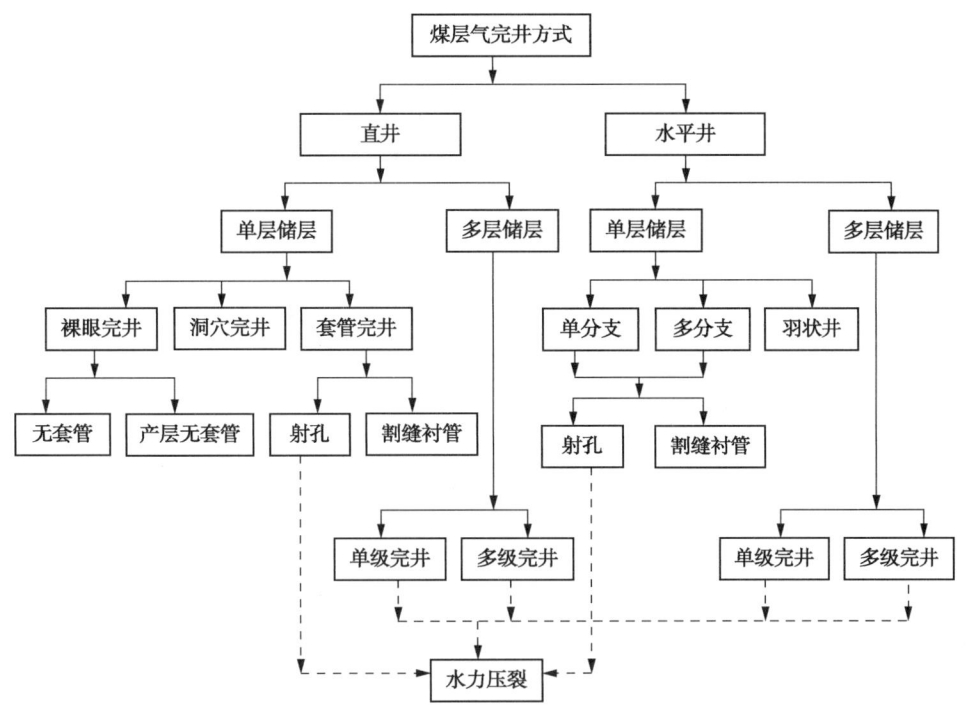

图 5-1 煤层气完井方式结构框图

和加拿大西部盆地的 Horseshoe Canyon 煤层成功开采了含气量小于 $4m^3/t$ 的储层。以上两个盆地煤层渗透率都很高，深度较浅，煤层净厚度很大，因而项目获得成功。

（3）煤阶。

煤阶对于气体含量和割理发育影响较大，进而影响煤层渗透率和单井产量。中国大多数煤层气产自高挥发性沥青煤或低挥发烟煤，国外无烟煤尚未实现经济有效开发。只有粉河盆地煤田有亚烟煤的煤层气商业性开采。但是中国煤层气开采突破了无烟煤的禁区，成功开发了沁水盆地南部高阶煤层气田。

（4）煤层深度和渗透率。

煤层深度影响煤层气井完井一系列决策。值得一提的是，所有已钻的煤层气井的煤层深度都在 150~1200m 之间。特别浅的煤层气藏，由于氧化作用，煤层甲烷纯度低，含有大量二氧化碳等其他气体，因此煤层气井位一般部署在氧化带以下的煤层。渗透率随着煤层埋深的增加急剧降低，煤层气开发难度大幅度增大，因此目前深层煤层气井通常比较少。

5.2 裸眼完井技术

裸眼完井是将套管下在生产段煤层顶部，然后钻开煤层，产气煤层保持裸眼或用砾石充填。裸眼完井是一种最基本、最简单、费用最低的完井方式，适合埋深较浅、渗透性好的单目的层，煤储层稳定且不容易垮塌。裸眼完井的主要优点是增加了煤层的裸露面积及裂隙与井筒沟通的通道，利于释放压力，节约了套管和水泥的费用，减少了固井施工、射孔作业等施工环节并消除了它们所造成的储层伤害，完井费用最低。裸眼完井的缺点是实施增产措施和分层开采困难，井底井壁稳定性较差，易发生煤层坍塌堵塞井眼等复杂井况。裸眼完井方式主要应用在煤层气多分支水平井和中高渗透率煤层气直井,例如美国西弗吉尼亚羽状水平井、澳大利亚苏拉特盆地煤层气直井等。

5.2.1 裸眼洞穴完井

在煤层气直井开发中,为了获得有经济价值的产气量,一般都需要进行增产处理,以便使井眼与储层之间实现有效连通。目前进行增产处理的方法主要有两种:一是水力压裂,二是裸眼洞穴完井(图5-2)。通过美国在科罗拉多和新墨西哥州的圣胡安盆地的应用情况来看,用裸眼洞穴完井的煤层气井的产量远高于用水力压裂技术完井的产量,一些地区采用裸眼洞穴完井的平均产气量甚至超过14300m^3/d,说明这种增产处理方法在某些方面优于水力压裂,能够带来巨大的经济效益。

裸眼洞穴完井技术就是在裸眼完井后,人为地在裸眼段煤层部位多次注空气或泡沫憋压放喷使煤层崩落,形成一个稳定的大洞穴,可以消除钻井时发生的煤层伤害,同时在井眼周围形成大面积的含有大量张裂缝的卸载区,扩大了煤层的裸露面积,提高井筒周围自然裂隙的渗透性,使井眼与地层之间实现有效连通而达到增产的目的。

由于高压、高渗透率等特殊地质和储层条件,在一些井内强烈的煤质流动可以形成自然洞穴。但是为了达到裸眼洞穴完井技术所要求的洞穴直径,仍需要通过人为方式促使煤质产生流动,以形成合适的洞穴。一般情况下是采用压力"激动"的方法:先关井,通过井口注入空气或氮气进行憋压,然后迅速卸压,这种周期性的压力变动会形成剧烈的井内压力"激动",迅速的压力降会破坏煤层的原始应力状态分布,引起煤岩向井筒内崩落,重复使用这种压力"激动"法,直至洞穴稳定。崩落在井中的煤和大量地层水可以使用空气或泡沫,以大排量循环清除出井筒。形成洞穴之后,在裸眼井段下入预先钻好孔的筛管(图5-3),孔的密度视情况而定,一般为12孔/ft,这种方法维持了井眼的长期稳定。现场应用经验表明,整个洞穴完井作业操作的时间越短越好,作业时间越长,由煤层顶板泥页岩膨胀或剥落引起钻具卡钻的风险越大。

在生产过程中,采用洞穴完井的煤层气井通常有煤粉产出,这表明煤在继续不断地剥落,也说明洞穴还在继续扩展。随着煤层气的开采,煤粉在洞穴中不断积聚,制约了煤层气的产量,因此需要进行间断清除煤粉作业。

5.2.1.1 裸眼洞穴完井技术发展历程

1993年,美国的G. B. C. Young等人首次在圣胡安盆地煤层气井中采用了一种人工激励方法产生洞穴的完井工艺,使煤层气单井产量大幅度增加。随后John D. McLennan等人对裸眼洞穴完井增产的机理进行了研究,通过对洞穴周围渗透率变化进行模拟,结果显示渗透率的改变带从0.976m延伸到3.97m,极大地提高了产气量,为洞穴完井奠定了理论基础。针对物性较好的煤层该完井技术将煤层气单井产量提高到下套管射孔压裂完井的3~10倍,开辟了美国煤层气产量的新纪录。

黑勇士盆地早期的套管井和压裂井用洞穴完井技术重新完井,获得了较高产量。例如S. Ute14-3井采用ϕ139.7mm生产套管完井,射孔后压裂投产,第5年达到产量高峰,第6年起产量下降,效益变差;随后侧钻ϕ120.7mm井眼,采用裸眼洞穴重新完井,产气量与原井压裂相比提高了3倍,效益显著(图5-4)。

第 5 章 煤层气井完井技术

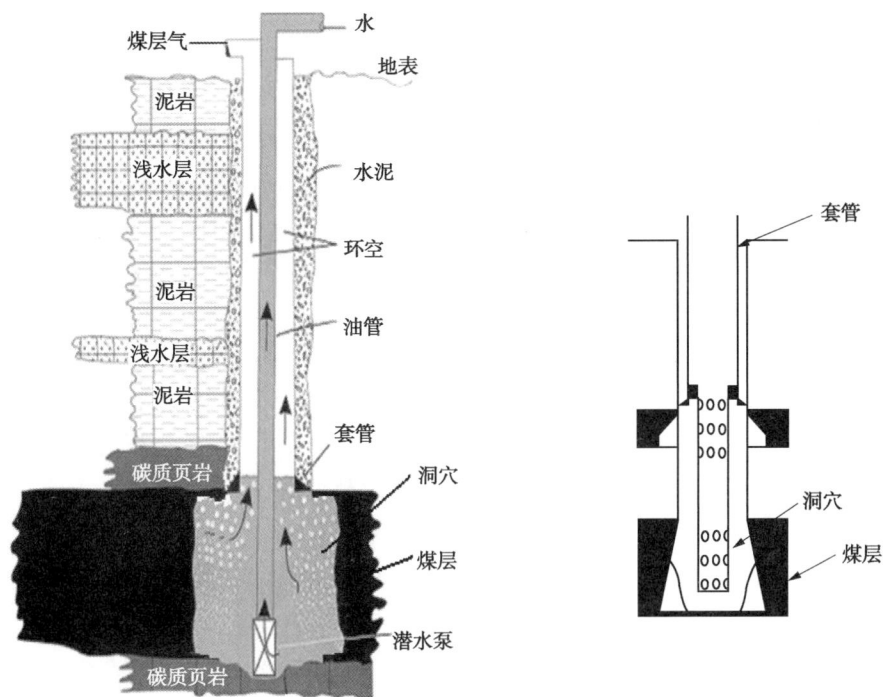

图 5-2 裸眼洞穴完井生产示意图　　图 5-3 筛管在裸眼洞穴完井中的应用示意图

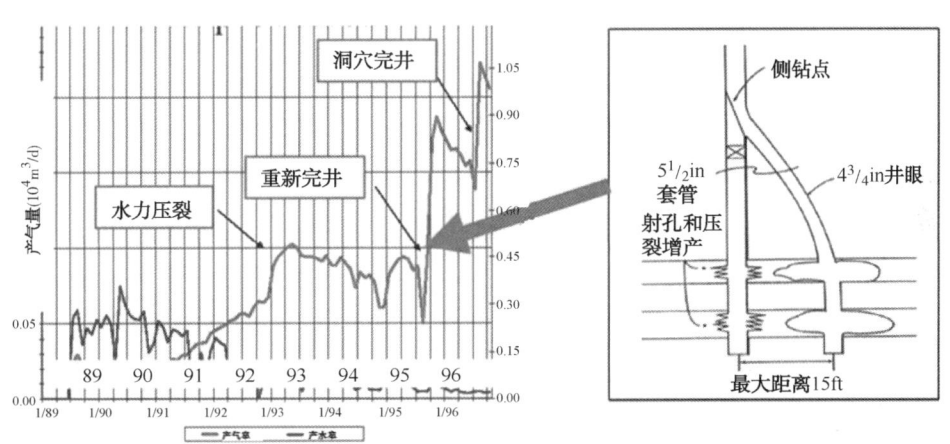

图 5-4 美国黑勇士盆地 S.Ute14-3 井重新侧钻裸眼洞穴完井后产气量变化

圣胡安盆地 1988 年前采用套管射孔压裂，钻井数量稳步上升，但产量增长缓慢；1988年后采用洞穴完井（图 5-5），产量急剧上升。

通过美国在黑勇士盆地和圣胡安盆地的应用情况来看，用动力裸眼洞穴完井的煤层气井的产量远高于用水力压裂技术完井的产量，一些地区采用裸眼洞穴完井的平均产气量超过 14300m³/d，说明这种增产处理方法在某些方面优于水力压裂，能够带来巨大的经济效益。从开发最成功的圣胡安盆地的 4000 多口煤层气井来看，三分之一为裸眼洞穴完井，这些裸眼洞穴完成的井煤层气产量是射孔完井后水力压裂的 3~10 倍，且成本低于大型水力压裂。截至目前，裸眼洞穴完井累计产气量占整个盆地产量的 76%。

中国进行的裸眼洞穴完井数量有限。"八五"期间煤炭系统采用简单的侧向喷嘴直接水

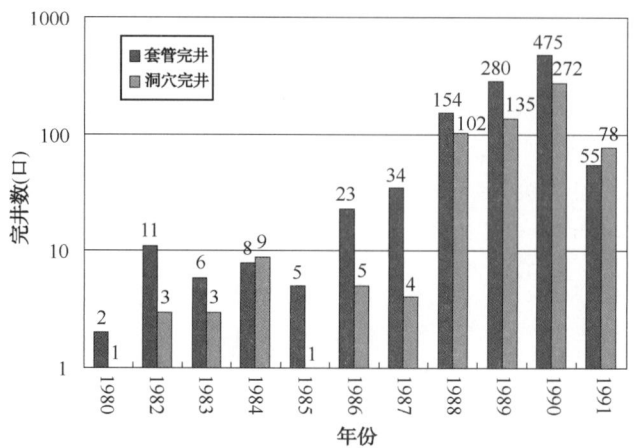

图 5-5 圣胡安盆地套管压裂完井与裸眼洞穴完井对比

力喷射进行了开滦"T5 井"、JZ13#井和江西"QS1 井"三口煤层气井的裸眼洞穴完井试验,造穴初期增产 2 倍以上,但最终效果都不理想(表 5-1)。然而,这三口井的造穴工艺与美国的裸眼洞穴完井工艺完全不同,因此并不是真正意义上的洞穴完井。

表 5-1 "八五"期间煤层气裸眼洞穴完井统计表

井 号	产气量(m^3/d)		造洞穴方法
	造洞穴前	造洞穴后	
QS1 井	30	170	用侧向喷嘴,清水循环水力喷射
T5 井	54.4	111	
JZ13# 井	10.67	435	

1994 年 10 月至 1995 年 12 月,中原油田钻井工程五公司 15506 队与美国安然公司(ENRON Oil&Gas Ltd.)合作在山西三交区块实施了三口煤层气井(SG-3 井、SG-4 井、SG-3X 井),三口井均采用裸眼洞穴完井,洞穴直径约为 2~3m,但是并没有达到预期的效果。

近几年,中联煤层气公司寿阳区块进行的煤层气空气造洞穴试验取得了较满意的效果,FCC-HZ01-V 井在造洞穴前产气量为零,造洞穴后,产量达到了 $25m^3/h$;在 FCC-HZ04-V 井中同样在造洞穴前不产气,造洞穴后,产量达到 $24m^3/h$,最高时达 $92m^3/h$。第一轮井造穴后,产量稳步上升,三个月后,单井产量达到 $2000m^3/d$,效果良好。

5.2.1.2 洞穴完井技术适用性分析

洞穴完井的主要增产原因为井周渗透率改善带的形成,根据各储层性质因素对煤层改造的影响重要程度,弹性模量与渗透率为最主要的影响因素。以下建立了洞穴完井产量与原始渗透率、弹性模量等参数的关系图版,以此作为洞穴完井适用性评价依据。

直井洞穴井的产能计算公式为:

$$q_c = \frac{K_c h Z_{sc} T_{sc} [m(p_R) - m(p_{wf})]}{668.714 T p_{sc} \ln(r_e/R_c)} \tag{5-1}$$

根据圆形地层渗透率突变模型,洞穴完井后煤层等效渗透率计算式为:

$$K_c/K = \ln \frac{r_e}{R_c} \Big/ \left(\ln \frac{r_e}{R_k} + \frac{1}{M_k} \ln \frac{R_k}{R_c} \right) \tag{5-2}$$

式中 r_e——供给半径，m；

x_f——裂缝半长，m；

h——煤层厚度，m；

K——煤层原始渗透率，μm^2；

T——地层条件下的温度，℃；

p_R——储层原始压力，MPa；

p_{wf}——井底压力，MPa；

K_c——洞穴完井后储层等效渗透率，μm^2；

$m(p)$——为真实气体拟压力，$MPa^2/(mPa \cdot s)$。

设定煤岩岩心弹性模量范围 300~1900MPa，原始渗透率范围在 0.01~100mD 之间，不同弹性模量与原始渗透率的组合散点如图 5-6 所示。当前中国的煤层弹性模量多在 1~4GPa 之间，煤层原始渗透率在 0.01~10mD 之间，这种情况下进行洞穴完井作业，煤层改造效果不如进行水力压裂。当煤岩弹性模量降低至 600MPa，渗透率达到 10mD 以上时，洞穴完井对煤层的改造效果可以超过水力压裂，此时可以考虑进行洞穴完井，可见适于洞穴完井的煤层气储层应为渗透率高、弹性模量低、煤层易碎、孔隙裂隙发育的煤层。

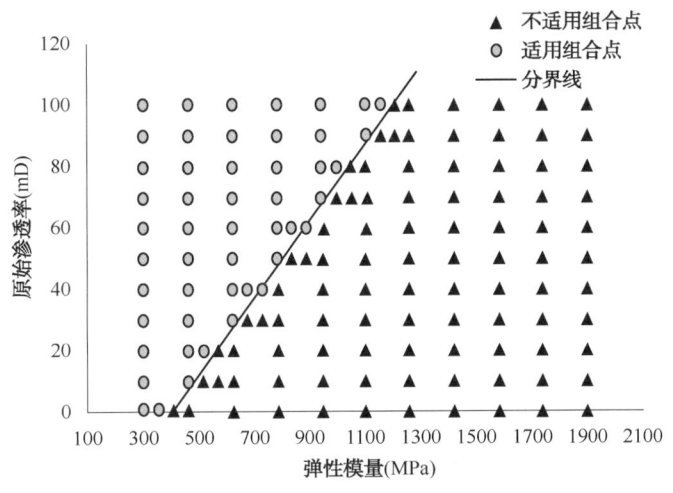

图 5-6 洞穴完井适用性图

5.2.1.3 裸眼洞穴模型及完井机理

裸眼洞穴完井技术采用井内增压和迅速卸载，这种压力波动使近井带破碎、强度低的煤层坍塌并形成洞穴。洞穴完井实施工艺：通过立管充气，压缩空气与清水混合进入立管，到达井底后，进入环空上返，经旋转控制头侧出口，进入节流管汇，通过节流阀控制，控制波动压力，最后进入液气分离器，实现气液分离。

在这个过程中，煤层中产生较大的剪切应力及拉张应力，达到一定程度后，煤层会发生大量的多向剪切破坏和张性破裂，使煤发生坍塌或形成微裂隙。由于煤层的各向异性，其力学特性在各个方向并一致，因而煤层中的剪切破坏和张性破裂在各个方向上也不同，在某些强度较小的方向上可能破裂并扩展了很长，而在其他强度较大的方向上，可能尚未达到破裂极限。这种不规则的破坏形成了不规则的洞穴，洞穴形状如图 5-8 所示。

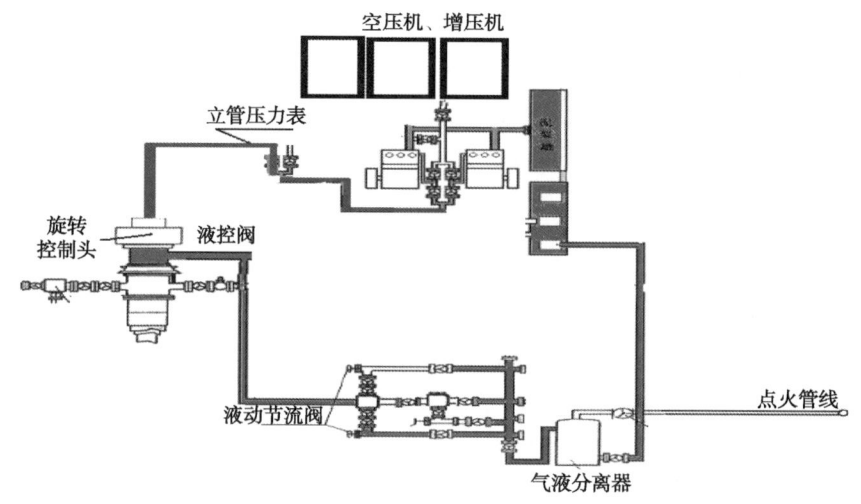

图 5-7 洞穴完井工艺地面流程

为了研究的方便,把洞穴周围的地层划分为破坏区、塑性区和原始地层区。在破坏区内的煤层应力几乎受到了全部破坏,煤层几近丧失了全部承载能力,应该清除在此区域内的煤屑。在煤层的塑性区,煤层之间的原始应力状态也遭到严重破坏。应力已不像原始地层那样分布,由于地应力的重新分配,塑性区的煤层会沿着最大有效应力方向或地层强度最小的方向产生张性破裂,形成裂缝,裂缝的产生又使煤层内应力继续重新分布,在各个方向产生更多的裂缝,裂缝的增长过程一直持续到应力集中小于煤层破裂极限为止,这时就在井眼周围形成了一个由井眼到原始地层的过渡带,称之为塑性区。

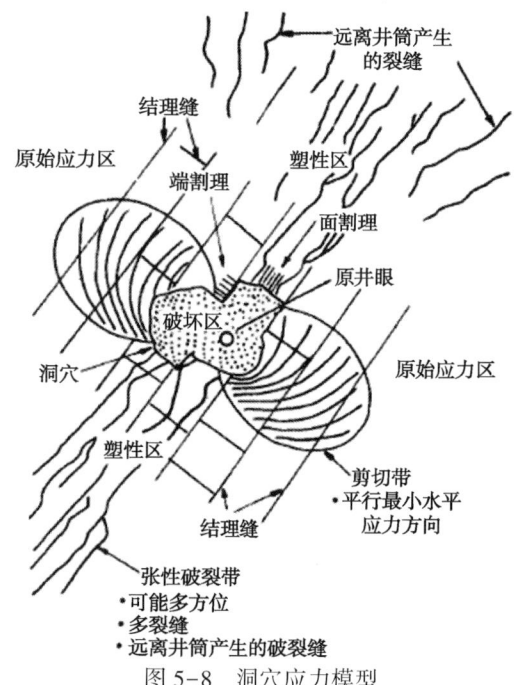

图 5-8 洞穴应力模型

在将空气或空气与水的混合物注入井筒的过程中,当井筒压力增加到大于井筒近端的最小水平应力时,就发生张性破裂,产生破裂区域的方向与最大水平应力的方向平行,且区域内出现多条自支撑裂缝,它们互相连通。注入过程中,随着近井筒孔隙压力的增加,井筒直径减小,引起井筒周围应力减小,并在多个方向产生张性破裂,这些破裂可从井筒向外延伸 30~60m。

在水静力欠平衡循环过程中,井筒压力减小,作用于煤层的载荷变化引起剪切破裂。剪切破裂与张性破裂区域的方位正交,也就是与最大水平应力方向垂直或近乎垂直。该区域内的裂缝也可以形成自我支撑,剪切破裂区域从井筒向外延伸距离为井径的数倍,由于剪切破裂区域沿最小水平应力方向发育,因此它的优点在于可以横切具有更高渗透率、与最大水平应力方向平行的面割理和节理。剪切破裂区域及扩大的井筒与天然裂缝相交,同时未造成对地层伤害是裸眼洞穴完井成功的关键所在。

在裸眼洞穴完井过程中,压力的下降及水动力效应使脆弱易碎的煤层塌落,井筒形成洞穴,洞穴的产生只是完井过程中的副产品,裸眼洞穴完井的主要目的是将井筒与储层中未受伤害的天然裂缝系统连通。

5.2.1.4 洞穴完井室内物理模拟实验及结果分析

煤层气洞穴完井是一种有效的增产措施,但现场施工程序繁杂,施工时间长,耗资大,同时施工后的效果评价较为困难,难以开展大规模现场实验研究洞穴完井的规律,因此开展洞穴完井室内模拟实验尤为必要。

(1) 洞穴完井室内模拟实验系统简介。

在调研国外洞穴完井设备和资料的基础上,自主设计了煤层气洞穴完井评价实验装置,该设备为国内首套专门用于洞穴完井实验模拟的平台,实现了真实三轴可变地应力条件下的洞穴完井煤岩改造室内模拟实验,并采用伺服控制,提高了压力施加的精度。

实验设备主要由流体增压及控制系统、三向应力加载及控制系统、实验样品夹持器、流体放喷控制系统以及数据接收软件五大部分组成,实验设备主体实物如图5-9所示。

(2) 实验样品制备及准备过程。

原煤运至实验室时,其形状并不规则,需要对原煤进行加工,得到满足洞穴完井实验需要的

图 5-9 煤层气洞穴完井实验设备

原煤样品。将原煤样品放置在如图 5-10 所示的不锈钢箱体内,四周浇筑水泥,抹平后在箱体内放置 3 天左右成型(图 5-11)。试样成型后,用钻头在试样顶部钻一个直径 30mm、深度 220mm 直孔,模拟直井井眼。

图 5-10 加装胶套后试样图

图 5-11 涂抹玻璃胶后试样图

按照预先确定的地应力数值,将三轴载荷施加在夹持箱上,三轴应力加载曲线如图 5-12 所示。

(3) 实验步骤。

注水/气增压卸压实验步骤:在洞穴完井的现场施工过程中,在井口直接注入高压流体,

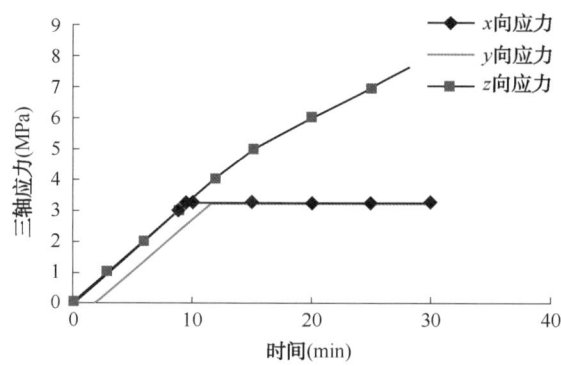

图 5-12 垂直应力 8MPa、水平应力 3.2MPa 的三轴应力加载曲线

使井内流体压力升高到指定压力，憋压一段时间后，突然卸压，使井内压力迅速下降，从而形成煤层内的应力激动，导致井壁坍塌，形成洞穴，完成一次洞穴完井过程。因此洞穴完井室内实验时，首先完全按照现场施工过程进行洞穴完井，向模拟井筒内直接充入高压流体，进行洞穴完井实验。

在进行直接注水/气实验后，仅能得到定性的实验结果，而无法对洞穴完井改造煤岩效果进行定量分析。因此设计了试样外缘注气增压卸压洞穴实验，实验原理可参考驱替实验，即在煤样边缘注入高压空气，空气在煤层内渗流流入井筒，提高了井筒内的憋压压力，井筒内憋压压力的上升速率反映了煤层渗透性的高低，从而反映出洞穴完井的效果。该实验的设计流程详见图 5-13。

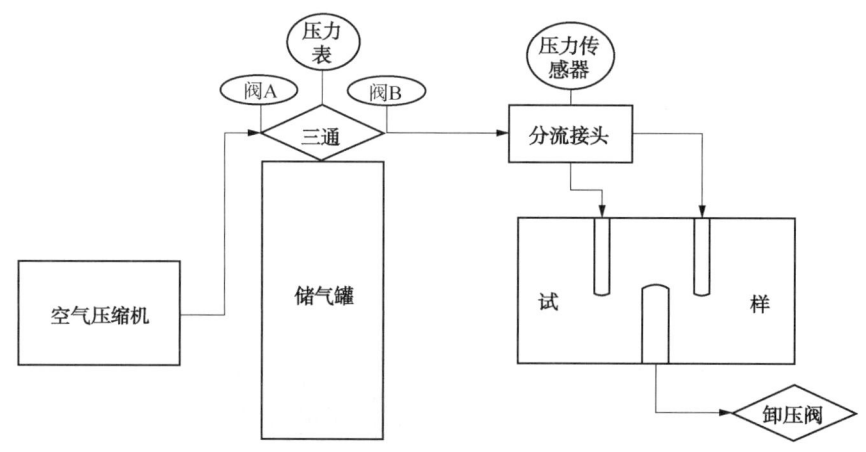

图 5-13 洞穴完井注气实验设计图

(4) 洞穴完井注水/注气模拟实验结果及分析。

① 洞穴完井室内注水/注气实验结果（图 5-14、图 5-15）。

进行注水模拟实验时，通过水力加压系统向煤岩钻孔内注水。根据现场地应力条件，试样的三轴应力分别取 10MPa、12.7MPa、8.6MPa。实验时注水压力随时间的变化曲线如图 5-14 所示。由图中水压曲线可以看出注水时逐渐增大注水压力，最高注水压力达到 13.78MPa 之后，煤岩被压裂，同时钻孔内水压急速下降。煤岩被压裂后形成裂缝如图 5-16 所示。

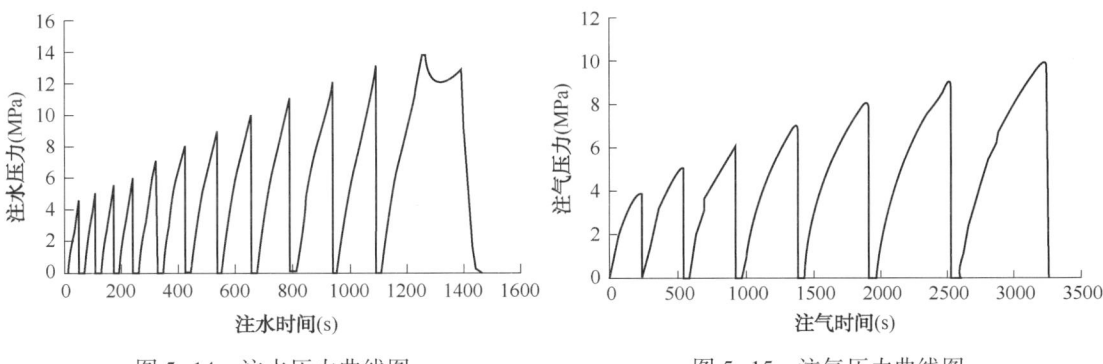

图 5-14　注水压力曲线图　　　　　　　图 5-15　注气压力曲线图

通过观察煤岩被压裂后的裂缝图，会看到在压裂时煤岩形成了复杂的 T 形缝系统，即同时存在垂直裂缝与水平裂缝。根据已有的经验，煤层及其上、下岩层的力学性质存在较大差异、界面效应、由于煤粉产出堵塞煤层裂缝、煤岩所具有的割理系统以及煤岩内部的微裂缝系统等都会导致煤岩 T 形裂缝的产生。

在使用空气造穴对煤层进行改造时，依然按照水力压裂时设定的三轴应力进行实验，最大注气压力从 4MPa 开始，逐渐增大气体最大压力。由于夹持器及胶套的密封问题，先期实验时，气体压力达到 10.46MPa，胶套出现漏气问题，气压很难再加上去，因此在现有条件下，将最大造穴压力定为 10MPa。如图 5-15 曲线所示，先后在气压为 4~10MPa 时，进行气体造穴测试。造穴结果显示，当最大气压为 9MPa 时，喷口有颗粒状煤粉产出，即表示此时井壁出现坍塌，能够开始造穴。在确定气压为 9MPa 时能够开始造穴后，在 10MPa 的空气压力条件下进行造穴，并重复多个循环周，结束实验。通过图 5-17 可以发现，造洞穴时，洞穴发展方向沿井周有明显的不同，并且由于煤岩的非均质性较大，在形成的洞穴内，存在突起的煤岩，即形成的洞穴极其不规则。

图 5-16　水力压裂后煤岩照片　　　　　　图 5-17　空气造穴后煤岩洞穴照片

② 洞穴完井注水造穴模拟实验结果分析。

设煤岩抗拉强度为 T，则要使煤岩压裂形成裂缝所需要的流体压力可通过式(5-3)进行计算。而通过实际资料的分析，在常规地层进行压裂时，流体压力曲线如图 5-18 所示。

$$p = \sigma_{\min} + T$$
$$\sigma_{\min} = 3\sigma_h - \sigma_H \tag{5-3}$$

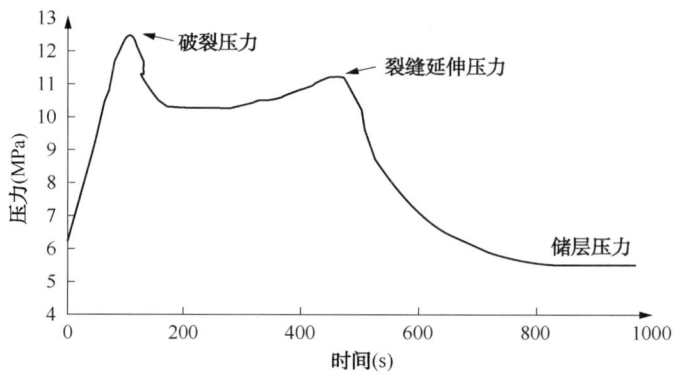

图 5-18 经验的压裂压力曲线

洞穴完井注水造穴过程中产生复杂 T 形裂缝的试样注水压力曲线如图 5-19 所示。由注水压力变化曲线数据可知，室内注水过程压力最高能够达到 13.78MPa，当夹持器中煤样发

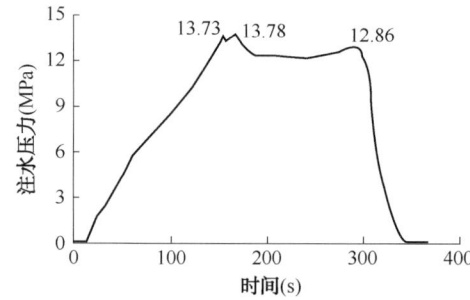

图 5-19 压裂实验压力变化曲线

生破裂延伸后立刻终止水力加压，防止高压液体喷出试样造成事故，注水压力随之急速下降，见曲线最后部分。观察图 5-19，会发现图中存在两个压力峰值点，且其压力分别是 13.73MPa 和 13.78MPa，而将煤样取出后，发现煤样形成了 T 形裂缝。这种 T 形复杂裂缝形成的最大可能原因就是煤岩本身存在的裂缝系统，即该煤样在高压下形成裂缝时，水力压力先达到 13.73MPa 时形成沿最大水平地应力发育的短直裂缝，然后与常规水力压裂曲线相同，注水压力变低，但形成第一条裂缝后水力突然升高，然后当水力压力达到 13.78MPa 压力时，形成了第二条裂缝，正好与第一条裂缝垂直从而形成了 T 形裂缝，这说明在原煤岩中沿着该方向上应发育有一条闭合的原始裂缝。

③ 煤岩空气造穴压差计算。

对比空气和水力造穴的结果，发现使用空气造穴时，增压压力较小的情况下就可以导致洞穴的形成，由此可见空气的造穴效果要优于水。同时 J. Q. Shi、S. Durucan 分析圣胡安盆地洞穴完井作业后，发现现场的数据证明使用空气造穴的效果要高于水，使用水时，洞穴完井难以形成洞穴。而气体与液体最大的物理性质区别为两者的膨胀性相差较大，因此，流体的可膨胀性是影响造穴效果的重要因素。气液两种流体在煤层内的渗流规律也会影响煤层内流体压力的大小，从而影响成穴效果。

放喷卸压过程在洞穴完井作业过程中起到了主要作用，卸压时井筒内流体压力迅速下降，而煤层孔隙内流体为渗流流动，压力下降较慢，形成压差，煤岩受到该压差产生的拉应力影响，产生断裂坍塌。图 5-20 反映了空气和水在井筒内的压力变化。由于水、空气膨胀性、流动规律的差别，使用这两种造穴流体时形成的压差不同，导致空气造穴效果理想。

从图 5-21 中可以看出，尽管水在煤层内的渗流速度远小于空气的渗流速度，但是由于空气的膨胀性，水在煤层内的流体压力下降速度要快于空气，表明使用空气可以使煤层内流体增压后的高孔隙压力保持更长的时间。

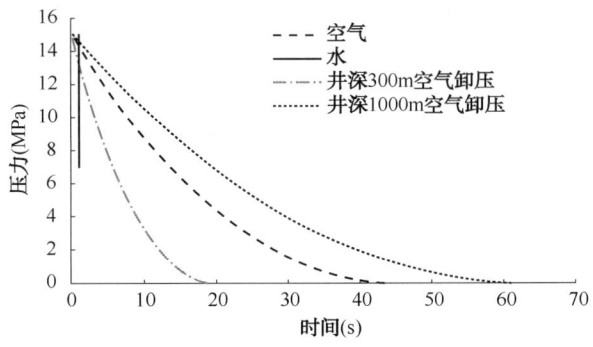

图 5-20　井筒内流体卸压压力

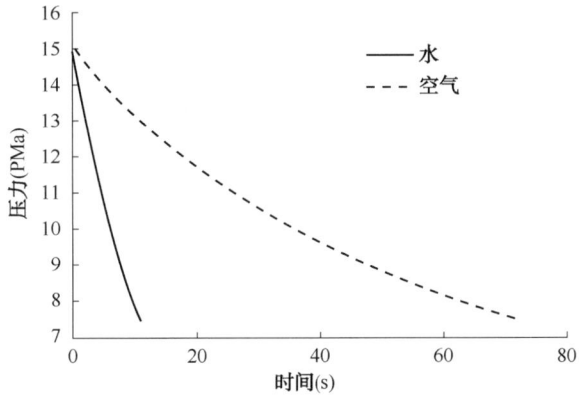

图 5-21　煤层内流体压力变化

当水和空气分别增压至 9MPa、10MPa 后卸压时，卸压曲线如图 5-22 所示，从图中可以看到，由于模拟井眼内流体压力下降速度极快，造穴压差很快达到最大值并开始下降。对比发现，使用空气造穴时，可以获得较高的压差，同时压差的下降速度要远慢于水，意味着空气的造穴效应持续时间更长。

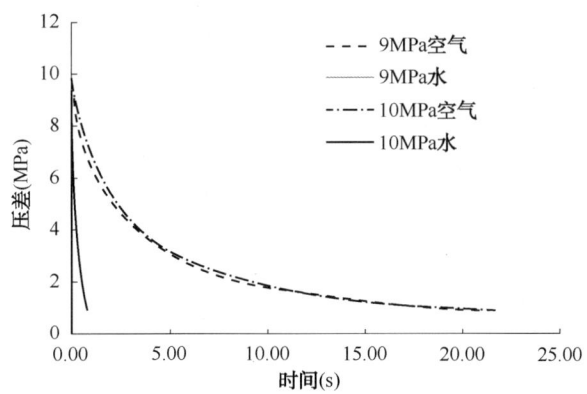

图 5-22　洞穴完井模拟实验条件下流体卸压曲线

从图 5-22 中可以看到，随着造穴循环的进行，造穴所能获得的卸压压差逐渐变小，因此，可以知道，在洞穴完井作业过程中，不会一直产生洞穴，当洞穴达到一定规模后，由于卸压压差的减小,洞穴将不再产生。

④ 造穴结果分析。

洞穴完井的效果一是造成井壁坍塌,形成了洞穴,二是形成了渗透率改善带,提高了煤层渗透率。在实验时,由于实验样品尺寸较小,因此将实验样品的平均渗透率改变幅度视为渗透率改善带内平均渗透率变化。实验后将样品切开,观察最终形成的洞穴尺寸(图5-23)。

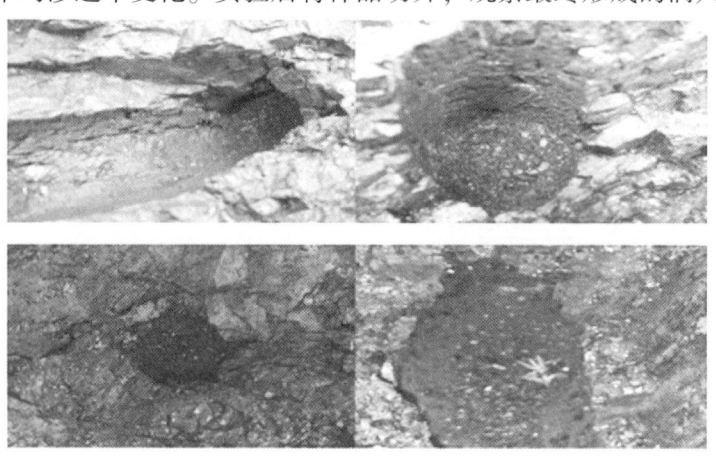

图5-23 实验后形成洞穴图片

经过实验,切开后的样品内井眼直径得到增大,井壁产生坍塌,形成洞穴,但形成的洞穴尺寸较小,形态复杂,井壁呈现不规则坍塌,产生这种现象的主要原因是煤岩较强的非均质性。经过测量后,实验形成的洞穴半径范围在16~20mm之间。

a. 弹性模量及泊松比对洞穴大小的影响分析。

煤岩本身的弹性模量与泊松比会对洞穴的形成产生影响。首先设定最大地应力、最小地应力及垂向地应力分别为15MPa、10.8MPa和12.5MPa,供给压力为8MPa,弹性模量变化范围为600~6000MPa,泊松比变化范围为0.2~0.4(图5-24)。

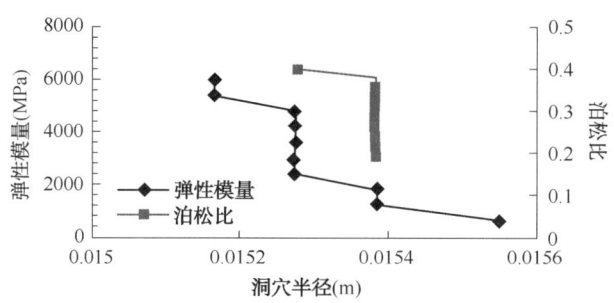

图5-24 弹性模量与泊松比对洞穴半径的影响

由图5-24可知,弹性模量与泊松比对洞穴半径都有影响,当弹性模量与泊松比降低时,洞穴半径均会增大,相对来说,弹性模量的影响要大于泊松比的影响,且洞穴半径的增大幅度不均匀。图5-25显示的是不同弹性模量下,随着造穴循环的进行,洞穴半径的变化情况。可以看到,弹性模量越大,形成洞穴需要的循环次数越多,即越不易形成洞穴。

b. 憋压压力对洞穴大小的影响分析。

计算时首先设定三向地应力仍然分别为15MPa、10.8MPa和12.5MPa,实验供给压力为

8MPa，考虑煤岩疲劳问题，分别计算憋压压力为 5MPa、6MPa、7MPa 时的洞穴平均半径。

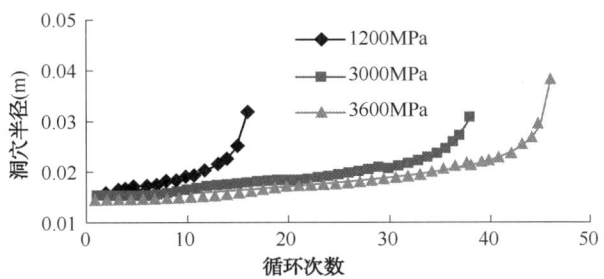

图 5-25　不同弹性模量下洞穴半径随循环次数的变化

从图 5-26 可以看到，由于憋压压力不同，首轮造穴过程可能不会造成井眼直径的增大，随着造穴循环增多，井眼直径开始增大，形成洞穴，该循环次数与憋压压力大小有关，憋压压力越大，该循环次数越少。开始形成洞穴后，洞穴的大小随着憋压压力的增大而增大。即憋压压力越高，形成洞穴的效果越明显。

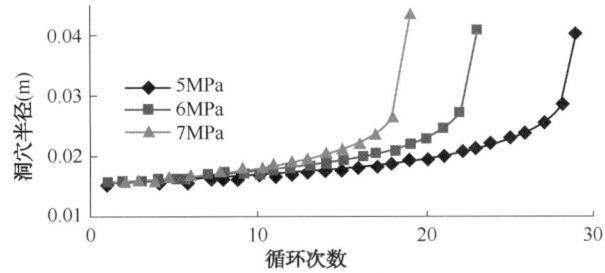

图 5-26　不同憋压压力下洞穴半径随循环次数的变化

憋压压力会影响首轮造穴过程中洞穴的形成，由于洞穴完井作业此时刚刚开始，在该过程中可以不考虑煤岩疲劳的影响。将供给压力设定为 15MPa，其他条件不变。下面只计算憋压压力与首轮造穴形成洞穴平均直径的关系。

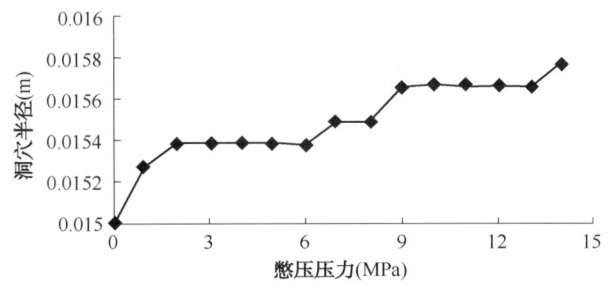

图 5-27　憋压压力对洞穴半径的影响

在图 5-27 中可以看出，随着憋压压力的升高，洞穴平均半径呈增大的趋势，但增大的幅度无规律，趋势线呈阶梯状，这与煤岩抗拉强度有直接关系。

c. 抗拉强度对洞穴大小的影响分析。

煤岩抗拉强度直接影响了煤岩的破坏，是形成洞穴的关键因素。在岩石中，煤岩的抗拉强度相对较低。因此，这里抗拉强度变化范围是 0.1~3MPa，保持其他条件不变，仅改变煤岩抗拉强度，分析洞穴大小(半径)与抗拉强度的关系。

由图 5-28，可以看出，随着抗拉强度的降低，洞穴平均半径增大，且增大幅度随着抗拉强度的降低而增大。即当煤层抗拉强度越低时，越有利于洞穴的形成及发展。图 5-29 中展现了抗拉强度分别为 1MPa、2MPa、3MPa 时造穴循环次数对洞穴平均半径尺寸的影响，在图中可以看出，抗拉强度低时，随着循环的进行，洞穴尺寸越大，表示此时洞穴更容易形成。

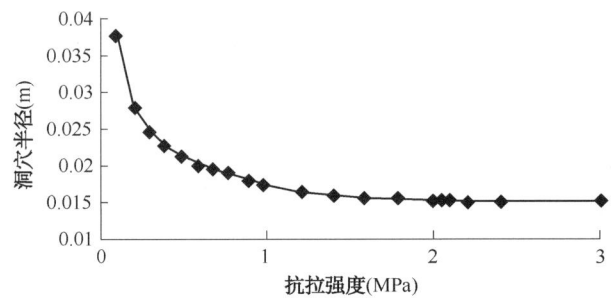

图 5-28　抗拉强度对洞穴半径的影响

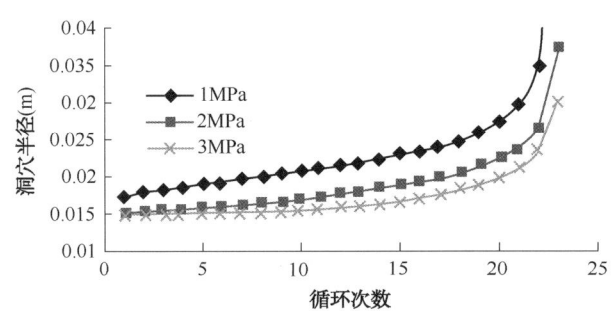

图 5-29　不同抗拉强度下洞穴半径随循环次数的变化

d. 憋压—卸压循环次数的影响。

在洞穴完井作业时，憋压—卸压操作是循环进行的，每次循环均会对煤层渗透率造成影响。而每次循环后，煤层都会由于疲劳系数的影响而使渗透率改善度发生变化。尤其当煤层初次憋压—卸压操作没有造成渗透率改善时，随着憋压—卸压循环的进行，最终煤层渗透率会发生变化，这就是煤层在循环作业进行中发生疲劳的影响，因此，煤层的疲劳不可忽略。这里将煤层供给压力分别设定为 8MPa，憋压压力分别设定为 5MPa、6MPa、7MPa。三向地应力分别设置为 15MPa、10.8MPa 和 12.5MPa，煤岩性质不变，对每次憋压—卸压循环过后的渗透率改善度进行计算（图 5-30）。

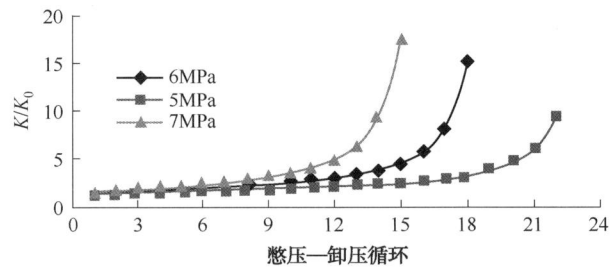

图 5-30　渗透率改善度与憋压—卸压循环次数关系图

从图 5-30 中可以看出随着憋压—卸压循环的进行，渗透率的改善度在开始时变化较缓，但逐渐增大，当达到某一循环次数时，渗透率改善度剧增。并且随着憋压压力的上升，达到突变时的循环次数越小，且渗透率改善度越大。

5.2.2 裸眼扩孔完井

裸眼扩孔完井方法（图 5-31）是裸眼完井方法的又一种改进，主要用在粉河盆地的浅层煤层气的开采。首先钻至煤层上方再下套管，然后钻过煤层并扩孔，以此消除钻井作业时对地层带来的渗透率的伤害，进而提高煤层气的产量。由于煤层渗透率很高，增产过程并未使用支撑剂，仅使用清水即可。裸眼扩孔完井在粉河盆地运用成功是因为：(1)煤层的渗透率很高；(2)煤层很薄且连续；(3)煤层很浅，钻井费用比较低；(4)完井方法比较简单；(5)激励增产方法使用简单且费用不高。

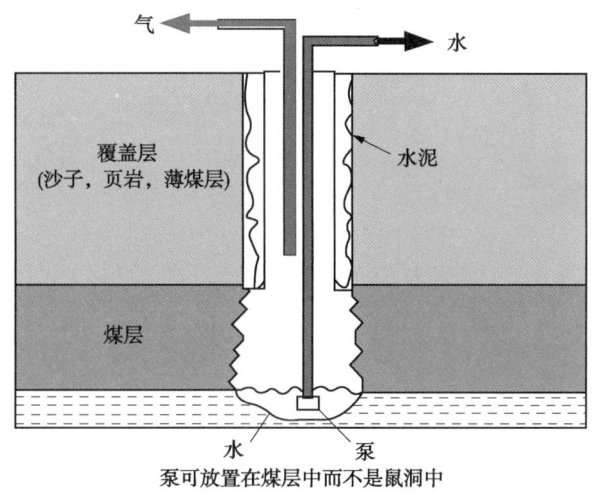

图 5-31　裸眼扩孔完井

与洞穴完井相比，裸眼扩孔完井之后的煤层孔径大小为 0.25~0.35m；而洞穴完井会使洞穴直径 5 倍左右范围内的地应力降低，扩大了煤层的裸露面积，提高了自然裂隙的渗透率，煤粉的运移和堵塞并不影响渗透率的提高，所以相对而言，洞穴完井能更好地提高单井产量。但是对于渗透率极高的煤层，裸眼扩孔完井的优势在于施工作业快，钻井费用低，完井方法也比较简单；且扩孔作业的煤层比较精确，并不像洞穴作业时压力波动那样，可对两层甚至更多的煤层进行扩孔作业，其优缺点见表 5-2。

表 5-2　洞穴完井与裸眼扩孔完井对比表

对比参数	洞 穴 完 井	裸眼扩孔完井
煤层渗透率	高，大于 20mD	极高，大于 100mD
煤层埋深与压力	不要太深，储层压力高	比较浅，储层压力不高
工艺措施	洞穴通过反复憋压、卸压而形成	通过下放扩孔器进行扩孔
作业经济性	作业时间长，一般 7~10d，费用高	作业快，方式简单，费用低
煤层孔径大小	1~2m，3~4m 不等	0.25~0.35m(10.5~14in)

目前，在国内外煤层气开采中，采用的裸眼扩孔完井技术主要有机械扩孔和水力射流扩

孔两种,且主要应用在直井中,水平煤层段的扩孔造穴技术未见有相关报道。

5.2.2.1 机械扩孔

机械造穴技术是在煤层气直井的煤层段下入专门的造穴工具,通过液压或其他方式打开,进行加压扩眼的造穴技术。该类工具有多种类型,常见的为单翼造穴工具(图5-32),打开时刀翼与本体呈90°角,具有结构简单、抗扭强度高、能承受井底复杂工况的优点,无论是在煤层还是在顶板泥岩中均可以使用。

单翼造穴工具的结构主要由本体、心轴和刀翼三部分组成,其中本体的主要作用是将工具与钻杆连接到一起,并为工具的旋转提供扭矩;心轴主要起连接刀翼与本体的作用,其上部有液流通道,能够让钻井液进入到刀翼内;刀翼上有水眼,钻井液从水眼流出;刀翼上均布有切削齿,主要的作用是切削地层,并承受一定的钻压与扭矩。施工时,首先打开钻井泵,钻井液沿着造穴工具中的液流通道到达刀翼,从刀翼的水眼流出;同时刀翼在水眼处水流的反作用力下,逐渐向上抬起;同时启动转盘转动钻具,刀翼开始慢慢切削地层,同时逐渐向上抬起。当刀翼抬起至90°位置时台阶已造好,然后开始加压钻进,切割地层。

5.2.2.2 水力扩孔

水力射流造穴技术采用水力射流的工作原理(图5-33),将水力射流工具下入到目标煤层位置,开泵循环钻井液,同时缓慢旋转钻具,使其通过该工具产生射流束,切割预定裸眼井段的地层,起到破坏煤层内应力,使该井段煤层疏松破坏并形成不规则洞穴的技术。

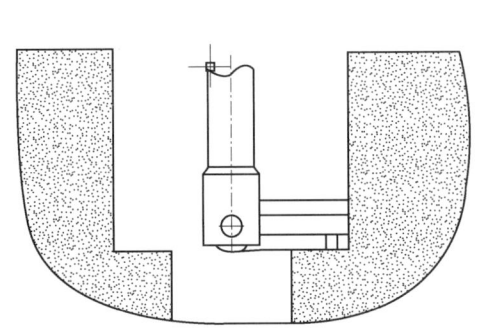
图5-32 单翼造穴工具作业示意图

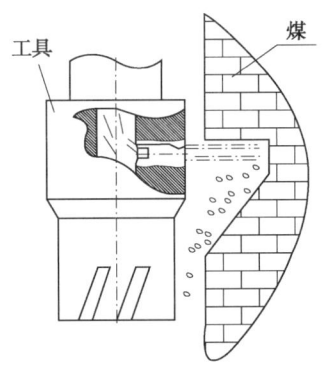
图5-33 水力造穴原理示意图

5.2.3 氮气扩孔完井工艺

部分煤层气多分支水平井排采效果不理想,一是多分支水平井钻井事故率较高(达30%以上);二是多数多分支水平井不产气或者产气量较低,整体产能建设到位较低;三是单井投资高,而投入产出比不理想;四是钻井过程中应用钻井液稳定煤层井壁,造成具有"三低"特性的煤层伤害。为解决以上问题,提出煤层气水平井产层负压扩孔改造成井技术,但该技术的现场实施面临四个难点:一是长水平煤层段机械扩孔困难,易造成井下复杂状况或事故;二是水平段煤层扩孔钻进过程中,伴随煤层的部分垮塌掉块,岩屑量较多,岩屑直径较大,造成携岩困难;三是水平段的储层保护与携岩矛盾,即水平段煤层扩孔钻进过程中存在大量岩屑,用清水携岩困难,而用钻井液又会造成储层伤害;四是若采用先造穴、后完井的工艺,则造穴完成后,下入管串困难。针对以上技术难点和问题,提出了以下氮气扩孔增产技术路线和方案。

5.2.3.1 氮气扩孔完井工艺原理

煤层水平段选用一定直径的筛管完井后,对煤层进行气体动力坍塌,然后下入带射流发生器的管柱进行射流洗井,通过井底压力变化,实现煤层改造的效果。

扩孔改造:在不超过漏失压力的范围内,反复控制井底压力波动,筛管外煤层垮塌,通过充气射流循环将筛管外煤灰(屑)冲洗出(图 5-34)。

压裂改造:首先控制井底压力大于煤层破裂压力,压裂煤层;其次控制井底压力小于煤层地层压力,煤层流体携带煤灰流向井筒;再通过充气射流循环将井筒煤灰洗出。

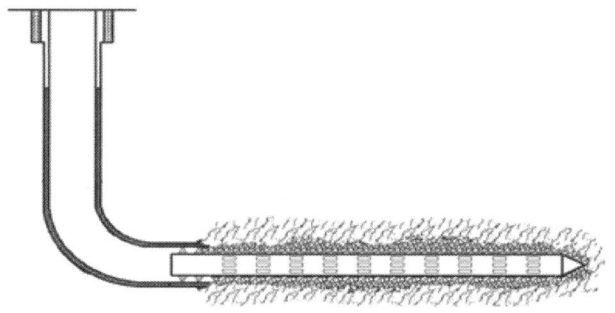

图 5-34 氮气动力扩孔原理图

总体施工步骤分以下三步:第一步为扩孔洗井阶段;第二步为"吞吐"洗井阶段;第三步为完井阶段。

(1)下钻破胶。

三开筛管悬挂完成后,组合带不旋转射流冲洗短节的钻具组合,钻具组合为:射流冲洗短节+ϕ60.3mm 钻杆×700m+ϕ60.3mm×ϕ88.9mm 转换短节+ϕ88.9mm 钻杆×12 根+ϕ88.9mm 加重钻杆×9 根+ϕ120mm 随钻震击器+ϕ88.9mm 加重钻杆×9 根+ϕ88.9mm 钻杆,下到井底,泵入钻井液破胶剂,充分循环后,起钻,静置48h破胶。同时安装旋转控制头,下原钻具组合钻至井底,全井替入清水。

(2)地漏试验。

起钻至悬挂器以上 10m,关半封闸板,关放喷管线上的液动平板阀,采用钻井泵减少排量的方式憋压地漏试验,测出地层漏失压力。

(3)顶替清水。

开半封闸板,打开氮气设备,用氮气将井内悬挂器以上清水替出。关半封闸板开始加压。

(4)扩孔洗井。

① 加压:加压到井底压力小于地层漏失压力后(设备能力为20MPa,破裂压力为26MPa左右),稳压10min。

② 泄压:打开放喷管线上的液动平板阀,卸压,卸压要迅速,保证井筒内压力变化快,达到波动目的。之后再反复憋压泄压4次(预定,现场视情况选择)。若以后再次进行气体动力扩孔,则重复以上扩孔洗井阶段的步骤①~②。

③ 水射流洗井:采用清水和充氮气两种方式。

a. 清水洗井：经过5次的憋压、泄压后，泵入清水至返出井口，下钻进行射流洗井，收集携带出的岩屑，在煤层水平段往复洗井一周。

b. 充氮气洗井：再重复以上扩孔洗井阶段步骤①~②，再经过5次憋压、泄压后，开泵泵入清水后，采用充氮气的方式进行射流冲洗，收集携带出的岩屑，在煤层水平段往复洗井一周。对比以上两次的携岩及射流效果，以后采用较优的方式进行冲洗携岩及水射流扩孔。

（5）"吞吐"洗井。

① 替清水：将不旋转射流冲洗短节换成旋转射流冲洗短节，优选旋转和不旋转射流冲洗短节的优劣，下钻至悬挂器以上10m，开氮气设备，用氮气将井内悬挂器以上清水替出。

② 加压：关半封闸板，关放喷管线上的液动平板阀，持续注入氮气憋压，加压到井底压力大于地层漏失压力，最高可达到设备的最高承压能力20MPa。

③ 泄压：打开放喷管线上的液动平板阀，泄压要迅速，保证井筒内压力变化快，达到波动目的。之后再反复憋压泄压4次（预定，现场视情况选择）。若以后再次进行"吞吐"洗井，则重复以上"吞吐"洗井阶段的步骤②~③。

④ 洗井：用自旋转式射流洗井工具在煤层水平段往复洗井一周后（预定）。根据岩屑携带情况，看是否需要用带洗井阀钻具组合进行洗井（图5-35）。洗井阀洗井钻具组合为：洗井阀插头+ϕ60.3mm钻杆×若干+单向皮碗封隔器+ϕ60.3mm钻杆×若干+ϕ60.3mm×ϕ88.9mm转换短节+ϕ88.9mm钻杆×12根+ϕ88.9mm加重钻杆×9根+ϕ120mm随钻震击器+ϕ88.9mm加重钻杆×9根+ϕ88.9mm钻杆。

a. 若需要则进行一次洗井阀洗井；再重复憋压、泄压、射流冲洗步骤1至2次，下钻至井底，用氮气替出井内全部清水。

b. 若不需要则继续重复"吞吐"阶段的憋压、泄压、射流冲洗步骤1至2次，下钻至井底，用氮气替出井内全部清水。

（6）完井。

用氮气把井内全部清水提出后，视井口压力情况，决定是否采用氮气完井。

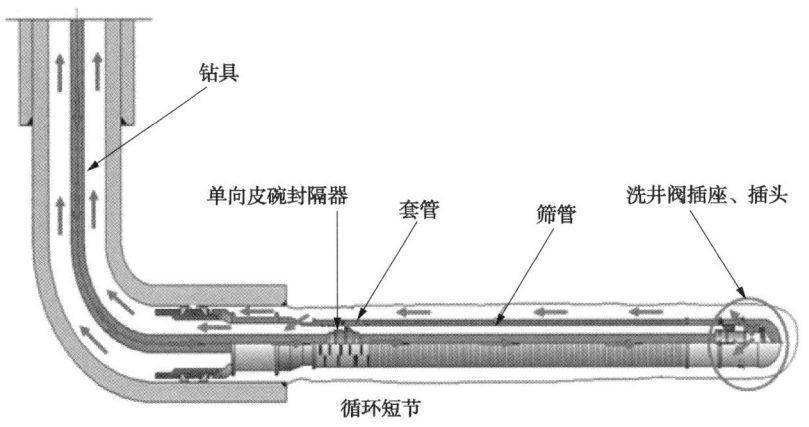

图5-35 洗井阀洗井示意图

5.2.3.2 设备配套及射流扩孔专用工具

经过优化，氮气扩孔详细设备配套（表5-3）：4台30m³/min空压机+1台60m³/min膜制氮+2台30m³/min增压机组合，气量能力为60m³/min。考虑到现场设备情况，准备一台空压机备用。

表 5-3 氮气扩孔配备设备

设 备 名 称	型 号	数 量	备 注
旋转防喷器	XF35-3.5/10.5	1 套	
旋转防喷器控制柜		1 套	
胶心		6 个	88.9mm 胶心
旋转防喷器拆装架		1 个	
空压机	DLQ900XHH-1150XH	5 台	注气量 32.6m³/min
增压机	GEMINI H302/3-1800	2 台	30m³/min
膜制氮	NPU3600	1 台	60m³/min
注气管汇		1 套	管汇压力级别 21MPa

另外需配置专用水射流洗井工具(图 5-36),水射流喷射方向直接对准井壁,扩眼直径大;还有两个循环水眼,起到辅助携带煤屑的作用;同时在下部水眼位置处准备焊接上四条硬质合金带,确保工具下钻遇阻或需要通井眼时无需另外下钻,同时可以用当前工具旋转下钻,并冲洗井眼。

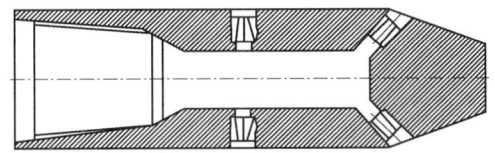

图 5-36 射流扩孔工具示意图

5.3 煤层气水平井非金属筛管完井技术

利用水平井技术进行煤层气开采时,裸眼完井是最主要的完井方式。但是由于煤层机械强度低、裂缝和割理发育,裸眼完井条件下煤粉产出或煤层坍塌易造成井眼堵塞等井下复杂状况,严重影响煤层气单井产量;另外采用金属套管/筛管完井则会为煤炭的后期开采留下一定的安全隐患。因此,采用非金属筛管(PE 筛管、玻璃钢筛管)完井能够提高煤层井壁的支撑能力,同时可利用下入的非金属筛管进行间断性的洗井作业,确保井底畅通的煤层气渗流通道;此外非金属筛管便于今后的采煤作业,是先采气后采煤的最佳配套技术。

5.3.1 PE 筛管完井技术

5.3.1.1 PE 筛管完井技术简介

PE 筛管完井工艺过程:在水平井井口安装连续注入装置,在筛管前端安装引导和锚定装置,以类似连续管的形式将 PE 筛管缓慢注入到钻杆中(图 5-37);随着 PE 筛管的不断注入,逐渐增大 PE 筛管连续注入装置的注入力,待注入力达到极限后,在水平井井口将 PE 筛管割断,移除注入装置,开启钻井液泵将 PE 筛管泵冲出钻杆;最后依靠锚定装置将 PE 筛管固定在煤层中。U 形水平井可以在水平段下入 PE 筛管进行完井,而多分支水平井则是依次在各分支下入 PE 筛管进行完井。前者施工周期短，工艺简单；后者频繁施工，周期较长。

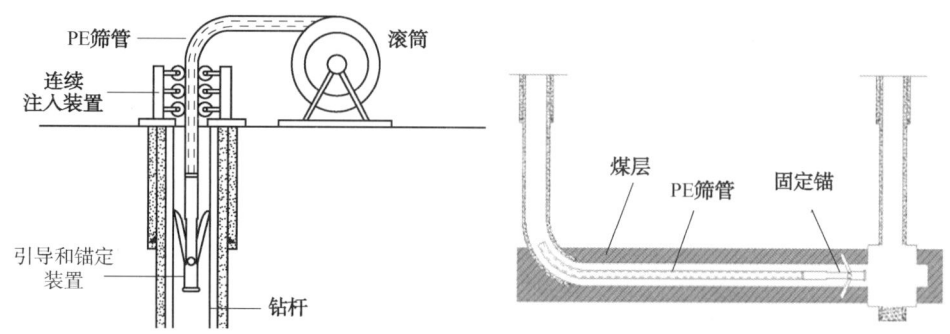

图 5-37　煤层气水平井 PE 筛管完井技术原理示意图

5.3.1.2　PE 筛管完井技术优势

（1）PE 筛管材质为非金属，满足采煤采气一体化技术。

在煤层气开采中，金属套管/筛管完井不符合采煤采气一体化政策和地方相关法律规定。同时 PE 管材较 PVC 等其他管材具有更高的耐压强度、安全系数、环刚度及良好的抗应力开裂能力，能够更好地实现对煤层井壁的支撑。

（2）完井成本低，有助于煤层气低成本高效开发。

PE 管材成本低，相比金属管材、玻璃钢等非金属管材可大幅度降低开发成本；PE 筛管为连续管型，运输方便，现场完井作业高效快捷。

（3）PE 筛管可为煤层气井连续生产提供保障。

PE 筛管能够为煤粉、气、水三相提供畅通的流动通道；PE 筛管具有良好的挠性和强度，能够支撑煤层井壁，提高水平井寿命和产量；排采期间利用下入的筛管进行间断性的洗井作业，清理被煤粉堵塞的井眼。

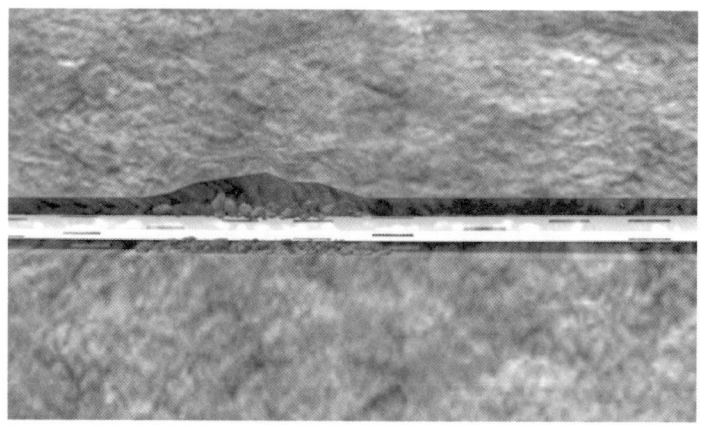

图 5-38　PE 筛管完井—支撑煤层井壁效果图

5.3.1.3　PE 筛管优化设计与制作

PE 筛管主要为煤粉、气、水三相流动提供畅通的通道，防止煤层坍塌堵塞井眼。设计原则是上覆煤层坍塌情况下，筛管强度能满足对 5~20m 厚坍塌煤层的支撑；在满足强度要求的前提下，筛眼的过流面积足够大；基管成孔便捷，制作成本低。

图 5-39　PE 筛管完井—冲洗煤粉效果图

（1）PE 筛管几何参数优化设计。

① 筛管选材及筛眼设计。

筛管基管材质选用 PE100 高强度管材，确保能够支撑煤层井壁，为排采期间的气水两相流提供一个高效流动通道；同时筛管需允许一定粒径的煤粉通过，而把较大的煤粒阻挡在筛管外部，以防止煤粒堆积在洞穴处造成卡泵等井下复杂状况及事故；阻挡在筛管外的大煤粒应形成砂桥，由于砂桥处流速较高，小颗粒煤粉不能够停留，因此该完井方式具有自然分选煤粒的能力，具有较好的流通能力，同时又起到支撑保护井壁骨架煤层的作用（图 5-40）。筛眼的形状可设计成长条形（图 5-41）。

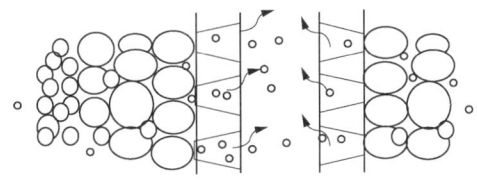
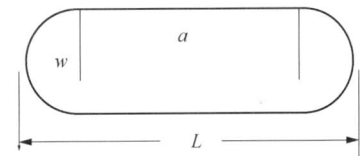

图 5-40　煤层段筛管完井形成砂桥示意图　　图 5-41　长条形筛眼形状

② 筛眼的宽度。

PE 筛管的主要目的就是在煤岩坍塌时，利用筛管割缝为煤层气流动建立稳定的通道。筛管割缝的宽度设计原则是割缝筛眼能阻挡大、中、小块状煤、粒煤，而不能阻挡细粉煤。根据 Abrams 提出的 1/3 桥堵原理，并结合 GB/T 18—1997 煤炭粒度分级，粉煤粒度值为 0~6mm，粒煤粒度值为 6~13mm，根据 1/3~2/3 架桥原理，得到缝宽大小 w 取值范围为 6mm<w<13mm。考虑筛管强度设计，缝宽一般设计为 8mm。

③ 筛眼相位分布。

相位呈 60° 分布：在筛管外表面对称 180° 分布一对筛眼，各对筛眼沿轴向方向等距均匀分布，在管壁周向方向各对筛眼之间相位角相差 60°，每三对筛眼可组成一规律段。

④ 筛眼长度与筛眼面密度。

筛眼数量应在保证筛管强度的前提下，有足够的流通面积。筛管的筛眼数量一般取筛眼开口总面积为筛管外表面积的 2%~6%。

（2）PE 筛管优化设计方案。

通过以上研究分析，优化出 2in、4inPE 筛管筛眼分布方案如下。

① 2inPE 筛管优化设计方案(图 5-42)。

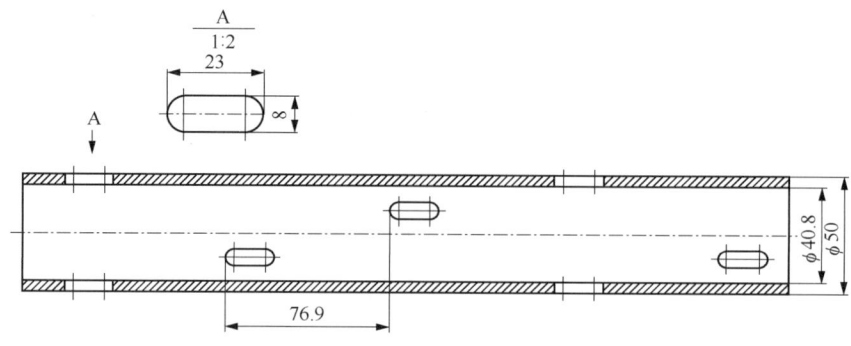

图 5-42　2inPE 筛管结构示意图

a. 相位角为 60°。
b. 过流面积比为 3%。
c. 缝宽为 8mm。
d. 缝长为 23mm。
e. 外径 50mm。
f. 壁厚 4.6mm。

② 4inPE 筛管优化设计方案(图 5-43)。

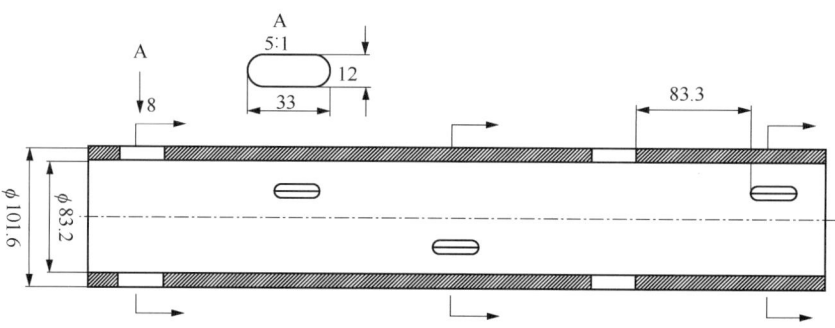

图 5-43　4inPE 筛管结构示意图

a. 相位角为 60°。
b. 过流面积比为 3%。
c. 缝宽为 12mm。
d. 缝长为 33mm。
e. 外径 101.6mm。
f. 壁厚 9.2mm。

(3) PE 筛管强度分析及评价。

采用有限元分析(FEA)和室内力学实验方法，对不同筛眼分布方案的割缝筛管进行强度计算和测试。取 1m 长的一段筛管作为研究对象，将筛管两端施加固定位移边界条件，通过模拟计算得到：①相位对长条形筛管强度的影响较大，60°相位分布优于 90°相位，60°变形位移小且分布较均匀；②2inPE 筛管的抗压值为 24000N/m，折算为 16.58m 坍塌煤层高度，超过绝大多数开发煤层厚度(图 5-44)。

图 5-44　筛管挤压工况加载方式示意图

5.3.1.4　PE 筛管连续注入装置设计及研制

连续注入装置的主要功能是为 PE 筛管的下放提供一定的注入动力，以克服注入过程中钻井液对筛管造成的浮力及筛管摩擦遇到的阻力。设计理念为以类似连续油管注入的形式，采用液压驱动的专用摩擦链条带动 PE 筛管连续注入到钻杆内，然后通过泵冲方式将筛管下入至目标井眼内。该装置可直接与钻杆进行连接和固定，注入动力由自带液压泵源提供。

（1）连续注入装置。

注入装置采用链条传动，两条链条对称分布在筛管周围，链条上安装有橡胶加持块。每条链条分别由一组链轮带动，每组链轮由一组支撑板支撑，支撑板由螺栓固定。一组链轮支撑板为固定式，另一组为活动式。通过安装在框架上的手轮机构上下移动，从而加紧或松开 PE 筛管。在框架的底端设有钻杆螺纹连接器，用以筛管注入时与钻杆连接，将钻杆与注入装置连为一体（图 5-45）。

技术参数：注入力 600kg；适用注入 2~4inPE 筛管；注入速度 8m/min。

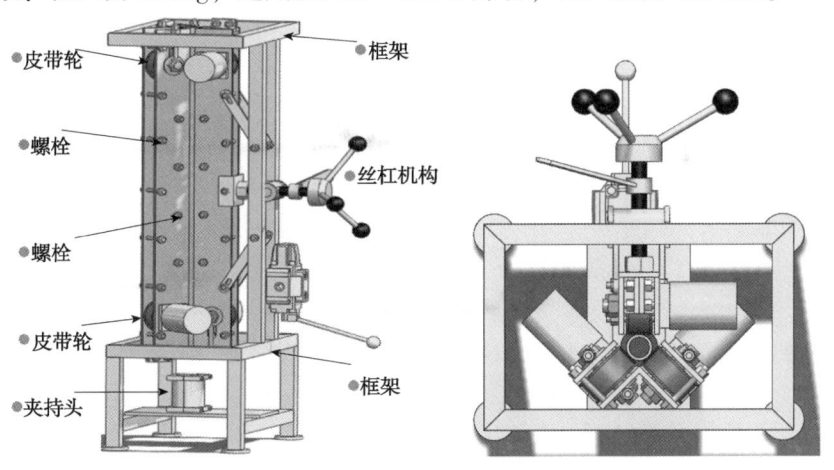

图 5-45　煤层气水平井 PE 筛管连续注入装置

注入装置通过液压动力驱动实现注入和回退，液压系统要求具备正反向控制和中位卸荷功能，根据需要随时调整注入速度，注入速度可通过节流阀流量控制实现，注入扭矩通过控制液压系统安全阀压力实现(图5-46)。

5.3.1.5 PE筛管引导和锚定装置

引导和锚定装置设有张开机构和承压台肩,装置本体外径与PE筛管外径一致。张开机构设有锚定臂,与扭簧相连,当筛管下入井底后将钻杆起出时,锚定臂将解除钻杆内壁的约束,在扭簧作用下张开。在钻杆上提过程中其内壁与筛管摩擦形成向上的拉力,从而使锚定臂插入煤层中。承压台肩位于装置前端,当筛管遇阻且注入装置不能提供足够动力克服摩擦阻力时,可以在钻杆和注入管之间打压,利用承压台肩憋压,辅助筛管的下入。为了便于引导和锚定装置更好地将筛管固定在煤层中,张开机构采用呈90°夹角的组合式结构(图5-47)。

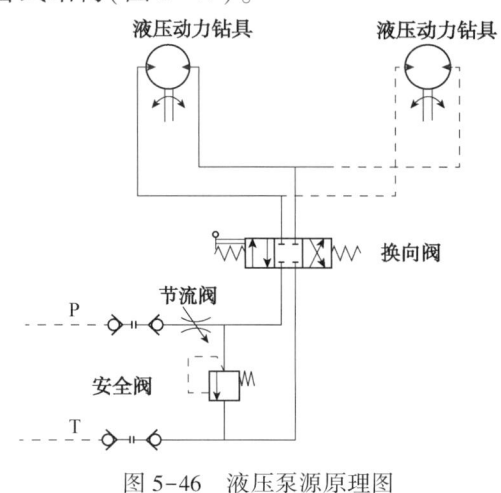

图5-46 液压泵源原理图

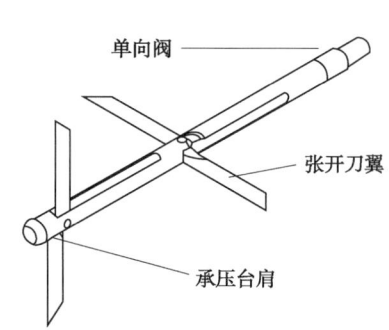

图5-47 引导和锚定装置结构示意图

5.3.1.6 PE筛管完井现场应用

2012年3月至2016年1月,先后在山西柳林、长治、沁水,内蒙古等地完成8井次、共计6982m井段的2inPE筛管完井技术试验与应用(表5-4)。PE筛管完井技术与装备解决了裸眼完井和金属套管完井对煤层气生产带来的瓶颈技术问题,扩展了中国煤层气水平井的完井方式(图5-48)。

表5-4 2inPE筛管完井技术应用

井 号	区 块	井 型	完井长度(m)
ZS9U-H	沁水盆地郑庄	U形井	1367
HLP1H	沁水盆地长治	U形井	900
CLU-02H	柳林	U形井	886
HU1-1H	内蒙古霍林河	V形井	629
HU1-2H	内蒙古霍林河	V形井	800
CLU-01H	柳林	U形井	653
FSU1-H	沁水盆地樊庄	U形井	869
FSU2-H	沁水盆地樊庄	U形井	878

图 5-48 煤层气水平井 PE 筛管完井现场作业

5.3.2 玻璃钢筛管完井技术研究

5.3.2.1 玻璃钢筛管研制

考虑到玻璃钢筛管强度大，且满足井筒重入要求，因此设计开发了煤层气专用玻璃钢筛管。研制的 ϕ88.9mm 玻璃钢筛管的轴向拉伸载荷达到 286.45kN（图 5-49），轴向压缩载荷达到 371.1kN，环向压缩载荷达到 22.9kN，抗扭载荷达到 2820N·m。玻璃钢筛管均匀分布有割缝及孔洞（图 5-50），既利于煤层气进入排采井筒，又能支撑垮塌煤块。

表 5-5 玻璃钢筛管规格参数

规格型号	材 料	螺 纹	数 量
DN75.5-14MPa	环氧树脂	细螺纹	108
总长度（m）	接箍倒角（°）	外径（mm）	壁厚（mm）
897.19	18	89.9	7.1
内径（mm）	接箍外径（mm）	布孔方式	密度（个/m）
75.7	123	螺旋布孔	21

图 5-49 89mm 玻璃钢筛管

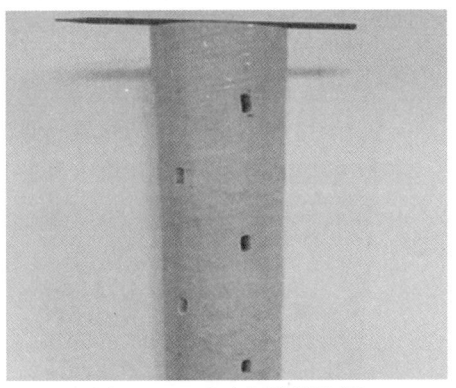

图 5-50 玻璃钢筛管孔眼

5.3.2.2 玻璃钢筛管完井工艺

(1) 玻璃钢筛管上扣时,使用专用管钳,扭矩为 2.4kN·m。密封脂涂抹均匀,螺纹扣对正,缓慢上扣,余扣不得多于 3 扣。

(2) 玻璃钢筛管下放速度严格控制在 5m/min 以内,下最后一根玻璃钢时连接丢手工具、扶正器及变径接头,并接 ϕ89mm 钻杆,此时用液压大钳按照 ϕ89mm 钻杆要求扭矩上扣。

(3) 接 ϕ89mm 钻杆后按照正常下钻程序将玻璃钢筛管上的丢手工具下到预定位置(玻璃钢筛管下深不超过洞穴位置),上提下放活动钻具。

(4) 卸开钻杆投球,迅速接好顶驱开泵循环。慢慢开泵,观察泵压突然升至 24MPa 后又瞬间回落,悬重降低 3t,丢手工具脱扣成功。

(5) 正常起钻,起出最后一柱钻杆时,卸掉最下面的扶正器和变径接头,作业完成。

5.4 L 形水平井金属筛管完井技术

近几年煤层气 L 形水平井在沁水、鄂东煤层气田得到了规模推广,其核心配套技术之一为金属筛管完井技术。L 形水平井可设计为二开井身结构或三开井身结构,完井阶段下入大孔径金属筛管,能为水平井提供稳定的排采通道,避免后期煤层坍塌而造成产量急速降低,同时还可进行水力喷射压裂作业,因此该技术为煤层气水平井勘探开发提供了有力的技术支撑(图 5-51)。

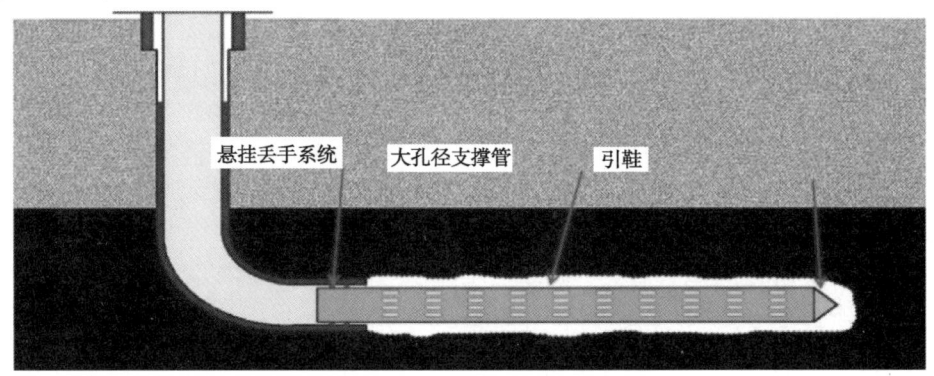

图 5-51 L 形水平井完井示意图

5.4.1 完井管串结构设计

5.4.1.1 二开井身结构煤层气水平井完井管串

二开井身结构的 L 形水平井完井管串结构为:ϕ139.7mm 引鞋+ϕ139.7mm 割缝筛管管串+ϕ139.7mm×ϕ177.8mm 可捞式筛管送入工具+ϕ177.8mm 盲板+ϕ177.8mm 封隔器+ϕ177.8mm 分级箍+ϕ177.8mm 套管串+套管联顶节(图 5-52)。

5.4.1.2 三开井身结构煤层气水平井管串结构

三开井身结构的 L 形水平井完井管串结构为:ϕ114.3mm 引鞋+ϕ114.3mm 割缝筛管管串+ϕ114.3mm×ϕ177.8mm 筛管悬挂丢手系统+ϕ177.8mm 套管串+套管联顶节(图 5-53)。

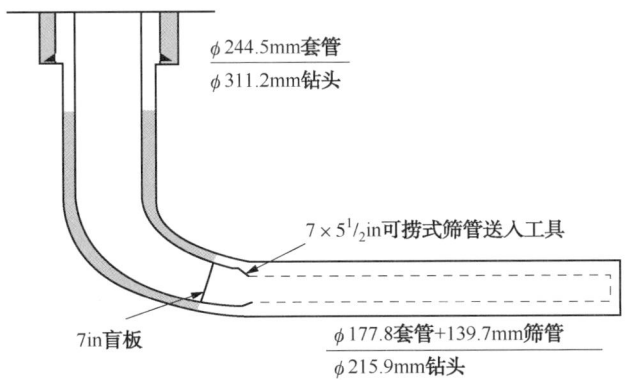

图 5-52　二开井身结构 L 形水平井完井管串结构示意图

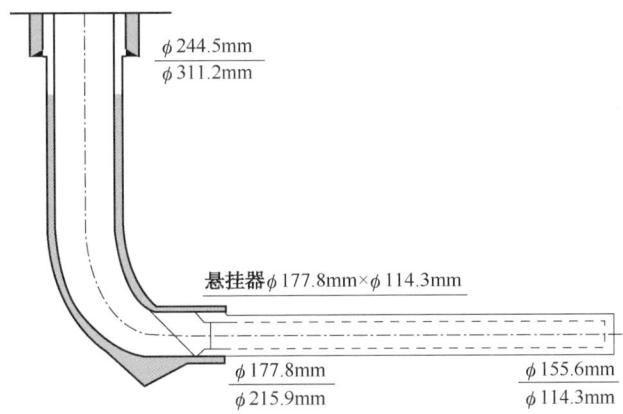

图 5-53　三开井身结构 L 形水平井完井管串结构示意图

5.4.1.3　L 形水平井筛管完井专用悬挂器

L 形水平井井筒呈勺形，井壁极不稳定，煤层易掉块、坍塌。针对煤层气水平井复杂工况，对常规尾管悬挂丢手系统进行了改进优化设计，创新设计加工了煤层气井专用筛管悬挂丢手系统。该筛管悬挂系统采用可回收金属密封套设计，不需钻除。悬挂系统坐卡丢手后，球座随送入工具一起提出井口，不留在套管内，形成畅通无阻的排采通道，为后期排采工具下入提供便利条件。悬挂丢手系统最大扶正外径 $\phi156mm$；本体内径 $\phi108.6mm$；最大工作载荷 400kN；液缸坐挂压力 10.0MPa；上接头螺纹 $3\frac{1}{2}inIF$；下接头螺纹 $4\frac{1}{2}inLCSG$ box/pin（图 5-54）。

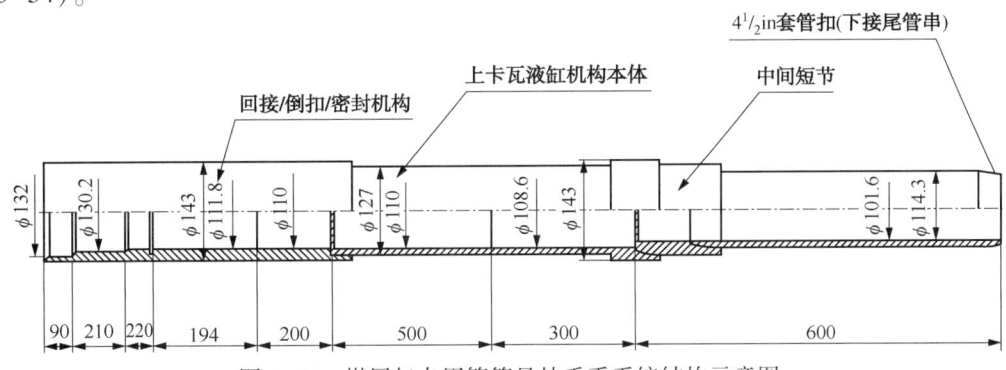

图 5-54　煤层气专用筛管悬挂丢手系统结构示意图

5.4.2 金属筛管完井技术典型应用案例

在"十二五"期间,煤层气L形水平井金属筛管完井技术在AP1-1井等共进行了4井次试验,试验成功率100%,AP1-1井是中国石油在山西煤层气开发新区部署的一口L形水平井,钻探目的层为山西组3号煤层。该井采用三开井身结构,完钻井深1867.05m。该井井眼轨迹复杂,井壁极不稳定,煤层易掉块、坍塌。在井深835m处开始造斜,先后两次进行增斜、降斜、扭方位,井筒呈S形。三开完钻后水平段下入ϕ114.3mm大孔径金属筛管完井(图5-55为大孔径金属筛管实物图),设计孔径金属筛管下入井段为1300~1867m。

图5-55 大孔径金属筛管实物图

5.4.2.1 通井施工作业

AP1-1井钻进至井深1860.5m(井斜95°,方位277.5,垂深1017.63m)三开完钻,开始短起下通井作业。通井时在悬挂器预定座挂位置上下20m来回短起下(即井深1280~1320m),确保座挂点处清洁。

通井到井底后,开始建立循环,充分循环钻井液,携带井内沉砂和煤屑,以保证井眼清洁、畅通无阻,保障下步筛管顺利下入到井底,同时调整钻井液性能达到完钻电测之前时的性能。当井口循环出的钻井液内已无明显的泥沙和煤粒,循环清洗井眼作业结束,开始起钻。起钻至悬挂器预定坐卡位置(即井深1300m左右)后,对钻具进行了称重。称重完毕后,将管串在座挂位置正转,记录此时扭矩值。

5.4.2.2 金属筛管下入作业

现场试验下入筛管51根,共计580.1m,坐卡位置为井深1277.1m。管串排列结构:引鞋+筛管+尾管悬挂器总成+送入钻具。下筛管作业步骤如下:

(1)按顺序下入筛管及附件,按标准上够扭矩。

(2)悬挂器下面的两根筛管连续加两个扶正器。

(3)连接悬挂器,使用液压大钳上至标准扭矩,确保不得错扣。要求操作平稳,注意倒扣部分有无转动。悬挂器入井称重,并做好记录,以此作为倒扣时判断是否甩掉尾管的依据。悬挂器入井后锁死转盘,以防止尾管转动。

(4)下筛管及下钻过程中,一定注意下钻过程中操作平稳,幅度要小,以防悬挂器提前座挂。

(5)筛管在下入到1820m左右即开始遇阻,进行了上提、下放等操作解阻,遇阻期间悬挂器处最大下压载荷达15t,最大上提载荷50t,经过反复的上提和下压管串的操作,最终筛管下放至井深1859.3m。

（6）管串到位后，开泵，待钻井液返出后，循环10min左右，停泵。卸开顶驱，投胶木球，用泵压低于6MPa排量送球。

（7）稍后压力表指针突然上升，立即停泵，但不泄压。缓慢上顶压力至13MPa，静待1min，保持压力不降，缓慢下放钻具，观察下放距离和悬重的相对变化，观察发现悬重骤减，与记录的该处钻具称重的悬重基本一致，悬挂系统座挂成功，坐卡位置为井深1277.1m。

（8）座挂成功以后，泄压，上提钻具至中和点以上2~3t后，再下压管串，使悬挂器受压2~3t，座好钻具卡瓦，用转盘倒扣，转动5圈，正转数圈后放松转盘，转盘几乎不回转，扭矩值与称重时扭矩值接近。

（9）继续分次正转20~25圈。试提钻具，上提1.2m以后，继续上提指重表无变化，并且悬重数据与称重时上提质量基本一致，倒扣成功。倒扣成功后，开始正常起钻，筛管悬挂完井施工完成。

第6章 煤层气特色钻井工具与装备

工欲善其事，必先利其器。中国煤层气的低成本高效开发需要自主研发的工具、仪器和设备支撑，以降低水平井施工成本，提高煤层气开采效益。"十一五"和"十二五"期间，针对煤层气钻井作业所涉及的特殊工具和装备进行了技术攻关和推广应用，主要包括煤层气专用钻机、小尺寸 EM-MWD、DRMTS 煤层远距离穿针工具、低成本旋转控制头等。

6.1 煤层气专用钻机

6.1.1 概述

由于中国煤层气资源的大规模开发起步较晚，在煤层气的勘探与开发过程中常采用 TSJ2000 水源钻机和 ZJ20 或 30 石油钻机，没有专门研发针对煤层气开采特点的专用钻机，这些钻机移用性差、经济效益差、钻井周期长。随着煤层气规模开发的推进，中国急需煤层气专用钻机进行低成本开发。煤层气专用钻机的研制面临如下技术难点和挑战：

（1）煤层气井地面环境多为丘陵或山地，通往进场道路多为临时开辟的土路，崎岖不平、坡度大、弯角大、运输不便，如遇雨雪天气，道路状况会进一步恶化，不利于车辆通行，要求钻机具有良好的运移性。

（2）煤层气产区井场开辟困难，面积有限，要求钻机集成度好，占用空间小。

（3）中国煤层气储存条件复杂，"储层渗透率低、压力低、含气饱和度低、不均一性高"，导致产量低，为了提高经济效益，控制钻井成本，要求钻机具有较高的性价比。

（4）中国煤层气产区浅层多岩石和鹅卵石，为了实现快速、高效钻井，常采用空气钻井、充气钻井等工艺，因此要求钻机必须满足这些特殊工艺的要求。钻机浅层施工由于钻压不足影响了正常钻进，要求钻机具有钻压加载功能。

6.1.1.1 国外煤层气钻机现状

国外煤层气的开发已发展了近 30 年，配套钻机已形成系列化，并且配套完善，且拥有详细的安全和设备可靠性标准。煤层气钻机的生产主要集中在美国 Schramm、Gefco，瑞典 Atlas Copco 和德国 Bauer 等公司，煤层气钻机的主要供应商都是从水源钻机演化而来，只有美国的 Gefco 公司是完全符合常规油气田标准的钻机供应商。以上各公司所生产的煤层气钻机的共同特点是采用车载或拖挂形式，可满足煤层气钻井周期短、便于搬运的要求；且它们一般采用液压控制，功能齐全，自动化程度高，还可根据煤层气钻井特点对钻机整体进行优化设计，提高钻井效率。美国的 Schramm 钻机公司是专业车载钻机供应商，是美国煤层气成功开发的主要贡献者之一，其产品也是中国煤层气钻机的主要进口机型，代表性产品有 T685WS 钻机、T130XD 钻机和 T200XD 钻机（图 6-1）。该公司产品的特点是配套设施完善，可实现钻井液、泡沫和空气等多种钻井方式，并结合煤层气钻井的实际情况对钻机进行了很多改进，如伸缩式井架、车载钻井泵等，优化了钻机整体结构，技术性能有了大幅度提高。

美国的 Gefco 公司是一家专门致力于石油钻机研究与生产的公司，其生产的钻机在山西寿阳、晋城、阳城和内蒙古鄂尔多斯等地均有应用，对中国的煤层气开发起了很大作用。该公司的钻机可实现多种钻井工艺，包括空气钻井、泡沫钻井、清水钻井和常规钻井等，国内应用较多的是 GEFCO-150K、SS-90K 等型号钻机，其设备机动灵活、钻井效率高。瑞典的 Atlas Copco 公司为国际知名企业，于 2004 年收购了美国 Ingersoll 钻机事业部，Ingersoll 钻机在美国煤层气的开发中起了非常重要的作用。Atlas Copco 公司可提供钻具、空压机和增压机等钻机配套设备，国内应用较多的是其生产的 RD20 型车载钻机（图 6-2）。RD20 型车载钻机为全液压钻机，钻机各个部件均由该公司提供，其整体结构紧凑，可进行空气循环回转钻孔、潜孔钻和钻井液钻孔。该钻机的突出优点是机动性高、占地面积小，可大幅度缩短运输时间和节省运输费用，且有非常完善的售后服务体系。该钻机在中国煤层气资源丰富的沁水盆地应用广泛。

图 6-1　Schramm 公司 T200XD 钻机

图 6-2　RD20 型车载钻机

德国 Bauer 公司的产品在煤层气领域为非主流产品。该公司生产的全液压多功能车载钻机适合大口径深井钻井（最大直径可达 1200mm），可实现常规钻井液钻井和空气钻井。该类钻机主要有 RB100、RB50、RB40 等型号，其中，RB50 型车载钻机于 2010 年在中国内蒙古骆驼山煤矿透水事故的救援抢险工作中发挥了重要作用。

另外，加拿大煤层气开发试验应用了连续油管钻机。相对于用螺纹连接的常规油管，连续油管是卷绕在卷筒上拉直后直接下井的长油管。与常规钻井技术相比，连续油管钻井技术的优势在于搬迁和起下钻作业更简单、经济，井控更加容易，减少了卡钻事故，在煤层气钻井方面优势明显；但连续油管钻机钻水平井定向钻井等配套设备仍不完善，难以进行规模化推广应用。

6.1.1.2　国内煤层气钻机现状

中国的煤层气开发较晚，开发初期主要借用石油钻井的相关装备和工具，与煤层气钻井的特殊工况不配套，搬迁不便，导致钻井成本偏高。由于中国煤层气藏埋深较浅，钻井深度大多在1000m以浅，因此也采用水文钻机和煤田钻机。但水文钻机和煤田钻机的主体结构因没有钻井平台，无法安装防喷器和除砂除泥器等设备，其技术性能和可配套性都无法满足煤层气钻井的需要，且因其钻进效率太低，直接影响了煤层气开发新工艺、新技术的推广应用。

20世纪90年代，国内各生产厂家开始陆续研制煤层气钻机。目前，国内煤层气钻机主要以车载或拖挂结构为主，多采用液压驱动。主要生产商和产品有石家庄煤矿机械有限责任公司的SMJ5510TZJ15/800Y车载钻机、新时代石油机械制造有限公司的ZJ15/90J2钻机、中国地质科学院勘探技术研究所的SDC1000钻机、江汉石油管理局第四机械厂的ZJ20/1470CZ煤层气钻机、南阳二机石油装备(集团)有限公司的ZJ20K系列橇装钻机和3000m模块化煤层气钻机等。另外，南阳二机石油装备(集团)有限公司于2010年设计制造了MZJ15/900双节套装直立无绷绳车载煤层气钻机，名义钻深1500m，提升力900kN，可实现钻井液、泡沫和空气等多种钻井工艺，并且为井口防喷器安装预留了充分的空间，能够确保钻井作业安全，是目前中国最新的煤层气钻机产品。虽然国内煤层气钻机已有一定的生产能力，但都主要处于初期试制和试用阶段，没有得到广泛应用，国内的煤层气钻机仍然不能满足中国煤层气快速发展的需要。

6.1.2 钻机结构与工作原理

"十一五"、"十二五"期间，中国石油成功研发MCZJ20/900Y煤层气车载钻机及MZJ30/1350QY煤层气模块化橇装钻机，并进行了现场试验和推广应用。

6.1.2.1 MCZJ20/900Y煤层气车载钻机

煤层气车载钻机解决了国内车装钻机结构尺寸大、事故处理能力不足、环境适应性差、自动化水平低等不足，以及国外车装钻机环境适应性差、价格高昂、无法使用通用钻杆、维修周期长等不足，采用专用越野底盘车，增强了对恶劣环境的适应性；采用专用动力水龙头与井架一体化设计及钻柱输送装置的设计，提高了钻机的安全性、可靠性和自动化程度；满足空气钻井、充气钻井等特殊工艺要求；通过增强钻机的技术性能和配置，使其达到同级别进口车载专用钻机的性能水平。

（1）钻机结构。

MCZJ20/900Y煤层气车载钻机由运载车底盘、传动及液压系统、简易底座、液压崩扣钳、简易小绞车、顶驱、天车、井架等组成，其结构如图6-3所示。

（2）传动系统工作原理。

发动机输出动力经由变矩器至传动箱，再由分动箱进行台上、台下动力切换，行走时切换台下，驱动车辆行驶，整机就位后动力切换到台上，经由增距箱传递至联泵装置驱动液压泵为主系统提供动力。冷却油泵由液力变矩器取力口得到动力。传动系统工作原理如图6-4所示。

主要技术参数：

① 名义钻井深度：1000m(5in钻杆)。

② 2000m(3½in钻杆)。

③ 最大钩载：900kN。

第6章 煤层气特色钻井工具与装备

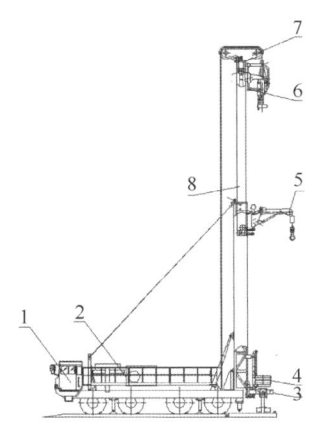

图6-3　MCZJ20/900Y钻机结构及主机移运状态图

1—运载底盘；2—传动及液压系统；3—简易底座；4—液压崩扣钳；5—简易小绞车；4—顶驱；7—天车；8—井架

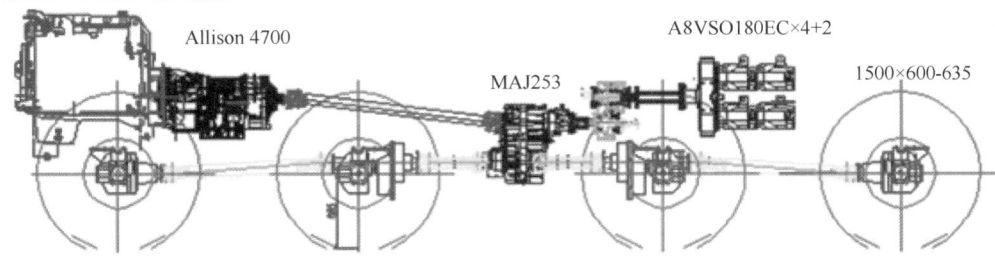

图6-4　传动系统工作原理图

④ 额定钩载：600kN。
⑤ 井架高度：23m。
⑥ 游动系统行程：16m。
⑦ 液压系统最大工作压力：31.5MPa。
⑧ 运载车：
  驱动形式：8×8；
  最小转弯直径：21m；
  最大爬坡度：30°；
  最高车速：60km/h。
⑨ 专用动力水龙头最大扭矩：22000N·m。
⑩ 发动机功率：392kW。

6.1.2.2　MZJ30/1350QY煤层气模块化橇装钻机

煤层气模块化钻机主要针对车装钻机适应地理环境的局限性，进行模块化设计，适用于复杂地形的移运要求，安装快速、便捷，配置简化，具有较好的性价比。钻机的基本方案为：主机由3~5个模块构成，模块分解后运输单元质量不大于10t，配置专用简易顶部驱动装置。该型钻机丰富了中国煤层气钻机类型，有望提升煤层气作业能力。目前，煤层气模块钻机仅完成厂内测试，尚未进行现场应用。

(1) 钻机结构。

MZJ30/1350QY 煤层气模块化橇装钻机由天车、顶驱、底座、垂直起升井架、液压绞车及动力橇等组成，结构如图6-5所示。

(2) 传动系统工作原理。

动力系统配置2台康明斯柴油机，一开一备，柴油机输出动力经离合器并车，并车箱双侧具备8个输出端，分别带动10台液压泵，提供钻机所需的各种动力。

离合器与并车箱通过万向轴连接，由并车箱带动液压泵组。液压泵组为绞车、顶驱和辅助工具提供动力，柴油机自带空压机提供气源，节能发电机提供辅助电源。传动系统工作原理如图6-6所示。

主要技术参数：

① 名义钻井深度：1000m(5in钻杆)。
② 2000m(3½in钻杆)。
③ 最大钩载：1500kN。
④ 额定钩载：1350kN。
⑤ 井架高度：31.5m。
⑥ 游动系统行程：22m。

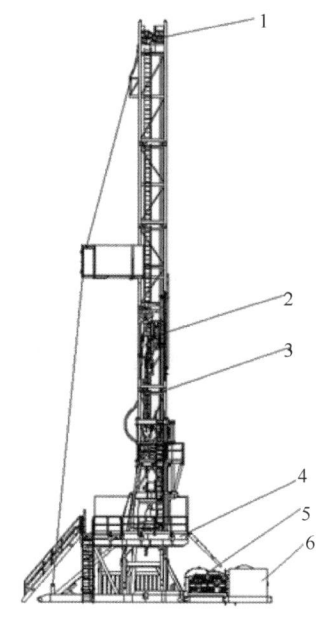

图6-5 煤层气模块钻机结构示意图
1—天车；2—顶驱；3—垂直起升井架；
4—底座；5—绞车；4—动力橇

⑦ 二层台高度：16.7m。
⑧ 钻台工作高度：4.5m。
⑨ 液压系统最大工作压力：31.5MPa。
⑩ 绞车快绳拉力：210kN。
⑪ 钢丝绳直径：ϕ29mm。
⑫ 绞车档位：4正4倒。
⑬ 顶驱最大扭矩：42000N·m。
⑭ 发动机功率：2-392kW(双发动机)。

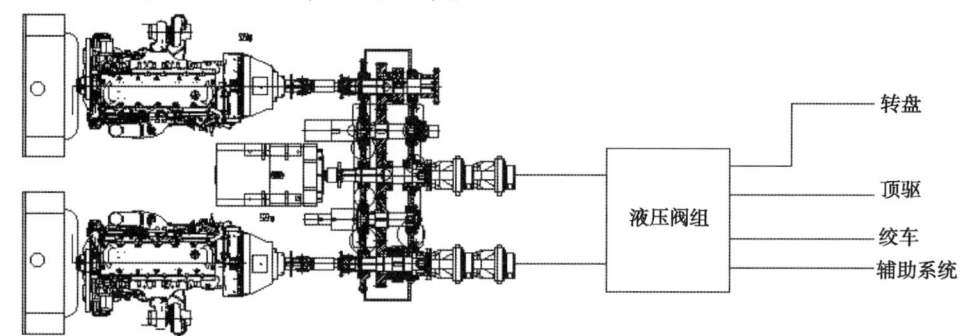

图6-6 传动系统工作原理图

6.1.3 技术特点

6.1.3.1 MCZJ20/900Y 煤层气车载钻机

该车载钻机设计过程中主要考虑了钻机移运性、高自动化等，其技术特点如下：

(1) 运载车采用越野性能良好的专用运载车,以适应恶劣环境的运输,增强钻机的适应能力。

(2) 采用两段伸缩井架,依靠液缸伸缩支撑井架上段完成起下功能,实现全液压驱动,去掉了绞车,避免了绞车钻机上碰、下砸的不安全因数,简化了操作,减轻了操作人员的劳动强度,实现了钻机操作的本质安全。

(3) 配置专用动力水龙头,采用动力水龙头改进设计增大水龙头中心管扭矩、增加背钳机构实现自上卸扣功能,设计专用顶驱小车支架实现井架系统与专用动力水龙头的一体化设计,满足直井和多分支水平井快速钻进作业的要求。

(4) 配置双工况空气压缩机,与钻井泵配合使用,满足空气钻井和充气钻井等多种钻井工艺的要求。

(5) 配置专用液压钻具输送装置,实现机械上下钻具,减轻操作人员工作强度,提高钻杆装卸效率。

(6) 钻机动力系统采用与运载车动力系统为同一系统,实现钻机作业全液压控制。实现了专用顶驱与钻机的一体化设计,使钻机的结构更加紧凑,性能稳定性更出色,提高钻机在煤层气钻探方面的适用性和专有的技术特性。

6.1.3.2 MZJ30/1350QY 煤层气模块化橇装钻机

该模块钻机设计过程中主要考虑了钻机模块化、高自动化等,其技术特点如下:

(1) 采用 4 模块分体设计,满足复杂地形运输。

(2) 单根钻进设计,降低井架高度,减少模块体积、钻台面积和结构复杂性,减少井场占用面积、运输车次和安装时间。

(3) 配置自动化井口工具,与动力猫道配合,提高起下钻速度,降低工人劳动强度。

(4) 采用全液压传动,主系统闭式容积控制,提高集成度和自动化水平。

(5) 专用顶驱与下段井架及井口钳一体设计,游车、天车和上段井架一体设计,增强移运性。

(6) 采用模块化接口,液压缸起升底座和井架,减少安装时间。

(7) 采用 PLC 集成控制,提高自动化水平,合理分配动力。

(8) 绞车、顶驱采用双速动力钻具,减少系统流量,节省阀件配置。

(9) 采用通用动力卡瓦接口设计,满足不同规格多瓣卡瓦安装需求。

(10) 采用大口径动力钳设计,满足不同尺寸钻具上卸扣。

(11) 井架采用自绷绳设计,简化安装,减少井场面积。

(12) 钻台高度满足小型井控装置安装,增加安全性。

(13) 具备钻压加载能力。

6.1.4 现场应用情况

2012 年 10 月至 12 月,MCZJ20/900Y 煤层气车载钻机在山西晋城端氏镇 ZS1P-5V1 井进行了现场钻井试验,该井设计井深 904m,井型为直井,现场试验的主要工艺为空气钻井、煤层顶板造穴等,钻机现场应用效果良好。一开设计钻深 65m,套管尺寸 9⅝in。一开钻进于 10 月 19 日开始,钻具组合为钻铤 6 根,钻杆一根,一开钻进于 10 月 22 日结束,10 月 23 日下入套管并固井。二开钻井于 11 月 1 日开始,设计钻深至 904m;按照工艺要求首先使用空气钻井,预计最大钻深至820m,然后改换钻井液钻井,实际钻至160m时,由于出水严重改为钻井液钻井;由于地层复杂,为保护钻具和控制井斜,采用吊打,钻井速度缓慢,11月28日完成904m钻井作业,下入套管固井。12月5日开始造穴,12月12日完成造穴后,13日沉砂完井,钻机试验任务全面完成(图6-7)。

图6-7 车载钻机现场试验情况

6.2 煤层气绳索取心工具

6.2.1 概述

煤层气的前期勘探评价阶段需要进行绳索取心确定煤岩的结构、煤阶、渗透率、裂缝(割理)展布及大小等煤层参数,且与常规油气井不同的是需要在现场及时进行煤心煤层气含量的测定和煤层气解吸压力、吸附压力曲线等测试,并据此计算开采区煤层煤层气储量、预测产气量及为井网布置、射孔、试气、压裂设计等提供基础数据。因此,煤心是煤层气井勘探开发不可缺少的重要资料。为准确获得上述煤层参数,煤层气井取心具体技术要求如下:(1)收获率高(纯煤心收获率为80%);(2)出心速度快(割心至出心时间不能超过20min);(3)煤心煤层气体散失少;(4)煤心质量和原始结构保持好;(5)取心成本低。针对煤层气取心特点,研制成功SQM-I型绳索式取煤心工具及配套设备,有效解决了煤层气勘探前期煤层取心难的问题。

6.2.2 影响煤层取心收获率的因素分析

取心钻进中影响收获率的因素很多,例如取心工具选型和性能、工艺措施等技术问题,也有井下客观地质条件。而对煤层这种特殊的储层,则影响因素更为复杂。通过理论研究和实践分析,除取心工具性能和操作方法外,主要有以下方面。

6.2.2.1 煤层物理性质对绳索取心的影响

(1)煤岩性脆,硬度等机械强度低;煤的摩氏硬度在1~4之间,从低变质烟煤到中变质烟煤其硬度减小,但随变质程度的增高其硬度又逐渐增大。从摩氏硬度看,煤是一种硬度较小、抗机械作用能力弱且脆的矿产。

(2) 煤岩胶结性差,割理和裂隙相当发育(表6-1),极易破碎,难以成煤心柱。

(3) 煤岩的组成90%以上为有机物,煤点低,摩擦受热易变质。若停泵干钻取心,则易烧心使煤心质量变差。

(4) 抗水力冲蚀能力较低,常规的钻井液射流即能冲碎煤岩。

(5) 吸附在煤分子表面的煤层气含量高,且随围压降低,解吸逸散快。

(6) 成柱性差,取心时易发生煤心滑动和挤压,导致树心困难和堵心。

表6-1 中国部部分煤层气区块主力煤层煤岩割理资料统计表

试验区	山西柳林	陕西府谷矿区	山西晋城	安徽淮北
煤岩割理	8~18 条/5cm	7~12 条/5cm	530~580 条/m	12~20 条/5cm

6.2.2.2 煤岩力学特性对绳索取心的影响

煤岩弹性模量小,泊松比较大,这说明煤比其他岩石更易受压缩、变形,取心时可能导致堵心或煤心进筒不畅。煤层在上覆岩层压力作用下割理裂隙处于闭合状态,当煤层脱离母岩后失去压力平衡,其应力就释放,割理间距增大,体积增大,易造成煤心入筒困难和堵心,降低收获率。

6.2.2.3 煤系地层岩性均质性差,取心操作不易控制

煤层大多含有夹矸,软硬交错频繁,结构复杂,均质性差。取心钻时忽快忽慢变化频繁,刹把难以掌握,易扰动煤心,影响收获率。这些特性导致煤层取心困难,使常规油气钻井取心工具和工艺很难适应。取出煤心破碎,原始结构保持差,收获率低。同时,起钻出心时间长,煤心中气体大量散失,不能满足煤层气井对取煤心的采样要求。另外,煤层气单井产量较低(一般为3000~5000m³/d),因此需降低取心作业费用,提高煤层气勘探开发效益。

6.2.3 SQM-I型绳索取心工具及配套设备

在借鉴国内外小尺寸普通地质岩心绳索取心工具的基础上,结合煤层自身的物性和煤层气井对煤心采样要求,研制出了SQM-I型绳索式取煤心工具及配套设备。

6.2.3.1 绳索取心及配套工具结构

SQM-I型绳索取心工具由外筒总成、内筒总成、内筒打捞器和绳索提升系统组成,如图6-9所示。其中外筒总成包括取心钻头、外筒、差动接头、内筒定位接头、上下螺旋扶正器、内筒扶正环等部件组成。内筒总成包括卡簧座、割心卡心机构、内筒、半合式岩心管、悬挂机构、弹卡定位机构、单动机构、报警装置、捞矛头等组成。绳索提升系统由带捞钩的打捞器、钢丝绳、电动绞车和脱卡工具等组成。

SQM-I型绳索式取心工具不同于常规钻井取心工具,其岩心内筒是一个独立的部件。取心钻进前从井口钻杆内投入内筒总成,到位后取心钻进。当取心终了,上提割心后不需起钻,而是采用带绳索的打捞器从钻杆中把取心内筒提出地面,卸开特制半合式岩心管,则煤心自然裸露。待把煤心取出后,上好内筒总成,又可在井口从钻杆中把它放入井底,重复上述步骤继续取心钻进。

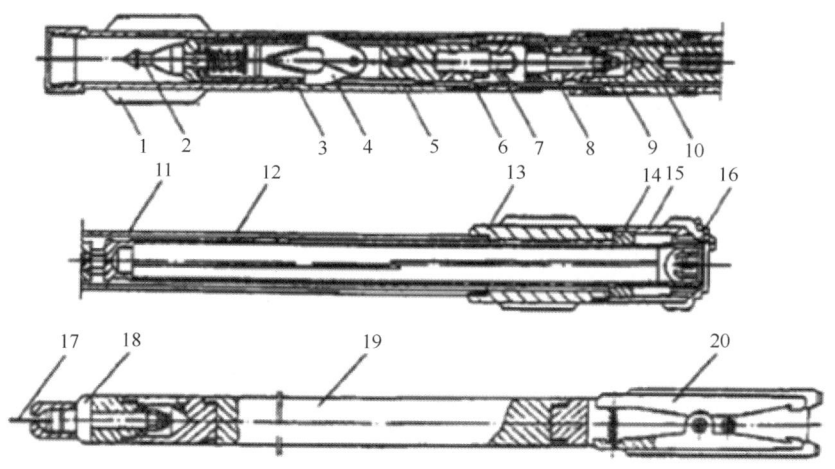

图 6-8　SQM-Ⅰ型绳索取煤心工具结构示意图

1—中扶正器；2—打捞矛头；3—内筒定位接头；4—弹卡板；5—收卡管；6—悬挂环；7—分水接头；8—单动结构；9—外筒伸缩接头；10—内筒调长接头；11—外筒；12—内筒、半合管；13—下扶正器；14—内筒扶正环；15—取心钻头；16—全封式拦卡簧；17—钢丝绳；18—绳卡销套接头；19—找捞器加重杆；20—打捞钩

其优势如下：

（1）特殊的全封闭式拦簧和卡箍及一体化割卡心机构使煤心收获率高。

该割卡心机构在取心钻进时全封闭式拦簧处于张开状态，煤心可无阻碍地进入半合式岩心管，最大限度地减小煤岩心进筒阻力。割心时，通过上提钻具，拦簧闭合完全堵住岩心内筒底部，确保入筒的破碎煤心不脱落，同时卡簧收缩抱住岩心，实现双作用卡心。

（2）更符合煤岩力学特性的专用绳索取心钻头结构设计。

根据上述煤层力学特性研制出了阶梯超前式切削型斜水眼和具有应力释放面的取煤心钻头结构，有利煤层树心、进心，提高收获率。

（3）取心直径达 70mm 而不需要专用钻杆。

该取心工具在取心和正常钻进时采用一套 ϕ114.3、ϕ127 内平式或接头通径不小于 93mm 的钻杆，岩心直径达 70mm。既降低了取心作业成本，又便于操作和推广应用，属国内首创。

（4）提出了悬挂式连接等新结构。

采用低摩阻半合式岩心容纳管和悬挂式连接结构，既减少煤心入筒阻力，又可快速出心，便于直观描述和迅速采样。

6.2.3.2　工具主要技术参数

技术参数如下：

（1）岩心尺寸：直径×长度：70mm×3.20m。

（2）取心钻头：外径×内径：215mm×70mm。

（3）取心外筒：外径×长度：177.8mm×5.10m。

（4）螺旋扶正器外径：210mm。

（5）取心内筒：外径×长度：84mm×4.50m。

（6）内筒打捞器：外径×长度：50mm×1.50m。

（7）工具总质量：980kg。

(8) 适用于接头通径不小于93mm的φ114.3或φ127钻杆。

6.2.4 煤层取心工艺技术

6.2.4.1 绳索取心钻头的选择

取心钻头是任何钻井取心必不可少的和起决定作用的部件之一，它对取心工作能否成功具有极大的影响。因此，煤层气井必须根据煤岩机械性质、变质程度（煤阶）来选择取心钻头类型。对松碎煤层选用硬质合金取心钻头，成柱性较好的煤层可选用PDC钻头或三角聚晶取心钻头（表6-2）。

表6-2 不同煤阶适用的取心钻头类型

煤阶	泥炭—长焰煤	气煤—肥煤	焦煤—无烟煤
取心钻头类型	PDC、三角聚晶	PDC、硬质合金	硬质合金
备注		非煤层选用PDC或三角聚晶取心钻头	

6.2.4.2 绳索取心钻进参数的确定

好的工具是取心成功的关键，但取心操作时的工艺参数也是至关重要的。绳索取心受尺寸的限制，岩心直径为70mm，而井底需要切削的面积相对较大，则机械钻速低，引起对岩心的扰动大；另外易磨心，使心径变细、破碎甚至卡心不牢。因此，必须确定与取心工具和煤层相匹配的参数，参数如下：

（1）钻压。

由于煤层松软，钻压愈大，钻头吃入煤层愈深，一方面造成钻头"泥包"、堵水眼。另一方面，增加钻头扭矩而使钻头上下波动，破坏煤心柱，降低收获率。因此，煤层取心应选用低钻压作业参数，一般为1~2t。

（2）转速。

绳索取心岩心直径相对较小，取心钻进时转速不宜过高，以避免钻具振动造成对岩心的扰动破坏，尤其对煤层应采用低转速，一般为35~45r/min。

（3）排量。

排量的选择应根据不同地层、不同类型取心钻头来确定，对顶底板选用较大排量，利于快速清除岩屑。煤层选用较低排量，避免冲刷煤心柱，一般为5~8L/s。

（4）泵压。

由于设计的取心钻头水眼面积较常规正常钻进钻头大，排量小，钻头压降小，加之井浅，因此取煤心时泵压较低。

6.2.4.3 绳索取煤心工艺措施

常规地层取心钻进通常分三个阶段，即"轻压树心—常压取心—加压磨心、割心"。对煤层不能照搬这种传统做法，通过分析和实践，煤层取心开始无需"树心"，应快速将钻压均匀地加至正常钻压值，割心时不需磨心。如果按常规取心方式进行轻压树心钻进，则钻压小，进尺慢，煤心细易破碎，长时间钻井液冲蚀和浸泡使煤心损耗，降低收获率。

另一方面，煤系地层中大多含有坚硬的夹矸层，取心时应控制单筒进尺，在取完夹矸后再取下部煤层，避免在一个取心筒中出现煤心顶夹矸而影响收获率。综上所述，由于煤层疏松，成柱性差，取心钻进参数应以"四低"为宜（即低钻压、低转速、低排量和低泵压），这样有利于煤岩树心和进心。此外,还要控制单筒取心进尺不宜过长。

6.2.5 现场应用及效果

SQM-I型绳索取心工具经华北大城、山西河东、寿阳、晋城和辽宁阜新等煤层气试验区12口井的试验和应用,取得成功。累计取心179筒次,取心总进尺243.16m,取出心长219.55m,岩心总平均收获率91.1%;其中煤层进尺112.08m,煤心收获率87.7%,绳索提煤心出筒及装罐时间8~20min,半合管出心煤心原始形态保持好,取心和正常钻进采用一套钻杆,满足了各种条件下煤层气井取心作业的要求(取心现场应用统计见表6-3)。

表6-3 SQM-I型绳索取心工具取心数据统计表

序号	井号	业主	累计筒次	累计取心进尺(m)	平均收获率(%)	累计煤层进尺(m)	煤心收获率(%)	出心时间(min)	煤心简述
1	J43-61	大港油田	2	1.4	100			5	
2	D1-4	中国石油	1	1.2	70.8	1.20	70.8	13	碎粒状为主
3	SY-003	中联煤	3	3.6	91.3	3.60	91.3	10	粉煤,含少量夹矸
4	SY-004	中联煤	11	10.57	92.4	5.22	87.7	8~12	
5	LXC-003	Phillips	17	22.86	85.7	5.21	86.7	10~12	块煤、粉煤夹层
6	LXC-004	Phillips	33	44.65	85.8	16.38	68.4	10~20	碎粒状为主
7	JS4	中国石油	10	25.20	98.2	10.27	98.5	8~15	块状—层状结构夹碎煤
8	JS5	中国石油	10	14.79	97.5	9.57	99.5	10~16	
9	JS6	中国石油	8	13.45	90.3	10.30	87.9	12~18	粉煤为主
10	LJ-1	东北煤田	58	67.67	89.5	31.24	88.1	14~19	鳞片状煤为主
11	JS1	中国石油	18	25.31	93.2	12.46	89.3	10~15	粉煤
12	WS2	中国石油	8	12.46	98.3	6.63	98.4	15~20	颗粒状、层状

6.3 煤层气电磁波地质导向工具

6.3.1 电磁波地质导向基本概念

在石油与天然气勘探开发领域,对于随钻装备而言,地面能够实时、连续、准确地监测和控制井眼轨迹是其能否在工程中普及应用的首要条件,因此,选择合理的井下与地面信息通道是仪器设计之初首要考虑的问题。

近20年来,水力脉冲MWD传输技术取得了快速、全面的发展,它借助于钻井液压力脉冲或连续压力波,实现了地面与井下双向通信,不足之处是对钻井液的含气量及含砂量有严格的要求,在泡沫钻井和空气钻井时,水力脉冲通道难以解决信息的有效传输问题。

随钻电磁波无线测量技术是通过在井下发射电磁波,电磁波穿过地层向地面传输数据,它不受钻井液介质、井斜角大小、钻井方式(旋转钻或滑行钻)等条件的限制,传输地层参数及井眼轨迹的速度快、数据量大,并且使用成本较水力脉冲方式更低(图6-9)。其主要缺点是电磁波传输的质量受钻井设备的电磁干扰及电阻率较低地层的影响,但在工程应用方面较水力脉冲 MWD 的传输通道有自己独特的优势。

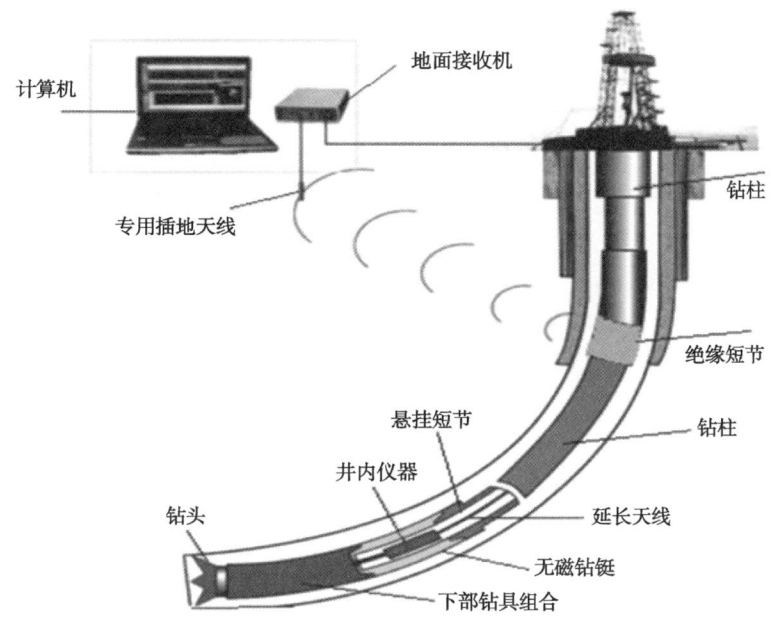

图 6-9 电磁波随钻测量系统示意图

6.3.2 技术特点分析

根据电磁场理论对媒质特性的分类如下：

(1) $\dfrac{\sigma}{\omega\varepsilon}<\dfrac{1}{100}$ 媒质表现为电介质(绝缘)。

(2) $\dfrac{1}{100}<\dfrac{\sigma}{\omega\varepsilon}<100$ 媒质表现为半电介质(半绝缘)。

(3) $\dfrac{\sigma}{\omega\varepsilon}>100$ 媒质表现为导电体。

式中　σ——电导率，S；

ε——介电常数，F/m；

ω——媒质中电磁场的角频率，rad/s。

通常地层多表现为半电介质特性，在电磁波传输通道中，钻柱是回路中的导线，地层相当于回路中的电阻，电流信号在钻柱和地层所构成的回路中传导，由于钻柱是导电体，在钻井过程中通过钻井液或直接接触井壁与地层连通就像埋入地下的裸导线，或更像深埋入地层的长电极，这样用长电极上电流扩散的数学模型来描述电磁波传输通道更为简洁、清晰且易于计算，但是长电极的源在地表上，电极的电流由上向下扩散，而电磁波系统的源在地下，电流由下向上扩散，由此得出电流由下向上传导时，在钻柱上各深度的电流幅度：

$$I(z)\approx I_0 \cdot \mathrm{e}^{-z/\delta} \tag{6-1}$$

式中　I_0——源点处信号电流的最大幅度，A；

z——钻柱上某点距信号电流源点的距离，m；

δ——电流在地层中的屈服系数，$\delta = \dfrac{1}{\sqrt{zf\mu/\rho}}$；

z——钻柱上某点距信号电流源点的距离，m；

μ——磁导率一般取 $4\pi \cdot 10^{-7}$，H/m；

ρ——地层电阻率，$\Omega \cdot m$；

f——信号电流频率，Hz。

从式(6-1)中看出在信号源电流幅度 I_0 不变的条件下，钻柱上某点的电流强度取决于地层的电阻率 ρ 和信号的频率 f，以及这点距信号源的距离 z。如果信号的频率和地层电阻率不变，钻柱上的信号电流 $I(z)$ 将会随距离 z 的增加按单一指数规律减小。

因此，随钻电磁波无线测量技术特点可以说是围绕着一个基础、两个方面、四个核心模块展开的。一个基础就是以建立"钻柱—地层"电磁信道方法为基础；两个方面的一方面是研究如何通过电磁信道发射井下信号；另一方面是研究如何在地面接收井下传上来的弱电磁信号；四个核心模块是：(1)井下绝缘钻铤式电偶极子发射天线；(2)井下大功率自适应电磁信号发射器；(3)井下大功率电源；(4)地面弱信号接收机和接收天线(图6-10)。

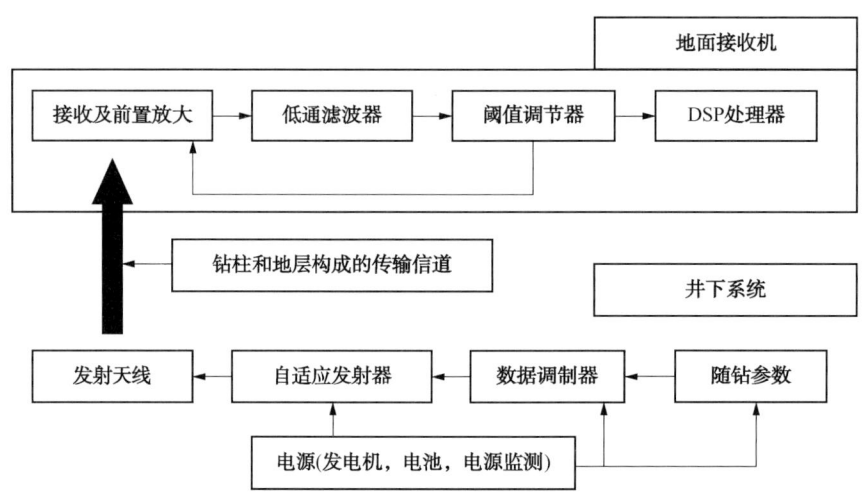

图 6-10 随钻电磁波无线测量系统原理框图

6.3.3 装备系统结构及工作原理

6.3.3.1 系统结构

主要包括井下系统及地面接收系统两部分，其中，井下系统构成井下钻具组合的一部分，地面接收系统用来实时接收、分离、转换和记录有用信号。井下系统构成如图6-11所示，主要包括：

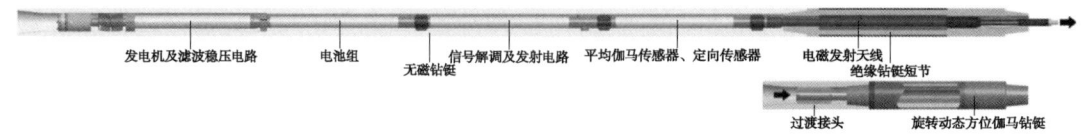

图 6-11 随钻电磁波无线测量装备井下结构图

(1) 井下仪器总成：包括电源系统(发电机及电池组)、数据调制与发射电路、测量传感器总成。

(2) 绝缘电偶极子发射天线：钻铤系(无磁钻铤+绝缘钻铤+动态方位伽马钻铤)。

地面接收系统的构成如图 6-12 所示。

(1) 地面接收机。

包括前置放大器、低通滤波器、阈值调节器、DSP 处理器。

(2) 计算机。

包括信号滤波及数据解调软件、数据及图形显示界面软件。

(3) 司钻显示器。

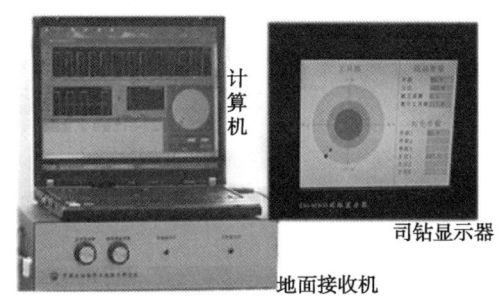

图 6-12　随钻电磁波无线测量装备地面接收系统图

6.3.3.2　工作原理

井下测量装备由绝缘的电磁发射天线分隔为两个电极，其中一个电极经由钻柱传导至地面井台，另一个电极则由地层传输至地面的接收天线，地面接收机分别与这两个电极连接构成闭合回路，在井下随钻测量仪器工作时，接收天线和钻柱之间的地层中有电流通过，地面接收到的信号是两者之间的电位差，被接收到微弱电压信号经地面接收机降噪、放大及解码后发送到计算机，并在屏幕上显示并存储。

要实现上述发射与接收回路，装备在井下信号发射技术和地面信号接收技术两个方面做了细致研究：

(1) 井下信号发射技术通过现场总线接收井下工程与地质参数，经单片机进行 FSK 调制、初级放大、功率放大处理，送入井下偶极子电磁发射天线，产生低频无线电磁波，供地面接收装置接收，建立井下仪器系统到地面接收装置的单向无线数据传输通道，将井下设备的数据实时的传输到地面。井下大功率自适应电磁信号发射器的研制共经历了三个阶段：第一阶段为集成功率放大元件功率放大电磁信号发射器设计，第二阶段为晶体三极管并联输出功率放大电磁信号发射器设计，第三阶段为自适应调压方波输出电磁信号发射器。

(2) 地面信号接收技术主要用来接收井下系统发射的电磁波信号，并将其放大、滤波、整形和 A/D 转换，最后将数字信息送给上位机解调，硬件电路主要由电源模块、信号放大器模块、数据采集卡、深度转换模块四部分构成。电源模块的作用是为整个接收机提供稳压直流电源；信号放大器模块的作用是将输入信号放大、滤波；数据采集卡的作用是将模拟信号转换为数字信号，提供给上位机解调；深度转换模块的作用是变换深度传感器信号，计量钻进深度。

6.3.4 装备系统参数

电磁波随钻地质导向系统参数及传感器测量参数见表6-4、表6-5。该工具可以分别在3.5Hz、6Hz和11Hz的发射频率下工作,频率越高,通过地层的信号衰减越大,传输距离相应也就越浅,但传输速率更快。

表6-4 系统参数表

系统工具参数		
工具尺寸(mm)	120.6	171.5
长度(m)	11.2(含发电机) 9.6(无发电机)	11.2(含发电机) 9.6(无发电机)
最大钻压(N)	$16000000/L^2$	$72000000/L^2$
推荐上扣扭矩(kN·m)	14.5	40
工具对外连接扣型	上:310(NC38) 下:311(NC38)	上:410(NC50) 下:411(NC50)
最高工作温度(℃)	125	125
最高抗压(MPa)	120	120
抗冲击	1000G 1ms 半正弦波	1000G 1ms 半正弦波
抗振动	20G rms 5—1000Hz	20G rms 5—1000Hz
钻井液密度为$1.3g/cm^3$时,最大压降(MPa)	0.92@ 23L/min	0.55@ 34L/min
最大狗腿度(°/30m)	滑动:25 转动:12	滑动:18 转动:9
测点距工具下端面距离(m)	探管:3.81 伽马:1.59	探管:3.81 伽马:1.59
电池工作时间(h)	120~180(受地层电阻率影响)	120~180(受地层电阻率影响)

表6-5 传感器测量参数表

传感器参数说明			
参 数	范 围	精 度	
井斜	0~180°	±0.1°	
方位	0~360°	±2° ±1° ±0.3°	井斜5° 井斜10° 井斜90°
工具面	0~360°	±0.1°	
伽马测量范围	0~255API	±5%	
伽马最大探测深度(8in井眼)	236mm	—	

6.3.5 现场应用情况

6.3.5.1 定向应用

随钻电磁波无线测量装备在陕西省韩城市某井进行了一井次的定向应用。该井位海拔882m，区块构造位置为鄂尔多斯稳定地块东南缘，井型为定向井，造斜点为120m，造斜至320m井斜20.03°、方位314.11°，后稳斜钻至靶点（图6-13）。根据定向设计要求，171.45mm随钻电磁波无线测量装备应用于造斜井段，现场钻具组合为"φ215.9钻头×0.25m+φ165-1.25°单弯螺杆×5.79m+φ172浮阀接头×0.48m+φ172 DREMWD无磁钻铤×9.72m（无动态方位伽马钻铤）+φ159通用无磁钻铤×18.72m+φ127钻杆"，

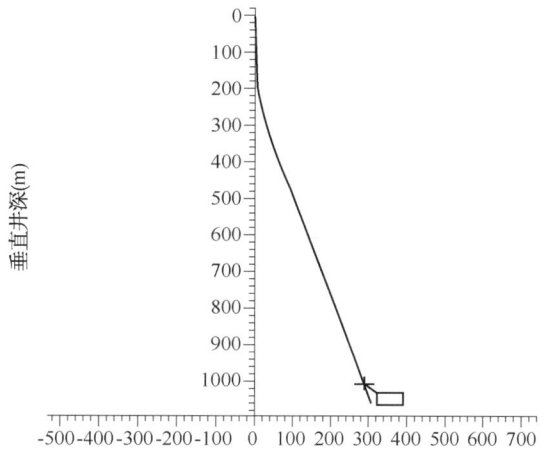

图6-13 某定向井设计垂直剖面图

施工过程中定向钻进与复合钻进交替进行，地面接收信号清晰、准确（表6-6），良好的软件接收界面更方便了定向工程师的现场判断与决策。

表6-6 现场随钻测量数据

测点井深（m）	随钻电磁波无线测量装备测量结果			多点测量结果	
	井斜(°)	方位(°)	温度(℃)	井斜(°)	方位(°)
120	0.11	—	30.2	0.15	—
200	9.13	313.58	33.5	9.07	313.66
280	15.21	314.21	38.2	15.28	314.13
360	20.05	314.08	42.3	20.01	314.05
450	20.02	314.15	47.8	20.07	314.12

说明：多点测斜仪所测井深与随钻电磁波无线测量装备所测井深不能始终保持一致，所以测斜结果有所偏差。

随钻电磁波无线测量装备此次现场定向应用累计入井时间81h，其中纯钻进工作时间67h，随钻进尺335m，螺杆钻定向钻进时，装备测出井斜角跳动小于0.3°、方位角跳动小于0.5°、工具面角跳动小于2°，较高的传输数据稳定性，显著减少了无效钻时。随钻时，从301~455m井深处遇二叠系石千峰组砂岩，井下振动剧烈，仪器出井后检测依旧完好无损。

6.3.5.2 煤层气水平井导向应用

随钻电磁波无线测量装备在山西省晋城市某井进行了煤层水平导向应用，该井是沁水盆地南部斜坡沁水煤层气田郑庄区块的一口煤层气多分支水平井，郑庄区块主要含煤地层为二叠系下统山西组，该地层由深灰色—灰黑色泥岩、砂质泥岩、粉砂岩夹煤系地层组成，底部普遍发育灰色中细粒砂岩、含细砾粗砂岩，厚度34~72m，一般为60m左右，本组有煤层4层，自上而下编为1~4层，其中3号煤层（表6-7）地层宽阔平缓，地层倾角2°~7°，其内断层较少，局部小型构造发育，以狭长褶曲为主，延伸长度数百米至数千米，这为通过多分

支水平井方式增加煤层内井眼长度，扩大煤层泄气面积，提高煤层产气能力创造了良好条件。

表6-7 某井山西组3号煤层特征

山西组3号煤层特征			
煤层结构	煤层细分(m)	地层伽马值(API)	厚度(m)
顶部泥岩	~0	135~150	
顶煤	0~0.8	45	0.8
顶矸	0.8~1.4	65	0.6
好煤	1.4~3.0	30	1.6
中矸	3.0~3.8	80	0.8
中煤	3.8~4.4	55	0.6
下矸	4.4~5.2	135	0.8
底煤	5.2~5.5	115	0.3
底部泥岩	5.5~0	150	

该井与洞穴直井连通后井深904m，井斜91.3°，此时钻头位于山西组3号煤层，由表6-7可以看出，3号煤层好煤厚度仅为1.6m，为提高煤层钻遇率，要求随钻仪器的地层伽马测点尽量靠近钻头，因此，接有动态方位伽马钻铤的4¾inDREMWD无线电磁波随钻测量工具直接接于螺杆上方，方位伽马钻铤短节测点距钻头5.6m，定向单元测点距钻头8.7m。方位伽马短节在钻具旋转转进时可以分别输出其上下两端地层的伽马值，而在定向钻进时可以测得地层的平均伽马值，这样的设计有利于在任何随钻状态测得地层伽马值，不会存在导向盲区。

此次导向应用，随钻电磁波无线测量装备一次下钻完成一个主支及两个分支的全段导向作业，仪器井下连续导向112h，水平段总进尺1491m，煤层钻遇率超过98%。在应用过程中，主支一及分支二分别遭遇大地层倾角煤层，倾角大于8°，地面工程师正是借助装备配置的动态方位伽马短节及时地判断煤层的上、下边界，保证了井眼轨迹一直在煤层中行进。仪器出井后，监测电池电量依然充足，说明了井下发电机在导向时正常运作，节约了电池电量，延长了工具一次下钻的工作寿命。

6.3.5.3 现场认识和建议

现场总结如下：

(1)随钻电磁波无线测量技术数据传输速度快(11bit/s)，载波信息量大，虽受地磁特性影响明显，但在浅井应用尤其是煤层气井应用中有着明显优势。

(2)与传统的钻井液脉冲随钻测量装备相比，随钻电磁波无线测量装备始终能够传输井下实时信号，并且无需停钻测量静态数据，显著减少了无效钻时，钻进效率至少提高15%。

(3)尾端配置有动态方位伽马短节的随钻电磁波无线测量装备在煤层水平导向中的优势得到体现，在随钻过程中，可以实时判断含煤层上、下边界，提高了煤层钻遇率。

6.3.5.4 结论

随钻电磁波无线测量装备的现场应用说明，在浅井或煤层气井开发中，该工具可以满足定向轨迹测量要求，并且可以有效地控制井眼轨迹按设计地层钻进，同时，较高的传输速率及传输精度使其有着广泛的应用前景,装备系统结构之下细分的井下发电机技术、动态方位伽马短节技术也可作为独立的功能单元与其他随钻仪器结合应用,扩大了该装备的应用范围。随钻电磁波无线测量装备还需进行更多现场试验与应用,在工具信号传输深度与地层电阻率之间的关系及在气体钻井中的应用效果等方面继续研究。

6.4 小直径煤层界面识别与层厚测量系统

6.4.1 概述

煤层气作为非常规天然气,由于其储量巨大,发展前景广阔,目前国内外正大力开展煤层气的勘探开发技术研究,与之相关的钻采技术也在不断地研究和发展。在煤层气钻井中,为最大限度提高煤层气的采收率,则需保证钻头始终在煤层中钻进,因此,通常采用水平井钻井技术。当钻头进入煤层后,就需随钻测量煤层的顶板和底板界面,保证钻头处于煤层中的最佳位置。然而,在实际钻进过程中,虽然采用伽马、电阻率、中子等方法能测出煤层与其上、下盖层的差别,但是这些方法仅能定性地判断而无法定量或相对准确地测量钻头与煤层顶底板间的距离,因此可能会导致钻具在储层与盖层间反复进出,降低了煤层的钻遇率,从而影响煤层气的采收率。因而,准确识别煤层顶底板界面对煤层气钻井就有着十分重要的指导意义。

针对上述问题,笔者基于探地雷达技术,研制了小直径煤层界面识别与层厚测量系统,其主要功能是在钻具进入煤层后,向地层中发射中心频率在 100MHz 以上的高频电磁波,电磁波在地下介质传播过程中,当遇到存在电性差异的煤层与盖层分界面时,电磁波便会发生反射,反射回的反射波会被接收机接收到,通过对接收到的电磁波的波形、振幅强度变化等特征进行分析,从而精确计算钻具与煤层顶底板之间的距离,实现地质导向,从而指导施工人员控制钻头始终穿行在储层中,最大限度地提高了煤储层的钻遇率。

6.4.2 测量原理与系统结构

目前,国外几大石油公司生产了若干种用于储层界面探测的随钻仪器,如 Schlumberger 公司生产的 PeriScope 和 Baker Hughes 公司生产的 StarTrak 等,其测量原理主要是基于电磁波方位定向电阻率,然而,这种测量方法可以定性地确定钻头位于储层之中,以及判断钻头是否靠近储层的边界,但是无法精确地定量测出钻具与储层边界的距离。

探地雷达技术是用频率通常在 100MHz 以上的高频电磁波来确定地下介质分布的一种探测方法,是近年来发展迅速的高精度无损探测技术,目前已广泛应用到地面工程检测和地质勘察中,该技术可以精确测量不同地层分界面到仪器间的距离,探测精度最高可达毫米级。

6.4.2.1 测量原理

图 6-14 为一束电磁波在穿过电特性不同的岩层时,电磁波在分界面处会发生反射和折射。如图 6-14 所示,x-z 平面为电磁波入射平面,y 轴垂直于 x-z 平面,电场方向也垂直于 x-z 平面,即此电磁波为 TE 波,E_i、E_r、E_t 分别表示入射波、反射波和折射波的电场强度幅值;H_i、H_r、H_t 分别表示入射波、反射波和折射波的磁场强度幅值;θ_i、θ_r、θ_t 分别为入

射角、反射角和折射角，其中 $\theta_i = \theta_r$；ε_1、σ_1、μ_1 分别表示岩层 1 的介电常数、电导率和磁导率；ε_2、σ_2、μ_2 分别表示岩层 2 的介电常数、电导率和磁导率。

电磁波从岩层 1 入射到岩层 2 的分界面时反射能量 E_r 与入射能量 E_i 之比为：

$$\Gamma = \frac{E_r}{E_i} = \frac{\cos\theta_i - \sqrt{\dfrac{\varepsilon_2}{\varepsilon_1} - \sin^2\theta_i}}{\cos\theta_i + \sqrt{\dfrac{\varepsilon_2}{\varepsilon_1} - \sin^2\theta_i}} \tag{6-2}$$

式（6-2）中，Γ 为反射系数。电磁波的反射波能量除与入射角有关外，仅与分界面两侧的介电常数有关，且两种岩层的介电常数差异越大，反射系数越大，在入射波能量一定的情况下，反射波的能量越强。

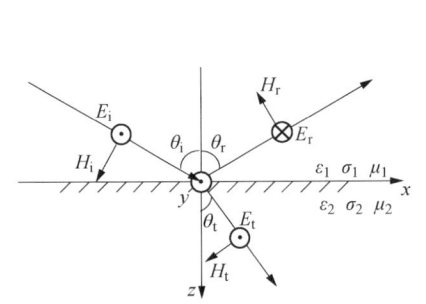

图 6-14　电磁波在不同岩层分界面上反射和折射　　图 6-15　测距原理图

图 6-15 为小直径煤层界面识别与层厚测量系统测距原理图，l 是发射天线与接收天线间距离，L 是电磁波在岩层 1 中往返传播的距离，d 是天线平面与岩层 1 和岩层 2 分界面间的距离。

以水平井钻井为例，电磁波在水平井的井眼环空内的传播速度为 v_1，在岩层 1 中的传播速度为 v_2，电磁波在环空内传输的时间，即直达波到达接收天线的时间为 t_0，直达波与反射波的时间差为 Δt，则有下式

$$l = v_1 t_0 \tag{6-3}$$

$$L = v_2(t_0 + \Delta t) \tag{6-4}$$

$$d = \frac{1}{2}\sqrt{L^2 - l^2} \tag{6-5}$$

其中，l 为已知量，当钻井方式采用气体钻井时，$v_1 \approx 3 \times 10^8 \text{m/s}$，近似等于电磁波在真空中的传播速度；当采用水基钻井液时，$v_1 \approx 0.33 \times 10^8 \text{m/s}$，近似等于电磁波在纯水中的传播速度，则 v_1 为已知量。

因此，为求出天线所在的平面与岩层 1 和岩层 2 分界面间的距离 d，关键在于测出直达波与反射波的时间差 Δt，以及电磁波在岩层 1 中的传播速度 v_2。

（1）直达波与反射波的时间差 Δt 测算方法。

图 6-16 为小直径煤层界面识别与层厚测量系统接收天线接收波形图。横坐标为时间，纵坐标为接收信号电压幅值。将电磁波信号从发射天线发出的时间设定为时间起始点，t_0 表

示时间起始点与直达波波峰之间的时间差，Δt_1表示接收到的岩层1与岩层2分界面处产生的反射波与直达波峰值的时间差，Δt_2表示接收到的岩层2与岩层3分界面处产生的反射波与直达波峰值的时间差。从图中可以看出，Δt_1和Δt_2均可由测量系统通过鉴幅方法测得。

（2）电磁波在岩层1中的传播速度v_2测算方法。

电磁波在介质中的传播波速是十分重要的物理量，且由电磁波波长公式$\lambda = \dfrac{v}{f}$可知，电磁波波速同时决定了电磁波的波长，进而可以计算出测量系统测距精度，即整套测距系统的分辨率。

决定电磁波波速的主要参数是介电常数。工程上，普遍采用下式估算电磁波在介质中的传播速度：

$$v = \dfrac{1}{\sqrt{\varepsilon\mu}} = \dfrac{1}{\sqrt{\varepsilon_0\varepsilon_r\mu_0\mu_r}} = \dfrac{c}{\sqrt{\varepsilon_r\mu_r}} \tag{6-6}$$

式中　c——电磁波在真空中的传播速度，$c = 3\times10^8\mathrm{m/s}$；

　　　ε_0——真空介电常数，$\varepsilon_0 = 8.8542\times10^{-12}\mathrm{F/m}$；

　　　ε_r——相对介电常数；

　　　μ_0——真空磁导率，$\mu_0 = 12.5664\times10^{-7}\mathrm{H/m}$；

　　　μ_r——相对磁导率。

对于大部分的地层，几乎不含铁磁性物质，因此$\mu_r \approx 1$。因此，决定地层中电磁波速的主要参数为相对介电常数ε_r，式(6-6)可改写为：

$$v = \dfrac{c}{\sqrt{\varepsilon_r}} \tag{6-7}$$

然而，针对油气钻井，由于地层未知，并且由于钻井液对岩层的侵染，导致被测地层非均质，因此若采用常规方法计算电磁波传播速度，会存在较大的测量误差。

由此，提出了一种不测量相对介电常数，通过增加一个接收天线，间接求解电磁波波速的测量方法。

图6-17所示的是电磁波波速测量示意图。如图所示，发射天线T与接收天线R_1间的距离为l_1，R_1接收到的电磁波在储层中往返时间为t_1，往返传播距离为L_1，发射天线与接收天线R_2间的距离为l_2，R_2接收到的电磁波在储层中往返时间为t_2，往返传播距离为L_2。

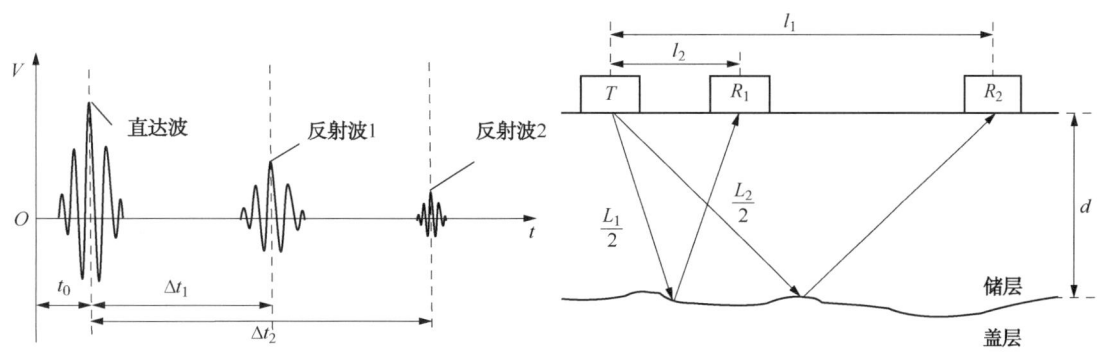

图6-16　接收天线接收波形图　　　　图6-17　电磁波波速测量示意图

钻具所在平面与煤层顶板或底板间的距离公式为：

$$d = \frac{1}{2}\sqrt{(vt_1)^2 - l_1^2} = \frac{1}{2}\sqrt{(vt_2)^2 - l_2^2} \tag{6-8}$$

电磁波波速公式为：

$$v = \sqrt{\frac{l_2^2 - l_1^2}{t_2^2 - t_1^2}} \tag{6-9}$$

式(6-9)就是电磁波在储层中的传播公式，求出电磁波波速后，可将式(6-9)代入式(6-7)中，即可求出储层的相对介电常数，进而可以估算出储层电阻率等常用测井数据。

由于在实际工程中，井眼中钻具与井壁间会存在距离为几厘米的环空，经式(6-9)所计算的电磁波波速，以及式(6-8)所计算的钻具所在平面与储层边界面的距离，并未考虑到此环空的影响，因此计算距离与实际距离会存在误差，同时此电磁波在井壁处会发生反射与折射，因此实际的电磁波传播路径与图6-18中相比会有些许的差异，同样会对式(6-8)和式(6-9)的计算带来误差，但是此误差一般在几厘米之内，在实际应用中可以忽略不计。

将式(6-9)代入式(6-8)中，可得：

$$d_1 = \frac{1}{2}\sqrt{\left(\frac{l_2^2 - l_1^2}{t_2^2 - t_1^2}\right) \cdot t_1^2 - l_1^2} \tag{6-10}$$

$$d_2 = \frac{1}{2}\sqrt{\left(\frac{l_2^2 - l_1^2}{t_2^2 - t_1^2}\right) \cdot t_2^2 - l_2^2} \tag{6-11}$$

$$\bar{d} = \frac{1}{2}(d_1 + d_2) \tag{6-12}$$

由式(6-10)至式(6-12)，可计算出钻具所在平面与储集层和盖层间分界面间的距离，即可实现探层测距功能。

6.4.2.2 系统结构

图6-18为小直径煤层界面识别与层厚测量系统结构图。主要由主控单元、信号发射单元、信号接收单元三部分构成。

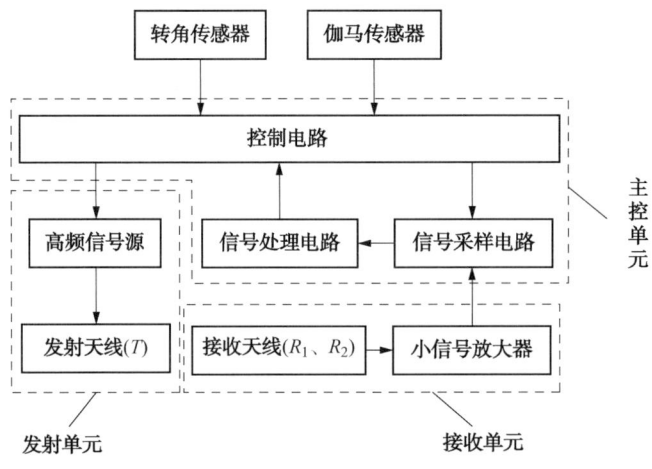

图6-18 小直径煤层界面识别与层厚测量系统总体结构

主控单元：主要包括信号采样电路、信号处理电路及控制电路，主要任务一是对来自接收天线的高频雷达反射波信号进行高速采样、数字化，并进行处理和解算；二是为系统各部件提供启动信号和必要的控制信号。

发射单元：主要包括高频信号源与发射天线。根据雷达体制的不同，高频信号源与发射天线的类型也有所不同：若信号源发出信号为宽带信号，为保证信号能量最大程度输出，则发射天线须选用宽带天线；若信号源发出信号为微带信号，发射天线和接收天线则应优先选用微带天线，这样可以保证发射天线在能较不失真地将电磁波信号发射出去后，接收天线只接收该频率的信号，可以起到防干扰和滤波的作用。

接收单元：主要包括接收天线与小信号放大器。接收天线与发射天线的类型相同，小信号放大器用以放大接收天线接收到的微弱信号。

工作流程：当伽马传感器检测到钻具钻入储层后，转角传感器检测到天线所在平面的朝向(水平朝上或朝下)时，主控单元控制高频信号源发射高频电磁波信号，经由发射天线 T 将此信号发射出去，电磁波会在储层与盖层间的分界面处发生反射，接收天线 R_1、R_2 分别接收到反射信号，接收到的反射波信号经小信号放大器放大后，再对两个接收天线 R_1、R_2 接收到的信号进行采样和处理，分别得到反射波双程走时，再将此数据传给控制电路进行进一步处理，从而解算出电磁波在介质中的传播速度，进而计算钻具与储层边界之间的距离。

（1）主控单元。

主控单元核心模块主要由上位机 ARM 控制电路、FPGA 与 DSP 组成的信号处理电路、高速 A/D 采样电路、存储电路等组成(图 6-19)。主控单元的主要功能是实时对发射单元进行控制，为高频信号源提供精确定时启动触发信号，同时触发控制高速 A/D 采样电路对直达波信号和反射波信号进行采样，再通过 FPGA 和 DSP 组成的信号处理电路，对采样后的数字信号进行消噪、滤波、放大等处理，提取接收到信号的特征信息(幅度、频谱)等，将此特征信息传到上位机 ARM 处理器，计算得到钻具所在平面与储层的边界面的距离信息。

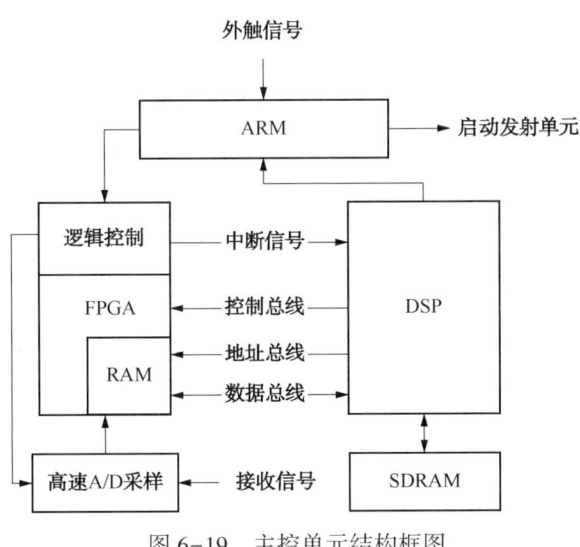

图 6-19 主控单元结构框图

(2)高频信号源。

单频调制脉冲信号源是单频调制脉冲雷达的核心部件,发出的信号为单频连续波信号,通过时域开关电路进行调制后,形成时域脉冲宽度在 ns 级的包络信号,同样可以有效地保证测量系统具有较高的探测分辨率。另外,必需外接功率放大器件,以保证足够的发射功率,从而有效地保证测量系统具有较高的探测深度。

(3)收发天线单元(图 6-20)。

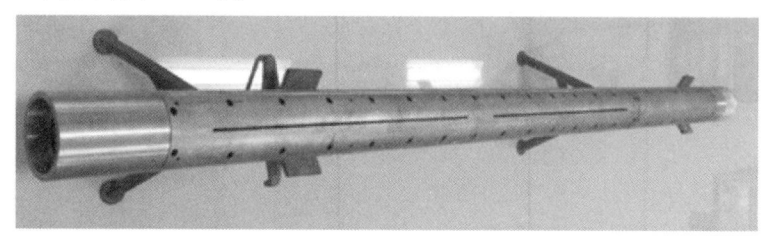

图 6-20 收发天线

在空气中,收发天线的中心频带约为 500MHz,驻波比 $VSWR$ 不大于 1.5;在水中,天线的工作频带发生偏移,约为 300MHz,驻波比 $VSWR$ 不大于 1.5。

6.4.2.3 创新点

小直径煤层界面识别与层厚测量系统能实现在钻水平井过程中,随钻探测储集层边界面,具有不受井下强振动影响和精度高等优点。不同于技术较为成熟的地面探地雷达技术,由于井下恶劣工况和油气井特殊结构的限制,小直径煤层界面识别与层厚测量系统在设计上更为复杂,并具有更高的难度,其难点如下:

(1)井下的工作环境恶劣。井下环境存在高温、高压、重载、强振、冲击和腐蚀,因此在地面探地雷达中可以使用的元器件以及结构部件无法直接应用于井下。

(2)油气井眼径向尺寸小。用于地面探地雷达的技术较为成熟的模块(如天线、功率放大器等)受尺寸限制,无法直接用于井下,需要优化设计,与之对应,需要重新设计不同的测量方案。

(3)储层中高含水、高电导率(如煤层气储层、被水基钻井液侵入的油气储层等)。电磁波在含水较高和电导率较高的介质中衰减现象剧烈,能量损耗严重,导致微弱的反射波信号难以被准确识别。

针对以上问题,对小直径煤层界面识别与层厚测量系统进行了系统研究,取得的主要研究成果与创新点为:

(1)建立了适用于煤层气钻井的高频电磁波探边方法。

(2)创造性地提出了一种通过增加接收天线,间接求解电磁波在介质未知、不均匀储集层中电磁波波速的方法。

(3)在理论研究和方法研究的基础上,研制了小直径煤层界面识别与层厚测量系统,并对系统多个主要单元模块申请了发明专利。

(4)提出了微弱反射波信号的数字信号处理算法设计方案,实现了对微弱反射波信号的降噪、放大及特征参数提取的功能。

6.4.2.4 室内试验情况

实验室内以混凝土砖、水、煤块为研究对象的情况下,进行小直径煤层界面识别与层厚测量系统探边实验(图6-21至图6-23)。

图6-21、图6-22、图6-23分别显示了以混凝土砖块、清水、煤块为被测介质,接收电磁波电场强度随时间变化的时域波形图。由接收电路接收到的波形图可以得到直达波与反射波的时间差,再结合电磁波在上述3种介质中的传播速度,即可实现探边功能。得到的实验数据及实验结果见表6-8。

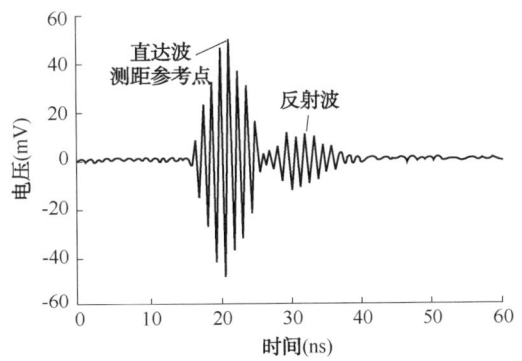

图6-21 混凝土砖块中测距接收波形

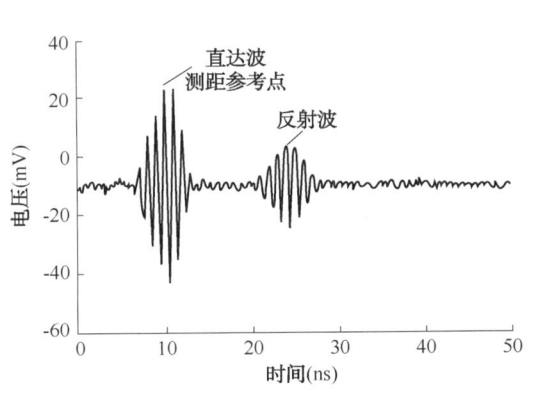

图6-22 清水中测距接收波形

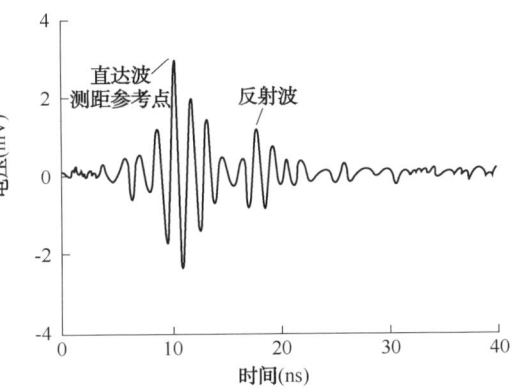

图6-23 煤块中测距接收波形

表6-8 实验数据及结果

介质名称	实际距离(cm)	时间差(ns)	测量距离(cm)	测量误差(cm)
混凝土砖	38.2	7.7	38.3	0.1
	57.2	11.3	55.7	1.5
	76.3	15.0	73.4	2.9
水	50.0	29.3	48.2	1.8
	100.0	58.3	96.9	3.1
	150.0	88.0	146.0	4.0
煤	60.0	11.6	57.7	2.3
	105.0	18.8	101.7	3.3

由表6-8中所测的实验数据和结果可知,在不同介质或距离的条件下,研究的小直径煤层界面识别与层厚测量系统测量误差不超过±4cm,满足工程需要,证明了研究的小直径煤层界面识别与层厚测量系统及探边方法的正确性和可行性。

6.5 DRMTS 煤层气水平井远距离穿针工具

6.5.1 远距离穿针工具目的和主要作用

中国煤层气藏普遍具有低压、低渗透率、低含水率的储层特性，从提高采收率和经济效益方面考虑，煤层气水平井、多分支水平井是最佳开发模式。基于以上煤层气开发的特殊性和排采方式等，煤层气水平井通常需额外打一口直井，并将该井与水平井连通（图 6-24），以便于下入螺杆泵、有杆泵等排水采气。远距离穿针技术及装备是实现远距离精确连通两口井的关键技术之一，也是煤层气多分支井和 U 形井钻井的必需技术。

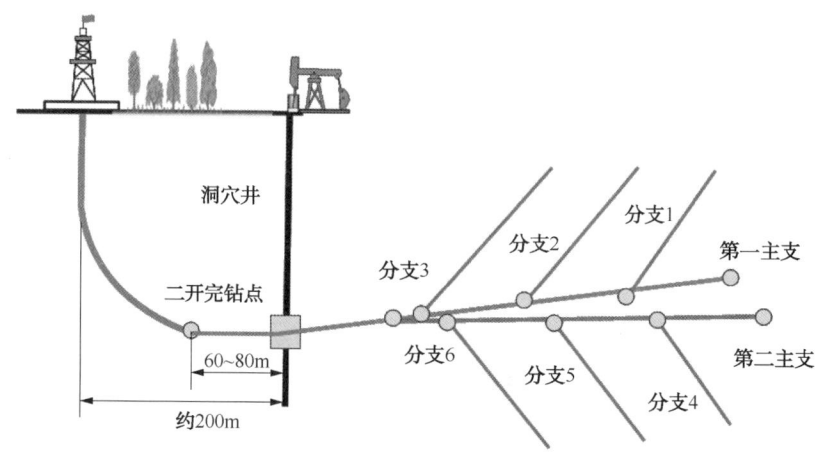

图 6-24　煤层气水平井开采示意图

目前，常规的钻井井眼轨迹控制技术主要采用无线随钻测斜仪（MWD）对钻头进行井下定位和控制，但煤层气水平井钻井工艺要求实现水平井和直井连通，因此对井眼轨迹测量与控制提出了更高的要求。传统的 MWD 测量技术主要有以下几点不足：（1）MWD 测量传感器位于钻头后部 6~10m，实时测量参数远远滞后于钻头位置；（2）MWD 测量误差偏大，在 50m 的钻井进尺中，误差椭圆半径可达到 3m 以上；（3）由于洞穴直井采用多点测斜仪进行标定，洞穴位置存在不确定性，通常靶点误差范围在 1m 以上。由于直井洞穴处的靶区为 0.5m×（4~8）m 的窄矩形框，MWD 测量方式远不能满足煤层气水平井的轨迹测控要求。

旋转磁场测距（Rotating Magnetic Ranging System，简称 RMRS）的概念于 1993 年提出。从 1999 年至今，旋转磁场测距作为一种新的测量两井间距的钻井方法而得到快速发展。RMRS 工具主要由磁性短节、探管（包括磁阵列传感器和测量电路短节）、地面工控系统及计算软件组成（图 6-26）。磁性短节安放在钻头末端，包含几个与钻柱轴线垂直或平行的永久磁体。磁阵列传感器由三轴重力加速度计和可测量直流磁场和交流磁场的磁力计所组成，将其下放至直井洞穴处。当钻头和磁性短节开始旋转钻进时，传感器记录由磁体的旋转产生的随时间变化的磁场，测量数据通过电缆传到地面，系统软件对数据进行处理，进而对两井之间的相对距离和方位进行确定（图 6-25）。

图 6-25　远距离穿针工具作业示意图

6.5.2　煤层气水平井远距离穿针工具设计原理、结构和技术指标

6.5.2.1　设计物理基础及轨迹控制基本原理

煤层气水平井轨道测量与控制的目标是逐步缩小洞穴井与水平井相对位置的不确定性椭圆范围(图 6-26)。通过引入旋转磁场直接测量水平井钻头与洞穴井的距离和方位偏差(图 6-27)，在明确两口井的相对位置关系后，调整水平井井眼轨迹，并最终实现洞穴直井贯通。

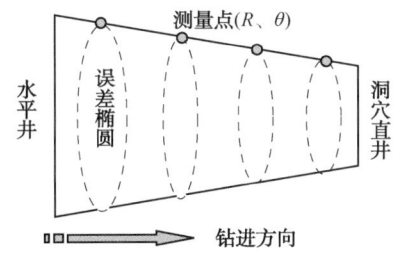

图 6-26　煤层气连通水平井轨道测控模型

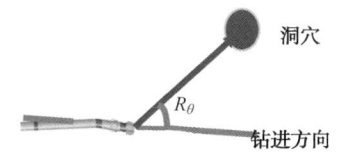

图 6-27　钻头与洞穴间的距离和钻进角度偏差示意图

(1) 井下旋转磁场模型及特性分析。

磁源短节通常由 4 组磁铁组成，呈正交方向，沿周向夹角为 90°，轴向磁铁的布置数量由现场磁场强度需要而决定。基于以上的磁源物理模型，将单个圆柱状磁体考虑为一个磁偶极子模型，沿 X 轴、Y 轴和圆周方向忽略圆柱状小磁铁间隙的影响，将整个组合磁源假设为 $4n$ 个磁偶极子的矢量和：

$$P = 4 \times \sum_{n=1}^{N} p_n \tag{6-13}$$

式中　P、p_i——分别是磁源短节的总磁矩和单个磁体的磁矩，A·m²；

n、N——分别是单个磁体的编号和磁体总数量。

随着磁铁绕 Z 轴的旋转,取如图 6-28 所示的坐标系(X 轴方向沿着合成磁偶矩方向),磁源短节的等效磁矩可表示为:

$$P = P_X i + P_Y j = P[\cos(wt)j - \sin(wt)i] \tag{6-14}$$

式中 w,t——分别是磁源短节的旋转角速度(单位为 rad/s)和时间单位(单位为 s);

i,j——分别是 X 轴和 Y 轴方向的单位矢量。

(2)钻头与洞穴直井间的距离和角度偏差测量模型。

① 钻头钻进方向与洞穴直井间的角度偏差测量算法。

随着煤层气水平井井下动力钻具传动轴带着钻头的转动(图 6-29),在永磁体周围将产生一个旋转的空间磁场,利用磁偶极子的分析方法可将空间磁场的产生等效为两个振荡偶极子 P_X 和 P_Y 独立产生磁场 H_X 和 H_Y 的叠加,即洞穴处的磁通门传感器可实时测量的磁场强度 H_u、H_v、H_w 可表示为:

$$H_u + H_v + H_w = H_X + H_Y \tag{6-15}$$

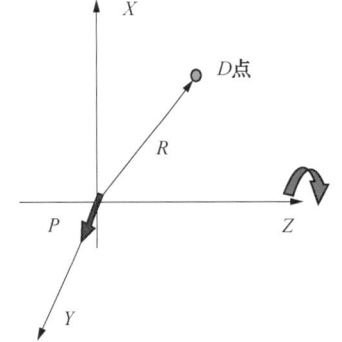

图 6-28 磁短节旋转等效示意图   图 6-29 空间任意一点磁场强度示意图

在 u、v、w 坐标体系下,H_X、H_Y 在 u、v、w 坐标系下的分量可表示为:

$$H_X = [HX_U \quad HX_V \quad HX_W]^T \times \sin(wt) \tag{6-16}$$

$$H_Y = [HY_U \quad HY_V \quad HY_W]^T \times \cos(wt) \tag{6-17}$$

式中 HX_U、HX_V、HX_W——分别为磁场强度分量 H_X 的模向量在 u、v 和 w 坐标系下的分量,Gs;

HX_U、HX_V、HX_W——分别为磁场强度分量 H_Y 的模向量在 u、v 和 w 坐标系下的分量,Gs。

利用正余弦函数在 $[0,2\pi]$ 区间的积分特性,可求得以上模向量 H_X、H_Y 的六个分量:

$$HX_U = \frac{1}{\pi} \int_0^{2\pi/w} w H_u(wt) \sin(wt) dt \tag{6-18}$$

$$HX_V = \frac{1}{\pi} \int_0^{2\pi/w} w H_v(wt) \sin(wt) dt \tag{6-19}$$

$$HX_W = \frac{1}{\pi} \int_0^{2\pi/w} w H_w(wt) \sin(wt) dt \tag{6-20}$$

$$HY_U = \frac{1}{\pi} \int_0^{2\pi/w} wH_u(wt)\cos(wt)dt \tag{6-21}$$

$$HY_V = \frac{1}{\pi} \int_0^{2\pi/w} wH_v(wt)\cos(wt)dt \tag{6-22}$$

$$HY_W = \frac{1}{\pi} \int_0^{2\pi/w} wH_u(wt)\cos(wt)dt \tag{6-23}$$

定义一个新向量 H_M，$H_M = HX \times HY = [HM_U \quad HM_V \quad HM_W]^T$，并将该向量从 u、v、w 坐标系转换到 x, y, z 坐标系，得到一个新向量 H_N（图 6-30）：

$$H_N = AH_M = [H_{NX} \quad H_{NY} \quad H_{NZ}]^T \tag{6-24}$$

式中 $\boldsymbol{A}$——坐标转化矩阵。

将 P_X 视为一个独立的磁源，利用传统的静磁场理论可求得 H_X 的表达式，即：

$$H_X = \frac{P}{4\pi r^3}[2\cos(\varphi)e^r + \sin(\varphi)e^\phi] \tag{6-25}$$

式中 r——空间一点与磁源间的距离，m。

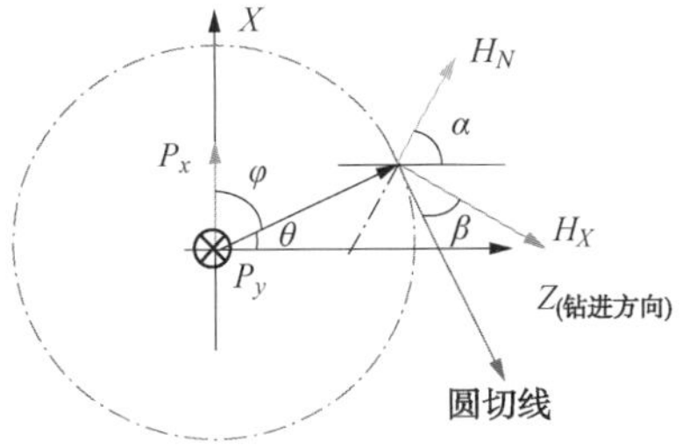

图 6-30 洞穴与钻头角度偏差关系图

由图 6-30 中的几何关系可得：

$$\tan\alpha = \tan(\beta+\theta) = \frac{\tan\beta+\tan\theta}{1-\tan\beta\tan\theta} \tag{6-26}$$

$$\tan\beta = \frac{H_r}{H_\varphi} = 2\tan\theta \tag{6-27}$$

式中 H_r、H_φ——分别为 H_X 在径向和周向的分量，Gs。

将式（6-25）和式（6-26）代入到式（6-27）中，可得超越方程（6-28）：

$$\alpha = \arctan\left[\frac{3\tan(\theta)}{1-2\tan^2(\theta)}\right] \tag{6-28}$$

以上建立了 θ 与 α 的关系式，由于 α 为向量 H_N 与 Z 轴方向的夹角，可由 H_N 最终求得。因此将 α 代入后即可求得钻进方向与洞穴直井的偏差角 θ。

② 钻头与洞穴之间的距离测量算法。

空间一点磁场强度与其到源的距离呈 $1/r^3$ 比例关系，由公式（6-25）可得磁场强度矢量 H_X 的模：

$$\|H_X\| = \frac{P_X}{4\pi\mu_0 R^3}\sqrt{3\sin^2(\theta)+1} \tag{6-29}$$

式中 μ_0、R——分别为煤层介质磁导率（单位为 H/m）和钻头与洞穴的距离（单位为 m）。

同理可求得磁场强度矢量 H_Y 的模：

$$\|H_Y\| = \frac{P_Y}{4\pi\mu_0 R^3} \tag{6-30}$$

由式（6-29）和式（6-30），可求得空间一点合成磁场强度的大小 H：

$$H = \sqrt{\|HX\|^2 + \|HY\|^2} = \frac{P}{4\pi\mu_0 R^3}\sqrt{3\sin^2(\theta)+2} \tag{6-31}$$

即钻头与洞穴的距离 R 为：

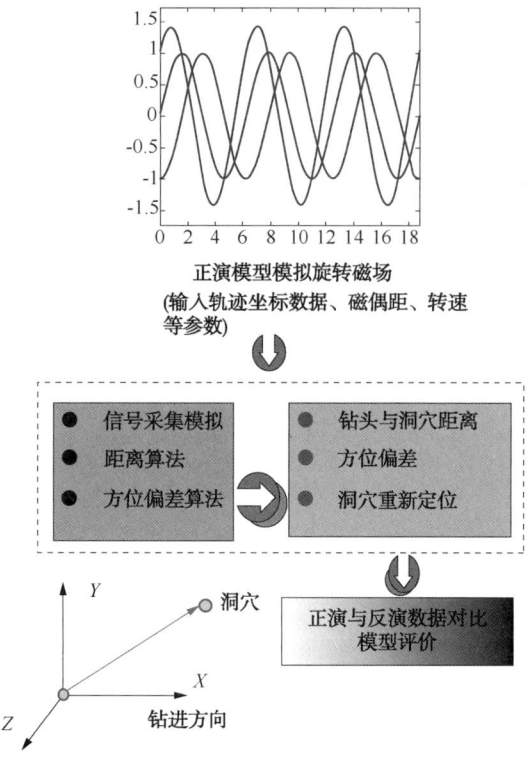

图 6-31 远距离连通机理模型仿真技术框架

$$R = \sqrt[3]{\frac{P}{4\pi\mu_0 H}} \sqrt{3\sin^2(\theta)+2} \quad (6-32)$$

③ 模型仿真研究与验证。

为了验证算法的效果,利用 MATLAB 环境对算法进行了仿真分析(图 6-31)。首先采用正演模型建立磁短节所产生的旋转磁场,并利用 MATLAB 程序周期性采集 H_u、H_v、H_w 测试信号;第二步将采集的信号输入到距离和方位计算算法模块,根据磁场强度信号计算当前钻头与洞穴的位置关系,并对洞穴重新进行定位;第三步进行测量算法精度和准确性的评价,利用最初设定的洞穴与钻头坐标(已知)对距离和方位进行计算,并与第二步的计算结果进行比较评价,最终实现对距离和方位测量算法的正确性和精度进行验证。

假设洞穴坐标为 $X=11$,$Y=4$,$Z=50$;钻头位于坐标原点,坐标分别为 $X=0$,$Y=0$,$Z=0$,钻井方向沿着 X 轴方向;磁短节磁偶极矩为 $5A \cdot m^2$,转动速度为 $1rad/s$,采样间隔为 0.5s;经过仿真研究,模拟测量距离为 51.3576m,理论上误差为 0.01%,角度偏差为 13.1753,与已知角差一致。仿真模拟结果见表 6-9。

表 6-9 连通机理模型仿真模拟结果一览表

名 称	数 值	名 称	数 值
传感器模拟测量距离	51.3576m	传感器模拟测量角度偏差	13.1753°
初始给定距离(已知)	51.3517m	初始设定角度偏差(已知)	13.1753°

6.5.3 煤层气水平井远距离穿针工具结构设计和技术指标

煤层气水平井远距离穿针工具主要由磁性短节、磁阵列传感器、测量电路短节、地面供电电源和工控机等组成,具体如图 6-32 所示。磁性短节本体由无磁材料加工制成,并在短节上镶嵌一些强磁圆柱体,其主要作用是在钻杆旋转时形成一个"旋转磁场",频率与钻柱旋转频率相同,约为 2~5Hz。探管主要用来探测旋转磁场信号(H_x、H_y、H_z),并将测量的信号采集、放大,通过电缆传输到洞穴井井口,最后通过建立的磁场测量模型计算钻头与洞穴的距离和方向偏差。DRMTS-Ⅲ型远距离穿针工具设计探测范围 110m;系统方位测量误差小于 0.4°,距离测量误差小于 5%;可实现 1~5m 以内的近距离测量功能,信号不饱和、不失真(具体技术指标详见表 6-10)。

第 6 章 煤层气特色钻井工具与装备

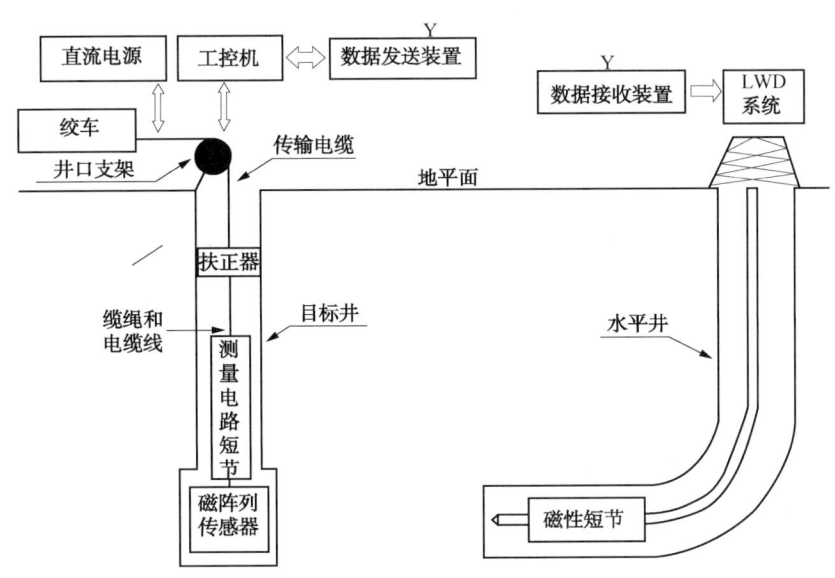

图 6-32 远距离穿针工具结构示意图

表 6-10 DRMTS 穿针装备性能指标

参　　数	DRMTS-I	DRMTS-III	美国 RMRS 设备
磁场测量	0.2nT	0.05nT	未给出
探测范围	50m	110m	70m
规格系列	4¾in	4¾in、3½in、6½in	4¾in、3½in、6½in
应用领域	煤层气对接井	煤层气、稠油 SAGD 水平井、地热井	煤层气

6.5.3.1　磁性短节

磁性短节由无磁钢制短节和若干永磁体所组成。圆柱状永磁体同向镶嵌，构成了一个组合磁源（图 6-33）。施工过程中，磁性短节安装在钻头后面，磁性短节中心点到钻头中心点的距离不超过 0.5m。只要计算出磁性短节的位置，就可以获得钻头的准确位置。

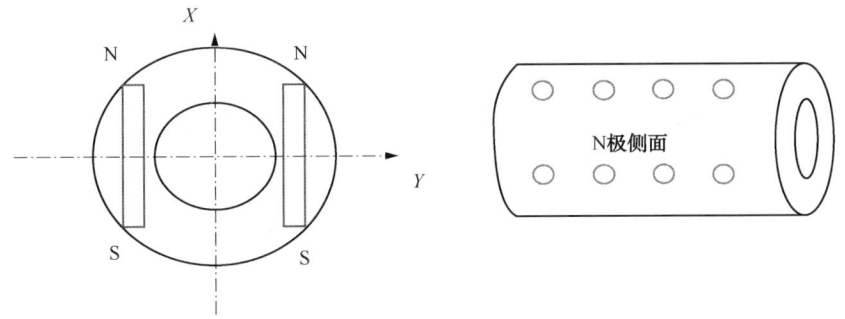

图 6-33 磁性短节示意图

目前性能较好且使用较广泛的永磁体是钕铁硼永磁体。从产品的使用性能、体积限制以及成本等方面综合考虑，选择 N45 型钕铁硼永磁体。根据实际煤层井下无磁钻铤的尺寸限制，设计磁性短节，加工成品如图 6-34 所示。该磁性短节可插入 18 节 φ30×44.5mm 永磁体。通过估算，18 节该尺寸的 N45 型钕铁硼永磁体经过最大负荷充磁后在 50m 外产生磁感应强度约为0.6nT,可以被磁传感器识别,满足工程需要。

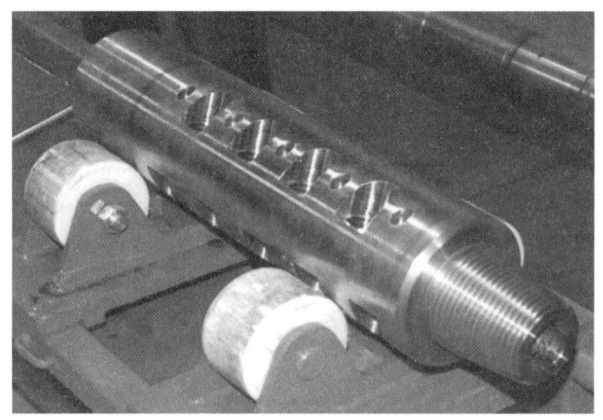

图 6-34　设计完成的磁性短节

6.5.3.2　磁测量探管

磁测量探管主要包括三轴磁通门传感器、三轴加速度传感器、磁通门处理电路、光纤陀螺仪、供电与通讯模块等组成。其中磁通门传感器是系统的核心测量部件,其利用电磁感应原理来实现对磁场的检测,将地磁信号转换为电信号。磁通门传感器的主要特点是测量、反馈、激励三组线圈集成为一体。跑道型骨架两边的线圈匝数、阻值、电感量、分布电容相等,两边的干扰(包括基波分量)可以抵消,从而可提高磁传感器的灵敏度,降低噪声。磁通门传感器采用三端式磁通门结构设计,其激励为5kHz的方波。由于激励绕组和测量绕组为同一线圈,因此必须使用隔离变压器。隔离变压器采用推挽输出方式,次级中心端接地,磁通门传感器输出的变压器效应相互抵消,故外界磁场产生的磁通门效应增加,其输出为随环境磁场而变化的偶次谐波增量。磁通门信号处理电路包括选频放大器、相敏检波电路、积分环节、反馈环节等组成。磁通门检测到的环境磁场强度经以上几个环节后,输出一个与环境磁场成比例的直流电压信号。

三分量磁传感器是采用三个单分量磁传感器封装在正交传感器骨架内,三个磁传感器相互正交、相互独立,其激励方式与单分量磁传感器相同。传感器共有三组输出,分别为南北、东西、地轴方向的磁传感器的输出端,另外两线为激励电压,其实物结构如图6-35所示。

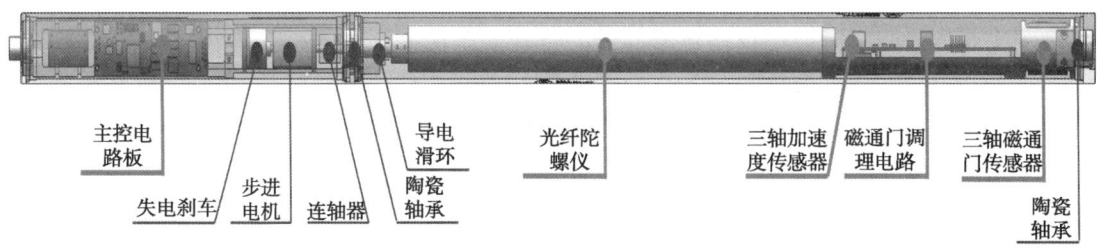

图 6-35　DRMTS 磁测量探管组成

6.5.4　主要技术创新点

基于煤层气特殊的轨迹测控需求,深入研究了近钻头磁场测量原理和煤层气对接水平井钻井工艺，并分析了钻头、地磁等干扰因素对磁定位精度的影响机制，提出了基于微弱磁场信号的卡尔曼定位方法等核心算法和技术，成功解决了煤层气 U 形水平井远距离（110～50m）精确磁导向技术难题，连通靶区可有效控制在排采直井 177.8mm 井筒范围内。

6.5.4.1 井下磁矩降低带来的误差及消除算法

在磁导向钻井距离测量算法中，距离 R 与该位置磁场大小（H_x、H_y、H_z）呈对应反比关系，其中 μ 需地面进行准确标定。但是设备入井后，由于磁场受地层、钻头、套管等的干扰，下井后的标定系数 μ 的数值与地面不同，为距离测量带来误差。

煤层气水平井的井眼轨迹由一系列离散测点的连线组成，在 2 个测量点之间的距离小于 5 米情况下，定义测点间的连线为一条直线。建立如图 6-36 所示的三角形，其中 L_1 为 2 个相邻测点的连线，R_1 为第一个测点与洞穴的连线，R_2 为第二个测点与洞穴的连线。

由于在第一个和第二个测点的测量中，我们可以实时测量钻进方向 L_1 与 R_1 及 R_2 连线的角度偏差 α_1、α_2，根据三角形的正弦原理，可得 R_2 如下计算公式：

$$R_2 = (L\sin\alpha_1)/\sin(\alpha_2-\alpha_1) \tag{6-33}$$

试验采用在磁源发射装置前端加装铁质圆盘的方法，模拟井下钻头等铁磁物质对旋转磁场的干扰。图 6-37 中 X 轴 25m 处的点是校正逼近的起始值，由于圆盘的干扰，距离测量结果较未干扰情况下的值大近 2m；从 20m 的位置开始迭代逼近，从图 6-37 可看出，当钻头前进 5m 进尺后，距离测量结果经过迭代能够良好地逼近无干扰下的测量值，后续的钻井测量将可完全消除井下工况带来的定位干扰。

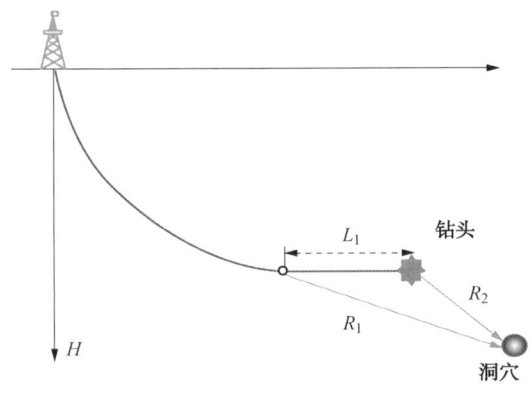

图 6-36 距离校正算法示意图

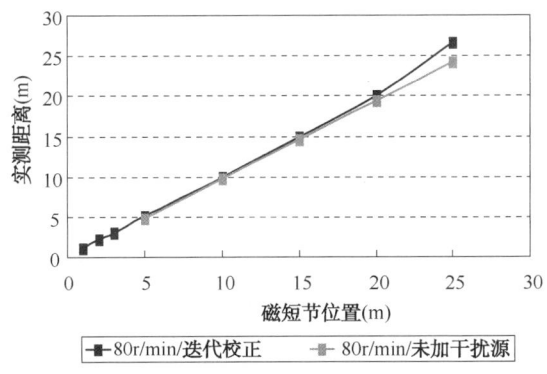

图 6-37 迭代逼近校正算法计算结果对比图

6.5.4.2 远距离微弱磁场信号条件下的高精度定位方法

在地面测试实验中，发现在微弱磁场条件下仪器测量的距离始终不稳定，即使在定转速条件下仍然不稳定。导致测量不稳定因素的关键是磁场采集传感器精度与信号达到了同一量级，即 0.1～1nT，干扰磁场对测量结果的稳定性造成了非常大的影响。针对这一问题，开发了基于卡尔曼算法的井下定位方法，以消除远距离条件下弱磁场信号的影响，解决了测量的稳定性和可靠性。

钻进过程中，测取钻进标记点测量参数（即距离和方位偏差），通过对所测标记点之前所形成的多个连续所测磁场信号进行综合分析，然后对所测得的各标记点的测量参数进行卡尔曼滤波计算，通过对各标记点的测量参数进行卡尔曼滤波计算后，消除了各种噪声、干扰的影响，使滤波输出逐渐收敛，大幅提高远场定位精度。

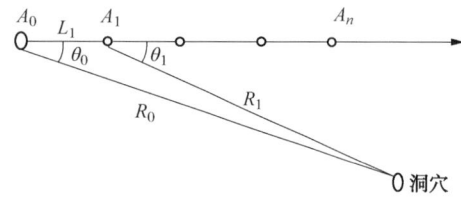

图 6-38 连续测量过程测点与洞穴位置关系图

连续测量过程的卡尔曼定位测量计算主要包括以下三个步骤（如图 6-38 所示）：

（1）数据采集。设定水平井钻头的钻进标记点 $[A_0、A_1、\cdots、A_n]$；采集钻头在标记点所形成的磁场信号 $[S_1、S_2、\cdots、S_n]$。

（2）单点计算。根据单点定位测量模型计算各标记点 $[A_0、A_1、\cdots、A_n]$ 所对应的距离测量参数 $[Z_0、Z_1、Z_2、\cdots、Z_n]$。

（3）连续测量数据的卡尔曼滤波。对各标记点的测量参数 $[Z_0、Z_1、Z_2、\cdots、Z_n]$ 进行卡尔曼滤波计算，得到钻头当前位置的最优估计值。

为了验证连续测量模型在实际钻井过程的应用效果，利用 ZP02 井的实测数据进行了卡尔曼滤波验证。在该井的连续钻进过程中，在某一时刻 t，钻头洞穴的位置参数的标定值分别为：距离 40.47m，方位角 164.34°，井斜角 90.23°。由单点定位算法计算得到测量位置参数为：距离 38.5746m，方位角 162.6619°，井斜角 88.3725°。采用连续测量的卡尔曼滤波模型的计算结果如图 6-39 所示。从图中可以看出，单次测量值受到噪声及杂波的影响起伏波动较大，而经过卡尔曼滤波后，滤波输出逐渐收敛。输出距离 40.06，误差为 0.41m。由上述计算结果可知，井下卡尔曼滤波算法精度远高于单点定位算法精度。

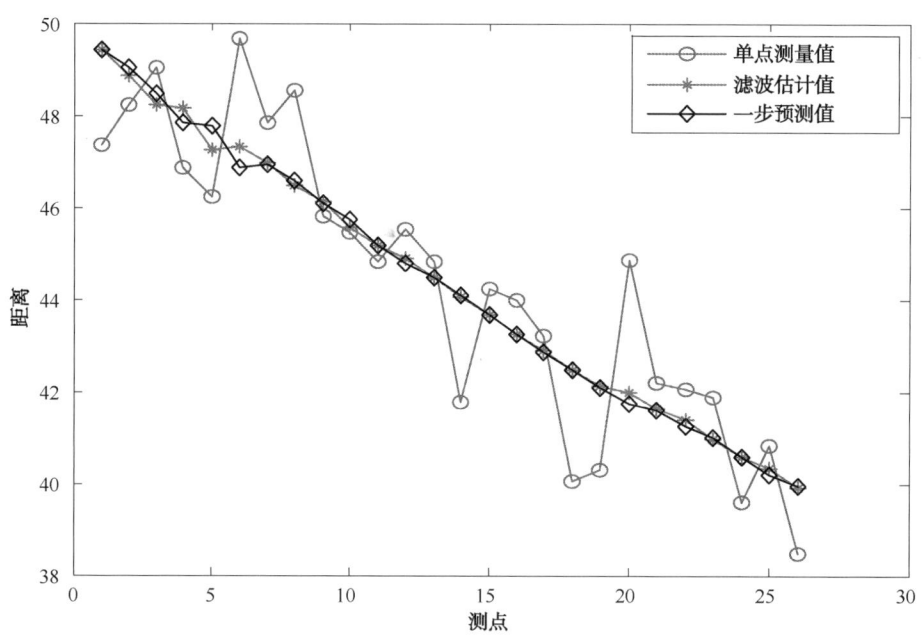

图 6-39 距离洞穴 40.47 处的卡尔曼滤波结果

另外在该井距离靶点 75~65m 范围进行了微弱磁场定位试验（图 6-40）。从图中可以看出，由于磁场信号的迅速减弱，单次测量误差波动十分剧烈，距离的均方根误差分别达到 6m 以上，此时直接根据单次测量结果进行定位没有实际意义；而卡尔曼滤波方法在信号微弱的情况下依然具有较好的收敛性质。

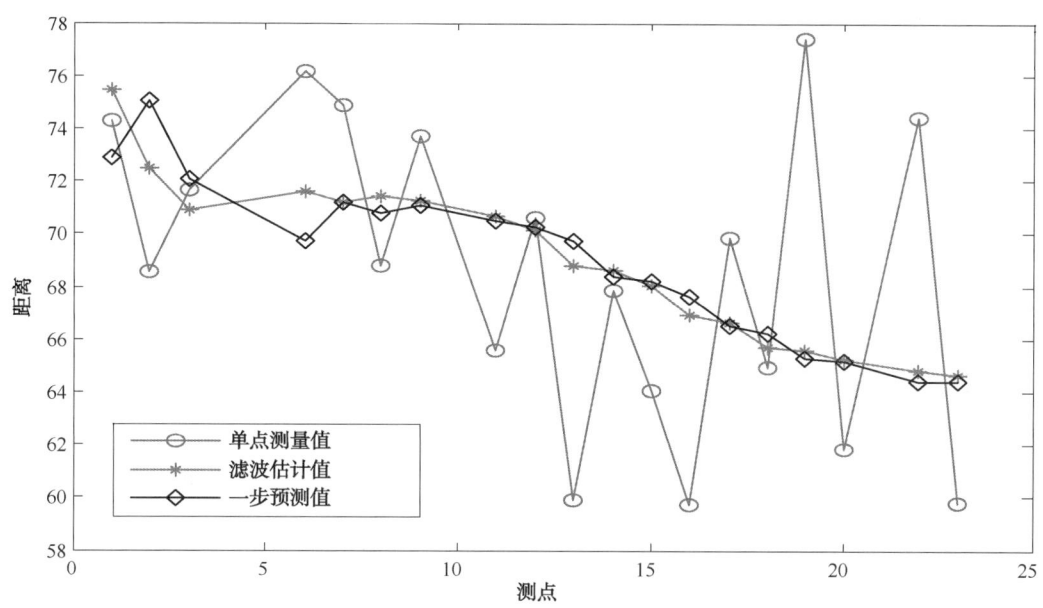

图 6-40 距离洞穴 75m 处距离参数的卡尔曼滤波结果

6.5.5 现场应用情况及效果评价

煤层气水平井远距离穿针装备是国内自主研制的首套煤层气水平井和洞穴直井连通工具，在 DRMTS-Ⅰ和 DRMTS-Ⅱ穿针装备的基础上，完成 DRMTS-Ⅲ远距离穿针装备的研制。在距离 1~110m 范围可进行精确定位导向作业，具有点对点精确定位导向能力，可完成煤层气水平井与排采直井玻璃钢套管连通作业。DRMTS 远距离穿针装备的具体性能指标见表 6-10。截至 2016 年 12 月 30 日，远距离穿针工具全年在华北油田沁水盆地郑庄区块、陕西彬县区块等累计完成了 55 井次连通作业，一次连通成功率 100%。

6.5.4.1 彬县 DSFC-03 井

DRMTS-Ⅰ型远距离穿针工具在位于鄂尔多斯盆地彬县区块的 DSFC-03 井进行了一次远距离穿针施工作业。DFSC-03 井是一口 U 形井，两井间距 880m。在井深 1213m 处，磁场信号开始出现，通过数据采集计算，方位偏差 4.48°，计算距离为 69.72m；基于以上计算结果，在井深 1213~1219m 和 1222~1225m 处进行扭方位作业，至井深 1235m 处方位偏差变为 -0.34°；考虑到方位偏差角小于 1°范围，在 1252.6~1261.4m 井段进行了复合钻进，在 1261.4m 处（距离洞穴为 23.16m）发现方位偏差角存在增大趋势，开始进行扭方位作业；但是随着钻头逐渐靠近洞穴，方位偏差角会急剧增大，因此扭方位作业一直持续到两井连通；在井深 1284.2m 处将方位偏差角稳定在 -2.63°，误差半径为 0.16m，其中洞穴直径为 0.5m；在井深 1284.2m 处，立管压力突然下降，钻井液失返，表明两井连通。具体连通测量过程详见表 6-11，如图 6-41 和图 6-42 所示。

6.5.5.2 ZSP6 井

2011 年 11 月 14 日至 28 日，中国石油研制的 4¾in DRMTS-I 远距离穿针装备成功实现了郑试平 6 井组"点对点"精确连通技术服务（图 6-43）。

表 6-11　DSFC-03 井施工作业过程

井深(m)	MTS 测量结果			备注
	距离(m)	方位偏差(°)	靶点井斜角(°)	
1213	69.72	4.48	67.29	部分井段进行了扭方位作业，工具面 90°~120°之间
1220	61.24	0.4	79.08	
1235	49	-0.34	81.81	
1252.6	31.05	1.4	80.57	复合钻进
1261.4	23.16	-2.1	80.66	
1268	16.33	-2.3	80.42	连续滑动钻进，工具面 250°~270°之间
1275.5	8.96	-2.89	78.9	
1278.9	5.23	-2.6	76.26	
1280.8	3.5	-2.63	81.5	
1284.2	连通			

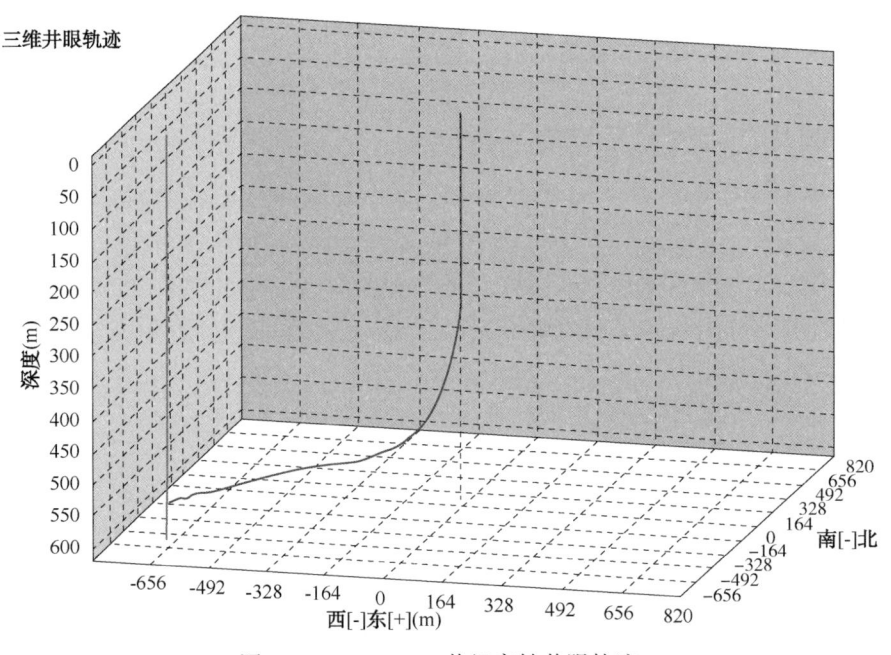

图 6-41　DSFC-03 井组完钻井眼轨迹

与常规洞穴连通相比，该连通作业具有井眼轨道测控要求高、施工作业风险大的特点。钻头从距离排采直井 50~80m 远的井段直接击中 7in 玻璃钢套管，靶区范围由原来的 0.5m×3.8m 矩形靶缩小至点靶；同时，由于连通段地层位于顶板泥岩中，若一次未能连通，不能进行憋压连通等补救技术措施。

该作业井组位于山西沁水盆地郑庄区块，为多分支水平井，两井井口相距 194.7m，煤层位于垂深 832.1~836.4m 井段。2011 年 9 月 27 日，完成了该井组在排采直井洞穴处的连通作业。在煤层段水平井主井眼的钻进过程中，该井组发生了严重煤层垮塌及埋钻，鱼头位于主井眼距离洞穴 8m 处，原连通井眼作废，不得不另选连通窗口进行二次作业。为了确保二次连通成功，连通窗口选择在原连通点上部 1.8m、钢套管下 0.9m 的 7in 玻璃钢套管上

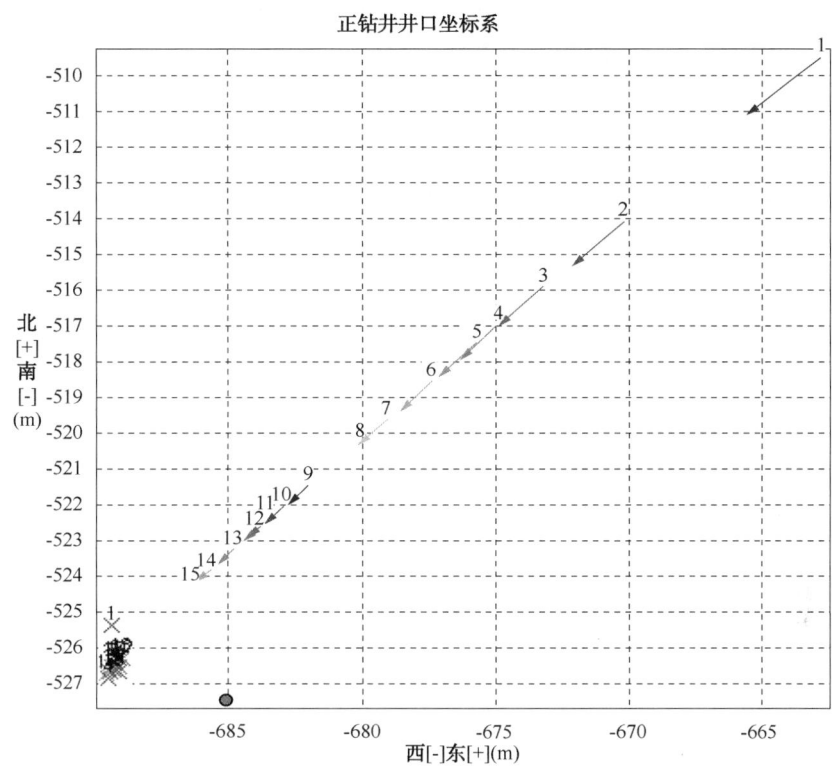

图 6-42 现场施工定位图

(带箭头的数字表示钻头位置,带叉号的数字表示钻头不同位置 MTS-Ⅰ型确定的靶点;
红色圆点表示最初依据井口坐标及 MWD 等传统数据确定的靶点)

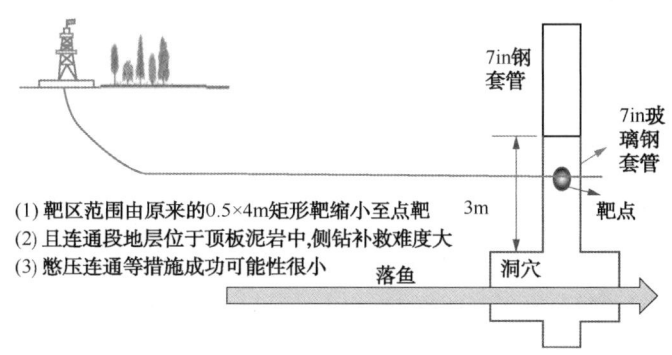

图 6-43 ZSP6 井连通作业示意图

(图 6-44)。研制的 4¾inDRMTS-Ⅰ 远距离穿针装备在距离洞穴 51.76~1.5m 井段进行了磁定位施工作业,入井后即采集磁场信号并开始导向,此时测量的方位偏差为 9.2°;在距离直井 1.5m 时方位偏差调整为-1.7°,靶心距为 4.5cm,成功击中预设的煤层顶部 1.4m 处玻璃钢套管,开创了两井连通不再预先造穴、实现点对点准确连通的先河,填补了作业技术的空白。DRMTS 远距离穿针装备点对点精确定位技术的突破将为煤层气水平井开发带来技术革新,未来的煤层气排采井可不再需要造洞穴、填沙作业,有利于解决一直困扰钻井及排采期间的洞穴处井壁垮塌难题,建井成本和钻井周期将同比下降。

图 6-44 DRMTS 工具连通现场

6.6 煤层气欠平衡钻井专用旋转控制头

6.6.1 概述

旋转控制头(RCH)又称旋转防喷器,是欠平衡钻井的核心装备,用于控制井口压力,实现近平衡或欠平衡压力钻井,提高钻井速度及质量,最大限度地发现和保护油气藏。它在井眼环空与钻柱之间,起封隔作用,并提供安全有效的压力控制,同时具有将井眼返出流体导离井口的作用。

对旋转控制头的研究国内外都始于20世纪60年代。60年代中期到70年代初期,用天然气或压缩空气为钻井介质钻油气井、煤层气井的实践加快了人们对旋转控制头的研究。美国早在1968年就开发出了低压旋转控制头,并且得到了广泛应用。中国在20世纪60年代曾在四川油气田使用过简单的井口旋转控制装置,但该装置密封效果非常差,只起导流作用几乎不能承受回压。之后,国内相关厂家相继开始了旋转控制头的研究,但是国内的旋转控制头普遍存在密封压力低、寿命短的问题。直到近几年,国内旋转控制头的研究才有所突破。

目前国内外现有的旋转控制头按胶心密封钻具方式可分为被动密封式和主动密封式。

(1)被动密封式。

其密封是通过胶心与钻具之间的过盈来实现,同时依靠井压辅助密封。优点是结构简单可靠,安装、拆卸方便,钻进过程中更换胶心方便迅速,容易保养维护;缺点是需要与六方或三方方钻杆、环形防喷器配合使用。被动式旋转控制头是国内外使用最广泛的一种。

(2)主动密封式。

20世纪90年代,国外开发了主动密封式旋转控制头,也称为旋转防喷器。该装置是在环形防喷器基础上研制的,靠液压实现胶心的开闭,可以替代环形防喷器。在液压力作用下,胶心沿着球形内腔上移,从而密封钻具。当井筒环空压力出现波动时,控制系统的压力伺服装置自动调整液控压力使胶心抱紧或抱松钻具,当无钻具时可以封零。相对于被动式旋转控制头，安装、拆卸繁琐，钻进过程中更换胶心需要起钻，结构复杂。其优点是能封任何类型的钻具，无需与六方或三方钻杆配合使用。

目前，国外旋转控制头技术发展成熟，品种类型较多，有美国 Williams 工具公司的被动密封旋转控制头系列，Varco 公司的 Shaffer 球形旋转防喷器；加拿大高山公司膨胀胶囊型旋转控制头等。国内欠平衡钻井作业主要采用 Williams 工具公司和 Varco 公司的 Shaffer 系列旋转控制头。在美国，轻便、低压型适用于车载钻机的旋转控制头已得到商业化应用，如图 6-45 所示的美国 Washington 旋转控制头体积小、结构简单、成本低，高度刚好适用于小型车载钻机(修井机)的底盘高度。根据其成本估算，研制煤层气专用旋转控制头可将每台成本降至 7~8 万元，每台可节约成本 40 万元。

20 世纪 60 年代后，重庆矿山机械厂、胜利石油管理局开发生产了相应的旋转控制头产品，但密封性能较差。2000 年，川庆钻探工程有限公司石油钻采工艺研究院研发了双胶心密封结构的高压旋转控制头；近两年又自主研发了单胶心高压型旋转控制头，其旋转总成如图 6-46 所示，其内部设置了冷却腔，动密封盘根冷却效果好。另外，江苏金湖和内江宏生等国内的一些小型石油机械公司也开始研究制造旋转控制头。

图 6-45　Washington 单胶心旋转控制头

图 6-46　国产旋转控制头旋转总成

6.6.2　煤层气欠平衡钻井专用旋转控制头设计

6.6.2.1　方案设计

中国煤层气藏具有特殊的"三低"地质条件及煤层气钻井周期短等特点，要求煤层气欠平衡钻井专用旋转控制头应具有结构简单、运移方便，轴承总成可靠性高、动密封性能良好，零件选配方便、便于国产化的特点。基于此，对其进行了方案设计(图 6-47)，主要包括旋转总成、壳体总成和卡箍总成三个部分，同时包括附属的冷却润滑装置。

(1) 旋转总成。

旋转总成是旋转控制头的关键部件，起到封隔井口压力和实现旋转运动的作用。中国煤层气井井口压力较低，对旋转总成内轴承的作用力相应减小。所以，采用轻型轴承抵抗井口压力产生的轴向力和井口偏心产生的侧向力作用，有利于减小设备体积。轴承和动密封采用压力油统一润滑、冷却。同时，简化了上端动密封，采用O形圈密封，更换方便。

（2）壳体总成。

壳体是旋转控制头的主要承压件，主要承受井口压力和钻井液的冲蚀作用。因此，设计要充分考虑冲蚀因素。其破坏一般在壳体本体和旁通口的相贯位置。本设计将旁通口与壳体本体分离，作为一个单独零件（图6-45）。提高了本体旁通位置处的强度，而且一旦旁通零件冲蚀破坏，单独更换即可。

（3）卡箍总成。

如图6-48所示，卡箍总成采用双锥面结构。上、下锥面结构的不对称性使得其不能完全按照压力容器相关的设计文件进行设计计算，需要针对其具体受力情况建立新的设计理论。由于中国煤层气藏属低压型气藏，且埋深浅。钻过的地层相对较少，压力异常情况少，卡箍采用手动锁紧方式即可满足要求。

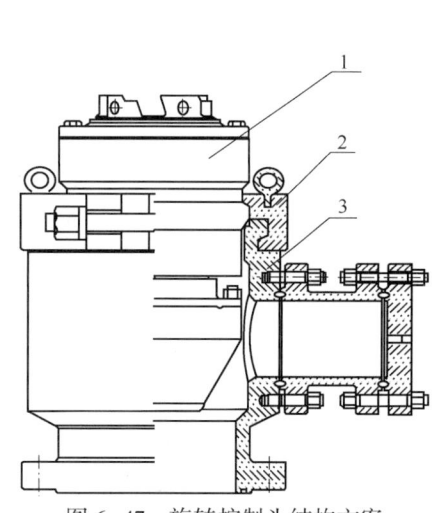

图6-47 旋转控制头结构方案
1—旋转总成；2—卡箍总成；3—壳体总成

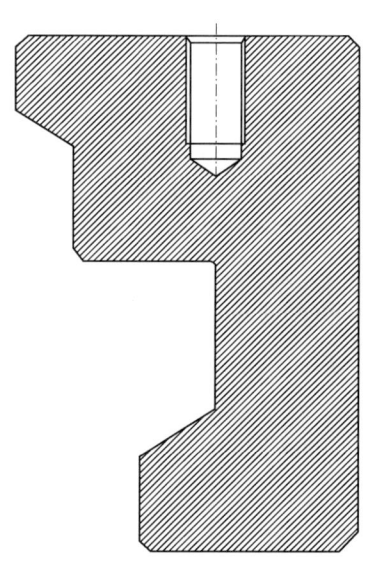

图6-48 卡箍结构截面图

（4）冷却润滑系统。

现有大多数旋转控制头轴承和动密封件的润滑、冷却分开进行。轴承主要用油或者润滑脂润滑，动密封件主要为水冷。冷却润滑系统结构复杂，动密封件得不到充分润滑，一定程度上影响了动密封件的寿命。本设计中将轴承与动密封盒的冷却、润滑合二为一，采用循环润滑、冷却的方式。

6.6.2.2 需要解决的关键问题

煤层气欠平衡钻井专用旋转控制头的设计有别于现有石油钻井所用旋转控制头，要针对煤层气钻井的特点，进行优化设计。在此过程中需要解决以下几个关键问题：

轴承是旋转控制头实现旋转运动的主要零件，其配置的合理性将决定旋转控制头的寿命和可靠性。在煤层气欠平衡钻井过程中，防喷器组中的闸板防喷器通常处于开启状态，仅旋转控制头的胶心和方钻杆驱动器与方钻杆接触，密封胶心紧包方钻杆达到在钻井过程中封闭井口的目的，而方钻杆驱动器则驱动控制头旋转总成随方钻杆一起转动。旋转控制头胶心和方钻杆驱动器接触，不仅受到井架中心与井眼中心不同轴引起的静态侧向力作用，还要受到方钻杆旋转过程中横向振动产生的动态侧向力作用。同时，由于井口压力、胶心与钻柱之间的摩擦力、钻柱的纵向振动力等的作用，轴向方向同样要产生静态轴向力和动态轴向力的作用。因此，旋转控制头的轴承要根据煤层气钻井的工况条件、旋转控制头的受力状态进行设计。根据中国煤层气藏埋深浅和"三低"特殊地质条件，其使用环境要优于常规石油钻井。选配轴承时，在相同压力条件下选择以轻型轴承为主。

动密封结构和动密封件的使用可靠性将决定轴承的使用寿命，一旦泄漏，钻井液进入轴承腔，轴承将很快失效。本设计采用的组合密封结构如图6-49所示，由2组井压密封盒、1组油压密封盒和隔环组成。油压密封盒直接利用轴承腔室内液压油进行冷却、润滑；井压密封盒则是在旋转控制头工作时，液压油通过带孔隔环进入密封接触面进行冷却、润滑。井压密封盒要封隔的是钻井液，具有较大的腐蚀性，而且压力是变化的。因此在密封结构设计时，采用了2组密封盒，增加密封的可靠性；隔环的主要作用是支撑密封盒，提供冷却、润滑油循环流道。

冷却与润滑是旋转控制头能够连续稳定工作的重要保证，这也是该旋转控制头的一大优势。据国内某石油机械公司试验，美国Williams工具公司7100型旋转控制头在去掉水冷却的情况下，上动密封盒由于是干摩擦，在运行约5min即过热损坏。下动密封盒主要是采用滴油润滑，其运行情况良好。所以设计方案中，主要是用循环油对轴承和动密封件进行统一冷却、润滑。采用润滑油对动密封件进行冷却、润滑，主要考虑的是变干摩擦为湿摩擦，利用液流的循环带走摩擦所产生的热量。同时考虑到旋转控制头的转速较低，对润滑油的搅动作用较小，将动密封件的冷却、润滑与轴承合二为一。既实现了2个零部件的冷却、润滑，又简化了设备结构，有利于煤层气钻井周期短、搬运设备频繁的使用条件。冷却、润滑装置的设计方案如图6-50所示，该旋转控制头依据煤层气井的井口压力，设计压力较低，在很大程度上减小了轴承的使用载荷，相应的冷却润滑系统要求降低。因此，在满足冷却润滑要求的前提下，降低了润滑油压力，节省了能源，减少了对旋转控制头零件的影响。

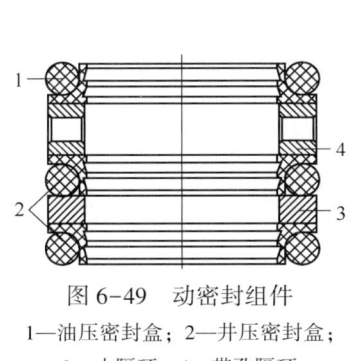

图6-49 动密封组件
1—油压密封盒；2—井压密封盒；
3—小隔环；4—带孔隔环

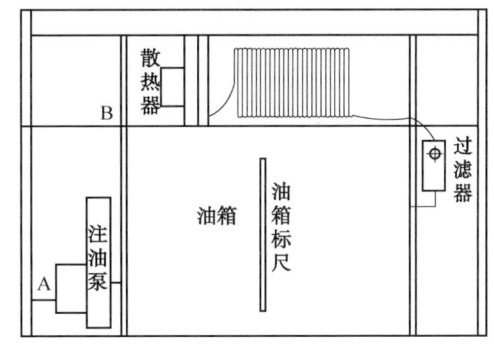

图6-50 冷却、润滑系统设计方案

6.6.3 现场应用情况

中国石油集团钻井工程技术研究院联合西南石油大学成功研制的XF35-3.5/10.5型煤

层气欠平衡钻井专用低压小型旋转控制头,满足了煤层气低成本欠平衡钻井技术的需要。2010年11月22日至12月17日,在沁水盆地郑庄区块 ZPS4H 井三开阶段(总进尺 4000m)进行了小型低压旋转控制头的现场应用试验,并取得较好的效果。

6.6.3.1 密封效果

现场试验期间,从 ZPS4H 井三开开始至结束的 25d(其中停钻 3d 等待充气设备)内,旋转控制头总共运行时间为 479h,共使用 6 个胶心,平均每个胶心使用 80h 后出现磨损泄漏。钻杆正常钻进起下钻 22 次,其中不包括穿针、连通阶段下各种工具以及倒划眼、循环钻井液清理岩屑时起下钻次数。保守计算,起钻及下钻胶心穿过钻杆的长度大于 12000m。各种使用工况下胶心使用时间证明,旋转控制头密封效果良好,达到设计要求,各胶心使用情况见表 6-12。

表 6-12 胶心使用情况

胶心编号	内孔直径(mm)	损坏情况	使用时间(h)
新胶心	67	内孔表面光滑	
1	81.1	表面轻微磨损	50.6
2	90.1	有少许刮伤	121.8
3	89.2	刮划伤较深	48.8
4	90.1	有刮划伤和块状剥落	121.7
5	92.7	有块状剥落和纵横刮划伤	58.2
6	88.2	有深刮划沟槽	77.9

根据胶心损坏现象,判断分析胶心损坏原因为上提、下放钻杆时接头以及大钳夹伤部分毛刺刮划伤胶心内孔,而后钻杆旋转加剧磨损(图 6-51)。

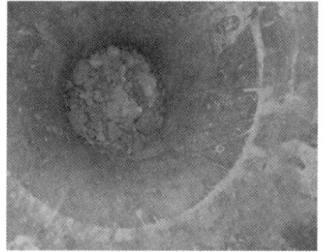

图 6-51 损坏的胶心照片

6.6.3.2 冷却润滑效果

润滑冷却系统在 479h 无故障情况下保证了旋转总成的正常使用,轴承组无异常响声,动密封盘根无泄漏。由于该系统设有加热装置和散热装置,所以润滑油无异常温升,最低温度 0℃,最高温度 27℃,可见冷却润滑系统的可靠性完全能够满足现场使用要求,冷却润滑效果良好。

第7章 中国煤层气钻井技术面临挑战及技术发展展望

纵观世界煤层气钻井技术，美国等煤层气商业性开发成功的国家已形成了较成熟的煤层气钻完井系列技术，而中国煤层气钻井技术仍处于起步发展阶段，尤其在特殊煤层气地质与工程一体化配套方面差距较大。面对中国煤层气大规模商业性开发和产业化发展的历史性机会，煤层气钻井工程还需克服煤层气特殊地质条件下的安全高效开采等诸多挑战，解决煤层气井单井产量低、综合效益差这一核心技术问题，为煤层气产业的发展提供技术支撑。

7.1 中国煤层气钻完井工程技术现状分析

7.1.1 井壁稳定与储层保护的矛盾尚未有效解决

由于煤岩割理多、强度低，且煤层中大量存在破碎带，这给煤层钻进作业带来了很高的风险。特别是煤层气多分支水平井，井壁稳定性常常会决定一口井的命运。另外沁水和鄂东煤层气储层普遍具有特殊的低压、低饱和度、低渗透率特性，煤储层保护要求高。井壁垮塌和储层保护一直是困扰煤层气水平井规模推广的主要技术瓶颈之一。

煤层气水平井钻井液不但要具有携带岩屑、维护井壁稳定、冷却钻头等功能，更要具备不伤害煤层气解吸排出的功能。采用聚合物钻井液等能将煤（钻）屑和井壁坍塌物及时带出，并增强了井壁稳定性，可确保钻井分支展布、控制面积等达到要求，但该类钻井液使储层受到严重伤害，产能受到影响。清水作为钻井液，可最大限度地保护储层不受伤害，但难于使分支展布、控制面积等达到要求，产能受到影响（图7-1）。

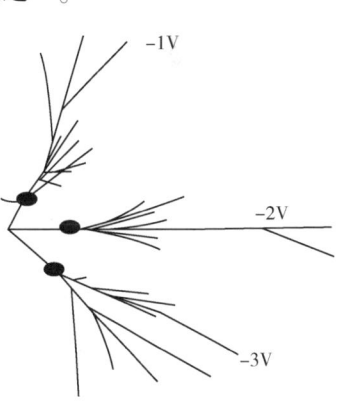

图7-1 清水钻进条件下的水平井轨迹形态（FZP02-2井）

目前煤层垮塌和伤害机理研究虽然都有所认识，但不够深入，不能准确、定量对煤储层井壁稳定及伤害机理进行描述，一定程度上导致完钻水平井产气差异性较大；同时没有从根本上解决煤层气井壁稳定问题，水平井事故率超过50%以上（表7-1）。中国石油在2010—2013年间完成了23口多分支水平井，有12井次发生了井塌埋仪器事故，导致钻井周期大幅度延长。煤层的井壁失稳影响因素众多，包括割理的分布、地应力场、破碎地带、煤的埋深、煤阶的高低、井斜方位和钻井参数等，因此井壁稳定控制技术是一项系统工程，目前该技术仍不成熟。例如，对于如何利用三维地震资料和随钻测录井资料等实时预测煤层破碎带仍没有一套实用的方法;既要控制煤层井壁稳定,同时又要保护煤储层免受伤害,目前仍没有理想的煤层段专用钻井液体系。总之,煤层井壁稳定控制技术仍需要工程人员大胆探索,努力形成一套行之有效的工程技术,使煤层气水平井钻井风险大幅下降,为煤层气的安全钻井带来革命性的变化。

表 7-1 煤层气水平井垮塌事故率统计

区块	A 公司		B 公司	
樊庄区块	11	—	—	—
成庄区块	—	4	—	—
郑庄区块	—	—	3	6
事故井数	7	0	2	3
事故率(%)	64	0	67	50

另外,沁水盆地已发现有 8 口水平井配套的直井洞穴煤层坍塌,洞穴上下管柱不对中,作业困难(图 7-2)。如 FX-1V 井由于洞穴垮塌严重,排采管柱下入频繁遇阻,施工困难,经过两次大修,管柱仍无法按要求下放,排采降压困难。

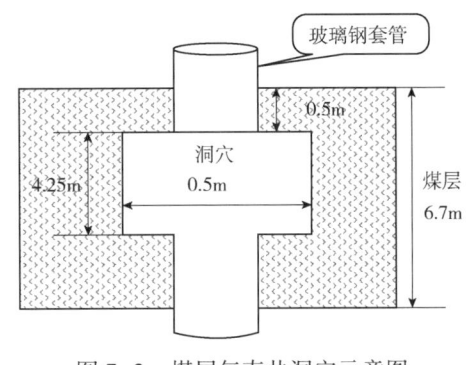

图 7-2 煤层气直井洞穴示意图

7.1.2 井型优化设计及部署有待于进一步提高

煤层气水平井的优化设计不仅关系到水平井部署的合理和科学性,更关系到煤层气水平井的开采效益。煤层气相关开发部门应针对煤阶、煤层厚度、渗透率、钻井工艺条件和地表情况等,优选最合适水平井开发的煤层气区块,然后进一步对煤层气水平井应用的最佳钻井与完井方式、最佳布井方式、最佳轨迹走向、最佳分支结构参数等进行优化设计,只有通过这些研究工作才能使煤层气水平井的开发效益最佳。

在水平井开采结构方案方面,仍主要沿用 CDX 公司的羽状多分支水平井开采模式,个别区块试验了 U 形井、L 形井和径向水平井,但试验井数量很少,难以针对性评价不同区块不同井型的优缺点。另外在新型煤层气开采结构方案方面,例如无限级分段压裂水平井、多煤层水平井等,仍需做大量工作,以努力探索基于中国煤层气储层特点的自主高效开采结构方案。

7.1.3 多分支井完井及后期维护措施少

不同完井方式直接关系到煤层气开发成本、单井产量、井筒寿命和煤层气后期排采效果等,应针对不同的煤层气储层特点,探索最佳的完井方式,从而实现效益最大化。

煤层气井最佳的完井方式在开发初期不易很快确定,先期开发时宜进行不同完井方式的长期试验探索,通过长期的对比跟踪分析研究,从而形成不同地区最佳的完井方式。在开发初期只凭主观想象,单方面考虑后期的各种作业以及生产过程,从而得出片面的结论,对水平井效益的提高非常不利。当前煤层气多分支水平井大多采用了裸眼完井,方式过于单一,为后期生产带来诸多难题。

煤粉产出是在沁水盆地煤层气田开发中暴露出一个突出的问题:煤粉颗粒粒径变化范围较大,从1~2mm到约80目不等,大部分甚至更细,在水中呈悬浮态,煤粉颗粒几乎不可见,长时间静置后可见深灰色糊状沉淀。井筒内堆积的煤粉呈黏稠状(图7-3)。由于生产规律把握不准,排采制度调节频繁,造成煤层压力激动煤粉迁移和沉积,裂缝和水平井井筒被煤粉堵塞,导致煤层渗透性的永久性伤害,使得煤层气/水产量难以达到理想状态。

图7-3 呈黏稠胶状物的煤粉

以 ZPS2-X 为例,该井于 2012 年 7 月投产,8 月 16 日开始产气,9 月 18 日至 2013 年 1 月 25 日单井产气量基本稳定在 1000~1400m³/d;ZPS2-X 于 1 月 26 日突然不产水和气(图7-4),经过诊断为煤层段垮塌及煤粉堵塞井眼,经过 4d 的洗井(水平井注水,直井正常排水),产气量和产水量逐渐得到恢复。

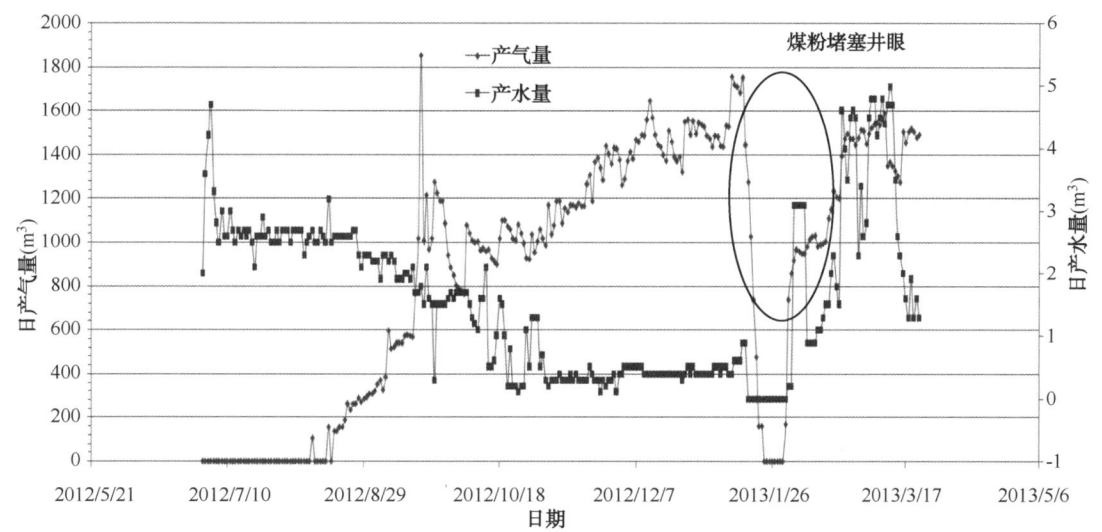

图7-4 ZPS2-X 井排采情况

排采后期煤层垮塌是威胁煤层气水平井稳定生产的主要因素之一。由于中国煤层普遍存在强度低、破碎性严重的现象,井壁垮塌不仅严重制约了煤层段安全钻进,还影响着排采阶段煤层气水两相流在井筒的通畅流动,大幅度降低了钻井阶段完成的煤层段有效进尺。

巨厚煤层洞穴完井已在美国的圣胡安等盆地得到广泛应用,它主要应用在厚度较大的煤层，一般应用在低阶煤层气田。中国的煤层气资源约有 40% 为低阶煤层气资源，分布在准格尔盆地、二连盆地和抚顺等地区，煤层洞穴完井工艺具有很广的应用前景。20 世纪 90 年代该技术已引入中国，曾在抚顺等煤层气田进行了一些试验，取得了一定的效果。但是由于该技术需要很高的安全保障，对工艺和装备都有较高的要求，现在该技术已停止试验和推广应用。作为一种高效的完井方式，下一步应该从装备研制和配套工艺等多方面进行研究，为未来巨厚煤层的高效开发提供技术保障。

7.1.4 煤层气直井产量低，经济效益差

目前中国沁水和鄂东等煤层气区块主要采用直井开发，由于煤层压裂效果不理想，部分区块煤层气产能得不到最大限度地释放，单井产量徘徊在 1000m³/d 左右（表 7-2）；同时直井开发地面工程成本巨大，过多的地面钻井极大地破坏了地面环境，且钻井成本已经没有任何下降空间；另外在煤矿中留下大量金属管柱，为后期采煤留下隐患，同时压裂作业对顶板的破坏带来了严重的采煤支护问题。因此未来若低渗透煤层气开发仍以直井压裂为主，经济高效地开采煤层气仍将不能实现。

表 7-2　C 区块产能建设直井产量情况（2012 年 3 月）

	实现销售的产气井		未实现销售的产气井		开发井	
	井数	产量（10⁴m³/d）	井数	产量（10⁴m³/d）	井数	产量（10⁴m³/d）
日产气量为 2000~3000m³ 的井数	17	4.15			17	4.15
日产气量为 1300~2000m³ 的井数	17	2.71			17	2.71
日产气量为 1300m³ 以下的井数	139	3.49	350	0.35	479	3.84
合计	176	11.45	350	0.35	515	11.31

7.2　中国煤层气钻井完井业务面临的形势及挑战

7.2.1　煤层气单井产量低，产能建设任务重

随着石油、天然气等常规能源的不断枯竭，以及世界能源需求的不断增加，煤层气这一非常规能源将会得到大规模开发利用，成为实现天然气储量接替的三类重要的非常规资源之一。中国煤层气储量丰富，利用前景广阔。随着煤层气产能建设的不断推进和发展，将对煤层气钻井产生巨大技术需求，并带来历史性发展机遇。

截至 2012 年 12 月，美国累计钻井约 38000 口，平均单井日产量超过 3632m³，年产量在 500×10⁸m³ 以上；与之相比，中国煤层气井平均单井日产量约为 805m³；如何针对中国低渗透煤层气田的特点，从钻井技术角度提高煤层气单井产量和采收率是未来需解决的一个主要问题。

7.2.2　地层条件复杂，工程技术要求高

美国、澳大利亚等商业化开发成功的国家煤层气钻井地质条件相对简单，例如美国煤层

第 7 章 中国煤层气钻井技术面临挑战及技术发展展望

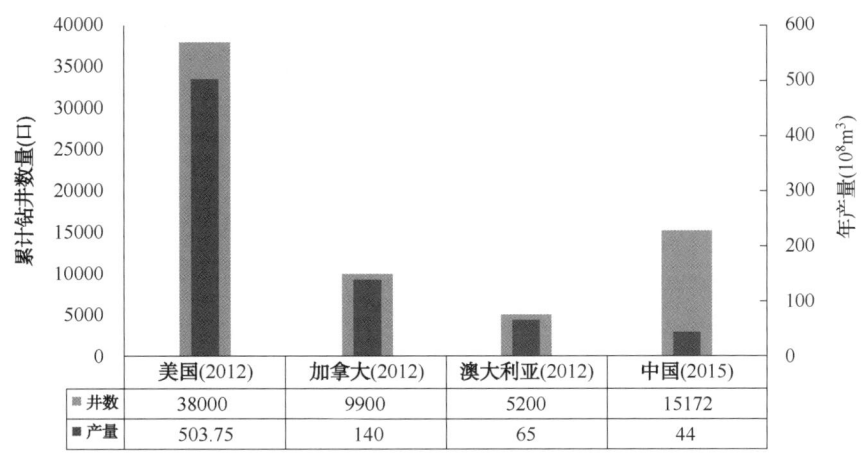

图 7-5 中外煤层气钻井数量与产量对比图

气盆地的煤层多为低阶煤,煤层稳定,渗透率偏高。中国与之相比,煤层气地层条件较为复杂。中国煤层气储层普遍具有特殊的低压、低饱和度、低渗透率特性;同时中国煤层气田大多是中高阶煤层,煤岩强度低,易破碎;另外煤层构造复杂,小断层及破碎带分布广。以上这些煤层地质条件对钻井工程技术提出了更高的要求:煤储层低渗透率、低压特性为储层保护带来了挑战,煤岩易破碎及断层分布广给煤层段钻进带来了巨大的井下作业风险。

7.3 煤层气钻井完井技术发展趋势分析

煤层气是一种清洁新能源,它的开发利用具有一举多得的功效,既可提高煤矿瓦斯事故防范水平,有效减排温室气体,又可以作为一种能源燃料和化工原材料,具有一定经济效益。在国际能源局势趋紧的情况下,煤层气的大规模开发利用前景十分广阔。目前各大煤炭企业、石油公司不断地加入到煤层气开发大军中,煤层气勘探开发投入也持续增加,在世界范围内已掀起了一股开发煤层气的热潮。伴随着煤层气勘探开发的不断深入,煤层气钻井技术已取得了长足进展。美国、澳大利亚等相关企业已针对煤层气开发的特殊性,在石油天然气钻井技术基础上开发出了基本适合煤层气特点的钻井技术,如羽状水平井、巨厚煤层洞穴完井等技术,对煤层气钻井技术给予了新的技术内涵,这些技术最显著的目标是最高效开采煤层气藏,获得最佳经济效益和社会效益。

随着煤层气商业化开发的不断推进,煤层气开发规模和钻井数量将会进一步增长。综观未来煤层气钻井发展总体趋势,将向着低成本、高效和安全钻井方向发展,并集成应用采煤采气一体化、新型钻井工艺、随钻测量与评价、煤层钻进风险预测与控制、新型钻井液等技术,努力实现以提高煤层气开采效益为目标,向着低成本钻井方向发展,以高效率、更安全为特点,向信息化、自动化钻井方向发展。

根据过去几十年煤层气的开发经验,未来低渗透煤层气(小于1mD)将以 U 形井、多分支水平井、工厂化水平井为主开发,直井开发模式将逐渐失去优势;对于中高渗透煤层气田,低成本直井技术、洞穴完井技术等仍将得到进一步推广应用,开发成本将继续降低;另外各种煤层气钻井完井新方法将不断完善和推广,其中无限级压裂水平井、连续油管钻井完井、欠平衡钻井等将在不同类型煤层气田得到广泛应用(图 7-6)。

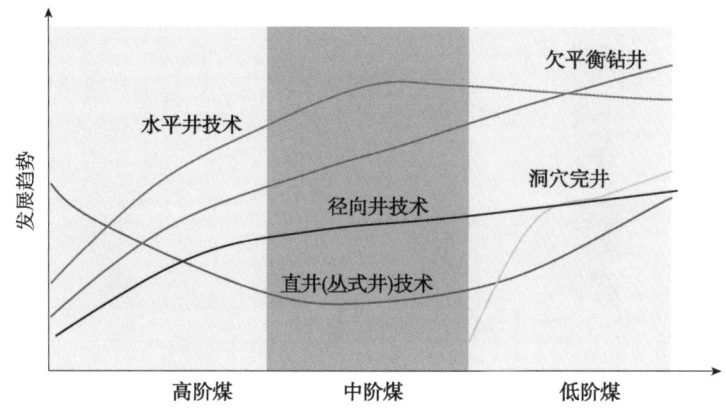

图 7-6　不同煤层气钻井完井技术发展趋势

未来高度需求的煤层气钻井技术有 3 个方面：第一是更经济的煤层气钻井技术：煤层气钻井优化设计技术、低成本钻井技术、小井眼和微小井眼煤层气井、工厂化水平井、煤层气开采与地下煤气化一体化钻井技术、采煤采气一体化技术。第二是更安全的煤层气钻井技术：煤层气井随钻风险监测和评价技术、新型抑制煤层垮塌的低伤害钻井液技术。第三是更高效的煤层气钻完井技术：煤层气专用车载钻机、煤层气新型完井技术、无限级压裂技术、非金属筛管完井技术等。

7.3.1　煤层气专用钻机发展趋势

随着煤层气产业的不断发展，对钻机效率和钻井成本的要求逐级提高。为大幅度提高煤矿瓦斯地面抽采经济效益，目前最直接的办法就是降低钻井成本、缩短钻井周期。未来煤层气钻机将向自动化、多功能化、高运移性和低成本钻井方向发展，能够充分满足参数井、生产直井、丛式井和水平井的钻进需要，具备清水钻进、空气雾化钻进、绳索取心、水平井定向钻进等功能。对于钻机驱动系统，煤层气钻机将具备多功能驱动系统，包括转盘驱动、小型顶部驱动和井底动力钻具驱动。对钻机移动性的要求逐渐提高，煤层气钻机将主要采用车载式或模块化两种模式，相应的配套设备也应为橇装式或车载式。另外，钻机传动系统将向多功能方向发展，井控装备方面向经济、实用方向发展，包括轻便简易型防喷器等。

7.3.2　煤层气水平井技术发展趋势

随着煤层气产业化的纵深发展，水平井每米钻井成本将逐渐降低，煤层总进尺 4000m 以上的水平井钻井成本将低于 700 万人民币；连续管钻井技术将引入煤层气水平井中，井眼尺寸向小井眼、微小井眼方向发展，以降低煤层垮塌风险，提高钻井速度；工厂化水平井、分段压裂改造等新技术将在煤层气区块逐渐得到广泛应用；另外，基于煤层气产能和经济评价的水平井一体化设计技术将逐渐成熟，设计的合理性和经济性将大幅度提高。

煤层气地质导向测量的参数将逐渐系统化，包括上、下伽马，顶底板距离，环空压力，井眼力学特性等，系统功能在满足导向要求的基础上，逐渐向智能钻井方向发展；且测量探头与钻头之间距离的将逐渐缩短，测量的精度将更高。发展近钻头测量技术将进一步提高仪器可靠性和精度。另外，旋转导向钻井将会引入到煤层气水平井钻井中，尤其是在钻遇煤层倾角变化较大的煤层气水平井和远端对接井将发挥突出的作用，同时有助于提高煤层钻遇率，实现轨道的精确控制。随钻地震等新技术的引入将有助于实时识别断距小于10m的断层，为钻遇煤层破碎带提供风险提示，将会改变目前煤层气水平井高风险钻井的现状。

煤为有机岩，煤中含有大量的微量物质元素，任何入井流体都极易与其发生化学反应，从而在煤割理系统中结垢，因此欠平衡钻井技术在煤层气藏的应用前景仍非常广阔。未来煤层气欠平衡钻井技术上将朝向更加安全、简便和适用的方向发展。欠平衡和气体钻井技术的一个主要发展趋势是同煤层气多分支水平井、U形井等技术配套使用，起到了更好的保护煤储层及增产增效的作用。

7.3.3 煤层地下气化配套钻井技术

地下煤气化技术就是通过井下钻井施工，将地下煤层构筑成一个封闭的气化炉，有控制地使地下煤炭进行燃烧，通过对煤的热作用及化学作用产生可燃气体，而将灰渣、矸石、放射性物质等有害物留在地下，减少地表环境破坏，是集建井、采煤、能量转化等工艺为一体的多学科开发清洁能源与化工原料的新技术（图7-7）。美国的开发实践表明，地下气化与地面气化生产的同类下游产品相比，合成气的成本可下降43%，发电成本可下降27%，为煤炭的合理开发和加工利用提供了新的发展方向。

未来煤层气水平井和煤炭地下气化技术的结合将是煤炭和煤层气资源开发协作开发的一个发展方向。通过对煤层气水平井的优化设计，在煤层气开采后期，可进行煤地下气化作业，达到"一井多用，资源洁净高效利用"的目的。

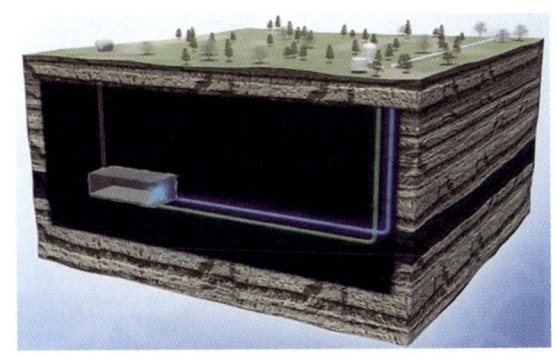

图7-7 煤炭地下气化工程示意图

7.3.4 采煤采气一体化技术

"先采气、后采煤"，即在确保安全生产的情况下，实行煤层气开采配合煤炭开采，急用先采、边采边进，有效提高煤层气采收率、缩短开采年限，为煤炭开采提供更好、更快、更安全的保障，从根本上杜绝煤矿安全事故，最大限度地利用资源，保护环境，可以得到良好的安全效应、资源效应、环境效应和社会效应。

目前虽然中国煤层气产业缺乏统一的煤层气勘探开发标准和规范、矿权秩序混乱、整装的大型煤层气田存在分散性、盲目性开发等诸多问题，但随着煤层气产业的持续发展，认识的不断提高，煤层气井将具备"地质勘探、采前抽、采动抽、采后抽"一井多用功能，采煤采气一体化技术必将成为产业发展的主要方向之一。

7.4 煤层气钻井完井技术发展建议

7.4.1 加强基础理论研究，进一步提高对"煤层气"的认识程度

中国煤层气开发起步较晚，在基础理论方面无法与常规天然气相比。另外与美国相比，中国煤田地质条件更为复杂，煤层气储层具有低压、低渗透率、低饱和度及非均质性强的特点，煤层气钻井基础理论方面仍存在着许多难题，需进行大量的技术攻关，进而取得突破和创新，形成适合中国煤储层条件的钻井技术基础理论体系。建议主要进行以下两方面的工作：

(1)煤层气特殊的双重孔隙结构、渗流机理和解吸吸附等与常规油气藏有本质的不同，应继续完善发展煤层气开采基础理论，尤其突出研究完井及排采阶段煤粉、气、水流动相关的基础理论。(2)煤层气储层为割理结构，其井壁稳定评价方法与砂岩等储层不同，应建立基于煤层特点的井壁稳定相关评价及预测方法。

7.4.2 加强技术攻关和示范，形成适合中国煤层气特点的水平井钻井技术系列

结合"十三五"国家重大专项的技术攻关和煤层气示范工程的建设，从煤层气专用钻机、欠平衡钻井技术及装备、水平井钻井技术及装备等方面入手，在煤层气钻井实践中创新理论和技术，并通过在沁水煤层气田、鄂东煤层气田等进行规模化推广和应用，不断完善和发展，形成适合中国煤层气特点的钻井技术系列。建议主要进行以下几方面的工作。

(1)加快推广具备水平井作业能力的车载钻机。

(2)加大煤层气新型水平井的评价试验力度。U形井可多层、多水平井布井，然后在同一洞穴直井中连通，与多分支水平井相比，具有可间断性洗井等优势。目前中国石油已解决了远端连通、筛管完井、分段压裂三大技术瓶颈，基本形成了U形/L形井配套钻井完井技术系列，建议进一步规模推广应用。

(3)直井不造洞穴，水平井和直井玻璃钢套管对接。DRMTS远距离穿针装备具有进行点对点精确定位导向能力，可完成煤层气水平井与排采直井玻璃钢套管连通技术服务。因此排采井将不再需要造洞穴作业，建井成本和钻井周期将同比下降，更重要的是一直困扰钻井及排采期间的洞穴处井壁垮塌问题将解决。

(4)重视煤层气水平井完井与增产技术。针对煤层易垮塌及产出煤粉等特点，建议推广应用煤层气PE筛管、无限级分段压裂等新型完井技术；以连续管的形式，在煤层段下入筛管，防止排采期间井壁垮塌堵塞井眼；利用下入的筛管进行间断性的洗井作业，有效清除地井底大量堆积的煤粉，确保井底畅通的煤层气渗流通道；针对超低渗透煤层气水平井，开展裸眼投球滑套+裸眼封隔器、无限级分段压裂等技术现场试验，探索超低渗透煤层气井的最佳开采模式。

(5)中国早期煤层气区块主要采用直井开发，由于部分区块煤层压裂效果不理想，煤层气产能得不到最大限度地释放，单井产量徘徊在1000m^3/d左右，且部分高产井产量下滑明

显，急需进行改造作业，有效提升单井产量，为区块的稳产提供保障。因此需研发煤层老井改造技术，重点应开展侧钻水平井钻井试验，并实施压裂改造作业，尝试大幅度提高老区块煤层气采收率。

7.4.3 储备连续管钻井和巨厚煤层洞穴完井新技术

未来煤层气井将向低成本小井眼方向发展，连续管钻井将成为煤层气开发的一个新的技术平台。基于连续油管技术平台开发出煤层气专用钻井、洗井、水力喷射等关键技术和配套的工具及软件，有望开创煤层气低成本高效钻井新局面，并可将该技术应用至煤层气老井改造领域。

中高渗透率、巨厚煤层直井压裂后易污染储层，产气效果较差，需探索新型提高单井产量的完井方式。裸眼洞穴完井技术可使钻孔直径扩大，形成一个近柱状的洞穴，直径为钻孔的数倍，扩大洞穴可以提高近井地带的渗透率，从而提高单井产气量。建议在二连、霍林河等煤层气区块进行洞穴完井开发试验。

7.4.4 完善并推广具有自主知识产权的煤层气钻井配套工具与装备

"工欲善其事，必先利其器"。未来煤层气钻井技术必须有大量较低成本的工具、仪器、设备支撑，必须加大相关国产工具仪器的研制和推广步伐，提高国产工具仪器的使用比例，降低水平井施工成本。建议针对煤层气钻井作业所涉及的核心工具进行重点推广，主要包括小尺寸 EM-MWD 和 LWD、远距离穿针工具、水力减阻器、高效分段压裂工具等。

7.4.5 加强专业人才培养，培育自己的煤层气钻井技术队伍

积极支持国内煤层气钻井相关单位组织开展煤层气钻井技术研究，为煤层气钻井新技术研究和现场实验提供经费、场地和人力资源等支持，为培养具有高水平的煤层气钻井技术研究队伍提供一个高层次、高水平和可持续的发展平台。

专业化、高水平的煤层气钻井服务公司对于煤层气井安全高效钻井、降低施工成本等都具有非常重要的作用。应选择一些具有煤层气钻井经验及发展潜力较大的钻探企业，培育出一批骨干型煤层气钻井技术服务公司，持续承担煤层气水平井钻井工程项目，进而带动中国煤层气水平井整体技术服务水平。

参 考 文 献

[1] 申瑞臣，时文．煤层气 U 型井 PE 筛管完井泵送方案．中国石油大学学报，自然科学．2012.
[2] S. E. Laubach, R. A. Marrentt, J. E. Olson, et al. Characteristics and origins of coal cleat: A review [J]. International Journal of Coal Geology. 1998, 35: 175-207.
[3] Nathan Deisman, et al. Unconwentional geomechanical testing on coal for coalbed reservoir well design [J]: The Alberta Foothills and Plains. International Journal of Coal Geology 2008(75): 15-26.
[4] Tomas Gentzis. Stability of a horizontal coalbed methane well in the Rocky Mountain Front Ranges of southeast British Colunbia, Canada [J]. International Journal of Coal Geology, 2008.
[5] Tomas Gentzis, Nathan Deisman, Richard. chalatirnyk. A method to predict geomechanical properties and model well stability in horizontal boreholes [J]. International Journal of coal geology, 2008.
[6] Palmer I, Moschovidis I, Cameron J. Coal failure and consequences for coalbed methane wells [R]. SPE 96872, 2005.
[7] Sabine Zeilinger, Fred Dupriest, Ryan Turton, et al. Utilizing an Engineered Particle Drilling Fluid to Overcome Coal Drilling Challenges [R]. SPE 128712, 2010.
[8] 金衍，陈勉，陈治喜．弱面地层的直井井壁稳定力学模型[J]．钻采工艺，1999，22(3)：13-14.
[9] 金衍，陈勉，柳贡慧．弱面地层斜井井壁稳定性分析[J]．中国石油大学学报(自然科学版)，1999，23(4)：33-35.
[10] 李嗣贵，邓金根，李明志．节理破碎地层井壁稳定的离散元分析[J]．岩石力学与工程学报，2002，21(增)：2139-2143.
[11] 朱荣东，陈平，夏宏泉，等．裂缝井壁力学稳定性研究[J] 断块油气田．2007，14(5)：56-58.
[12] 屈平，申瑞臣，等．节理煤层井壁稳定性的评价模型[J]．石油学报，2009，30(3)：455-459.
[13] 屈平，申瑞臣，等．三维离散元在每层水平井井壁稳定中的应用[J]．石油学报，2011，32(1)：153-157.
[14] 屈平，申瑞臣，等．煤层井壁稳定的时间延迟效应探讨[J]．煤炭学报，2011，36(2)：255-260.
[15] 苏现波．煤层气住几层的孔隙特征[J]．焦作工学院院报．1998，17(1)：6-11.
[16] 申瑞臣，屈平，杨恒林．煤层井壁稳定技术研究进展与发展趋势．石油钻探技术．2010，38(3).
[17] 苏现波，冯艳丽，陈江锋．煤中裂隙的分类．煤田地质与勘探．2002，30(4).
[18] Masoumi H, Douglas K J. Experimental study of size effects of rock on UCS and point load tests. Journal of Women s Health. 2012.
[19] 李志刚，付胜利．煤岩力学特性测试与煤层气井水力压裂力学机理研究[J]．岩石力学与工程学报．1991，10(3)：271-280.
[20] 李同林，乌效鸣，屠厚泽．煤岩力学性质测试分析与应用[J]．地质与勘探，2000，36(2)：86-88.
[21] 屈平，申瑞臣等．煤储层的应力敏感性理论研究[J]．石油钻探技术，2007，35(5)：68-70.
[22] 周家文，徐卫亚，石崇．基于破坏准则的岩石压减断裂判据研究[J]．岩石力学与工程学报。2007：26(6)：1194-1201.
[23] 陈勉，金衍，张广清．石油工程岩石力学[M]．科学出版社，2008.
[24] 邓金根，程远方，陈勉，等．井壁稳定预测技术[M]．石油工业出版社，2008.
[25] HOEK E. Strength of rock and rock masses [J]. Internaional Society for Rock Mechanics News JOURNAL, 1944, 2(2): 4-16.
[26] HOEK E, KAISER P K, BAWDEN W F. Support of underground excavations in hard rock [M]. Rotterdam: A. A. Balkema, 1995: 99.
[27] 闫长斌，徐国元，对 Hoek-Brown 公式的改进及工程应用．岩石力学与工程学报，2005.24(22)：

4030-4035.
[28] 赵建生. 断裂力学及断裂物理[M]. 华中科技大学出版社. 2003.
[29] 李建林，孙志宏. 节理岩体压剪断裂及其强度研究. 岩石力学与工程学报. 2000, 19(4).
[30] 李庆芬. 断裂力学及其工程应用[M]. 哈尔滨工程大学出版社，2007.
[31] 屈平. 煤岩井壁稳定力学机理及工程应用研究[D]. 中国石油勘探开发研究院博士研究生学位论文. 2011.
[32] 潘军，杨陆武，孟英峰. 欠平衡钻井技术在煤层气勘探开发中的应用[J]. 探矿工程，2001, 4: 9-12.
[33] 赵海洋，郭宗诚，周永章，等. 欠平衡钻井液技术研究现状[J]. 石油钻探技术，2002, 3(6): 34-36.
[34] 鲜保安，蒋卫东，杨程富，等. 欠平衡钻井技术在保护煤层气储层中的应用[J]. 天然气工业，2008, 28(3): 59-60.
[35] 丁海峰，魏学成，张新旭，等. 空气钻井过程中的钻井液转换[J]. 石油钻探技术，2006, 34(4): 12-15.
[36] 莫日和，郭本广，孟尚志，等. 空气钻井技术在柳林煤层气井的应用[J]. 探矿工程，2012, 39(2): 35-38.
[37] 朱宝存，唐书恒，张佳赞. 煤岩与顶底板岩石力学性质及对煤储层压裂的影响[J]. 煤炭学报，2009, 34(6): 757-759.
[38] 汪伟英，夏健，陶杉，等. 钻井液对煤层气井壁稳定性影响实验研究[J]. 石油钻采工艺，2011, 33(3): 94-96.
[39] 郑力会. 仿生绒囊钻井液煤层气钻井应用现状与发展前景[J] 石油钻采工艺，2011, 33(3): 78-81.
[40] 郑力会，孔令琛，曹园，等. 绒囊工作液防漏堵漏机理[J]. 科学通报，2010, 55(15): 1520-1528.
[41] SY/T6376-2008, 压裂液通用技术条件[S].
[42] SY/T5336—2006，岩心分析方法[S].
[43] 李世臻，曲英杰. 美国煤层气和页岩气勘探开发现状及对中国的启示[J]. 中国矿业，2010, 19(12): 17-20.
[44] 罗平亚. 关于大幅度提高中国煤层气井单井产量的探讨[J]. 天然气工业，2013, 33(6): 1-2.
[45] 付利，申瑞臣，苏海洋，等. 煤层气水平井完井用PE筛管优化设计[J]. 石油机械，2012, 8.
[46] 时文，申瑞臣，屈平，等. 煤层气井完井用PE筛管的地质适应性分析[J]. 天然气工业，2013, 33(4): 85-90.
[47] J A, Kmeger R F, Pye D S. Effect of Perforation Damage on Well Productivity[J]. Journal of Petroleum Technology. 1974: 1303-1314.
[48] Schmidt, R. A., N. R. Warpinski, et al. In-situ evalyation of several tailored-pulse well-shooting concepts, SPE 8934 Unconventional Gas Recovery Symposium. Pittsburgh, Pennsylvania, 1980.
[49] Gray, E. W, W. M. Money, B. R. Beckes, et al. Pulsed power fracturing of rock, Proceedings of 6th IEEE Pulsed Power Conference, 1987, 330-335.
[50] W. C. Hunt Ill, W. F, Shu. Controlled Pulse Fracturing for Well Stimulation. SPE 18972, 1989.
[51] Hamelin M., F. Kitzinger, S. Pronko, et al. Hard Rock Fragmentation With Pulsed Power. IEEE Explore. Proc 9th IEEE Int. Pulsed Power Conference, 1993.
[52] Hammon, J, D. Hopwood, M. Klatt, et al. Electric pulse rock sample disaggregator. , IEEE Explore, 2002.
[53] Mao R. H., Pater H., Leon J. F., et al. Experiments on Pulse Power Fracturing. SPE 153805, 2012.
[54] 罗四海，鲁高峰. 井下放电处理油层技术研究与应用[J]. 石油钻采工艺，1995, 17(4): 84-87.
[55] 李泉美，崔效令，贺军昌. 电脉冲解堵工艺技术在桥口油田的应用[J]. 钻采工艺，2002, 25(4):

81-83.
[56] 杨建华. 电脉冲油层解堵新技术在濮城油田的应用[J]. 清洗世界, 2004, 20(7): 24-28.
[57] 张宏录, 王立振, 李红青, 等. 电脉冲解堵工艺技术在双河油田的应用[J]. 河南石油, 2005, 19(5): 59-60.
[58] 陆小兵, 王守虎, 隋蕾, 等. 电脉冲解堵增注机理分析及应用[J]. 油气田开发, 2011, 29(6): 61-62.
[59] 洪建荣, 李靖顺, 秦永华, 等. 用电脉冲使近井地层产生裂缝的试验研究[J]. 中国石油大学学报(自然科学版), 1994, 18(4): 135-137.
[60] 任荣, 鲁高峰, 陈兴立, 等. 电脉冲处理油层新技术研究及应用[J]. 新疆石油科技, 1996, 2(6): 35-45.
[61] 杨服民, 史鹏飞, 张文秀, 等. 高压电脉冲处理油层技术研究与应用[J]. 石油钻采工艺, 1998, 20(5): 64-67.
[62] 王宇红. 电脉冲储层处理技术在煤层气中的试验与应用[J]. 科技传播, 2011(18).
[63] 解广润编译. 电水锤效应[M]. 上海科学技术出版社, 1962.
[64] 苏现波. 煤层气储集层的孔隙特征[J]. 焦作工学院学报, 1998, 17(1): 6-11.
[65] 张芬娜, 徐春成, 孟尚志, 等. 煤粉对煤层气井产气通道的影响分析[J]. 中国矿业大学学报, 2013, 42(3): 429-434.
[66] 屈丹安, 吕文海, 李萍, 等. 强电流脉冲放电对套管的影响探析[J]. 石油钻采工艺, 1998, 20(5): 61-63.
[67] 关伶俐, 田洪铭, 陈卫忠. 煤岩力学特性及其工程应用研究[J]. 岩土力学, 2009, 30(12): 3715-3719.
[68] 于岩斌, 周刚, 陈连军, 等. 饱水煤岩基本力学性能的试验研究[J]. 矿业安全与环保, 2014, 41(1): 4-7.
[69] 黄慕义. 电网络理论[M]. 华中工学院出版社, 1986.
[70] 刘人和, 刘飞, 周文, 等. 沁水盆地煤岩储层单井产能影响因素[J]. 天然气工业, 2008, 28(7): 30-31.
[71] 王福印, 王海涛, 武少英, 等. 煤层防塌钻井液技术[J]. 断块油气田, 2002, 9(5): 66-69.
[72] 樊生利. 沁水盆地南部煤层气勘探成果与地质分析[J]. 天然气工业, 2001, 21(4): 37-38.
[73] 徐江, 张国, 梅春桂, 等. 鄂尔多斯盆地深部复杂地层钻井液技术[J]. 钻井液与完井液, 2012, 2(2): 24-29.
[74] 张健, 汪志明, 李晓益, 等. 水平井开采煤层气藏生产动态计算新数学模型[J]. 煤田地质与勘探, 2010, 01: 22-25.
[75] 涂乙, 邹来方, 汪伟英, 等. 煤层气井储层的伤害及优选保护钻井工艺[J]. 油气田地面工程, 2010, 02: 4-6.
[76] 田中兰, 乔磊, 苏义脑, 等. 01-1煤层气多分支水平井优化设计与实践[J]. 石油钻采工艺, 2010, 02: 26-29.
[77] 汪伟英, 肖娜, 黄磊, 等. 钻井液侵入引起煤岩膨胀对煤储层的伤害[J]. 钻井液与完井液, 2010, 03: 20-22+95-96.
[78] 魏晓东, 王国荣, 王斌, 等. 煤层气欠平衡钻井专用旋转控制头方案设计[J]. 石油矿场机械, 2010, 09: 29-33.
[79] 岳前升, 邹来方, 蒋光忠, 等. 基于煤层气可降解的羽状水平井钻井液室内研究[J]. 煤炭学报, 2010, 10: 1692-1695.
[80] 张立松, 闫相祯, 杨秀娟, 等. 基于Hoek-Brown准则的节理扩展煤层破碎分级方法[J]. 煤炭学报,

2010, S1: 164-169.

[81] 汪伟英, 陶杉, 黄磊, 等. 煤层气储层钻井液结垢伤害实验研究[J]. 石油钻采工艺, 2010, 05: 35-38.

[82] 屈平, 申瑞臣. 煤层气钻井井壁稳定机理及钻井液密度窗口的确定[J]. 天然气工业, 2010, 10: 64-68+122-123.

[83] 张洪, 何爱国, 覃成锦. 煤层气储层类型及配套钻井方案概述[J]. 中外能源, 2010, 11: 50-52.

[84] 付利, 申瑞臣, 屈平, 等. 基于煤层渗透率的钻井完井方式选择分析[J]. 中国煤层气, 2010, 05: 43-46+17.

[85] 乔磊, 孟国营, 范迅, 等. 煤层气水平井组远距离连通机理模型研究[J]. 煤炭学报, 2011, 02: 199-202.

[86] 张洪, 何爱国, 覃成锦, 等. 沁水盆地不同钻井方案优选[J]. 中国煤层气, 2011, 01: 43-47.

[87] 申瑞臣, 夏焱. 煤层气井气体钻井技术发展现状与展望[J]. 石油钻采工艺, 2011, 03: 74-77.

[88] 余维初, 蒋光忠, 汪伟英, 等. 多功能煤储层钻井液动态污染评价系统[J]. 钻井液与完井液, 2011, 04: 11-13+18+91-92.

[89] 付利, 申瑞臣, 屈平, 等. 基于层次分析法的煤层气钻完井方式优选[J]. 石油钻采工艺, 2011, 04: 10-14.

[90] 张洪, 何爱国. 羽状分支水平井结构优化[J]. 中国煤层气, 2011, 05: 26-29.

[91] 张立松, 闫相祯, 杨秀娟, 等. 节理扩展煤层应力场的联合反演分析[J]. 煤田地质与勘探, 2011, 06: 11-15.

[92] 魏晓东, 赵军, 刘清友, 等. 煤层气钻机与井控装备现状及发展方向[J]. 石油钻探技术, 2011, 05: 96-100.

[93] 张洪, 何爱国, 杨凤斌, 等. "U" 型井开发煤层气适应性研究[J]. 中外能源, 2011, 12: 33-36.

[94] 岳前升, 邹来方, 蒋光忠, 等. 煤层气水平井钻井过程储层损害机理[J]. 煤炭学报, 2012, 01: 91-95.

[95] 李晓益, 汪志明, 张健, 等. 煤层气多分支水平井分支间距优化研究[J]. 科学技术与工程, 2012, 08: 1885-1888.

[96] 温庆阳, 杨秀娟, 杨恒林, 等. 基于三角模糊数的煤层气欠平衡钻井风险评估模型研究[J]. 科学技术与工程, 2012, 12: 2951-2955.

[97] 付利, 申瑞臣, 乔磊, 等. 煤层气开采井组合方案设计与分析[J]. 石油钻探技术, 2012, 02: 87-92.

[98] 苏海洋, 申瑞臣, 付利, 等. 煤层气水平井 PE 割缝筛管有限元分析与参数优化[J]. 中国煤层气, 2012, 03: 30-34.

[99] 黄中伟, 李根生, 闫相祯, 等. 煤层气井钢质筛管与非金属筛管强度对比实验[J]. 石油勘探与开发, 2012, 04: 489-493.

[100] 熊建华, 黄中伟, 李根生, 等. 一种新型绕煤层固井井下装置的研制[J]. 中国石油大学学报(自然科学版), 2012, 04: 102-106.

[101] 岳前升, 陈军, 邹来方, 等. 沁水盆地基于储层保护的煤层气水平井钻井液的研究[J]. 煤炭学报, 2012, S2: 416-419.

[102] 黄中伟, 李根生, 王开龙, 等. 基于离散单元法的筛管内煤灰颗粒通过性分析[J]. 煤炭学报, 2012, 12: 2083-2086.

[103] 张立松, 闫相祯, 杨秀娟, 等. 煤岩破碎失效概率的可靠性分析及分级应用[J]. 煤炭学报, 2012, 11: 1823-1828.

[104] 乔磊, 申瑞臣, 黄洪春, 等. 武 M1-1 煤层气多分支水平井钻井工艺初探[J]. 煤田地质与勘探,

2007，01：34-36．

[105] 乔磊，申瑞臣，黄洪春，等．煤层气多分支水平井钻井工艺研究[J]．石油学报，2007，03：112-115．

[106] 乔磊，申瑞臣，黄洪春，等．沁水盆地南部低成本煤层气钻井完井技术[J]．石油勘探与开发，2008，04：482-486．

[107] 董建辉，王先国，乔磊，等．煤层气多分支水平井钻井技术在樊庄区块的应用[J]．煤田地质与勘探，2008，04：21-24．

[108] 张健，汪志明，王开龙．煤层几何参数和渗透率对水平井开采煤层气的影响[J]．石油钻探技术，2009，04：80-83．

[109] 汪伟英，汪亚蓉，邹来方，等．煤层气储层渗透率特征研究[J]．石油天然气学报，2009，06：127-128+164+185．

[110] 姜婷婷，杨秀娟，闫相祯，等．分支参数对煤层气羽状水平井产能的影响规律[J]．煤炭学报，2013，04：617-623．

[111] 张立松，闫相祯，杨秀娟，等．基于Hoek-Brown准则的深部煤层钻井坍塌压力弹塑性分析[J]．煤炭学报，2013，01：85-90．

[112] 董胜伟，申瑞臣，乔磊，等．煤层气水平井连通工具测量误差分析[J]．石油钻采工艺，2013，02：56-58+62．

[113] 邹来方，田中兰，汪伟英，等．煤层气钻井工程多因素损害机理研究[J]．中国煤层气，2013，04：13-18+37．

[114] 崔金榜，陈必武，颜生鹏，等．沁水盆地在用煤层气钻井液伤害沁水3#煤岩室内评价[J]．石油钻采工艺，2013，04：47-50．

[115] 陈军，马玄，岳前升，等．沁水盆地清水钻井液对煤储层损害机理[J]．煤矿安全，2014，11：68-71．

[116] 闫立飞，申瑞臣，夏焱，等．煤层气全井欠平衡钻井技术柳林实践[J]．中国煤层气，2014，06：7-10．

[117] 汪伟英，田中兰，杨林江，等．表面活性剂对煤岩润湿性及相对渗透率的影响[J]．长江大学学报（自科版），2015，02：79-82+7．

[118] 万继方，申瑞臣，陈添，等．煤层气井造洞穴技术特点分析[J]．重庆科技学院学报（自然科学版），2015，02：73-75+84．

[119] 闫立飞，申瑞臣，袁光杰，等．近坍塌压力的防塌钻井流体樊庄煤层气井实践[J]．煤炭学报，2015，S1：144-150．

[120] 闫立飞，申瑞臣，袁光杰，等．沁水盆地岩性交替井绒囊钻井液实践[J]．煤田地质与勘探，2016，01：137-140．

[121] 陈子剑，刘伟，邓金根，等．多因素耦合条件下煤层井壁稳定性分析模型研究[J]．煤炭技术，2016，02：66-69．

[122] 申瑞臣，闫立飞，乔磊，等．煤层气多分支井地质导向技术应用分析[J]．煤炭科学技术，2016，05：43-49．

[123] 齐奉忠，申瑞臣．煤层气井完井技术探讨[J]．西部探矿工程，2005，12：83-85．

[124] 申瑞臣，董建辉，乔磊，等．中国石油煤层气钻井技术发展现状研究[A]．中国石油学会石油地质专业委员会、中国煤炭学会煤层气专业委员会．煤层气勘探开发理论与技术——2010年全国煤层气学术研讨会论文集[C]．中国石油学会石油地质专业委员会、中国煤炭学会煤层气专业委员会，2010：9．

[125] 张立松，闫相祯，杨秀娟，等．基于破坏接近度的煤岩破碎分级预测方法[A]．台湾大学、北京科技

大学.2010年海峡两岸材料破坏/断裂学术会议暨第十届破坏科学研讨会/第八届全国MTS材料试验学术会议论文集[C].台湾大学、北京科技大学，2010：5.

[126] 田中兰，申瑞臣，乔磊.煤层气水平井远距离穿针技术与装备研制[A].中国煤炭学会煤层气专业委员会、中国石油学会石油地质专业委员会.2011年煤层气学术研讨会论文集[C].中国煤炭学会煤层气专业委员会、中国石油学会石油地质专业委员会，2011：6.

[127] 赖晓晴，杨恒林，乔磊，等.钻井液对煤层气储层损害室内评价技术研究[A].中国煤炭学会煤层气专业委员会、中国石油学会石油地质专业委员会、煤气层产业技术创新战略联盟.2013年煤层气学术研讨会论文集[C].中国煤炭学会煤层气专业委员会、中国石油学会石油地质专业委员会、煤气层产业技术创新战略联盟，2013：9.

[128] 黄洪春，卢明，申瑞臣.煤层气定向羽状水平井钻井技术研究[J].天然气工业，2004，05：76-78+152.

[129] 乔磊，申瑞臣，董建辉，等.煤层气多分支水平井充气欠平衡气液流量窗口模型研究[A].中国煤炭学会煤层气专业委员会、中国石油学会石油地质专业委员会.2008年煤层气学术研讨会论文集[C].中国煤炭学会煤层气专业委员会、中国石油学会石油地质专业委员会，2008：9.

[130] 杨恒林，汪伟英，田中兰.煤层气储层损害机理及应对措施[J].煤炭学报，2014，S1：158-163.

[131] 中国石油集团钻井工程技术研究院原院长 孙宁.中国煤层气效益开发尚待科技攻关发力[N].中国石油报，2014-02-17006.

[132] 张代钧，鲜学福.煤大分子结构研究的进展，重庆大学学报，1993.

[133] 苏义脑.地质导向钻井技术概况及其在中国的研究进展[J].石油勘探与开发，2005，32（1）：92-95.

[134] 刘刚，朱忠喜，张迎进，等，空气钻井中的压力及注气量问题研究，钻采工艺，2005.

[135] 乔磊，申瑞臣，黄红春，等.煤层气多分支水平井钻井工艺研究[J].石油学报，2007，28（3）：112-115.

[136] 李小明，曹代勇，张守仁，等.不同变质类型煤的XRD结构演化特征，煤田地质与勘探，2003.

[137] 唐钦锡.水平井地质导向技术在苏里格气田开发中的应用[J].石油与天然气地质，2013，34（3）：383-393.

[138] 张春泽.地质导向技术在煤层气开发中的应用[J].能源与节能，2014，8：37-39.

[139] 申瑞臣，屈平，杨恒林.煤层井壁稳定技术研究进展与发展趋势[J].石油钻探技术，2010，38（3）：1-7.

[140] 田中兰，乔磊，苏义脑，等.煤层气多分支水平井优化设计与实践[J].石油钻采工艺，2010，32（2）26-29.

[141] 杨国奇，孟先军，许旭华，等.水平井录井技术在华北油田的应用[J].石油钻采工艺，2009，31（2）：72-74.

[142] 杨勇，崔树清，倪元勇，等.煤层气仿树形水平井的探索与实践[J].天然气工业，2014，34（8）：92-96.